海洋控压钻井技术

刘书杰 罗 鸣 李文拓 肖 平 贺志刚 徐开放 著

石油工业出版社

内 容 提 要

本书对海洋控压钻井技术进行了系统介绍，内容包括：海洋控压钻井技术基本原理和控制方法、海洋精细控压钻井系统及装备、EKM海洋控压钻井系统、EKM压力控制系统、EKM控压钻井管理系统、海洋精细控压钻井工程设计、海洋控压钻井及固井技术应用、海洋精细控压钻井相关技术等，并对未来海洋控压钻井技术发展进行了展望。

本书可供从事海洋控压钻井的技术人员、科研人员、管理人员参考使用，也可供高等院校相关专业师生阅读。

图书在版编目（CIP）数据

海洋控压钻井技术 / 刘书杰等著 . -- 北京：石油工业出版社, 2025. 5. -- ISBN 978-7-5183-7407-6

Ⅰ . TE52

中国国家版本馆 CIP 数据核字第 2025HK4673 号

出版发行：石油工业出版社

（北京市朝阳区安华里二区 1 号楼　100011）

网　　　址：www.petropub.com

编　辑　部：（010）64523687　图书营销中心：（010）64523633

经　　销：全国新华书店

印　　刷：北京中石油彩色印刷有限责任公司

2025 年 5 月第 1 版　　2025 年 5 月第 1 次印刷

787×1092 毫米　　开本：1/16　印张：19

字数：400 千字

定　价：180.00 元

（如出现印装质量问题，我社图书营销中心负责调换）

版权所有，翻印必究

前 言

在全球能源需求不断增长的背景下,海洋油气资源的开发已成为各国能源战略的重要组成部分。中国拥有超过 $300\times10^4\text{km}^2$ 的海域,蕴藏着丰富的油气资源。根据我国勘探成果预测,在渤海、黄海、东海及南海北部大陆架海域,石油资源量就达到 $275.3\times10^8\text{t}$,天然气资源量达到 $10.6\times10^{12}\text{m}^3$。近年来近海大陆架上的渤海、北部湾、珠江口、莺琼、南黄海、东海等六大沉积盆地,都发现了丰富的油气资源,海洋油气资源勘探与开发,日益成为保障国家能源供应的重要一环。

我国石油资源的平均探明率为38.9%(海洋石油资源平均探明率仅为12.3%),远远低于世界73%的石油资源平均探明率;我国天然气资源平均探明率为23%(海洋天然气资源平均探明率为10.9%),而世界天然气资源平均探明率在60.5%左右。由此可知,我国海洋油气资源在勘探开发上整体处于早中期阶段,可挖潜力巨大。

控压钻井技术作为现代海洋油气钻井的核心技术之一,通过精确控制井底压力,提高了钻井作业的安全性和效率,在国际上得到了大力的发展。我国海洋石油钻井在大位移井钻井、高温高压钻井和深水钻井方面已跻身世界先进水平,为我国海洋石油的跨越式发展做出了重要贡献。然而,与国际领先水平的国家相比,我国仍存在短板,在控压钻井关键技术装备研发、制造及应用推广能力方面,相对较弱。因此,大力研发和实施海洋控压钻井技术,加速我国海洋油气资源勘探开发,不仅是我国经济发展的迫切需要,同时也是捍卫国家主权,保护海洋权益和资源,维护领土完整的体现。

本书在中国海洋石油集团有限公司"七年行动计划"重大科技专项"南海西部油田上产2000万方关键技术研究"下属任务"自升式平台控压钻井工艺技术研究及配套系统国产化"及有限综合科研"海上精准控压钻井技术研究及工程示范"的资助下完成。该书对目前国内外海洋控压钻井技术进行了较系统和全面的介绍,同时也对我国海洋控压钻井技术发展、存在的短板进行了系统论述。

由于海洋控压钻井技术是一项涉及多学科、多专业、多部门的系统工程,为了编好本书,笔者邀请了国内许多长期从事海洋钻井管理、控压钻井技术研究和现场作业的专家参与本书编写的研讨和审定工作。期待本书对我国海洋控压钻井工作者及相关工程技术人员有所裨益。同时,由于笔者水平有限,书中不妥和疏漏之处在所难免,恳请广大读者批评指正。

目　录

第一章　绪论 ... 1

第一节　海洋控压钻井技术发展历程 ... 1
一、国外海洋控压钻井技术发展历程 ... 1
二、国内海洋控压钻井技术发展历程 ... 6

第二节　海洋控压钻井特点及优势 ... 7
一、海洋控压钻井主要特点 ... 8
二、海洋控压钻井主要优势 ... 10

第三节　陆地控压系统海洋化研究重点 ... 11
一、海洋控压钻井区别于陆地的考虑因素 ... 11
二、海洋与陆地控压钻井的主要差异及研究重点 ... 12

第四节　国内海洋控压钻井技术面临问题和重点研究内容 ... 13
一、国内海洋控压钻井技术面临问题 ... 13
二、国内海洋控压钻井技术重点研究内容 ... 13

参考文献 ... 14

第二章　海洋控压钻井技术基本原理和控制方法 ... 16

第一节　控压钻井概念及分类、分级 ... 16
一、控压钻井概念 ... 16
二、控压钻井分类、分级 ... 17

第二节　控压钻井的基本原理 ... 18
一、控压钻井压力构成 ... 18
二、控压钻井压力控制流程 ... 20
三、井底压力影响因素 ... 22

第三节　海洋控压钻井技术控制方法 ... 25
一、井底恒定控压钻井技术 ... 26
二、钻井液帽控压钻井技术 ... 27
三、双梯度控压钻井技术 ... 29
四、HSE控压钻井技术 ... 30

第四节　主要海洋控压钻井系统介绍 ... 30
一、Weatherford微流量控制钻井系统 ... 31

  二、Halliburton 自动节流控压钻井系统 ... 32
  三、Schlumberger 动态环空压力控制系统（DAPC) ... 35
  四、中国石油工程技术研究院 PCDS 控压钻井系统 ... 36
  五、中国石油川庆钻探钻采院 CQMPD 控压钻井系统 ... 38
  六、中国石油西部钻探 XZ-MPD 控压系统 ... 39
  七、格瑞迪斯 EKM 控压钻井系统 ... 41
 参考文献 ... 42

第三章 海洋精细控压钻井系统及装备 ... 44
 第一节 环空回压补偿式海洋控压钻井系统 ... 44
  一、ATR 介绍 ... 46
  二、BTR 介绍 ... 47
 第二节 控制钻井液液面的海洋控压钻井系统 ... 55
  一、海底泵系统 ... 55
  二、无隔水管 RMR 系统 ... 57
 第三节 海洋控压钻井主要装备 ... 59
  一、旋转控制头 ... 61
  二、隔水管 ... 66
 参考文献 ... 73

第四章 EKM 海洋控压钻井系统 ... 74
 第一节 EKM 海洋控压钻井系统构成及现场布置 ... 78
 第二节 EKM 海洋旋转控制头研制 ... 80
  一、旋转控制头介绍 ... 80
  二、EKM HRCD 研制 ... 80
  三、HRCD 优势 ... 85
 第三节 EKM 智能化控制中心 ... 85
 第四节 EKM 回压泵系统设计 ... 86
  一、动力系统 ... 87
  二、控制系统 ... 87
  三、变速箱 ... 88
  四、柱塞泵 ... 88
  五、管汇系统 ... 88
 第五节 EKM 自动节流系统优化 ... 89
  一、优化后的节流系统特点 ... 89
  二、主要部件 ... 89

第六节　EKM集成橇装控压钻井系统 ·· 90
　　一、集成橇装控压钻井系统主要装备 ·· 90
　　二、集成橇装控压钻井性能特点 ·· 91
第七节　EKM控压钻井过程 ·· 93
第八节　EKM-ATR在勘探三号平台应用 ·· 94
　　一、勘探三号平台基本情况 ·· 94
　　二、隔水管用于控压存在问题 ··· 94
　　三、EKM控压时隔水管改造 ··· 96
参考文献 ··· 97

第五章　EKM压力控制系统 ··· 99

第一节　节流压力控制系统原理 ·· 99
　　一、EKM控压钻井硬件设施及控制系统 ······································· 99
　　二、EKM控压钻井技术原理 ·· 99
第二节　节流压力PID闭环控制方法分析 ·· 103
　　一、PID闭环控制方法理论 ·· 103
　　二、PID闭环控制方法仿真分析 ·· 104
第三节　节流压力指数型闭环控制方法分析 ···································· 106
　　一、指数型闭环控制方法理论 ··· 106
　　二、指数型闭环控制方法仿真分析 ·· 108
　　三、方法优选 ·· 109
第四节　节流压力指数型闭环控制系统优化设计 ······························· 111
　　一、系统优化设计 ··· 111
　　二、系统的现场应用 ·· 117
参考文献 ·· 121

第六章　EKM控压钻井管理系统 ·· 123

第一节　EKM控压钻井流体力学模型及计算 ···································· 123
　　一、常见流变模型介绍 ·· 123
　　二、流变参数计算方法 ·· 124
　　三、井筒温度场模型建立与计算 ··· 127
　　四、循环系统压耗的计算 ··· 136
第二节　EKM控压钻井系统工况自动判断设计 ·································· 140
　　一、确定所需录井参数 ·· 140
　　二、确定参数阈值 ··· 140
　　三、确定条件判断树 ·· 141

第三节 EKM 控压钻井管理软件······142
一、需求分析及软件运行环境······142
二、软件设计······144
三、EKM 控压钻井管理软件构成······145
参考文献······157

第七章 海洋精细控压钻井工程设计······159

第一节 海洋精细控压钻井工程依据及内容······159
一、设计依据······159
二、设计内容······160

第二节 海洋精细控压钻井作业规范······186
一、总则······186
二、精细控压钻井作业程序规范······190
三、精细控压钻井作业技术规范······193
四、精细控压钻井操作规程······193
五、应急处置流程和规范······205

第三节 海洋精细控压钻井 QHSE 作业方案······205
一、海洋钻井 HSE 相关背景······205
二、海洋钻井作业风险分析······206
三、海洋钻井作业风险评价······209
四、HSE 风险消除、消减与控制措施······212
五、应急预案······213
六、监测与不符合项的纠正······214

第四节 海洋精细控压钻井系统维护保养······216
一、维保目的······216
二、维保主体······216
三、维保内容······216
四、维保分级······217
五、验收工作······217

参考文献······218

第八章 海洋控压钻井及固井技术应用······219

第一节 窄密度窗口精细控压钻井技术应用······219
一、井位设计······219
二、钻井情况······220
三、案例总结······220

第二节 裂缝溶洞型碳酸盐岩精细控压钻井技术应用……220
一、构造特征……220
二、井位设计……221
三、钻井情况……221
四、案例总结……222

第三节 近平衡精细控压钻井技术应用……222
一、构造特征……222
二、井位设计……223
三、钻井情况……223
四、案例总结……224

第四节 易涌易漏复杂工况精细控压钻井技术应用……225
一、井位设计……225
二、钻井情况……226
三、案例总结……227

第五节 控压固井技术应用……229
一、控压固井流程……229
二、控压固井案例……230

参考文献……231

第九章 海洋精细控压钻井相关技术……232

第一节 井口连续循环钻井系统……232
一、井口连续循环钻井系统构成和原理……232
二、井口连续循环钻井系统过程控制关键技术……233
三、连续循环钻井系统发展现状……236
四、连续循环钻井系统优势与应用范围……238
五、连续循环钻井系统关键技术难点……241

第二节 阀式连续循环钻井系统……242
一、阀式连续循环钻井装置……243
二、阀式连续循环钻井系统研究现状……247
三、阀式连续循环钻井系统优势及风险分析……249
四、阀式连续循环钻井系统应用……251

第三节 充气控压钻井技术……253
一、充气控压钻井装备……254
二、充气控压钻井工艺流程……255
三、充气控压钻井监测……255

第四节 控压固井完井技术……259
一、控压固井完井技术研究现状……259

二、精细控压固井技术应用背景及原理…………………………………………………261
　　三、控压固井设备及控制系统……………………………………………………………263
　　四、精细控压固井流程……………………………………………………………………263
　　五、精细控压固井特点及应用案例………………………………………………………265
第五节　海洋控压钻井配套技术……………………………………………………………266
　　一、控压钻井井底压力监测技术…………………………………………………………266
　　二、控压钻井溢流监测技术………………………………………………………………269
参考文献…………………………………………………………………………………………273

第十章　海洋控压钻井技术展望……………………………………………………………279

第一节　海洋控压钻井技术研究重点………………………………………………………279
　　一、进一步加强陆地控压设备海洋化……………………………………………………279
　　二、引进和加强自主研制主要海洋控压装备……………………………………………280
　　三、加强海洋控压工艺适用性研究………………………………………………………281
　　四、加强高性能材料研究…………………………………………………………………282
　　五、加强井筒多相流体研究和完善计算软件……………………………………………282
第二节　国内海洋控压钻井技术展望………………………………………………………283
　　一、全供应链协同的集成海洋控压钻井技术……………………………………………283
　　二、融合井控技术的海洋控压钻井技术…………………………………………………284
　　三、优化控制系统，逐步走向智能化和自动化…………………………………………289
　　四、坚持环保和可持续发展，推进机器人等技术的使用………………………………290
　　五、建立和完善海洋控压相关规范和标准………………………………………………291
参考文献…………………………………………………………………………………………291

第一章 绪 论

我国海洋油气资源储量丰富，分布海域广，勘探开发潜力巨大，是国家油气增储上产、保障国家能源安全的主战场。区别于陆地，海洋的地层特点是随着海水深度越大，安全密度窗口越窄，常规钻井经常遭遇溢流、漏失等井下复杂情况，从而井控风险更大、钻井时效更低，降低井的可钻性，甚至无法完成既定钻完井作业。此外，海洋钻井平台狭窄，空间受限，要求设备高度集成和智能化。随着控压钻井技术在陆地的成功运用和发展，有效解决了钻井过程中涌、漏、卡、塌等井下复杂情况，控压钻井技术逐步在海洋浅水自升式钻井平台得到运用，一定程度上解决了海洋钻井过程中的一些技术难题，取得了良好的经济效益。海洋深水钻井的井筒压力控制难度更大，井越深越复杂，对控压钻井装备及技术要求越高，海洋深水控压钻井技术正成为当前海洋钻井的重点方向。

第一节 海洋控压钻井技术发展历程

一、国外海洋控压钻井技术发展历程

海洋控压钻井技术源于陆地控压钻井技术。20世纪60年代中后期，美国开始应用控制压力钻井技术，应用先进的井控设备和方法来实现钻井最优化，主要用于陆上，未引起足够重视，也没明确控压钻井技术概念。直到2004年在IADC/SPE阿姆斯特丹钻井会议上，控制压力钻井技术被首次正式提出并随后开始工业化应用，运用该技术能精确控制整个井眼环空压力剖面，其技术目标是确定井下压力界限，进而控制井眼环空液柱压力剖面，实现安全、高效钻井作业。

20世纪80年代，常规技术开发油气难有经济效益。控压钻井技术因为能够降低钻井成本，使钻井的经济可行性得到显著提高，从而开始受到重视，特别是在海上钻井决策者心目中的位置开始突显，认为这是一项经济可行的钻井技术，它能够极大地降低常规海上钻井成本。

20世纪90年代后期，随着海上油田勘探开发增大，控压钻井技术开始备受重视。

At Balance公司于2000年开始真正意义上的基于环空动态压力控制（DAPC）技术立项，2001年进行系统开发，2003年设备全尺寸试验取得成功，2004年投入应用（后被斯伦贝谢

收购）。

2005年Shell公司将该技术用于墨西哥湾Mars TLP区块的海洋钻井，解决钻井过程中的钻井液漏失和井眼失稳问题。2007年StatoilHydro将该技术用于北海Kvitebjørn油田高温高压井的钻井作业，并于2007年被评为国外石油科技十大进展。

2004年美国JPT杂志发表了一篇关于钻井时自动精确控制井下压力系统的论文。作者来自荷兰Shell公司。这一系统主要用于钻井液窗口狭窄的油田、裂缝油田及高温高压油田。系统主要由液压模拟器、计算机控制的节流管汇以及钻井液回流管道上的钻井泵组成。系统可以根据钻进中环形空间的背压，并自动混合不同比例的较小密度的钻井液，以达到所需要的井底压力；系统还可以用不同形式调节井口的环空压力，以减少井底的压力波动。使用这一系统，可平衡地层压力，减少钻井液流失，减小地层流体流动，自动执行井涌循环，增加机械钻速，缩短增加或降低钻井液密度的时间，并且有可能减少钻井中所需套管的数量。

2004年7月，Shell Malaysia公司应用主动型控压钻井技术的加压钻井液帽钻井（PMCD）方式完成了世界上第一次浮式平台上应用加压钻井液帽技术的钻井作业。在马来群岛东部Sarawak海域的深水钻井作业中，以前一直存在钻井液大量漏失、钻井液费用过高、井控问题、钻井时间过长等复杂情况。这次在钻进孔洞型碳酸盐岩之后，Shell Malaysia公司应用加压钻井液帽钻井方式，向环空注入一段钻井液帽段塞，以价格便宜的盐水作为"牺牲流体"，旋转控制装置对返出钻井液加压，连续油管补偿船舶的升沉运动。结果表明加压钻井液帽钻井方式避免了钻井液的大量漏失，显著缩短了非生产时间，钻达目的井深（以前的几口邻井钻井液费用很高，而且未能钻达目的井深）。

2004年8月，在安哥拉海域完成了第一口从带有地面防喷器的自升式平台上进行的主动型控压钻井作业的加压钻井液帽钻井方式。应用加压钻井液帽钻井技术在钻进孔隙压力衰竭的地层时能够避免出现与之相关的钻井问题以及钻井液费用问题，如严重漏失、钻时延长等。

2005年，Transocean和Santos公司将地面防喷器技术与控压钻井技术相结合，在印度尼西亚海域水深683m的Sede601半潜式平台上进行了应用。用常规技术钻井时地层易漏失，并存在井控和黏附卡钻问题。解决办法是将加压钻井液帽钻井技术与井底压力恒定（CBHP）技术相结合，配以Weatherford7100控制头形成一种新型技术集合，从而解决了上述问题。Sedec601平台所取得的突破是首次应用旋转控制装置控制环空压力在浮式钻机上钻进。

2008年，斯伦贝谢联合HighArcti服务公司成立了"OPtimal压力钻井服务公司"，为油气工业提供欠平衡钻井（UBD）和控制压力钻井（MPD）服务，为研究欠平衡钻井和控压钻井技术搭建了全球性研发平台。新公司将拥有HighArctic公司现有的所有控压钻井和欠平衡钻井设备、业务，包括知识产权，为客户提供完整的欠平衡钻井一体化解决方案，为控制压力钻井技术的进一步发展提供支持。

第一章 绪 论

从2005年控压钻井技术引入到海洋钻井作业以来，在海上已经完成了数百多口井的作业，其中在亚太地区完成了100多口井。国外部分海洋控压钻井数据统计见表1-1至表1-3。

表1-1 国外半潜式钻井平台海洋浅水控压钻井统计（水深<457m）

序号	国家	井号	钻井平台类型	水深（m）	水深（ft）	钻井年份
1	马来西亚	3-1井	半潜式钻井平台	<457	<1500	2004
2	马来西亚	3-2井	半潜式钻井平台	<457	<1500	2004
3	马来西亚	3-3井	半潜式钻井平台	<457	<1500	2004
4	印度尼西亚	Angung-1	半潜式钻井平台	38	125	2005
5	印度尼西亚	Jeruk-2	半潜式钻井平台	38	125	2005
6	印度尼西亚	Jeruk-2 Deepening	半潜式钻井平台	38	125	2005
7	印度尼西亚	Jeruk-2 Re-entry	半潜式钻井平台	38	125	2005
8	印度尼西亚	Jeruk-3	半潜式钻井平台	38	125	2006
9	印度尼西亚	Dukuh-1	半潜式钻井平台	38	125	2006
10	印度尼西亚	Jeruk-3 ST	半潜式钻井平台	38	125	2006
11	印度尼西亚	Madi-1	半潜式钻井平台	38	125	2006
12	印度尼西亚	Nyari-1	半潜式钻井平台	38	125	2006
13	印度尼西亚	Semangka-1	半潜式钻井平台	38	125	2006
14	印度尼西亚	Wortel-1	半潜式钻井平台	38	125	2006
15	印度尼西亚	Buherah-1x	半潜式钻井平台	110	361	2006
16	马来西亚	G7-101	半潜式钻井平台	<457	<1500	2006
17	马来西亚	M3S-101	半潜式钻井平台	<457	<1500	2006
18	马来西亚	M3S-101 ST2	半潜式钻井平台	<457	<1500	2006
19	马来西亚	Saderi-101	半潜式钻井平台	<457	<1500	2006
20	马来西亚	Saderi-102	半潜式钻井平台	<457	<1500	2006
21	马来西亚	F14-2	半潜式钻井平台	<457	<1500	2008
22	马来西亚	G15	半潜式钻井平台	<457	<1500	2008
23	利比亚	A1-16-4	半潜式钻井平台	<457	<1500	2008
24	利比亚	A4-NC41-ST	半潜式钻井平台	<457	<1500	2008
25	突尼斯	JJ-49-1	半潜式钻井平台	<457	<1500	2008
26	菲律宾	Camago-2 R1	半潜式钻井平台	<457	<1500	2008
27	马来西亚	S-103 ST2	半潜式钻井平台	<457	<1500	2008
28	越南	CMT-1X	半潜式钻井平台	<457	<1500	2009

续表

序号	国家	井号	钻井平台类型	水深（m）	水深（ft）	钻井年份
29	越南	NT-1X	半潜式钻井平台	<457	<1500	2009
30	越南	CRD-1X	半潜式钻井平台	<457	<1500	2009
31	马来西亚	Jintan-103 S2	半潜式钻井平台	<457	<1500	2009
32	马来西亚	Buah Naga-1	半潜式钻井平台	<457	<1500	2010
33	马来西亚	Sepat Barat Deep-1	半潜式钻井平台	62	203	2010
34	马来西亚	F1ONE-1	半潜式钻井平台	<457	<1500	2010
35	马来西亚	F8N-A	半潜式钻井平台	<457	<1500	2010
36	马来西亚	Kayu Manis South-1	半潜式钻井平台	<457	<1500	2010
37	马来西亚	Sri Aman-1	半潜式钻井平台	<457	<1500	2011
38	菲律宾	Gindara-1	半潜式钻井平台	374	1227	2011
39	马来西亚	Kasawari-1	半潜式钻井平台	108	354	2011
40	马来西亚	NC8 SW-1	半潜式钻井平台	105	346	2011
41	马来西亚	SS-1	半潜式钻井平台	78	256	2012
42	马来西亚	SS-2	半潜式钻井平台	78	256	2012
43	埃及	WMDW-7-JJ-49-1	半潜式钻井平台	<457	<1500	2012
44	马来西亚	Kuang North-1	半潜式钻井平台	175	574	2012
45	马来西亚	Kuang North-2	半潜式钻井平台	340	1115	2012
46	马来西亚	Keddidi-1	半潜式钻井平台	106	348	2012
47	马来西亚	Gangbir-1RDR	半潜式钻井平台	132	433	2012
48	马来西亚	Lengkuas-1	半潜式钻井平台	95	312	2012
49	马来西亚	Rozel-1	半潜式钻井平台	98	322	2013
50	马来西亚	Pimanto-1	半潜式钻井平台	84	276	2013
51	马来西亚	Kasawari-2	半潜式钻井平台	26	354	2013
52	马来西亚	Kusturi-1	半潜式钻井平台	120	394	2013
53	马来西亚	Kerupang-1ST3	半潜式钻井平台	272	891	2013
54	马来西亚	Bijan North	半潜式钻井平台	<457	<1500	2013
55	马来西亚	LCD Wells	半潜式钻井平台	<457	<1500	2013
56	马来西亚	Bijan North	半潜式钻井平台	<457	<1500	2013
57	巴西	Entorno De lara	半潜式钻井平台	<457	<1500	2013
58	马来西亚	Pegaga-1	半潜式钻井平台	<457	<1500	2013
59	马来西亚	Sirih-1	半潜式钻井平台	<457	<1500	2013

续表

序号	国家	井号	钻井平台类型	水深（m）	水深（ft）	钻井年份
60	马来西亚	Sintok-1	半潜式钻井平台	<457	<1500	2014
61	越南	SV-1X	半潜式钻井平台	118	387	2014
62	马来西亚	F29	半潜式钻井平台	<457	<1500	2014
63	马来西亚	LCD Wells	半潜式钻井平台	<457	<1500	2014
64	印度尼西亚	North Kendang-2	半潜式钻井平台	<457	<1500	2014
65	巴西	Franco Sul	半潜式钻井平台	<457	<1500	2014
66	马来西亚	1井（2014）	半潜式钻井平台	<457	<1500	2014
67	马来西亚	2井（2014）	半潜式钻井平台	<457	<1500	2014
68	马来西亚	3井（2014）	半潜式钻井平台	<457	<1500	2014
69	马来西亚	4井（2014）	半潜式钻井平台	<457	<1500	2014

表 1-2 国外半潜式钻井平台海洋深水控压钻井统计（水深 >457m）

序号	国家/地点	井号	钻井平台类型	水深（m）	水深（ft）	钻井年份
1	埃及西部海域	WMDW-7	半潜式钻井平台	1107	3632	2010
2	印度尼西亚	Bravo-1	半潜式钻井平台	995	3264	2010
3	印度尼西亚	Andalan-1	半潜式钻井平台	1960	6430	2011
4	印度尼西亚	Lengkuas-1	半潜式钻井平台	>457	>1500	2011
5	印度尼西亚	Kaluku-1	半潜式钻井平台	1491	4892	2011
6	印度尼西亚	Romeo-C1	半潜式钻井平台	1910	6266	2011
7	印度尼西亚	Lempuk-1x	半潜式钻井平台	1995	6546	2011
8	印度尼西亚	Andalan-1	半潜式钻井平台	1960	6430	2011
9	马来西亚	Lengkuas-1	半潜式钻井平台	1095	3593	2011
10	印度尼西亚	Andalan-2	半潜式钻井平台	1960	6430	2012
11	印度尼西亚	Andalan-2	半潜式钻井平台	1960	6430	2012
12	巴西	Rio Purus	半潜式钻井平台	1000	3281	2012
13	巴西	Ilha do Macuco	半潜式钻井平台	501	1644	2013
14	巴西	Rio Tcantins	半潜式钻井平台	>457	>1500	2013
15	巴西	Franco Sul	半潜式钻井平台	2049	6722	2013
16	印度尼西亚	Pananda-1	半潜式钻井平台	2237	7430	2013
17	马来西亚	Marjoram-1	半潜式钻井平台	780	2624	2014

表 1-3 国外钻井船海洋控压钻井统计

序号	国家	井号	钻井平台类型	水深（m）	水深（ft）	钻井年份
1	印度尼西亚	Bitang-1	钻井船	96	315	2006
2	印度尼西亚	wulan-1	钻井船	84	275	2006
3	印度尼西亚	Atiyya-1	钻井船	52	171	2006
4	缅甸	Nagar-1	钻井船	<457	<1500	2007
5	印度尼西亚	Gatotkaca-1	钻井船	1746	5729	2012
6	印度尼西亚	Anoman-1	钻井船	1948	6390	2012
7	印度尼西亚	Gatotkaca-1T2	钻井船	1746	5729	2012

二、国内海洋控压钻井技术发展历程

国内海洋控压钻井技术也是先从陆地发展起来的。通过引进国外控压钻井技术现场服务成功后，国内公司开始研究具有自主知识产权的控压钻井系统并已成功应用于陆地和海洋。

21 世纪初，国内开始对控压钻井技术进行攻关，2006 年塔里木油田从西南石油大学引入"控压钻井（MPD）"这一钻井新技术且取得了良好的效果。在塔中和轮古地区使用这一技术，解决了该地区钻井的一系列难题，使钻井技术更加成熟和完善。以塔中 722 井为例，由于采用了控压钻井技术，同比塔中 721 井，节约钻井液量超 1000m³，节约钻进时间一个月以上，减少了钻进过程中对地层的污染。

2008 年，中国石油工程技术研究院依托国家科技重大专项和中国石油重大工程技术现场试验项目，自主研发了 PCDS 精细控压钻井系列化装备，并形成多策略、自适应的环空压力闭环监测与优化控制技术，形成了规范和行业标准。

2009 年以来，塔里木油田引进 Halliburton 的控压钻井系统，在塔中完成精细控压钻井 20 余井次，应用结果表明：精细控压钻井技术能够有效预防和控制溢流和漏失，避免井下复杂、大幅度降低非生产时间、缩短钻井周期，同时能够保护好油气层、提高水平段延伸能力、提高单井产量。

2010 年，中国石油西部钻探克拉玛依钻井工艺研究院自主研发的 MPD 精细控压钻井技术，在新疆准噶尔盆地西部隆起红车断裂带沙门 011 井试验成功。这标志着中国石油西部钻探在精细控压钻井技术领域取得实质性突破。该系统通过自动随钻监测环空压力剖面，地面自动调整回压及压力补偿，实现了对环空压力的闭环监测与控制。通过降低钻井液的大量漏失和降低钻井相关的非生产时效等提高钻井经济性，从而提高复杂条件下钻井作业的安全性和效率。

2011 年，中国石油川庆钻探成功研发了 CQMPD 精细控压钻井系统，被评为 2011 年度中国石油十大科技进展，2014 年获中国石油自主创新重要产品证书。中国石油川庆钻探已成为专业提供欠平衡/精细控压钻井技术研发、现场服务以及相关产品销售，形成集研发、设计、制造、技术服务于一体的产业化基地。自主研发了系列旋转防喷器、自动节流控压系统、回压补偿系统、监测与控制系统等系列装备。形成了国内独具特色的钻井、测井、固井、完井全过程的精细控压钻井技术，整体达到国际先进水平。

2012 年，格瑞迪斯开始研发 EKM 精细控压钻井系统，2014 年研发试验成功，关键参数对标国际标准，并获多项发明专利。后开始在塔中、顺南区块现场服务。2016 年在 EKM 精细控压钻井技术基础上，研发循环排污功能，实现溢流循环自动控压作业。2017 年研发定点压力控制技术，实现对地层压力敏感点的控压钻井。2018 年研发 EKM 智能溢流漏失预警系统。2019 年研发成功双密度控压起下钻技术实现防溢防漏，并将系统升级为 EKM 智能控压钻井系统。格瑞迪斯 EKM 智能控压钻井技术已由陆上走向海洋，通过将设备的高度集成化和高度智能化，橇装式结构紧凑，缩小了装备的尺寸和重量，减小了整体设备占地面积，通过研发适用于海洋防溢管的旋转控制头等，形成了相对完备的海洋控压钻井系统。

第二节　海洋控压钻井特点及优势

控压钻井的技术思想来源于窄窗口地层的两个限制：窗口宽度和窗口位置。窗口宽度的限制来源于安全窗口宽度过小。当钻遇含有地层流体的窄窗口地层时，地层有孔隙压力和漏失压力，而且二者十分接近。过平衡钻井时，当井底压力过高而高于漏失压力时，则井漏发生；当井底压力过低而低于孔隙压力时，则井涌或井喷发生。因此，地层的孔隙压力与地层的漏失压力组成一个允许井底压力安全变化的窗口，即安全窗口。显然，安全钻井施工的要求是：操作窗口的宽度小于安全窗口的宽度，而且操作窗口始终被包含在安全窗口之内。但当安全窗口的宽度小于操作窗口的宽度时，甚至安全窗口缩小成为一条线（零窗口）时，过平衡钻井方法无论如何都摆脱不了又漏又喷的困难局面。此时的出路有两个：第一，设法扩大安全窗口的宽度，即业界所说的"扩大地层承压能力"的堵漏方法，大量事实证明此方法对大段缝洞型储层既不适用也不奏效；第二，设法减小操作窗口的宽度。如果能够将操作窗口的宽度缩小，甚至缩小成一条线，那么就可以将操作窗口限制在安全窗口之内。因此，"将操作窗口缩小，甚至缩小为一条线"或"保持井底压力恒定（CBHP）"，成为控压钻井的第一技术特征。窗口位置的限制来源于窗口位置的不确定性。对缝洞型窄窗口地层，窗口的位置就是储层孔隙压力，而缝洞型储层孔隙压力的预测往往带有很大的不确定性。对付这种不确定性，就要求井内压力剖面的控制具有"对漏喷的自适应能力"，即当井漏过大时说明过平衡压差偏大，此时要减少过平衡压差；当井涌过大时说明欠平衡压差偏大，此时要减少欠平衡压差；最终维持井底压力在"不涌、不漏"的动态平衡状态。因此，动态识别漏喷、动态控制压力剖面的自适应，成为控压钻井的第二技术特点。

一、海洋控压钻井主要特点

当前经济快速发展对能源需求越来越强烈，海洋特别是深水定将成为中国油气资源接替和增储上产的主要目标区。全球油气勘探开发热点已逐渐向深水、深层发展。双深井将钻遇更深的地层，加上深水的影响，相比常规深水井，将面临海底低温和储层高温并存、窄压力窗口和异常压力并存、地层可钻性差和钻井工期长、恶劣海洋环境条件等作业挑战。海洋控压钻井技术是未来钻井技术应用的主要方向，其除具有陆地控压钻井特点以外，还因海洋控压钻井分为干式井口和湿式井口从而具有以下不同特点。

（一）用于干式井口的控压钻井特点（自升式平台）

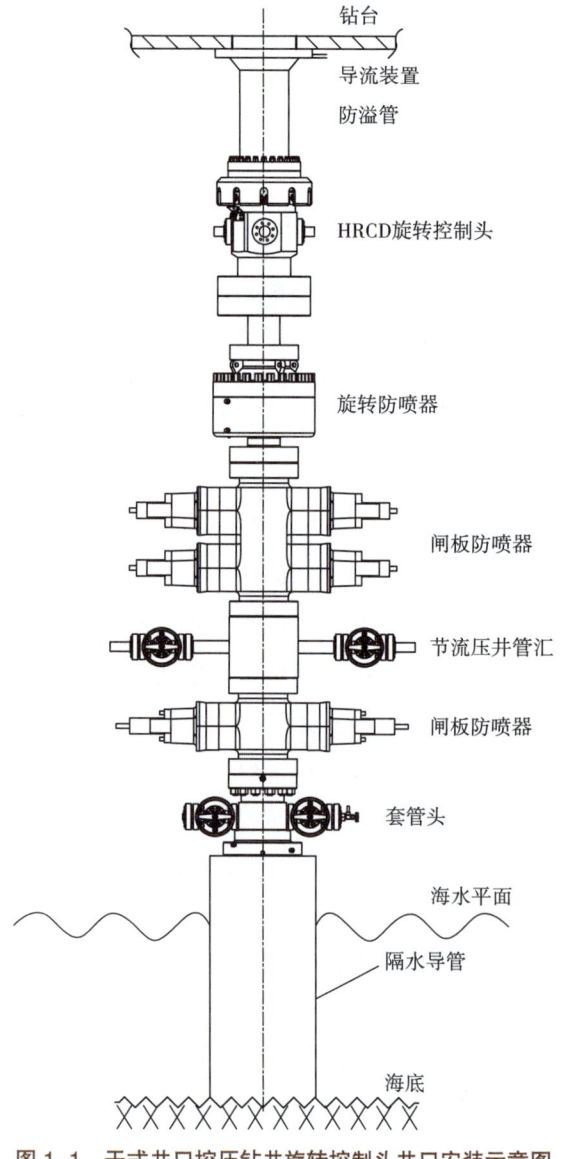

图1-1 干式井口控压钻井旋转控制头井口安装示意图

应用于干式井口的控压钻井系统与陆地基本一致，如图1-1所示，主要由安装于井口的旋转控制头（RCD）、自动节流管汇系统、质量流量计、钻井数据监测及液气控制系统、回压补偿系统等组成，有些还配备了随钻井底压力测量（PWD）工具，配备相应的控压软件。该类海洋控压钻井技术具有以下特点：

（1）从装备外形尺寸来讲，因受限于海洋平台相对狭小的作业空间限制，干式井口控压钻井系统装备呈现集约化、轻便化和模块拼装化的特点。这是海洋控压钻井系统和陆地的主要区别。

（2）使用液相钻井液，使用闭合、承压的钻井液循环系统。

（3）通过控制井底压力稍大于地层孔隙压力，不会诱导地层流体侵入而发生溢流。同时钻井液密度低于常规钻井液密度，避免漏失，从而实现窄密度窗口的安全钻井，可有效解决窄密度窗口、溢流、井壁失稳以及卡钻的复杂事故。

（4）在钻井过程中，可以实时监测、有效地控制井底压力。特别是井口回压值和钻井液密度的变化，实现"看着井底压力钻井"。

（5）接单根时，在井口加回压，使接单根时的井底压力接近钻进（或循环）时的井底压力，从而保证接单根时的作业安全。

（6）上起钻具时，在井口施加更高回压，使接停泵上起钻具时井底压力接近钻进时的井底压力，从而保证上起钻具时的作业安全。

（7）下放钻具时，在井口施加较低回压，使接停泵下放钻具时井底压力接近钻进时的井底压力，从而保证下放钻具时的作业安全。

总之，井口回压控制加量是一个变量，是根据钻井工况变化而变化的，其加量多少是以保持井底恒定而确定。

（二）用于湿式井口的控压钻井特点（半潜式钻井平台、钻井船）

应用于湿式井口的控压钻井系统通常来说分为两大类。

（1）隔水管串中配置旋转控制头的环空回压补偿的控压钻井系统，如图1-2所示，环空回压补偿的方式是利用旋转密封装置使环空形成钻井液闭环，通过调节控压节流管汇系统、回压泵系统最终实现控制井筒压力。此种海洋控压钻井方式，具有与干式井口控压钻井相同的特点。

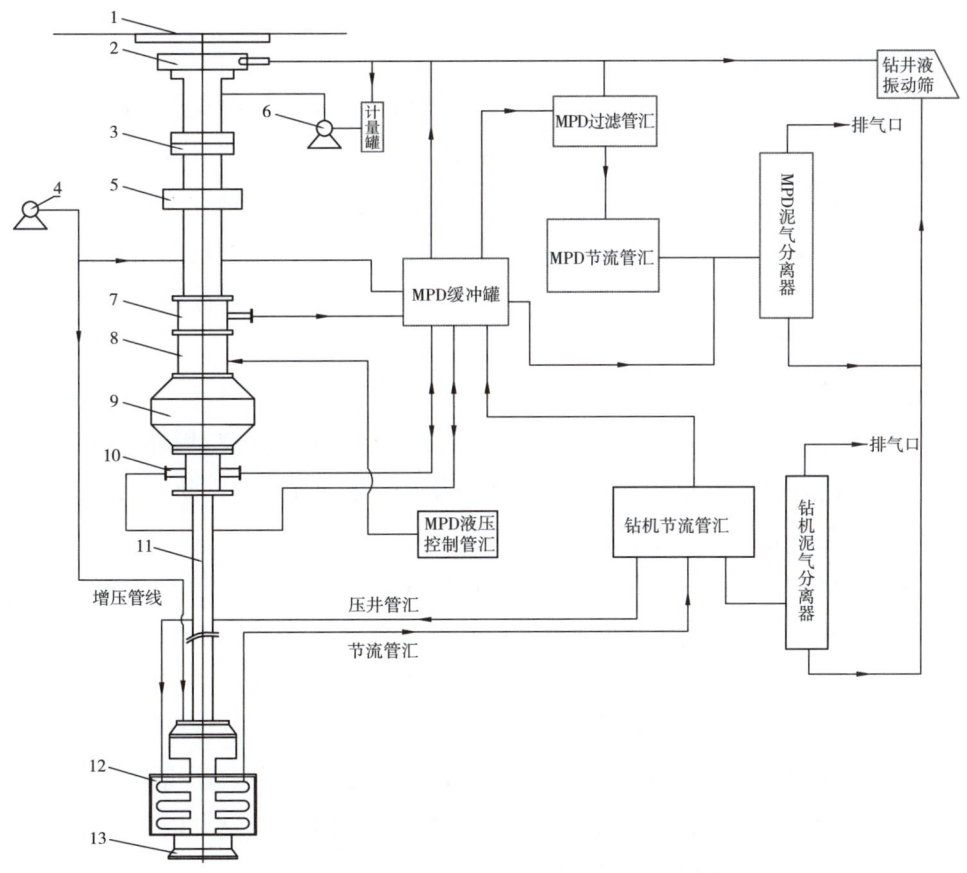

图1-2 湿式井口控压钻井旋转控制头井口安装示意图

1—转盘面；2—分流器；3—隔水管伸缩节；4—隔水管张力环；5—隔水管增压泵；6—计量罐泵；7—隔水管旋转控制短节；8—MPD液压控制短节；9—隔水管环空密封装置；10—隔水管四通；11—钻井隔水管；12—水下防喷器组；13—海底水下井口头

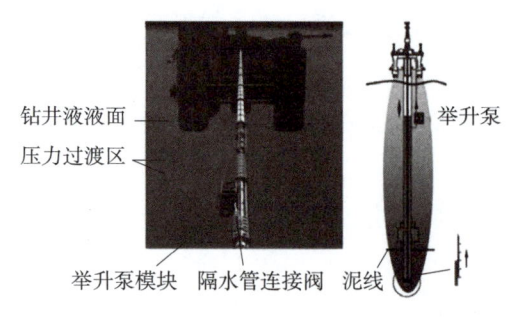

图 1-3　井下井口控制钻井液液面方式控压钻井系统

（2）控制钻井液液面的控压钻井系统（图 1-3），与陆地控压钻井系统有明显的差异。这种控压方式具有以下特点：

①没有旋转控制头。整套系统由钻井液液面设备、隔水管柱设备组成。钻井液液面控制设备包含钻井数据采集和自动控制系统、控制软件、电缆和软管收放系统、抽汲泵、与平台钻井液循环系统连接的高压管线等附件；隔水管柱设备包含隔水管灌注短节、灌注软管、阀门和隔水管适配转换接头，以及水下输送泵等。

②井底压力控制。通过输送泵排量来改变隔水管内钻井液的液面高度从而改变井底压力，而不再是通过控制井口回压。

二、海洋控压钻井主要优势

（1）有利于海洋井控安全。

与陆地相比，海上钻探井喷风险更高。全球近 30 年发生了 300 多起严重海上井喷事故，损失巨大，国际知名公司在我国南海作业的 20 余口深水井，井涌等井喷险情高达 50 多次。海洋特别是深水钻探井控安全是行业公认的世界性难题。而控压钻井技术是从欠平衡钻井技术基础上发展起来的目前最安全的一种钻井方式。应用控压钻井技术是减少钻井安全隐患、解决生产问题的重要措施之一。同时，控压钻井技术的实时监控也是预防事故发生的关键，特别是安全要求更高的海上钻井作业。

（2）有利于保护油气层，助力勘探重大发现。

目的层采用控压钻井，减少了漏失的发生，有效避免了钻井液对储层的污染，实现了油气层的保护，提高单井产量。此外，也有利于及时发现油气显示，助力勘探重大发现。

（3）解决了海洋钻井的窄密度窗口问题。

由于海水的存在及海底地质疏松，对于相同沉积厚度的地层，随着水深增加，地层的破裂压力梯度降低，致使破裂压力梯度和地层孔隙压力梯度之间的窗口较窄，容易发生涌、漏、塌、卡等井下复杂情况。为了解决这一问题，现场通常采用增加套管层数的方法，但会带来钻井费用增加、井眼变小等问题。

海洋控压钻井技术可以通过维持井底压力相对恒定，减少井底压力波动，使钻井作业安全地通过窄密度窗口地层；或者通过双梯度钻井方法间接扩大钻井液密度窗口，使钻井作业有更多的操作空间，从而实现安全钻井。

（4）解决了海洋浅表层作业的相关问题。

海洋钻井中的浅表层问题包括：海底浅层流、浅层气和天然气水合物造成的井眼冲蚀，大量出砂导致井口掩埋、海底井口坍塌，大量气体涌入井口导致井涌甚至井喷，以及海床凹陷或下沉造成井口基盘失去支撑甚至钻井平台倒塌，对钻井作业安全造成很大威胁，特别是对于无隔水管钻井作业，浅表层风险的危害会更加突出。

海洋控压钻井技术可以保持钻进过程井底压力相对稳定，对井下状况进行随钻测量，进行更加细致定量的分析与预测，防止浅层气体侵入井筒，维护松软地层的井壁稳定，防止井口塌陷，减少浅表层问题对钻井作业带来的危害。

（5）解决了隔水管进气对深水钻井的影响问题。

当使用油基钻井液和混合基钻井液进行深水钻井作业时，气侵很难在第一时间被检测到；当隔水管长度大于 1200m 时，直到气体溢出海底防喷器时才能够察觉到气侵，这就导致了隔水管中进入气体。隔水管中的气体通常是通过平台上的分离器进行排出，但因其排量很小，所以在气量较大的情况下会有风险。深水钻井作业中大都需要安装隔水管环空气体处理系统（riser gas handing system），通过人为调节节流管汇来排出隔水管中的气体，对隔水管进气的判断依赖于平台上的常规气体检测系统，但是对环空进气的监测和排气的操作都比较慢，易出现风险隐患。

海洋控压钻井过程中对井底压力实时监测，可以第一时间发现气侵，实时进行压力控制，减少隔水管中进气的可能性，并与相关装备结合，形成一种新的隔水管气体控制系统（riser gas risk mitigation，简称 RGRM），即通过地面施加回压控制井底压力，避免气体进入隔水管，在隔水管进气后通过自动节流管汇调节压力，平稳地循环排出隔水管中的气体，保证钻井作业安全。

（6）降低作业成本，取得较好的综合经济效益。

海洋钻井中，钻井作业费用高昂，远高于陆地钻井。控压钻井技术可以保持井底压力相对稳定，减少井底复杂状况的出现，节约作业中的非生产时间，实现钻井提速，有的甚至可以节省 20% 的作业时间，大大降低了作业费用，提高了效益。同时，控压钻井技术可以有效减少套管下入的层数，通过较少的套管层数到达指定目的层或井深，从而减少管柱费用，降低作业成本。此外，因为实现了钻井提速，减少和预防了安全事故，减少了非生产时间，节省了大漏时的钻井液浪费，直接减少了经济损失；同时因可钻达目的层且有利于保护储层，为后续高效开发油气层打下了坚实基础。

第三节　陆地控压系统海洋化研究重点

一、海洋控压钻井区别于陆地的考虑因素

现有海洋控压系统是由陆地控压系统改造、迁移到海上钻井平台，基本功能与陆地相似，但由于海洋作业特点，海洋控压钻井与陆地应用的相比，需要考虑以下因素。

（1）海洋环境增加的载荷：主要是海浪对钻机和控压设备的影响，包括设备疲劳及应变因素方面。从而要根据海洋特点选用材料、额外考虑设备振动引起的疲劳和应变等。有时还要考虑一些极端天气的影响。

（2）水下环境：包括海水腐蚀、冲蚀；海底泥线受高压、低温环境影响；海底的不稳定性、浅层水流动、天然气水合物可能引起的钻井风险等。

（3）隔水管载荷：除了承受自身重力，还要承受海水波浪引起的严重的机械载荷，防止隔水管脱扣是一个关键问题。

（4）更高的钻井液流速：为了保证隔水管内携屑，有时海洋控压钻井需要更大的循环排量。

此外，为适应海上管理制度的要求海洋控压钻井需要更高的可靠性和有效性，有时还要考虑远程测试和检查要求等。

二、海洋与陆地控压钻井的主要差异及研究重点

陆地控压钻井系统迁移到海洋，需进行合适的"海洋化"，以提高整个系统在海洋环境中的安全性。以下几点是海洋与陆地应用的主要差异。

（1）陆地控压钻井的旋转防喷器一般直接安装在防喷器组的上面，但是对于使用了隔水管的浮式平台上，需要改变旋转防喷器的安装方式，并且要对相关设备进行改型设计才能满足海洋控压钻井作业要求。

（2）同时旋转防喷器安装在隔水管上，那么需要在旋转防喷器下配置环空密封装置用于更换旋转总成时保持井口回压；环空密封装置的下方需要放置返出管线装置。

（3）受制于船运以及海洋钻井平台，海洋控压设备要求高度集成和模块化。

（4）海上作业对压力容器设备、管汇、阀门等还有额外的要求，如压力等级、功能、尺寸增大、泄压要求等。

（5）海洋控压钻井系统需要具备冗余和远程遥控能力等。而这些在陆地作业却不是必需的。

对于以上问题，海洋控压钻井系统集成或研制需要重点关注以下方面：

（1）旋转控制设备和管汇的设计、选型，泄压装置的设计。

（2）海洋控压设备高度集成与模块化。

（3）动力系统的设计与配置；备用动力；额外的液气分离器等。

（4）控压钻井软件系统的升级。

此外，还要求设计和配置一些在传统的陆上控压钻井应用中不包含的设备：

（1）环空密封装置（用于隔离旋转控制头）。

（2）隔水管压力保护装置。

（3）旋转控制头和控压钻井节流管汇控制装置。

（4）液体缓冲和分离管汇。

（5）由于海洋浮式钻井平台空间的限制，安装控压钻井设备更加要求注意布局和结构。

第四节　国内海洋控压钻井技术面临问题和重点研究内容

一、国内海洋控压钻井技术面临问题

海洋控压钻井技术已经应用于全球多个海域，在亚太地区也已广泛应用，并取得良好的效果和经济效益。我国海洋控压钻井还刚刚起步，在设计和应用海洋控压钻井时，需要考虑以下问题。

（一）运输及海洋钻井平台

海洋钻井平台上的设备安置和作业空间相对有限，目前我国陆地上使用的控压钻井设备体积和重量均较大，不易在海洋钻井平台上摆放和安装，拖航也会产生不便。现阶段我国新建造的海洋平台，并未给控压钻井设备预留作业的位置和空间。

（二）海洋控压钻井应用效果

从技术应用效果来看，我国目前应用海洋钻井作业井多数为浅海钻井，所遇到的窄密度窗口、浅层流等问题对钻井作业的影响尚不明显，由于钻井作业周期并不长，使用控压钻井技术减少非生产时间、增速的效果还不显著，没有充分体现海洋控压钻井技术的特点。

从经济效益看，当前控压钻井的服务费用仍较高，使用控压钻井技术降低作业成本效果不明显，从而造成现阶段我国海洋控压钻井未得到广泛应用。

但随着我国钻井不断向深水、超深水领域发展，作业难度不断增加，控压钻井技术将会有广阔的应用前景。

二、国内海洋控压钻井技术重点研究内容

海洋控压钻井技术与陆地控压钻井技术从装备到工艺都有着很大的差异，海洋控压钻井关键技术研究在国内基本处于空白阶段。根据我国目前海洋钻井水平，当前应着重进行以下几方面研究。

（一）海洋控压钻井适用性研究

针对我国相关海域地质与环境特点，提出我国海洋控压钻井技术需求。在分析当前国际上现有海洋控压钻井设备的类型、结构、原理、功能、工艺流程及配套技术等内容基础上，了解使用限制与优缺点。结合我国海洋钻井需求，深入研究我国应用各种海洋控压钻井的可行性和适用性，以快速引进、研发适用我国海域的海洋控压钻井系统。

（二）海洋控压钻井装备研究

海洋钻井因受平台工作面积限制、天气条件恶劣、水下环境、设备运输困难等条件的

制约，对海上控压钻井装备应用提出了更高的要求。针对海洋控压钻井作业的限制，分析对控压钻井装备可能产生的影响，研究海洋控压钻井装备需注意的问题和可能出现的隐患。同时根据海洋钻井装备制造标准，优化海洋控压钻井装备，提出和完善技术要求。

（三）海洋控压钻井工艺研究

海洋控压钻井作业要面对泥线浅层气、浅层流活跃，部分地区存在水合物，浅层地层破裂压力低，窄密度窗口，海洋井控风险高、后果严重，井控安全余量小等影响钻井安全的问题，需借鉴国外成熟工艺和经验，从水力学、井筒压力控制工艺、自动控制技术、计算机技术入手，开展我国海洋控压钻井工艺的研究。

参考文献

[1] 翟小强, 王金磊, 李鹏飞, 等. 海洋控压钻井技术探讨与展望[J]. 石油科技论坛, 2015（3）: 5.

[2] SETIAWAN T B, BIN OMAR M M, BIN SULAIMAN M Z, et al. Managed pressure drilling with solids-free drilling fluid provides cost-efficient drilling solution for subsea carbonate gas development wells[C]. SPE-164573-MS, 2013.

[3] 高磊. 动态环空压力控制系统应用技术研究[D]. 大庆: 大庆石油学院, 2009.

[4] 石林, 杨雄文, 周英操, 等. 国产精细控压钻井装备在塔里木盆地的应用[J]. 天然气工业, 2012, 32（8）: 6-10.

[5] 周英操, 刘伟. PCDS精细控压钻井技术新进展[J]. 石油钻探技术, 2019, 47（3）: 68-74.

[6] 于建涛. 控压钻井井筒压力计算模型优化及应用[D]. 武汉: 长江大学, 2013.

[7] 罗华, 孟英峰, 李永杰, 等. 自动化精细控压钻井技术研究[J]. 吐哈油气, 2012（2）: 3.

[8] 徐小峰. 深层高温潜山冻胶阀控压钻井技术研究[D]. 成都: 西南石油大学, 2018.

[9] 刘书杰, 吴怡, 谢仁军, 等. 深水深层井钻井关键技术发展与展望[J]. 石油钻采工艺, 2021, 43（2）: 7.

[10] 翟小强, 王金磊, 李鹏飞, 等. 海洋控压钻井技术探讨与展望[J]. 石油科技论坛, 2015, 34（3）: 56-60.

[11] 尹士轩, 徐宝昌, 孟卓然, 等. 控压钻井的控制理论研究与装备研发进展[J]. 化工自动化及仪表, 2023, 50（5）: 622-631.

[12] 刘书杰, 任美鹏, 李军, 等. 我国海洋控压钻井技术适应性分析[J]. 中国海上油气, 2020, 32（5）: 129-136.

[13] HANNEGAN D, MAHMOOD A. Offshore well integrity management with MPD tools and technology[C]. OTC-25723-MS, 2015.

[14] PATEL H, BRUTON J, DIETRICH E, et al. Lessons learned and safety considerations for installation

and operation of a managed pressure drilling system on classed floating drilling rigs [C]. OTC-25946-MS, 2015.

[15] BRUTON J W, LIN J, PATEL H N. Practical MPD deployment considerations for floating drilling [C]. D031S036R002, 2015.

[16] CAI X, GUO Q, ZHAO Q. Implementing managed pressure drilling technique in drilling an offshore exploration well [C]. D012S001R069, 2020.

[17] CAI X, GUO Q, FU C, et al. Implementing a new managed pressure drilling equipment to drill offshore wells [C]. D021S020R006, 2020.

[18] DOW B, ROJAS F, HOBIN J, et al. Managed pressure drilling – An unconventional efficiency tool applied in deepwater [C]. D031S040R001, 2020.

[19] GRAYSON B. Precise management of downhole pressure enhances safety and enables access of challenging offshore reserves [C]. SPE-119867-MS, 2009.

[20] RAJABI M M, NERGAARD A I, HOLE O, et al. Application of reelwell drilling method in offshore drilling to address many related challenges [C]. SPE-123953-MS, 2009.

[21] RAJABI M M, NERGAARD A I, HOLE O, et al. A new riserless method enable us to apply managed pressure drilling in deepwater environments [C]. SPE-125556-MS, 2009.

[22] RAJABI M M, NERGAARD A I, HOLE O, et al. Riserless reelwell drilling method to address many deepwater drilling challenges [C]. SPE-126148-MS, 2010.

[23] ANDRESEN J A, ASKELAND T. New technology, which enables closed, looped drilling (MPD) from mobil offshore drilling units (MODU) [C]. SPE-139683-MS, 2011.

第二章 海洋控压钻井技术基本原理和控制方法

第一节 控压钻井概念及分类、分级

一、控压钻井概念

控压钻井是控制压力钻井的简称（managed pressure drilling，简称 MPD）。此外，也有 controlled pressure drilling（CPD）也翻译成"控压钻井"的。控压钻井概念的提出，极大促进了钻井技术进步和钻井提速。

根据国际钻井承包商协会（IADC）的定义：控压钻井是用于精确控制整个井眼压力剖面的自适应钻井工艺，以保持井底压力在设定的范围内。该定义从控制目标、控制策略和实现方法 3 个层次清晰表征了其技术特点：（1）控制目标：通过预先设定环空井底压力，保持井底压力在设定的范围内；（2）控制策略：通过对回压、流体密度、流体流变性、环空液面、循环摩擦力、井身结构和钻具组合几何尺寸等综合分析和精确的水力计算，进行精确控制；（3）实现方法：通过装备及软件系统与工艺相结合，合理的逻辑判断，实现环空压力动态、自适应控制。

控压钻井主要用来解决深井钻井中因窄安全密度窗口、多压力系统、压力敏感性地层引起的井漏、溢流等井下复杂情况，以及含硫地层、压力不确定性高风险勘探井的安全钻井问题。应用控压钻井技术时必须考虑包括常规钻井所涉及的井控技术、钻井液技术和完井技术等，这涉及常规钻井装备与工具、计算分析及软件以及为实施控压钻井配备的特殊配套装备、工具和软件等。过平衡钻井、近平衡钻井、欠平衡钻井、精细控压钻井和自动（闭环）控压钻井中均包含控压钻井技术。

过平衡钻井技术指在油气井钻井过程中井筒液柱压力大于地层孔隙压力能有效实施安全钻井的钻井技术，简称 OBDT（overbalanced drilling technology）。

近平衡钻井技术指在油气井钻井过程中井筒液柱压力接近地层孔隙压力（有时甚至低于地层孔隙压力），正常钻进情况下井底压差范围从 0（包含 0）至过平衡规定正压差的下限并能有效实施安全钻井的钻井技术，简称 NBDT（nearbalanced drilling technology）。

欠平衡钻井技术指井筒环空中循环介质的井底压力低于地层孔隙压力，允许地层流体有控制地进入井筒并将其循环到地面进行有效处理的钻井技术，简称 UBDT（underbalanced drilling technology）。

精细控压钻井技术指在钻井过程中能够精确控制井筒环空压力剖面有效实现安全钻井的技术，简称为 DCPDT（delicate controlled pressure drilling technology）。它的核心技术除旋转防喷器、井口连续循环装置、地面压力控制装置和多相密闭分离装置等专用硬件设备与工具以外，有时还包括随钻井底环空压力测量（APWD）、地面流体流量计量和回压控制等。进行精细控压钻井，必须能精确、有效控制起下钻、开泵等环节的压力使井底压力始终接近地层压力。精细控压钻井主要用来解决当量循环密度（ECD）引发的钻井问题，特别是窄安全密度窗口，即喷漏同层的问题。

自动（闭环）控压钻井技术指在钻井过程中自动随钻监测环空压力剖面、反馈至地面自动调整流量和回压等控制系数实现环空压力的闭环监测与控制的控压钻井技术，简称 ACCPDT（auto close-loop controlled pressure drilling technology）。自动（闭环）控压钻井是精细控压钻井技术发展的最终目标，要实现这一目标除专用设备和工具外最关键的是研制随钻井底环空压力测量、研究多相流流动规律。随钻井底环空压力测量能随钻监测井筒环空压力剖面（多点测压）从而实现井筒环空压力剖面的随钻控制。随着随钻检测技术、环空水力学技术、钻井仪器仪表、高压力级别旋转防喷器设备研制等方面的发展和进步一定能实现自动（闭环）控压钻井技术。

二、控压钻井分类、分级

国际钻井承包商协会欠平衡作业协会（IADC UBO Committee）控压钻井（MPD）子协会将控压钻井技术划分为两大类。

（1）"被动型"控压钻井（Reactive MPD）。

常规钻井设计中安装控压钻井设备，常规钻井时一旦出现异常的压力变化，立即转而实行控压钻井。因此在常规钻井工艺中至少需要配备有旋转防喷器或旋转控制头、节流管汇、钻具浮阀等，以保证能够更加安全有效地控制井底压力异常变化，如孔隙压力或破裂压力高于或低于预测值等。

（2）"主动型"控压钻井（Proactive MPD）。

钻井设计中设计并配备专有控压钻井设备和软件控制系统，钻井时能够主动控制环空压力，对整个井眼实施更精确的环空压力控制。

另外，从用途或安全性出发把控压钻井技术分为 5 级。

（1）1级：钻井作业安全，无喷、漏、塌等异常情况。一般指常规的过平衡钻井。

（2）2级：钻井作业安全，无喷、漏、塌等异常情况。为提高钻井速度而采用的近平衡钻井。

（3）3级：最大关井压力低于旋转防喷器额定工作压力下进行的欠平衡钻井作业或精细控压钻井作业，设备失效后只能产生有限的直接后果，发生异常情况可以启动应急预案，采用常规的压井方法能有效制止。

（4）4级：最大关井压力低于旋转防喷器额定工作压力下进行的欠平衡钻井作或精细控压钻井作业，但是设备失效后可能会产生直接的严重后果，启动预先设计的应急预案无把握消除风险的钻井作业。

（5）5级：井下情况不清楚，即使采用应急预案也可能发生较大风险的欠平衡钻井作业或精细控压钻井作业。

一般不建议实施5级控压钻井。实施4级控压钻井前应进行充分的风险评估。

第二节　控压钻井的基本原理

一、控压钻井压力构成

整个钻井作业过程中，都需要井底压力保持在一定的安全范围，即地层压力和地层漏失压力之间，以保证不溢不漏。常规钻井时，井底压力包括：静液柱压力＋环空循环压耗＋激动压力－抽吸压力，如图2-1所示。

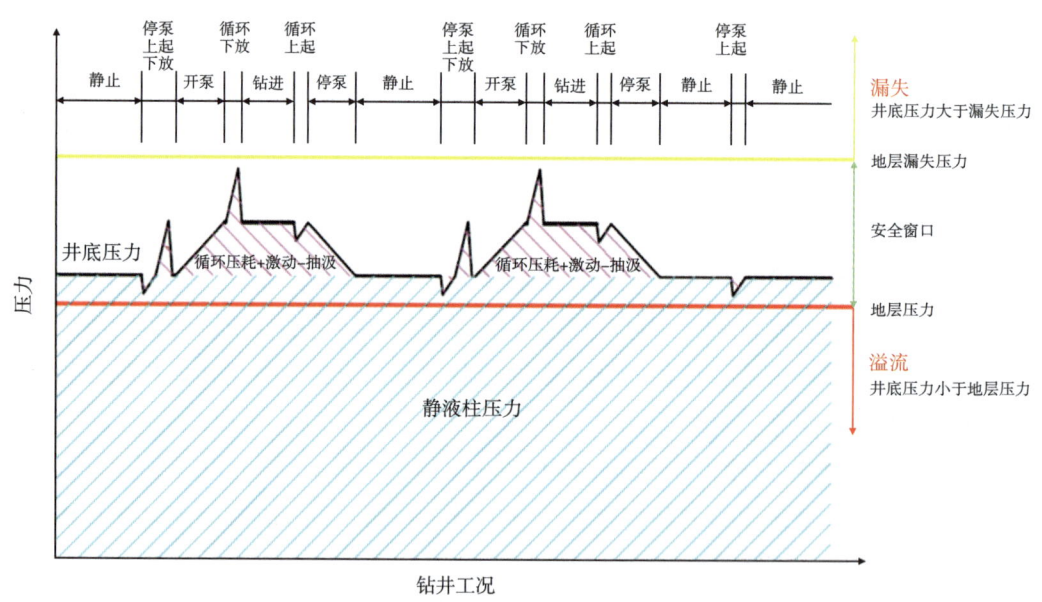

图2-1　常规钻井不同工况下井底压力变化情况

钻井液密度是由地层孔隙压力、破裂或漏失压力、井眼稳定性一起来决定的。常规钻井方式下环空压力剖面情况如图2-2所示，要增加或降低井底压力，可调整的参数和手段非常有限，最直接的就是提高或降低钻井液密度，但由此耗时非常漫长，且又有井控风险。

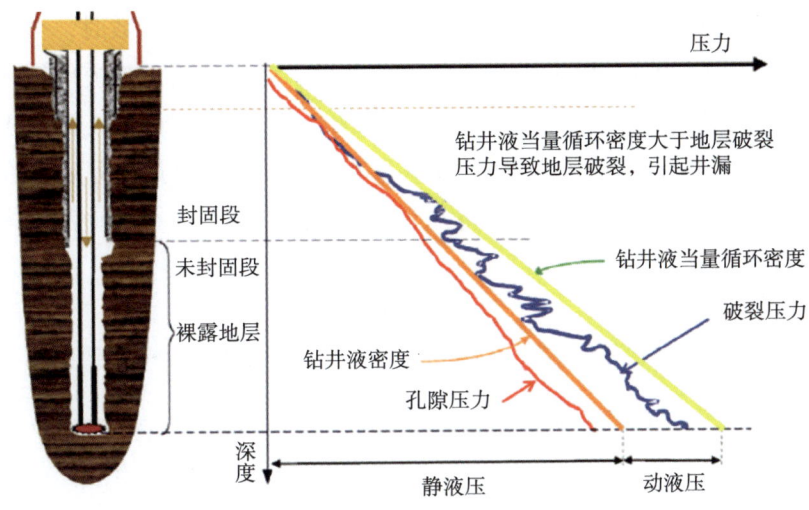

图 2-2 常规钻井方式下环空压力剖面情况

控压钻井的核心是对井底压力的精确控制,控压过程井底压力为

$$p_b = p_h + p_a + p_{sur} - p_{sw} + p_t \tag{2-1}$$

式中：p_b 为井底压力，MPa；p_h 为钻井液静液柱压力，MPa；p_a 为环空压耗，MPa；p_{sur} 为抽汲压力，MPa；p_{sw} 为激动压力，MPa；p_t 为井口回压，MPa。

在控压钻井过程中可以选择较低钻井液密度，通过地面管汇自动节流阀的开度调节来实现快速调整和控制井底压力，控压钻井压力构成如图 2-3 所示。

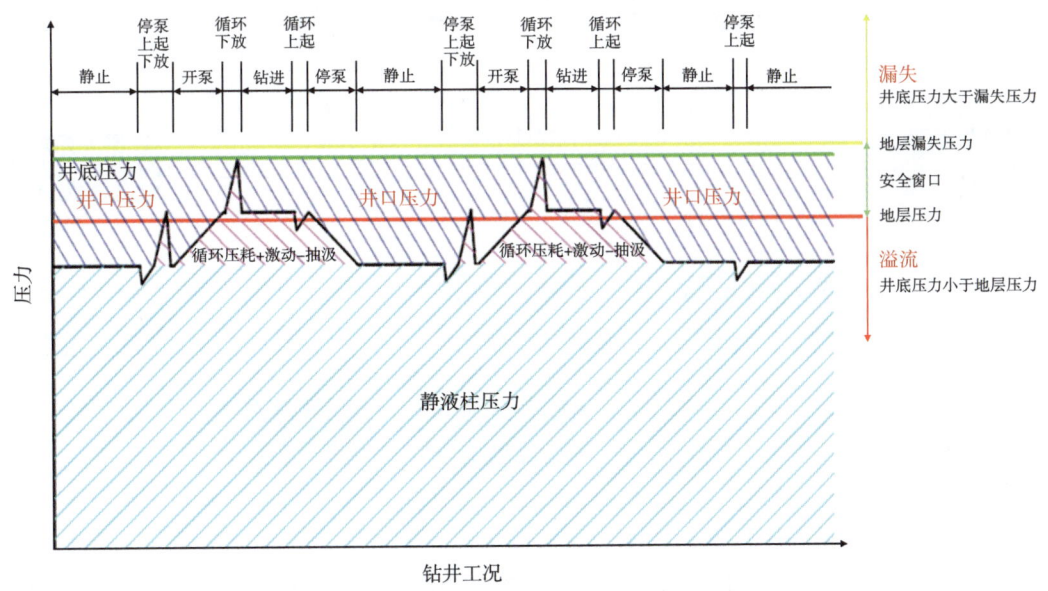

图 2-3 控压钻井不同工况下井底压力变化情况

在窄密度窗口进行常规钻井，当井底当量密度低于孔隙压力系数时，会发生溢流，即地层流体流入井眼内。为保障钻井安全，在钻进之前，就必须将溢流流体循环出来；当开泵时，激动压力和循环压耗造成井底压力增加，可能超过了地层破裂（漏失）压力，于是导致循环漏失，即钻井液流入地层。控压钻井的目的就是控制井底当量密度在窄密度窗口内，安全作业。通过井口回压的控制，将井底压力波动控制在较小波动范围内。控压钻井和常规钻井压力波动示意图如图2-4所示。

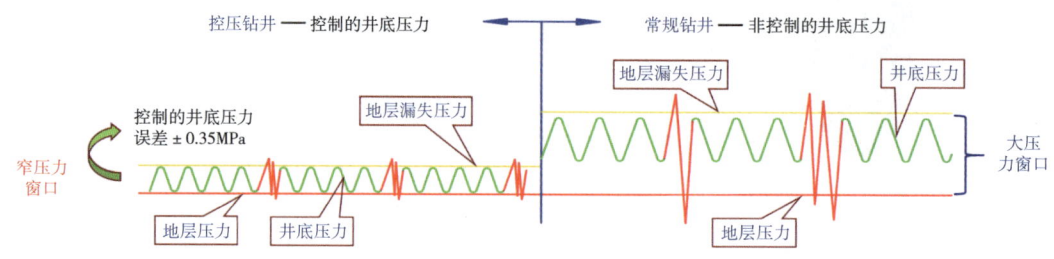

图2-4　常规钻井与控压钻井压力波动示意图

二、控压钻井压力控制流程

控压钻井技术采用封闭（有时加压）钻井液循环系统，利用计算机自动控制技术，将钻井参数的采集、监测、分析、决策和控制都融合到集成压力控制平台(IPM)，以实现井底压力的精确控制，控压钻井压力控制流程原理图如图2-5所示。

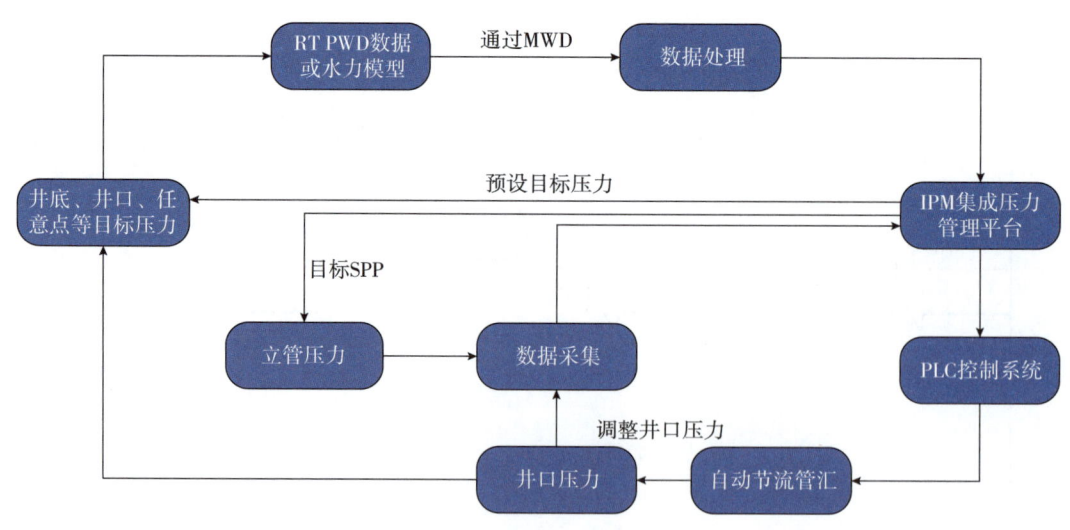

图2-5　控压钻井流程原理图

根据控压钻井现场各种不同的工况，有多种控制模式来实现井底压力的控制：井口控压模式、井底控压模式和任意一点控压模式等。控压钻井压力控制模式如图2-6所示。

井口控压模式：通过设置井口压力以达到控制井底压力的模式

井底压力 = 钻井液柱压力 + 环空摩阻 + 激动压力 − 抽汲压力 + 井口回压

井底控压模式：通过设置井底压力计算井口设置压力，系统自动调节和控制井口压力以达到井底压力与设置井底压力一致的模式

井底压力 = 钻井液柱压力 + 环空摩阻 + 激动压力 − 抽汲压力 + 井口回压

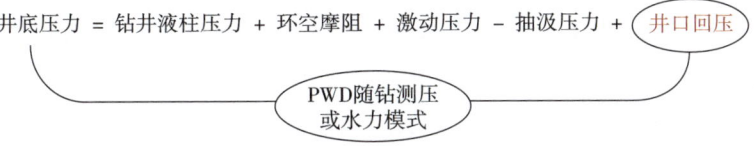

PWD随钻测压或水力模式

图 2-6　控压钻井压力控制模式

井口回压的调节是控制井底压力恒定的关键。在某一井深、一定排量下，钻井液静液柱压力、环空压耗是一定的，则井底压力的控制取决于井口回压的调节。而钻进过程中，钻井液静液柱压力、环空压耗随井深而变化，为了保持井底压力恒定，则井口回压要根据钻井液静液柱压力、环空压耗、激动压力和抽汲压力的变化而调整。

井口回压的调节是通过旋转防喷器封闭井口、回压泵和控压节流管汇实现的，通过调节节流管汇的节流阀开度实现不同的井口回压。节流管汇节流阀开度调节，有手动和自动两种方式。目前的自动压力控制系统通过计算机智能技术根据各种压力控制模式计算所需的井口设置压力后自动传输到 PLC 控制系统，由液控系统或电控系统自动调整节流阀开度从而实现调整或保持井口回压，以实现井底压力的自动、快速控制。典型压力控制流程如图 2-7 所示。

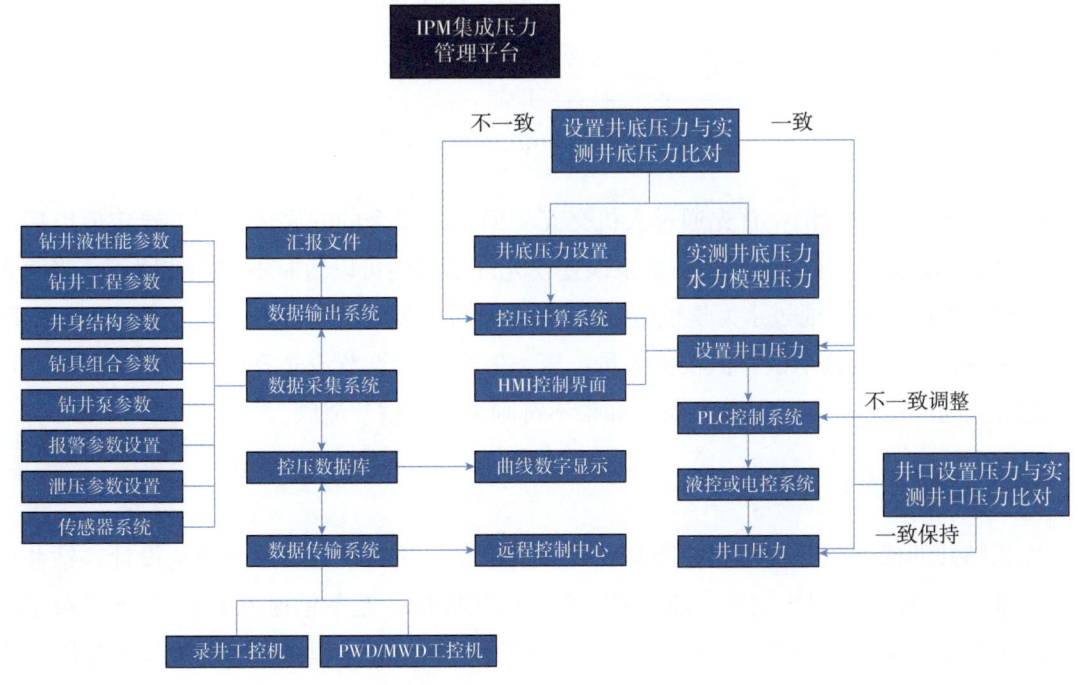

图 2-7　井口压力控制流程意图

有时,也会通过调节环空循环压耗来实现井底压力的调节,包括改变化排量、改变钻井液密度等。

控压钻井的核心关键在于压力控制工艺的实现,包括控压钻进、接单根、起下钻、换胶芯等作业流程,与开泵、正常循环、停泵和停止循环等过程。控压钻井自动控制系统依据采集的排量、套压、随钻井底压力(PWD)数据等,实时比对实际井筒压力与目标压力。依据其差值,相应给出节流阀控制信号,以实现对井筒压力控制的目标。

钻进过程中控制井底压力模型如式(2-1)所示,通过 PWD 数据计算环空压耗,再计算出所需井口回压。通过井口回压来控制井底压力,钻进过程中实时不断地修正井底压力,使井底压力始终在安全钻井液窗口内,如图 2-8 所示。

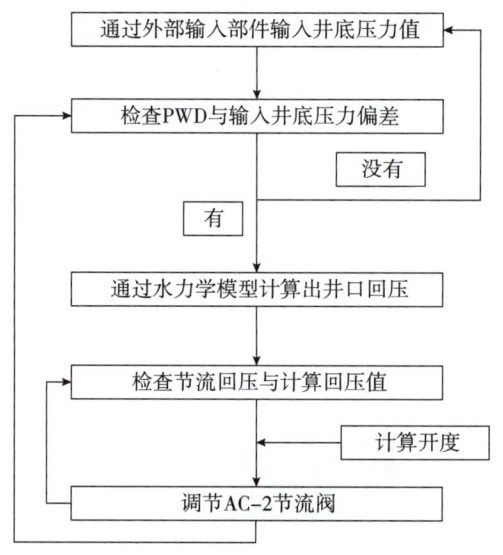

图 2-8 井底压力动态控制流程图

由图 2-8 中可以看出:首先通过人机交互界面输入安全的井底压力值。给定值以后通过检查 PWD 数据与设定值的误差,如果误差在允许范围内可以暂时不用调节回压。当两者之间存在较大误差时,通过水力学模型根据 PWD 计算出所需井口回压。这个井口回压实际是一个试算值,依据这个试算值根据流量、压力等参数计算节流阀开度。当阀芯调整完再次检查节流阀回压是否与计算值相符,如果不符则继续调整节流阀。

三、井底压力影响因素

控压钻井的成败与井底压力控制有直接关系,涉及钻井设计(井身结构设计、钻井设备的优选等)、钻进过程(钻速、油气层发现、储层保护、起下钻速度等)、井下复杂事故及处理(井漏、溢流、井涌、井喷、卡钻、井壁坍塌等)等过程。井底压力受多种因素影响,如地层岩石特性、钻井参数、钻井设备等。

（一）非可控性因素

非可控因素主要指地质因素，包括地层岩性、储层物性、地层温度、地层压力、地层漏失压力和破裂压力等。

1. 地层岩性

控压钻井主要用于压力异常段和保护储层。储层段岩性主要有沉积岩、岩浆岩和变质岩。沉积岩又包括碎屑岩和化学岩。碎屑岩按粒级分为砾岩、砂岩、粉砂岩、泥岩；化学岩分为碳酸盐岩、膏盐岩、硅质岩等。

碎屑岩在中深井段常存在未胶结的砂砾层，地层岩石孔隙度大，渗透率高；对于深层井段，岩石物性主要为低孔低渗透的砂砾岩，地层裂缝为主要的油气运移通道，应控制井筒微过平衡，防止发生井漏等事故。

碳酸盐岩主要包括石灰岩和白云岩，碳酸盐岩地层长期经水溶蚀、冲蚀作用可以形成溶沟、溶洞等。钻进碳酸盐岩地层时，常常遭遇窄密度窗口，起下钻、开停泵等工况引起的井底压力波动，极易形成溢流和漏失。因此，在钻进碳酸盐岩地层时，应合理设计井身结构、钻具组合、钻井液密度及流变性、泵排量等参数，以便精确控制井筒压力剖面在窗口范围之内。

火山岩是火山作用时喷出的岩浆经冷凝、成岩、压实等作用形成的岩石，在熔岩内会有孔隙和裂缝，形成油气运移通道。因此，应合理设计钻井液密度及钻井工艺，防止发生漏失和溢流。

2. 储层物性

储层的物性主要包括储层厚度、孔隙度、渗透率等。储层厚度越大，在钻井过程中井筒与储层的接触面积越大，井筒中的流体更容易进入井筒形成溢流或钻井液进入储层形成井漏从而伤害储层。对于长裸眼段含有多个不同压力梯度层位或多个窄密度窗口层位时，井筒压力更需要精细控制，才能实现井筒内不发生溢流和井漏等复杂情况或事故。

储层的孔隙度和渗透率与钻井过程中发生的溢流和井漏直接相关。孔隙度和渗透率越大，井筒越易发生溢流和气侵。对于渗透率较大的地层，当井底压力小于地层压力时，井底易形成较大的欠平衡从而易发生溢流；对于孔隙度较大的地层，井底易形成重力置换溢流或井漏。在重力置换的作用下，储层内的流体进入井筒，同时井筒内的钻井液进入储层，虽然此过程中井底压力对重力置换溢流影响较小，但应及时控制井底压力，以防重力置换溢流转变为欠平衡溢流；对于大型裂缝或溶洞地层，井底发生自然漏失现象，此时井筒出现失返，控制井底压力无法实现对漏失的控制。

不同的储层流体所需的井底压力不同。储层内的流体主要包括油、气、水、硫化氢、二氧化碳，根据流体的特性、流体在井筒运移对井筒流动影响，在过平衡钻井时，含硫化氢、二氧化碳气体的地层井底正压差最大，含气体地层井底正压差次之，含油、水地层井底正压差最小。

3. 地层温度、压力

地层温度、压力影响钻井液密度。温度使井筒内钻井液的密度降低,压力使井筒内钻井液的密度增加。因此,在井筒中存在一个临界井深,该位置处温度和压力两种作用使钻井液的密度不发生改变。不同地区井筒温度梯度不同,差异较大,对井筒压力的影响较大。

不同组分的钻井液密度受温度、压力影响改变量不同,造成的井底压力变化值不同。只有确定了每一种组分的变化规律,才能得到钻井液在不同温度、压力下的密度值。

(二)可控参数

可控参数主要包括钻井水力学参数、不同钻井工况、地面设备、井身结构、钻具组合等。

1. 钻井水力学参数

钻井水力学参数主要包括泵压、排量、钻井液性能、循环压耗、喷嘴直径、钻头压耗等。水力学参数对井底压力的影响主要表现在钻井液的循环摩阻、激动压力及抽汲压力对井底压力的影响。

循环摩阻有多种计算模型,主要受排量、井身结构、钻具组合、钻井液性能、环空偏心度、环空截面面积突变、套管的粗糙度、裸眼段的粗糙度及裸眼扩大尺寸、水平井段岩屑床厚度等因素影响,这些因素都制约了井筒环空循环摩阻模型的精确计算。

2. 井身结构

井身结构对井底压力的影响主要表现为井筒环空尺寸大小造成了循环摩阻的改变。小井眼具有井眼尺寸小、环空间隙小、钻具高速旋转等结构特点,这些特点与常规钻井不同,使常规钻井的水力学计算方法不适用于小井眼钻井环空水力学计算,从而造成井底压力的计算困难。

当排量、环空返速增加时,小井眼环空水力压耗快速增加。在较高的钻杆转速时,旋转对环空水力学压耗影响较大。环空间隙减小,钻杆转速对环空水力学压耗影响更大,表现为环空压耗增加。

3. 工况

钻井过程存在不同的工况,对井底压力影响较大的工况主要有:钻进(或循环)、起下钻、接单根、溢流、井漏、关井和压井等。

钻进(或循环)过程中,井底压力主要由钻井液静液柱压力、钻井液环空压耗和井口回压组成,钻井液循环压耗对井底压力影响较大,且不同的钻井液性能、井身结构对井底压力的影响变化很大。

起下钻和接单根时钻井液的循环停止使得循环压耗消失,同时井底产生波动压力,造成井底压力较大的变化。波动压力的大小受钻井液性能、井身结构、钻具组合和起下钻速度影响。对于窄密度窗口地层,在起下钻和接单根过程中,井底压力的波动会超出钻井液安全密度窗口，因此，对于窄安全密度窗口地层需合理设计钻井参数，使用精细控压钻井或连续循环钻井系统，从而保证安全钻井。

溢流为地层流体侵入井筒。侵入地层的油、水密度比钻井液密度低，因此油、水随着钻井液上返时井底压力降低。对于井底气侵，由于气体密度远远小于钻井液密度，且气体运移到井口位置时，气体发生较大的膨胀作用，从而进一步降低井底压力。因此，井底发生气侵带来的井底压力下降要大于油侵和水侵。

井漏对井底压力产生影响主要表现为漏失常伴随着井筒进气，因此，井筒发生漏失的同时，井口有气体溢出，井底压力随着漏失而降低。失返性漏失井筒压力下降较大，如控制不当，井筒会发生更复杂的井下事故。

关井和压井过程为井控过程。地层油气进入井筒后，采取关井过程来求取地层压力，因此关井过程中井口和井底压力是逐渐增加的过程。当井口压力趋于稳定时，井口压力和静液柱压力之和为地层压力。压井是逐渐把侵入油气的污染钻井液替换重建井筒压力平衡，压井过程中，通过调节手动节流阀的开度，保持井底压力的恒定，因此，井底压力受节流阀开度大小影响及压井液性能参数影响。

4. 地面设备

地面设备主要包括井口防喷器组、旋转防喷器、节流管汇、压井管汇、放喷管线等。

防喷器组按行业标准推荐压力级别分别为14MPa、21～35MPa、70～105MPa的防喷器组合方式，根据压井过程井口能够出现的最大井口套压，优选防喷器组合方式。

井口不同等级的防喷器组合所允许的井口套压值不同，当关井过程中，井口的压力值超过一定范围时，井口需采取放喷或压井等井控措施来保证井筒的安全性。

第三节　海洋控压钻井技术控制方法

随着控压钻井技术的发展，根据不同地层特征，提出了不同控制压力钻井的工艺技术，如井底压力恒定的控压钻井技术、钻井液帽钻井技术、双梯度钻井技术和HSE钻井技术等。目前海洋控压钻井仍以这几种为主，见表2-1。

表2-1　控压钻井工艺

类别	应用范围	特点
井底恒压（CBHP）	窄密度窗口 高温高压层	应用最广泛，适用区域最广，技术上最先进
钻井液帽	大漏失地层	可用于溶洞、大裂缝地区
双梯度（DGD）	深水海洋钻井	适用于地层压力梯度规律突变（深海海底）
HSE控压钻井技术	海洋钻井	海洋钻井平台

一、井底恒定控压钻井技术

井底压力恒定（constant bottom hole pressure，简称 CBHP）控压钻井是一种通过控制环空水力摩阻、钻井液静液柱压力、激动压力、抽汲压力和节流压力来精确控制井底压力的方法。主要用于钻过窄或不明压力梯度窗口，可通过调节井口回压维持井底压力等于或略大于地层压力，保障钻井作业安全和高效。具有以下特点：

（1）设计时一般使用低于常规钻井方式的钻井液密度进行近平衡钻井；

（2）钻井或循环时井底压力等于静液柱压力 + 环空压耗 + 井口压力；

（3）当关井、接钻杆时，循环压耗消失，井底压力（等于静液柱压力）处于欠平衡状态，在井口加回压使井底压力保持适当的过平衡状态，从而控制地层流体的侵入；

（4）当循环或停泵时上起或下放钻具时，井口压力会提高或降低以补偿激动或抽汲压力；

（5）通常情况是静止时在井口加的回压等于循环时的环空压耗；

（6）控压钻井消除了循环压耗和钻具活动引起的压力波动对井底压力的影响。

井底压力恒定控压钻井，无论是在钻进、接单根，还是起下钻时均保持恒定的环空压力剖面或井底压力，在钻进窄压力窗口地层时避免发生涌、漏现象。其方法是通过综合分析井下测量数据和水力学模型（流体密度、流体流变性能、环空液面、井口回压、水力学摩阻等）的计算结果，并及时调控控压参数，从而精确控制井底压力，使之接近于恒定，避免压裂地层或发生井涌。尽管在井底恒压控压钻井中，钻井液密度可能低于孔隙压力，但这并不是欠平衡钻井，因为总的钻井液当量密度仍高于地层孔隙压力，属于微过平衡的控压钻井技术。

井底恒压控压钻井装备的布置如图 2-9 所示，主要是在旋转防喷器与液气分离器之间加入一个自动节流管汇系统，同时采集和接收钻井参数传输至控压数据库，并根据井

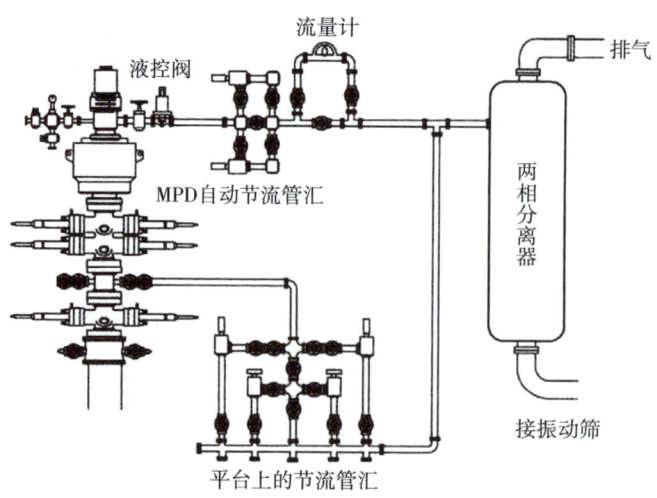

图 2-9　CBHP 主要设备和流程

底压力变化实时调整井口回压,从而维持井底压力相对稳定,保证井筒内的压力满足地层密度窗口的要求。井底恒压控压钻井技术适用于处理海洋窄密度窗口、浅表层钻井等问题。

有两种实现方式,一种方式是通过井下随钻测压工具实时测量井底压力,再使用MWD脉冲信号将实测压力传输到地面IPM集成压力管理平台,通过井口加压以实现井底压力恒定。另一种方式是通过水力学模型,计算出环空摩阻、激动压力、抽汲压力等,再通过井口加压实现井底压力恒定。

二、钻井液帽控压钻井技术

钻井液帽控压钻井技术采用比传统钻井液密度高的钻井液钻进,既可以当作开环循环系统操作,又可以当作闭环循环系统操作,主要通过一个钻井泵系统调整"钻井液帽"液柱的高低来控制井底压力。钻井液帽控压钻井技术可被应用于深水、窄压力窗口地层、高压/高温地层、高裂缝性地层以及压力衰竭性地层等。钻井液帽控压钻井分为常规钻井液帽控压钻井技术(mud cap drilling,简称MCD)、加压钻井液帽控压钻井技术(pressured mud cap drilling,简称PMCD)和控制钻井液帽压力钻井技术(controlled mud cap,简称CMC)。

加压钻井液帽控压钻井过程中,通过旋转控制头从地面向环空上部注入液态"钻井液帽"。通常,注入的钻井液帽已加重和增黏处理,高密度钻井液应缓慢注入环空,防止油气上窜进入环空,从而保持良好的井控状态。为了更好地携带岩屑,避免岩屑在钻头以上层段的孔洞或裂缝中沉积,在岩屑上返的同时,还需要向钻杆内注入1段"牺牲流体",即注入井筒但不返出的低成本流体,通常是清水或盐水。加压钻井液帽控压钻井能有效减少发生井下复杂情况的时间与费用,使钻井液漏失最小化,提高了机械钻速(ROP)。应用常规钻井技术会发生完全漏失或接近完全漏失,应用加压钻井液帽技术不但提高了井控能力,而且对储层伤害也比较小。示意图如图2-10所示。

另外,采用低密度、低成本的流体进行钻井液帽钻井的原理如图2-11所示。

钻井液帽控压钻井方法已在海洋钻井作业中获得成功应用,对解决海洋钻井中遇到的溶洞型及裂缝地层导致的严重漏失比较有效。钻井液帽控压钻井技术装备布置如图2-12所示。

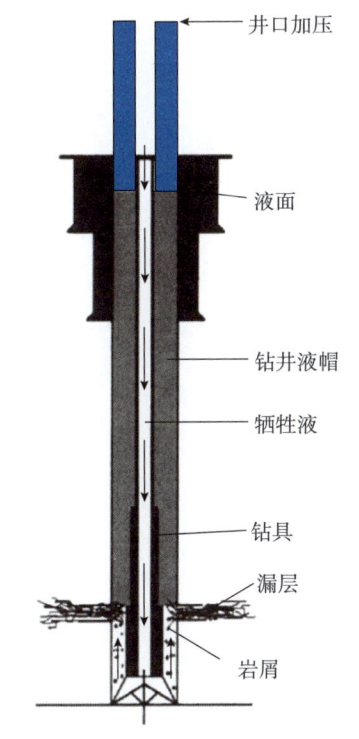

图2-10 加压钻井液帽钻井示意图

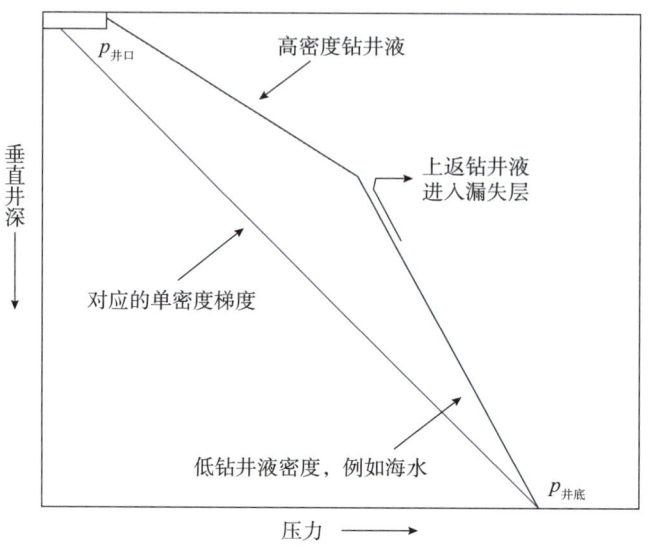

图 2-11 加压钻井液帽钻井原理图

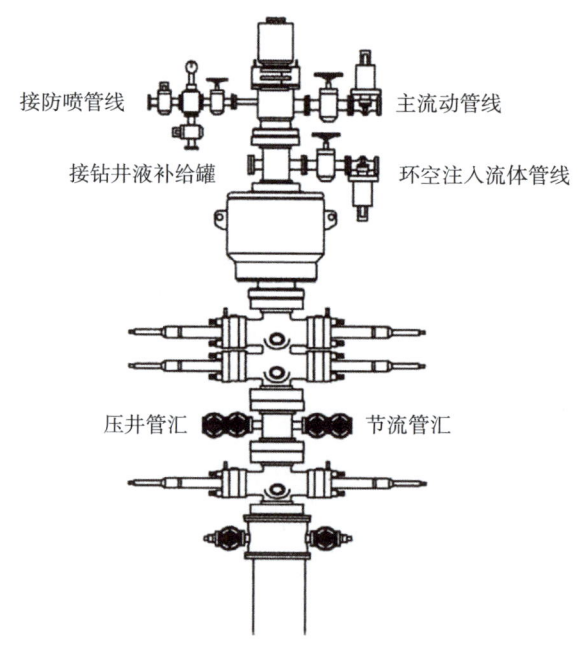

图 2-12 海洋应用钻井液帽控压钻井的井口装备示意图

日常作业中,钻井液帽控压钻井技术通常与井底恒压控压钻井技术相结合,既可以在漏失解决后维持井筒压力稳定,也弥补了井底恒压钻井技术在处理漏失时的缺陷,使钻井作业安全地通过漏失井段,降低了作业风险。

三、双梯度控压钻井技术

双梯度钻井（dual gradient drilling，简称 DGD）作业时，隔水管内充满海水（或不使用隔水管），通过海底泵和小直径回流管线旁路回输钻井液；或在隔水管中注入低密度介质（空心微球、低密度流体、气体），降低隔水管环空内返回流体的密度，使之与海水相当，在整个钻井液返回回路中保持双密度钻井液体系，有效控制井眼环空压力、井底压力，确保井底压力处于安全的压力窗口之内，主要用于深海钻井，如图 2-13 和图 2-14 所示。

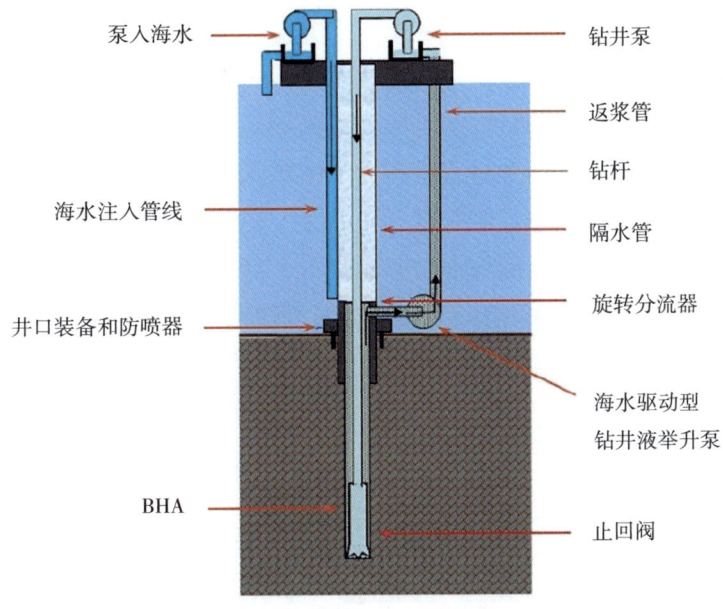

图 2-13 双梯度钻井示意图

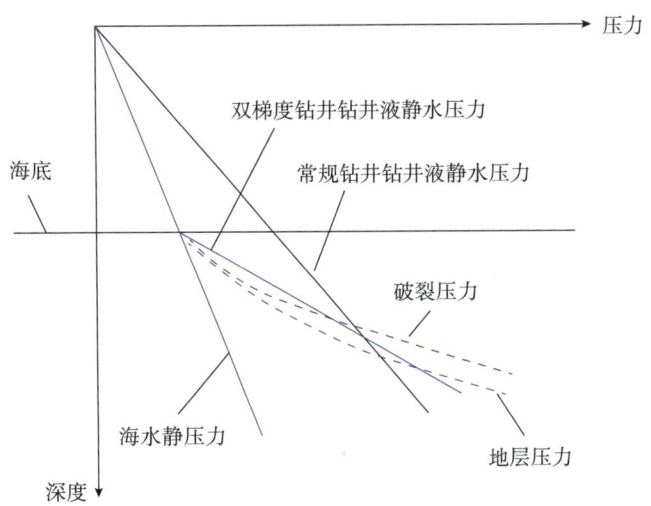

图 2-14 双梯度钻井静水压力梯度示意图

双梯度钻井技术在 20 世纪 60 年代提出并在 90 年代得到大力发展，目前已形成包括海底泵举升钻井液、无隔水管钻井、双密度钻井等多种实现方法。双梯度钻井针对深水钻井中出现的复杂问题，作业中泥线以上隔水管内流体密度与海水密度相近，井底压力的计算以海底为参考点，从而拓宽地层孔隙压力与破裂压力间的范围，大大减少井涌、井喷和井漏等事故，减少套管体系，缩短建井周期，降低处理钻井事故的时间，更为重要的是该技术克服了深水特殊的自然环境、油藏条件带来的问题，可在任何水深开展地质目标钻探，最终安全、高效地获得高产量的油气藏，应用前景广阔。

四、HSE 控压钻井技术

HSE 控压钻井技术又称回流控制（return flow control）钻井技术，可将钻井液返回到钻台上，满足健康、安全、环保的目的。与敞开式循环系统相比，HSE 控压钻井技术应用密闭、承压的钻井液循环系统，钻井过程中若有流体侵入，回流管线将被关闭，同时立即导流至节流管汇，侵入流体被安全控制并循环出井眼。使用旋转防喷器可以避免关闭闸板防喷器，将碳氢化合物释放至钻台的可能性降至最低，且在循环出侵入流体或在处理气侵钻井液过程中允许活动钻柱。HSE 控压钻井是 IADC 所列举的控压钻井形式之一，其设备流程如图 2-15 所示。

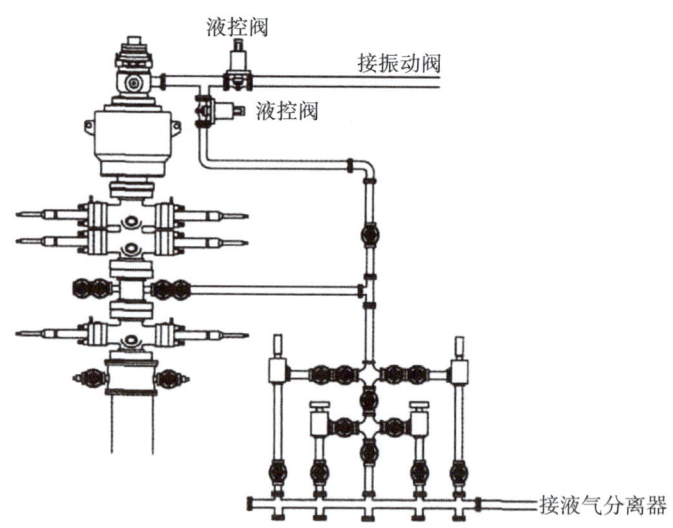

图 2-15　HSE 控压钻井技术装备布置示意图

第四节　主要海洋控压钻井系统介绍

海洋控压钻井系统源于陆地控压钻井系统，陆地控压钻井系统通过一定改造后可进行海洋控压钻井。目前国外控压钻井系统能够进行现场施工服务的主要有 Weatherford、Halliburton 和 Schlumberger；国内中国石油工程技术研究院、中国石油川庆钻探钻采院、中国石油西部钻探和格瑞迪斯相继研发了控压系统。

一、Weatherford 微流量控制钻井系统

Secure Drilling 系统最早名为"微流量控制系统（micro flux control，简称 MFC）"，后被 Weatherford 公司收购，2010 年获得《勘探与开发》(E&P) 杂志评选的"世界十大石油工程技术创新特别奖"。该系统的优势在于对传统钻井工艺设计和钻机仅需较小改动，系统可快速监测出钻井液漏失量和地层流体的涌入量，并能有效对其采取相应的处理措施，使流体溢出、漏失量最小。从而有效地降低钻井费用、提高钻井效率和钻井安全性。

微流量控制系统为提高钻井效率、降低作业费用、提高钻井作业的安全性而研发。该技术不仅可用于普通井，还可用于复杂井和高风险井，如高温高压井和窄钻井液密度窗口井。微流量控制技术通过实时监测井筒参数、控制环空压力和提供自动溢流监测和控制的方式，切实地提高钻井安全性。该技术最独有的特征是它具有通过高精度的流量测量仪测量返回物流量的能力，并可在 1min 内完成对溢流和漏失的分析、检测和控制，使井眼内溢流流体或漏失钻井液的体积最小。

由于微流量控制技术可使钻井风险和非生产时间降至最小，并能最大限度地保证钻井的安全性和可行性，因此绝大多数井都可获得收益。而对风险井、复杂井（高温高压井、窄密度窗口井）更是可获得相当可观的收益。

微流量控制系统由三部分组成：节流管汇、各种高精度传感器和中央数据采集控制系统。

微流量控制系统的工作原理是通过高精度传感器测量流入井筒和流出井筒流体的体积，中央数据采集控制系统根据传感器的数据分析、对比两种流量的大小，判定井下事故，然后通过控制中心自动控制节流系统，或发出警报提醒钻井技师井下所发生的事故，并能给出相应的处理措施供司钻参考（图 2-16）。

微流量控制系统有两种工作模式：标准模式和特殊模式。标准模式是专门为过平衡钻井而设计，可在 1～2 个井段或全井使用。标准模式可用于任何井或钻机，它不需要对原有的井身设计和井控程序做任何修改。传统工艺中的所有操作程序也无须变动，如接单根、起下钻、测井、下套管和固井等。仅通过打开旋转控制头使流体由正常管线排出即可恢复传统钻井作业。微流量控制的特殊模式是用在井筒内出现欠平衡状况或钻井液密度低于地层坍塌压力时。这种模式在考虑安全和井控的情况下需专门的操作程序。在流体循环中断的情况下需在地表施加回压。

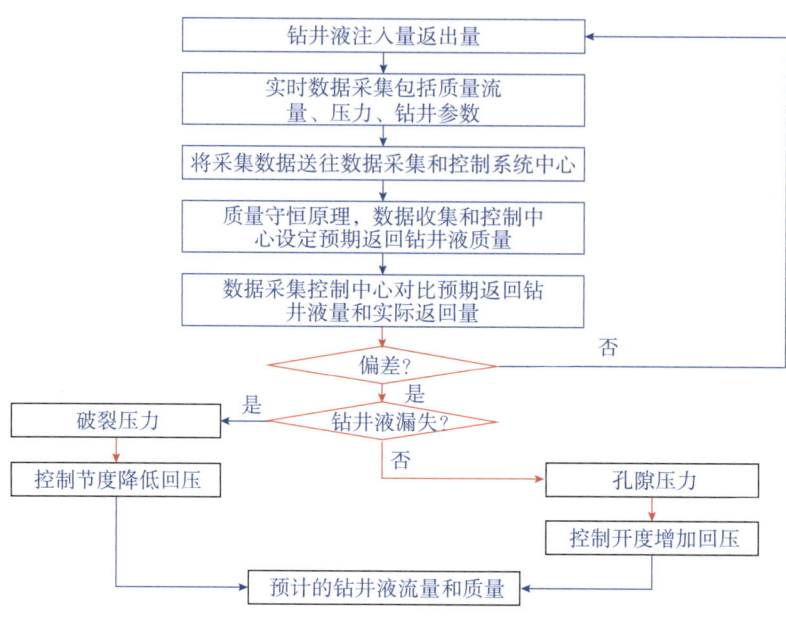

图 2-16 Weatherford 微流量控制原理示意图

二、Halliburton 自动节流控压钻井系统

Halliburton 公司的自动节流控压钻井系统利用随钻井底压力测量实时测量井底压力，利用回压泵和节流阀施加井底回压，利用高精度水力模拟来设计钻井液密度和回压泵及节流阀相关参数，确保井底压力波动不超过 30～50psi，实现窄钻井液密度窗口的安全钻进。同 Secure Drilling 系统相比，该系统使用的装备偏多，控制变量和控制对象也较多，对溢流和漏失量的判断还主要靠钻井液池液面来判断。其控制过程如图 2-17 所示。

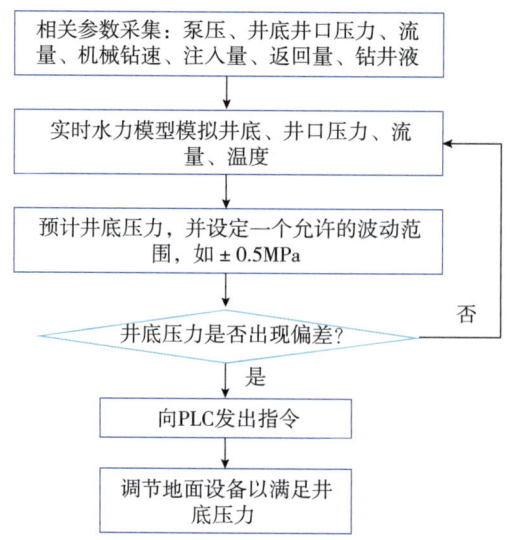

图 2-17 恒压力模式控制示意图

该系统由中央控制器单元、全自动节流管汇、流量计、回压泵、随钻井底压力测量等几部分组成，如图 2-18 所示。

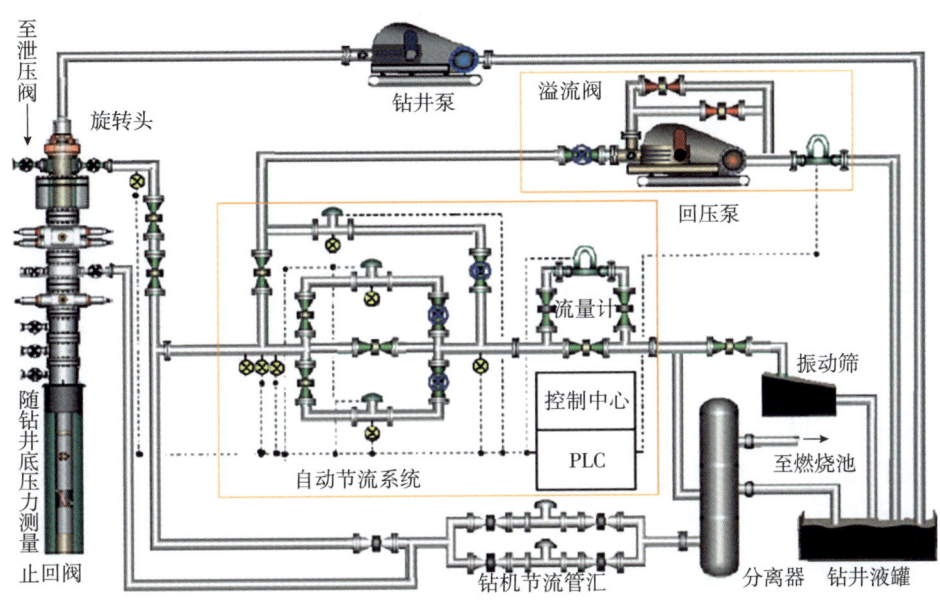

图 2-18　Halliburton 的自动节流控压钻井系统组成

（一）中央控制器单元

中央控制器单元（IPM）其核心是可编程逻辑控制器（PLC）。可编程逻辑控制器接收测量数据和从节流阀反馈回的信息，发出指令，调整节流阀的位置，并控制回压泵。

中央控制器单元的子系统包括可编程逻辑控制器软件和硬件，硬件通过高速总线连接到液压单元，DAPC 的仪器网络，数据采集网络，水力学模型和人机交互界面。中央控制器单元和水力学模型保持双向实时交流，确保水力学参数与井底压力、地面钻井工程参数匹配。

中央控制器单元的核心任务是控制井底压力（BHP）在一定范围内，如果井底压力偏离既定值，IPM 调整节流阀位置，校正回压。水力学模型不断提供数据，中央控制器单元对压力变化及时反应，使井底压力始终在控制范围内。中央控制器单元每秒计算一次井底压力，并根据收到的随钻井底压力校正。

（二）全自动节流管汇

全自动节流管汇在精细控压钻井系统里主要起节流控制回压的作用。主要包括节流管汇与液动节流阀。全自动节流管汇通过中央处理器自动控制节流阀开度来自动控制回压。

节流管汇由主体管汇和控制箱两部分组成。主体管汇主要由节流阀、闸阀、高压部件、压力表等组成，其额定工作压力等于或大于最大预期的地面压力，节流阀后的零部件工作压力可以比额定工作压力低一个压力等级。

节流管汇的核心部件是节流阀。节流阀的功能是在实施油气井压力控制技术时，借助它的开启和关闭维持一定的套压，将井底压力变化稳定在一定窄小的范围内。节流阀的节流元件，其结构有多种，它们的原理都是利用改变流体通孔大小，从而达到节流的目的。即液体经由狭小通道时，形成较大的局部阻力，使流阻加大而造成回压。通孔越小，回压越大；通孔越大，回压越小。节流阀的控制各有不同，有固定式和可调式。可调式可以用气压遥控或液压遥控，也可手动调试。

（三）流量计

在自动节流管汇出口处连接有科里奥利流量计，用于精确计算井内返出流体数量，与入口流量进行对比后可以判断井内是否溢流或漏失。

科氏质量流量计分为双管式和单管式。双管式科氏质量流量计采用结构对称的两根管子。两根管子弯成"U"形，流体平均地流入两平行的管子内。两个管在驱动力的作用下反向振动。为了减少能量损失，管子在谐振频率下工作。两根管子对称设计，不受流体密度、速度、温度以及压力的影响。这样的对称设计可使测量系统和外部干扰实现良好的解耦。单管式科氏质量流量计和双管式的相比更紧凑，更易于清洁，并且流体的压力损失也比双管的要小。不过单管式的需要另外设置特殊的平衡系统，这也在无形中增加了其复杂度和成本。

科氏质量流量计的驱动电路产生特定驱动脉冲让管子以一定的幅度振动。当流体的性质发生改变时，驱动电路必须能快速响应。比如当流体中混入气泡时，阻尼会迅速增加，这要求系统迅速提供更多的激励能量，以保证振荡幅度平稳。激励频率要和系统的谐振频率一致，这要求驱动电路不仅能控制振荡幅度，还要能控制振荡频率。

传感器获得的是微弱的正弦信号，其在进一步的信息处理前需要进行放大。所用到的放大器要有很大的带宽以减小额外的零点误差。在科氏质量流量计的相位差测量中，幅值比测量法和时间差的直接测量法，主要是依靠模拟电路来实现，可称为模拟式测量法。模拟电路的稳定性较差，易受环境温度等因素的影响，最终影响到其计量精度。采用傅里叶变换算法，辅以锁相环技术，使用双通道高速高精度的 A/D 芯片对两路传感器信号同步采样后，以数字信号处理器（DSP）为运算核心，实时精确地计算出两路信号的相位差和频率，从而得到流体的质量流量和密度等信息，实现了从模拟式到数字式的转变，可以对信号更加准确、有效、快速地分析与处理，有效地抑制了高次谐波和噪声的干扰，提高了相位差和频率的测量精度，进而提高了科氏质量流量计的计量精度。

（四）回压泵

回压泵由中央控制器单元通过连续对钻井液返回流量进行监测来进行控制。中央控制器单元根据流量大小来判断是否打开回压泵。当环空流量小于节流阀控制的范围内时，就打开回压泵进行钻井液回注，一部分进入环空另一部分进入节流管汇进行回压控制。例如在接单根过程中，需要打开回压泵。

自动节流控压系统要求供应回压也是动态的,这就意味着在以下过程中要保持井底压力稳定,包括:接单根,从钻机开始泵入到关泵,以及起单根,或者停泵过程中的工序。回压泵对回注立管、节流管线非常重要。回压泵在启动过程中的流量是保持不变的,通过节流管汇上的节流阀来控制节流回压。回压泵的流量是通过高速压力控制器进行监测以保证井底压力恒定。

(五)随钻压力测量(PWD)

为了精确计算井底地层压力,需要进行随钻压力测量(PWD),MWD可以每2s提供给动态环空压力控制体系一个实时的连续的井底压力值,利用随钻压力测量的井底压力数据来修正井口回压。

Shell加拿大公司采用Halliburton公司的精细控压钻井系统和一种轻质钻井液体系提高了加拿大不列颠哥伦比亚省东北部Bull moose油田的钻井速度。该油田具有极硬的研磨性地层,厚度为1000~1800m,以往使用多种钻头和钻井液体系,平均钻速仅有1.4~2.4m/h,钻井周期长、成本高。壳牌公司应用MPD技术和轻质絮凝的水基钻井液体系,在钻d-A80-A/93-P-3井时使钻速平均提高到4.0m/h,与逆乳化钻井液等低漏失钻井液相比,机械钻速增幅明显,与之前所钻的壳牌Bullmoosea-62.F/93-P-3井相比,减少了24天的钻井时间,节约成本达40%。之后,壳牌公司在墨西哥湾的AugerTLP油田实施MPD作业,应用Halliburton公司的精细控压钻井系统技术,井底压力控制在±0.3lb/gal之间,实现无漏失、无安全事故的良好效果。

2009年,塔里木油田塔中海相碳酸盐岩油气田引进Halliburton公司的精细控压钻井系统,在9口井实现了含硫化氢气田的安全开发,大幅度减少了钻井液漏失,确保了设计井深的安全钻达,取得了显著的经济效益。

三、Schlumberger动态环空压力控制系统(DAPC)

Schlumberger公司的动态压力控制系统与Halliburton公司的自动节流控压钻井系统、Weatherford公司的Secure Drilling系统相似。2008年该系统获石油工程创新大奖,是目前全球应用最广泛的控压钻井系统之一。

动态环空压力控制系统是一种自动调节回压、动态控制常规下入过程中的井底压力(BHP)稳定性,以及控制由于泵流量变化、钻杆转速或移动引起的意外波动的系统。系统的三个主要组成部件为一套节流管汇、一个回压泵、一个一体化的压力控制器。其他组成部分还包括计量器、控制室、维修间和发电机,如图2-19所示。

动态环空压力控制系统于2000年开始设计,2001年进行系统开发,2003年设备全尺寸试验取得成功。2005年Shell公司将该技术用于墨西哥湾Mars TLP区块的海洋钻井解决钻井过程中的钻井液漏失和井眼失稳问题。Mars A-14AT井在4800~4950m段传统工艺满足井壁稳定的钻井液密度是$1.61g/cm^3$,此时的作业窗口仅为$0.006g/cm^3$,由于安全密度窗口

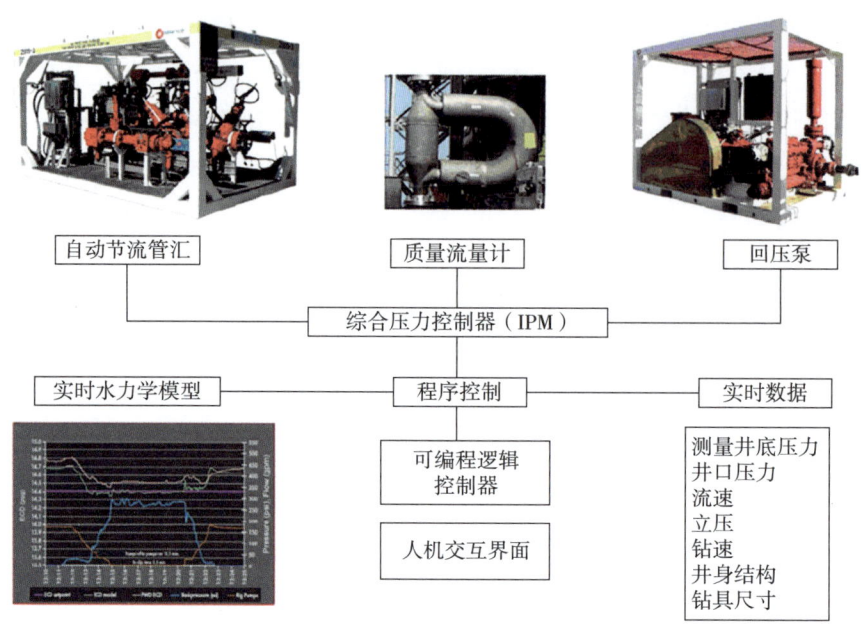

图 2-19 Schlumberge 的动态环空压力控制系统组成

过窄，造成了钻井液大量漏失，致使钻井作业无法继续进行。而采用动态环空压力控制系统后，采用密度为 1.56g/cm³ 的钻井液与 3.57MPa 的地表回压，作业窗口增大至 0.048g/cm³，钻井作业顺利进行。2007 年，Shell 公司又将该系统用于位于墨西哥湾 Auger 区块 A-18ST3、A-8ST1、A-13ST3 和 A-13ST4 井的侧钻作业中，成功地解决了窄钻井液密度窗口地层造成的钻井液漏失和卡钻事故，有效地降低了作业时间和作业费用。应用结果表明，动态环空压力控制系统也成功用于解决成熟油井和深水压井的窄密度窗口钻井作业。

2007 年，Shell 公司将这种控压钻井技术用于加拿大公司大不列颠哥伦比亚省东北部的 Bullmoose 区块钻井作业。与该地区邻井平均机械钻速范围 1.4～2.4m/h 相比，新技术的平均机械钻速提高至 4m/h。机械钻速得到了明显提高，作业时间和费用也得到了降低。此外，2007 年，AtBlance 公司对该技术现有配套设备进行了改进，使其更适合陆地开展动态环空压力控制的控压钻井技术。2007 年，Statoil Hydro 将该技术用于了北海 Kvitebjørn 油田高温高压开发井的钻井作业。结果表明，动态环空压力控制系统应用使钻井作业顺利达到设计深度，有效地缩短了钻井时间。Statoil Hydro 准备继续使用该技术完成 Kvitebjørn 油田后续开发井的钻井作业。

四、中国石油工程技术研究院 PCDS 控压钻井系统

中国石油工程技术研究院自 2008 年开展精细控压钻井技术攻关，自主研制了 PCDS-Ⅰ、PCDS-Ⅱ 和 PCDS-S 精细控压钻井系列装置。这些装置集井底压力恒定控制与微流量控制于一体，可实现欠/近/过平衡精细控压钻井，能满足缝洞型碳酸盐岩地层、低渗透特低渗透

储层和高温高压地层等多种复杂地质条件下安全钻井的工程需求。

PCDS-Ⅰ精细控压钻井装备集井底压力恒定控制与微流量控制于一体,井底压力控制精度小于 0.2MPa。该装备主要由自动节流控制系统、回压补偿系统、监测及自动控制系统、实时水力计算软件等组成,如图 2-20 所示。该装备将井底压力测量、地面参数监测、控压钻井水力计算模型、设备在线智能监控与应急处理等功能集成在一起,各系统可独立运行,也可组合在一起,可实现 9 种工况、4 种控制模式切换、13 种应急转化的精细控制,包括钻进、接单根、起钻、下钻和换胶心等 9 种工况,本地手动、本地自动、远程手动及远程自动等 4 种控制模式,随钻测压工具、回压泵、自动节流管汇等失效及井口套压异常升高、严重溢流和严重井漏等 13 种应急转换的精细控制,适用于窄安全密度窗口、高温高压和复杂压力体系条件下控压钻进和欠平衡控压钻进。

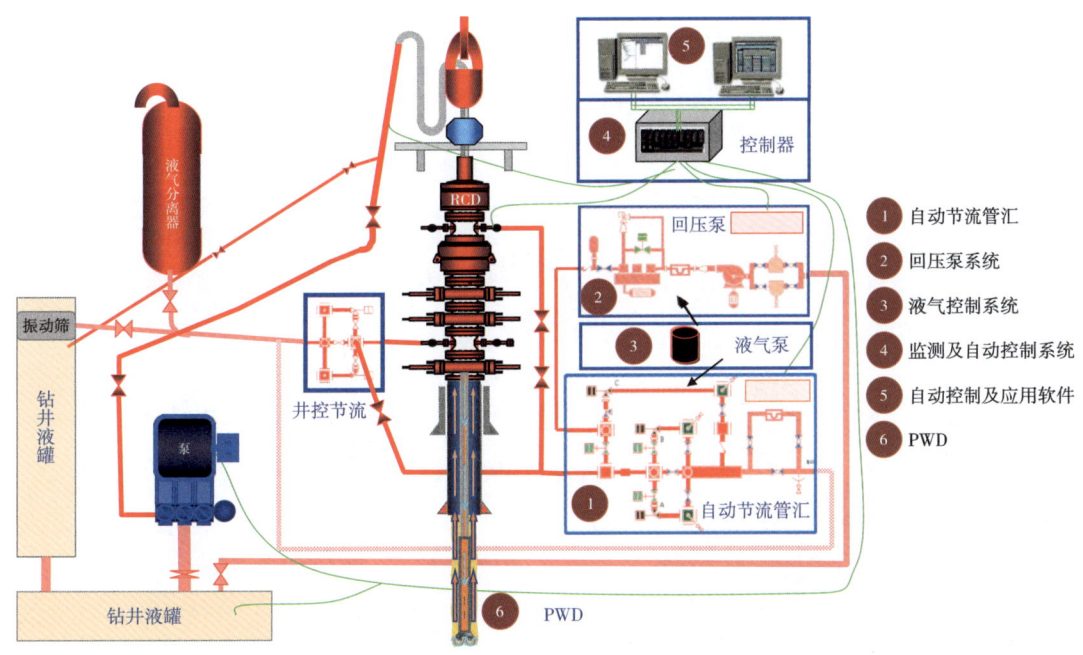

图 2-20　PCDS-Ⅰ精细控压钻井系统

PCDS-Ⅱ精细控压钻井装备在 PCDS-Ⅰ 的基础上,重点对软件系统进行了升级,主要包括两方面:一是控制系统实现了分模块控制和工艺转换自动识别,流量监控、节流控制和水力实时模拟计算等核心模块既可独立工作,也可组合工作,系统能够识别不同设备(自有设备或第三方设备),控压钻井模式转换时不受设备约束,工艺及工况自动匹配、回压控制和流量补偿功能分离;二是集控压钻井水力学模型、设备在线智能监控与应急处理于一体,真正实现了兼容外部设备功能。该装备适用于海洋控压钻井、窄安全密度窗口控压钻井和欠平衡控压钻井。

PCDS-S 精细控压钻井装备可实现高精度、自动欠平衡钻井作业,能够自动调节井口压力,精确维持井底欠压值,并具有结构紧凑、操作简单和使用成本低等优势,适用范围广。相对于 PCDS-Ⅰ和 PCDS-Ⅱ精细控压钻井装备,PCDS-S 精细控压钻井装备添加了自动平衡立压的欠平衡模块与异常工况紧急处理专家模块,并进一步完善了水力模拟模块和计算模块,实现了 PLC 系统、录井、井下仪器和中控机的多平台数据通信及数据处理,在降低装备成本的基础上拓展了软件的功能,增强了对复杂工况的适应性,适用于低渗透特低渗透地层控压钻井、欠平衡控压钻井、较大密度窗口控压钻井。

五、中国石油川庆钻探钻采院 CQMPD 控压钻井系统

CQMPD-Ⅰ型控压钻井系统是基于井底恒压钻井理念开发的一套自适应的闭环压力控制钻井系统,采用模块化设计、分散集成控制思路,进行四层结构、四级优化控制。主要由数据监测、控制装备两大部分、四大关键装备,以及配套的旋转控制头(RCH)、液气分离器系统(ZQF)等组成(图 2-21)。其中数据监测包括:井下压力存储仪(PT—SWD)或随钻压力温度测量系统(MWD)、地面监测与控制系统;控制装备包括:自动节流控制系统(ACS)与回压补偿系统(BPCS)。

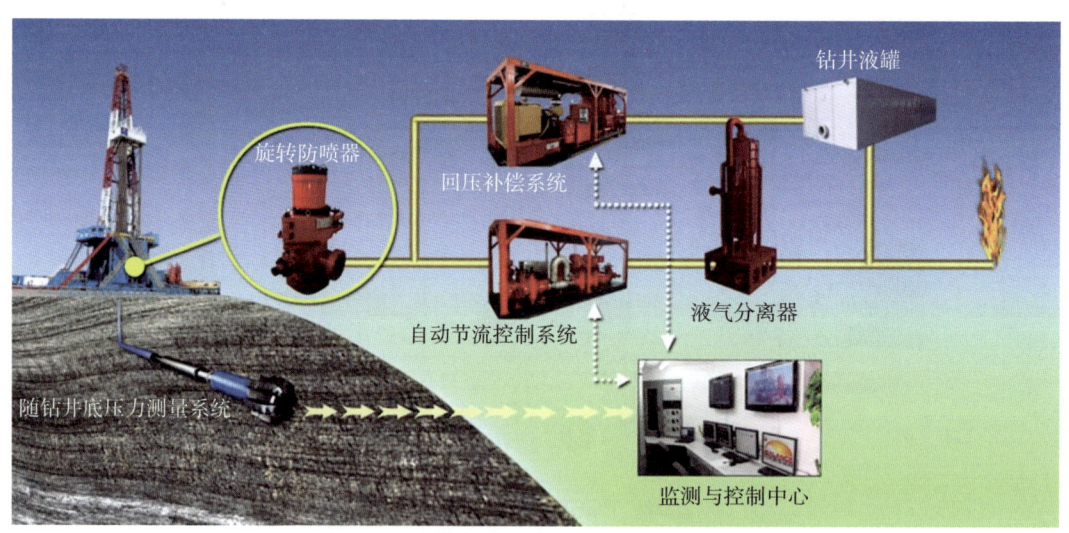

图 2-21 川庆钻采院 CQMPD 精细控压钻井系统

CQMPD-Ⅰ型控压钻井系统根据实时采集的工程参数,以及井下随钻压力测量系统(或随钻存储仪)实时采集井下环空压力参数,由其控制软件的水力学计算分析与压力控制决策模块实时计算分析与决策,并下达控制套压目标值指令与下达是否开启回压补偿系统指令(停止循环时候开启),并依靠自动节流控制系统的自动节流阀来精确控制套压,进而精确控制环空压力剖面以适应环空流量或密度等参数变化引起的井底压力变化,确保控制井底压力在目标值。

该系统还配备高精度出口科氏流量计与进口超声波流量计，能精确及时监测井筒流量变化，分析决策模块及时判断是否存在微溢流或者漏失发生，并相应做出警示与下达控压调节指令。

六、中国石油西部钻探 XZ-MPD 控压系统

中国石油西部钻探自 2009 年开始自主研发 XZ-MPD 型精细控压钻井系统。目前拥有精细控压钻井装备 11 套（包括自动节流管汇和回压补偿泵），PWD 测量仪器 5 套。具备全过程控压作业能力（控压钻井、控压通井、控压电测、控压下完井管柱、控压固井）；形成了 5 项专有技术；获授权专利 18 项；登记软件著作权 5 项；牵头制定控压钻井企业标准 6 项；获中国石油科技进步一等奖 1 项，新疆维吾尔自治区科技进步二等奖 2 项。该技术已在乌兹别克斯坦，中国新疆、青海、塔里木等区域累计应用超 75 口井。

XZ-MPD 型控压钻井系统在控制类型上属基于动态环空压力控制的钻井系统。主要由 5 大分系统构成，如图 2-22 所示。系统具有以下特点：

（1）各分系统的联动配合，可精确控制井筒环空压力剖面。可实现钻进、接单根、起下钻过程中的井底压力平稳衔接，精确控制井底压力处于安全压力窗口以内，解决窄压力窗口井静态溢/动态漏的问题，减少非生产作业时间，控制钻井风险。

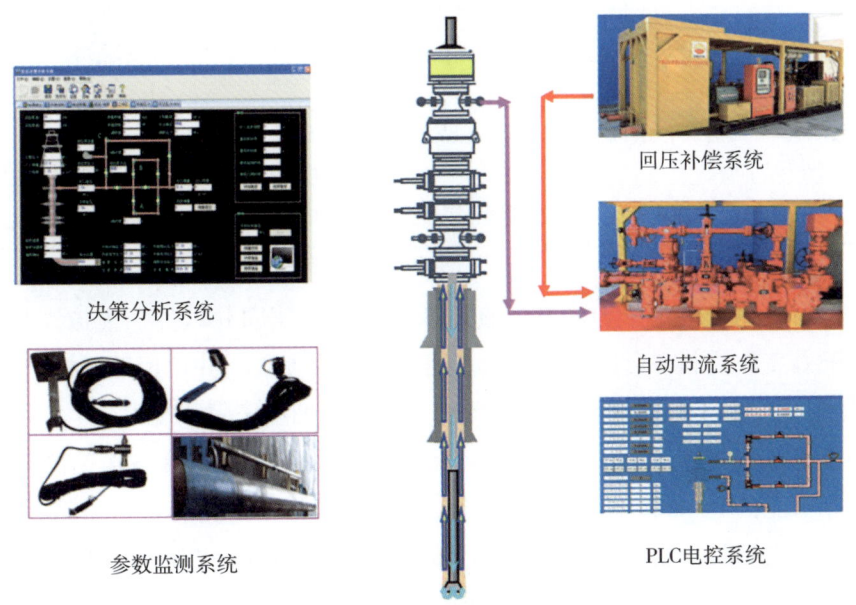

图 2-22 XZ-MPD 系统设备

（2）开发控压钻井地层流体侵入井筒自动识别与控制软件，如图 2-23 所示，实现了结合目标 ECD 井口回压实时计算及地层流体自动识别功能，为侵入类型判断及回压加载方式提供了依据。

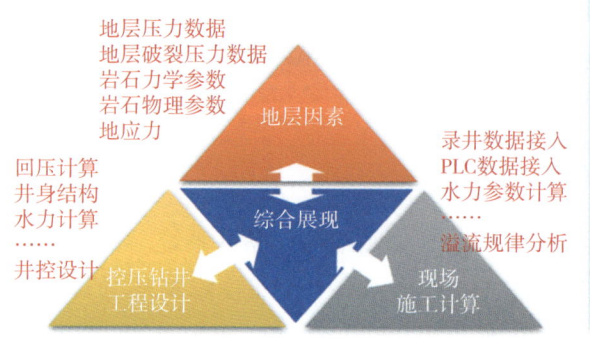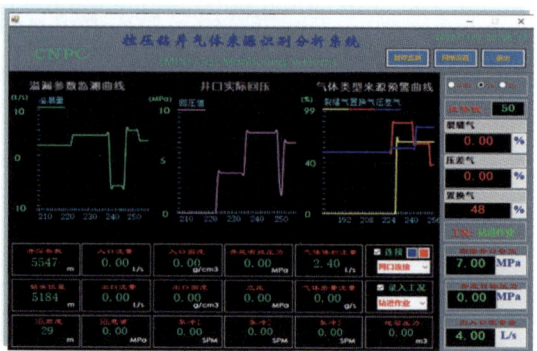

图 2-23　流体侵入井筒自动识别与控制软件

（3）开发形成基于分流补偿应用的双通道精细控压钻井系统。针对极窄窗口、负窗口井筒安全控压需求，形成多梯度井筒压力精细控压技术。针对不同压力窗口类型，形成了"微漏失控压钻井、释放地层压力控压钻井、随钻堵漏+控压钻井"三种控压钻井工艺模式，显著提高了安全钻井作业效率。

（4）结合极窄窗口、负窗口地层井筒压力高效控制需求，优化形成顶部加重、中部加重和多梯度控压起钻工艺，见表 2-2。

表 2-2　XZ-MPD 控压工艺

工艺	顶部加重工艺	中部加重工艺	多梯度控压起钻工艺
方法	控压起钻至预定井深，上部井筒内全部注入计算好的重浆平衡井底压力，常规起钻	控压起钻至预定井深，井筒中部注入一定井段的重浆平衡井底压力，常规起钻	起钻前在高压层与漏失层之间注入低密度钻井液，减少漏失层压力，确保上部压稳、下部防漏
优点	浆柱结构简单，减少混浆段长度	控压起钻时间短，节约钻井时效	解决负窗口地层控压起钻难题

（5）结合固井前全井筒压力动态仿真（开发精细控压固井软件）模拟，井筒关键点、风险点井筒压力高效控制，形成施工图版。固井中浆柱参数与井口回压严格监控执行为一体的控压固井工艺方法。形成极窄窗口、负窗口地层精细控压固井技术。

（6）配置了抗温 175℃、抗压 140MPa、测压精度 0.14MPa，具备随钻测量井底压力、井斜、方位等功能的 PWD 仪器（表 2-3），以及高控压精度的笼套式节流阀，规避了节流面积与节流压差之间关联及控压流道弹性形变对控制的影响，实现同样执行器功率条件下控压能力 17.5MPa，阀位执行 0.1% 的技术指标。

（7）配置了高精度质量流量计，通过其流量监测与节流回压的调整，可及时发现并控制微溢流和微漏失。结合井下随钻测压，可实时测试目标地层的地层压力与漏失压力窗口，提高对压力窗口预测困难地层钻井过程中发生溢流、井漏的控制能力。

表 2-3　主要技术指标

适用排量（L/s）	0～60
系统控制压力（MPa）	17.5
压力控制精度（MPa）	0≤回压≤7　精度0.10 7＜回压≤17.5　精度0.20
PWD	ϕ 121mm/140MPa/175℃ 与MWD集成
适用钻井液密度（g/cm³）	1.0～2.7
适用环境温度（℃）	−30～70
适用井型	直井、定向井、水平井

七、格瑞迪斯 EKM 控压钻井系统

格瑞迪斯 EKM 精细控压钻井系统是自主研发，并根据现场应用情况不断升级与完善，已取得多项控压钻井相关专利（表 2-4）和软件著作权（表 2-5）。

表 2-4　格瑞迪斯控压钻井相关专利一览表

序号	专利名称	专利类别	申请号	授权时间
1	控压钻井控制系统中井口目标压力的设置方法及装置	发明专利	ZL 2014 1 0382330.1	2015.9.23
2	精准控压循环排污方法	发明专利	ZL 2016 1 0505344.7	2018.11.09
3	控压钻井控制系统中井口目标压力的设置装置	实用新型专利	ZL 2014 2 0439063.2	2018.5.22
4	一种EKM截流橇	实用新型专利	ZL 2019 2 1471861.2	2020.05.19
5	一种用于精细控压钻井快速分流切换装置	实用新型专利	ZL 2019 2 1129902.X	2019.07.18
6	一种带有控制橇的溢流漏失监测预警系统	实用新型专利	ZL 2019 2 1472855.9	2020.06.12
7	一种溢流漏失监测报警系统	实用新型专利	ZL 2019 2 1478711.4	2020.05.12

表 2-5　格瑞迪斯控压钻井相关软件著作权一览表

序号	软件著作权名称	证书号	授权时间
1	EKM智能精细控压数据采集系统	软著登字5359417号	2020.05.20
2	EKM智能精细控压溢流漏失预警系统	软著登字5349791号	2020.05.19
3	EKM智能精细控压钻井系统	软著登字5350009号	2020.05.19
4	GrandOil精细控压数据发送系统	软著登字5285355号	2020.05.06

格瑞迪斯精细控压钻井系统指标全部达到国际油服优秀指标，并于2019年为中国海油交付一套EKM精细控压钻井装备。参照国际油服控压钻井作业标准，制定了格瑞迪斯《精细控压钻井作业规范》和《精细控压钻井技术标准》，实现了国际化标准控压钻井作业，确保服务质量。控压作业团队由国内外精细控压技术专家与现场经验丰富的技术骨干组成，截至2024年，在国内完成精细控压钻井和固井技术服务超100口井。

除具有精细控压钻井系统必备功能以外，还具有实时精准自动控制立管压力进行循环排污、定点压力控制、溢流漏失监测及预警、重浆帽控压等功能（图2-24）。

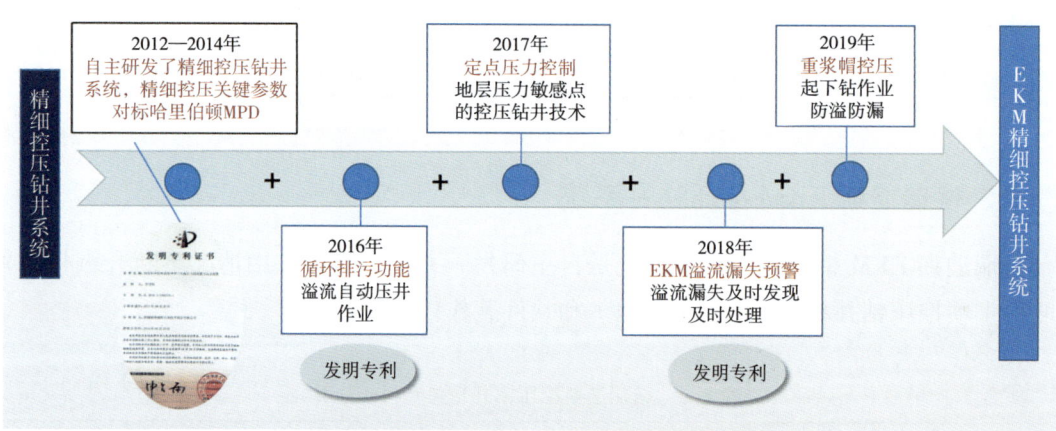

图2-24　格瑞迪斯EKM精细控压钻井系统

参考文献

[1] 周英操，刘伟．PCDS精细控压钻井技术新进展[J]．石油钻探技术，2019，47（3）：7．

[2] 孙海芳，冯京海，肖新宇，等．川庆钻探工程公司精细控压钻井系统研发及应用[J]．钻采工艺，2012（2）：1-4．

[3] 蒋宏伟，周英操，赵庆，等．控压钻井关键技术研究[J]．石油矿场机械，2012，41（1）：5．

[4] 翟小强，王金磊，李鹏飞，等．海洋控压钻井技术探讨与展望[J]．石油科技论坛，2015，34（3）：56-60．

[5] 周英操，杨雄文；方世良，等．窄窗口钻井难点分析与技术对策[J]．石油机械，2010（4）：7．

[6] 张兴全，周英操，刘伟，等．欠平衡气侵与重力置换气侵特征及判定方法[J]．中国石油大学学报（自然科学版），2015，39（1）：95-102．

[7] 李海寿．数据驱动的海洋石油控压钻井过程故障诊断[D]．青岛：中国石油大学（华东），2018．

[8] 肖凯文．控压钻井系统在浮式钻井平台的集成分析[J]．海洋工程装备与技术，2019，6（4）：647-653．

[9] 蒋凯，苗典远，初德军，等. 海洋控压钻井系统装备探讨与展望 [J]. 中国石油和化工标准与质量，2020（8）：145–146.

[10] 王安康，雷新超，王福学，等. 精细控压钻井技术在海上平台（地面井口）的应用 [J]. 海洋石油，2020，40（3）：72–76.

[11] 杨宏伟. 深水变梯度控压钻井井筒压力分布规律与控制方法研究 [D]. 北京：中国石油大学（北京），2020.

[12] 刘书杰，任美鹏，李军，等. 我国海洋控压钻井技术适应性分析 [J]. 中国海上油气，2020，32（5）：129–136.

第三章　海洋精细控压钻井系统及装备

海洋油气钻井分为干式井口和湿式井口，应用于两类井口的控压钻井系统装备存在较大的差异。特别是深水与干式井口控压钻井从装备到工艺都有着很大的差异，深水控压钻井系统技术准入度较高，国内目前还处于技术研发阶段，深水控压钻井技术、工艺及系统装备由国外掌握，几乎垄断。

用于干式井口的控压钻井系统与陆地控压钻井系统基本一致，如图 1-1 所示，主要由旋转控制头（RCD）、自动节流管汇系统、回压补偿系统（常用固井泵补偿回压）、质量流量计、钻井数据监测及液、气分离系统、控压软件系统等组成，有些还配备了随钻测压装置等。

因受限于海洋平台相对狭小的作业空间，干式井口控压钻井系统呈现集约化、智能化和模块化等特点，从而节约部署空间，更有利于作业的实施，达到节约成本的目的。

用于湿式井口（或水下井口）的海洋控压钻井系统与陆地控压钻井系统则差异明显，如图 1-2 所示。根据井底压力控制方式的不同，通常可分为两类：一类是在隔水管串中配置旋转控制头的环空回压补偿式海洋控压钻井系统；另一类是控制环空钻井液液面的海洋控压钻井系统。

两种湿式井口的海洋控压方式主要对比见表 3-1。

表 3-1　两种湿式井口控压方式对比

比较项	环空回压补偿方式	控制钻井液液面方式
平台要求	水面设备多，占用平台空间较多	设备主要在水面以下，占用平台空间较小
系统功能	（1）欠平衡、过平衡和近平衡作业； （2）能够处理隔水管内气体，具备漏涌监测功能	（1）可进行过平衡和近平衡作业； （2）具备漏涌监测功能，不能处理气体
设备构成	配置了旋转控制头、快速关断环形防喷器、隔水管适配短节等	配置与钻井液循环系统连接的高压管线、海底泵等
成本	设备较多、复杂程度较高，整体成本高	一次性配置成本相对低，主要费用在海底泵，包括购置成本和维护成本都较高

第一节　环空回压补偿式海洋控压钻井系统

隔水管串中配置旋转控制头的环空回压补偿式控压钻井系统，由水面设备和隔水管柱设备构成。水面设备与干式井口的控压系统配置基本相同，其关键区别在于隔水管柱设备。

隔水管柱设备基本包含：旋转控制头、旋转控制头与隔水管的转换接头、快速关断的环形密封装置等。旋转控制头在隔水管串中的安装位置，有张力环上（above tension ring，简称 ATR）RCD 和张力环下（below tension ring，简称 BTR）RCD 两种方式，如图 3-1 所示。

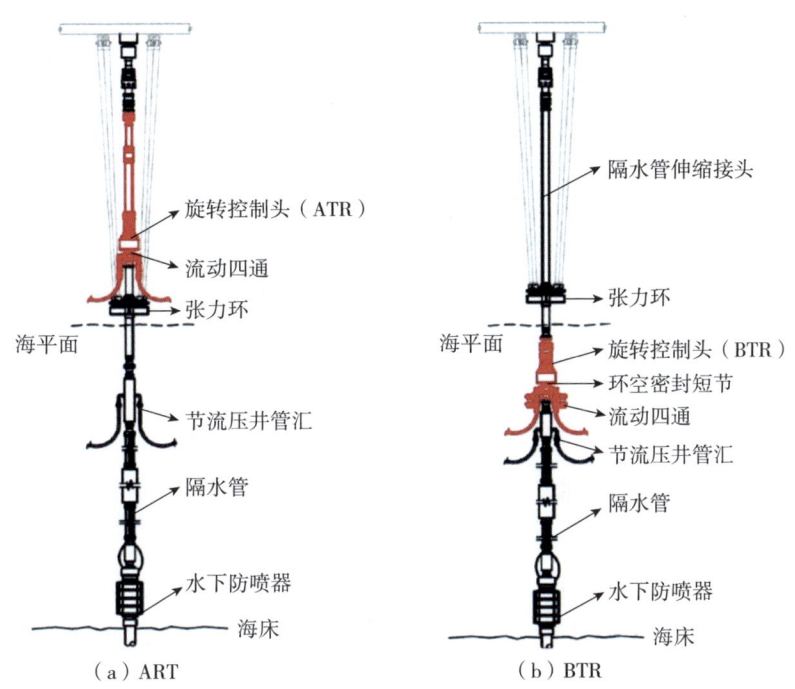

图 3-1　张力环上与张力环下 RCD 结构示意图

ATR 装备安装更便捷，实用性较强，但也存在以下不足：

（1）旋转控制头安装在张力环上方，钻机隔水管伸缩节行程补偿量较小，需要在旋转控制头上方安装辅助伸缩节来补偿钻机移动，辅助伸缩节的行程比主伸缩节短，导致一些操作紧急断开程序只能在较为平静的海域进行，从而限制了 ATR 使用。

（2）ATR 系统钻机的常规伸缩节可能会收缩并被锁在旋转控制头下方，导致隔水管的最大额定压力降低，进而降低钻井的最大工作压力窗口。

（3）旋转控制头安装在伸缩节上方，上下移动会导致环空静液柱出现抽汲和激动效应，影响 MPD 系统的流量监测，对井涌和漏失等现象的识别增加困难。

目前，BTR 安装方式是现场应用的主流，将 RCD 安装在张力环下原因如下：

（1）允许钻机保留现有隔水管伸缩节以达到最大行程，实现在恶劣海洋环境中对钻机移动进行补偿。

（2）在钻进时隔水管最大额定压力可达到最大压力操作窗口。

（3）将旋转控制头安装在伸缩节下方，可以确保旋转控制头在隔水管中是静止的，不会随钻机上下移动。

（4）由于井筒环空被旋转控制头密封，无论钻机如何移动都不会导致井筒环空的压力产生变化。

在浮动平台上安装 MPD 系统，通常会在隔水管中旋转控制头下方安装额外的设备，包括环形密封装置和流动四通，能够在更换旋转控制头承压总成的同时继续循环和保持井内压力不变。当需要更换旋转控制头承压总成时，关闭环形密封装置，平衡旋转控制头下方的环空压力，然后使用安装在隔水管中的工具进行拆卸和更换旋转控制头承压总成。在更换时钻井液可以继续通过环形密封装置下方的流动四通进行循环。

两种不同形式的隔水管串旋转控制头，在安装和维护时有一定区别。通常来说，对于张力环下部的旋转控制头，在安装时需要 3～5h，更换旋转控制头密封胶芯需要 4～6h；对于张力环上部的旋转控制头，安装时需要 4～8h，更换旋转控制头胶芯大约需要 1h。无论采用何种形式，都要综合考虑浮式钻井平台和隔水管的结构现状、月池空间、安全风险、运行成本等因素。

一、ATR 介绍

ATR 方式是旋转控制头上部连接伸缩型隔水管补充长度连接到井口，适用于海平面相对平静的区域。

使用最广泛的是 Halliburton 的 Marine SentryTM RCD（表 3-2），可为常规钻井或控压钻井作业期间压力的控制提供解决方案，如图 3-2 所示。其通过在旋转钻柱和工具接头周围产生双重被动密封，并导离环空返出的流体来实现压力控制。Marine SentryTM RCD 是专门为海上自升式平台与固定式平台设计的，安装在钻机的水上防喷器组之上。

表 3-2 Marine Sentry RCD 规格参数

轴承总成内径	9.055in（230mm）
轴承总成外径	21$\frac{1}{8}$in（537mm）
轴承约重	2500lb（1134kg）
轴承长度	45$\frac{1}{4}$in（1149mm）
主体质量	8620lb（3910kg）
主体高度	64in（1626mm）
最大静压	3000psi（20.7MPa）
最大动压	3000psi（20.7MPa）
最大转速	200r/min
底部法兰	API 18-3/4 5K: 35$\frac{5}{8}$in（905mm） API 18-3/4 10K: 40$\frac{15}{16}$in（1040mm）
顶部法兰	API 21-1/4 in 2K（带柱螺栓）
双旁通	API 7-1/16 in 5M（带柱螺栓）
液压动力装置	380/480 VAC 50/60 Hz
工作间	380/480 VAC 50/60 Hz
人机界面	110/220 VAC 50/60 Hz

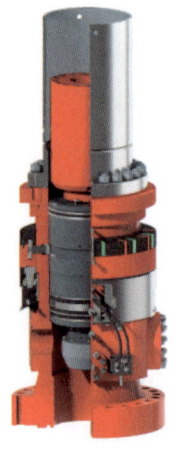

图 3-2 Marine SentryTM RCD 3000 实物图

该系统将先进的智能监控与旋转防喷器的关键功能结合在一起，可降低成本，减少对环境的影响，同时也提高了临界压力作业时整个井场的安全性。

Marine Sentry RCD 遥控开启和关闭，使钻台人员的操作更加安全可靠。该系统还包括液压动力单元（HPU），用于轴承和密封件所需的油润滑。还有一个可选的冷却系统，用于极端压力和高转速的场合。

Marine Sentry RCD 的最大静压可达 3000psi(20.7MPa)，最大动压可达 2000psi(13.8MPa)，它可以在返回流体与钻台人员之间建立屏障，有助于钻杆旋转时安全地控制环空流体，并在不中断作业的情况下，将钻台下方的流体分流至返回系统。

该系统还包括一系列可用附件，包括测试塞、套管接头、密封胶芯保护套、机械式下放与提升工具，可用来通过隔水管回接有效地从管体上装卸轴承与密封元件总成以及接头。

Marine SentryTM RCD 主要特点如下：

（1）大静压可达 3000psi（20.7MPa），最大动压可达 2000psi（13.8MPa）。

（2）特有的远程锁存系统允许工作人员能够安全锁存或解锁轴承/密封元件和附件设备，无须到钻井平台下手动操作。

（3）外部润滑系统可延长运行时间，没有预定的时间限制。

（4）特有的泵出功能，不需要单独的工具来检索轴承。

（5）为最大动态额定范围提供了可选择的冷却系统。

（6）API 16RCD 认证。

（7）CE 认证/ATEX 防爆认证/挪威国家石油标准和挪威船级社 2.7–1 与 2.7–3 认证。

Marine Sentry RCD 主要性能指标见表 3–2。

二、BTR 介绍

目前在 BTR 控压钻井系统的研制与应用方面已积累较丰富的经验，其中应用广泛的主要有 Weatherford、Schlumberger 以及 AF Global 等厂家的产品。

（一）Weatherford BTR 控压钻井系统

1. Weatherford BTR 系统

Weatherford 公司的海盾 7875 型 BTR RCD 如图 3–3 所示，可支持高达 300×10^4lb 的隔水管张力要求，已成功应用于水深超过 6000ft 海域。该旋转控制装置的安装和使用，使控压钻井（MPD）在深水环境中的应用迈出了一大步，该装置位于张力环下方，是动态定位 DP 钻井船隔水管的一部分。

图 3–3 海盾 7875 型 BTR RCD 实物图

以前在浮式船上进行控压钻井作业时，需要在水线和张力环上方安装旋转控制头。由于新型 BTR RCD 安装在张力环下方，因此不需要对隔水管的伸缩滑节或钻机的钻井液回送系统进行任何修改。

旋转控制头是深水控压钻井系统的关键组成部分，环空流体从中流过并重新定向，形成闭环循环系统。该系统专为 DP 钻井船设计，通过闭环循环系统优化钻井过程，可以提供早期的井涌和漏失检测，并通过早期检测隔水管气体泄漏和促进压力控制来增强隔水管气体处理系统。在钻进碳酸盐岩地层时，如果遇到严重的循环漏失，该系统还可以实现加压钻井液帽钻井（PMCD）。

在该项目的配置中，RCD 是控压钻井隔水管接头的一部分，与地面环空防喷器和流动阀芯一起，隔水管和防喷器通过转盘安装。深水控压钻井系统的另一个主要组成部分是 Microflux 控制 MPD 节流管汇，这是一种专用的 5000psi 节流管汇，配备双节流管，并配有科里奥利质量流量计和精密压力传感器。

7875 型 BTR RCD 安装在中间隔水管接头上方，标准滑脱接头下方，距井台 140ft，距海平面约 40ft。水线以下的液压和电气连接是通过海底额定液压板进行的。该板连接到专用的 300ft 长的脐带缆，具有多端口连接，可加快线路部署和连接，同时消除了多个控制电缆。

该装置允许常规的隔水管与井眼全通径连接，实现常规钻井与控压钻井之间的轻松转换。旋转控制头轴承组件外径约为 19in（492mm），是通过转盘和张力环组件展开的。拆卸轴承组件后，旋转控制头能够处理全尺寸 $18^{3}/_{4}$in 的防喷器工具。

旋转控制头阀体的内部轮廓包含一个液压锁存器，用于接收、保持和释放带有制动爪的轴承组件。这些制动爪使用 C 型门闩系统，更能抵抗碎片和固体侵入。它的尺寸是 $21^{1}/_{4}$in。顶部和底部有 10000psi 的 API 法兰。

BTR RCD 有一个测量适配器，可以代替旋转控制头本体上的轴承组件安装，从而提供了一种安全可控的压力下通过旋转控制头进行测量的方法。

BTR RCD 还配备了一个应急旋转控制头系统，该系统使用专门的外壳，可以将旋转控制头系统放置在环空防喷器中。使用应急旋转控制头系统，即使旋转控制头主体上的密封被破坏，控压钻井作业也可以继续进行。

该项目中使用的旋转控制头是 Weatherford 系列中第一个符合并通过 API 16 RCD 钻穿规范认证的旋转控制头。根据该行业标准，旋转控制头的静态和动态压力额定值分别为 2000psi 和 1000psi（100r/min）。

2. Weatherford 隔水管自动节流控压钻井系统（ARS）

为了追求效率和油井建设成本优化，石油和天然气行业需要不断改进和发展操作硬件和软件，包括控压钻井技术。新型隔水管自动控压钻井系统（ARS）能够使月池的人工工作时间减少 85%，安装时间减少 59%。与上一代 BTR 系统相比，效率的提高意味着额外节省了钻井时间，从而节省了时间和成本。

Weatherford 于 2020 年 5 月全球范围内首次安装了 ARS,不仅减少了控压钻井设备接头安装时间,而且减少了初探井的非生产时间,从而提高了钻井效率。以前的 BTR 系统浮动式平台中首次安装控压钻井设备接头的平均耗时为 33h,而隔水管自动 MPD 系统的安装只需 13.35h,并且有望在未来的安装中进一步改善。

Weatherford 的 ARS 能够在各个井段实现安全钻井。ARS 允许操作人员执行多个泄压程序,以帮助确定地层压力梯度,从而得到与钻井液密度值相关的实际地层压力曲线。

除了钻井方面,ARS 还能有效补偿起下钻时产生的激动压力和抽汲压力。此外,ARS 在辅助泵入水泥塞过程中有两个作用,一是 ARS 使隔水管和压井管线中的钻井液密度降低到一定程度,保证水泥塞成功泵入。二是系统在挤注过程中通过保持管柱旋转/往复运动防止卡钻。

ARS 装备如图 3-4 所示,Weatherford ARS 主要由上部转换接头、旋转控制头、环空密封装置、环空压力监测及泄压系统和下部接头组成。其中旋转控制头、环空密封装置、环空压力监测及泄压系统为核心装备(表 3-3 至表 3-5)。

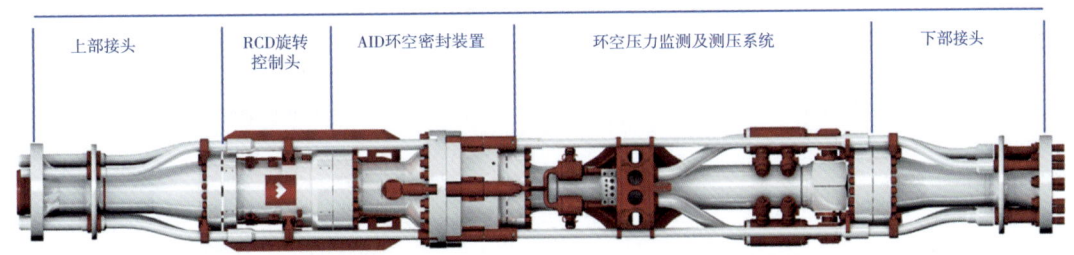

图 3-4 隔水管自动 MPD 系统

表 3-3 旋转控制头主要参数

长度	4.4ft(1.3m)
重量	10000lb(4536kg)
最大抗拉强度	4000000lbf(1814369kgf)
最小通径	18.75in(476mm)
旋转总成外径	19in(483mm)
上法兰	API 6A Type 6BX 21.25in, 5000psi
下法兰	Modified API flange
静压	2000psi(13.8MPa)
温度	0~250°F(-17~121℃)
最大转速	200r/min
出口数量	4

表 3-4　环空密封装置主要参数

长度	6.83ft（2.1m）
最大外径	57in（1.4m）
重量	25000lb（11340kg）
最大抗拉强度	4000000lbf（1814369kgf）
最小通径	18.75in（476mm）
上法兰	Modified API flange
下法兰	API 6A Type 6BX 18.75in, 10000psi（68.9MPa）
静压	2000psi（13.8MPa）
最小动压	1850psi（12.8MPa）
温度	40～150°F（4～66℃）
是否完全封隔	是
传感器端口数量	2

表 3-5　环空压力监测及测压系统主要参数

长度	15ft（4.57m）
最大外径	57in（1.4m）
重量	18500lb（8391kg）
最大抗拉强度（不带压）	4000000lbf（1814369kgf）
最大抗拉强度（带压）	3500000lbf（1587573kgf） @ 2000psi（13.8MPa）
最小通径	18.75in（476mm）
上/下法兰	API 6A Type 6BX 18.75in, 10000psi（68.9MPa）
最大工作压力	2000psi（13.8MPa）
液压系统工作压力	3000psi（20.7MPa）
温度	-4～250°F（-20～121℃）
流体介质	油基或水基
传感器端口数量	3

ARS 由 BTR 系统发展而来，实物对比如图 3-5 所示，通过总结在超过 30 艘船上的 BTR 系统安装、深水操作和大量的海上钻井应用经验，ARS 集成、紧凑和智能的设计给安装时间带来了革命性的减少。通过提前分别安装五个组件，机械臂在不到 20min 的时间内就可以将轮毂连接到自动流量滑阀上。机械臂的使用减少了在月池区域进行人工操作的需要，提高了安全性，并节省了安装和拆卸时间，二者相关参数对比见表 3-6。

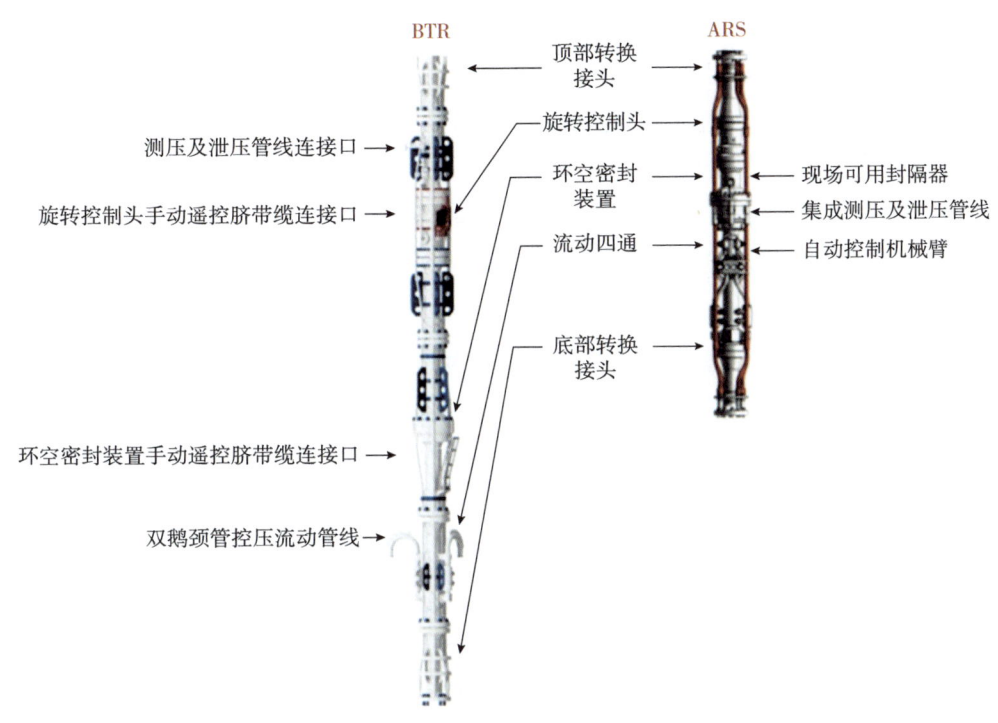

图 3-5 ARS 与 BTR 组件实物对比

表 3-6 ARS 与 BTR 对比

种类	BTR	ARS
长度（ft）	57.6	25.7
最大外径（in）	58.0	57.0
重量（lb）	96400	65400
钻井液返回管线端口	2	2
泄压管线端口	1	0
井控管线端口	2	1
月池端口工作模式	5处人工连接端口	机械臂操作
部件能否直接替换	否	能

通常，在控压钻井隔水管系统进行安装时，BTR 系统会被分成两部分，由于提升系统的提升重量和长度的限制，BTR 系统可能无法在一次吊装中完成安装，这将使控压钻井设备接头的安装时间增加至少 6h，在关键程序上达到 37h。通过实现更紧凑的设计，ARS 不需要拆卸控压钻井设备接头，可以一次性安装在浮式平台上，安装效率更高。

（1）ARS 优势。

①长度减少 55%；

②减重 35%，允许一次性吊装；

③由钻机天车和猫道系统完全吊装；

④井控管线设备体积减小50%；

⑤单月池连接包含所有流动和井控管线功能；

⑥月池操作，风险和运行时间显著减少；

⑦集成泄压/平衡功能，不需要额外的加长电缆；

⑧钻机上部件可直接替换。

（2）ARS特点。

①连接轮毂将液压控制管线和井控管线集成为一个易于连接的组件。

②机械臂将连接轮毂连接到滑阀上耗时不到20min。通过消除月池的人工操作，提高了工作安全性，并将设备安装和拆卸时间加快了80%。

③为了与隔水管对齐，机械臂的补偿可以达到20°，可实现恶劣环境下的设备安装，之后机械臂会回到初始位置，保证隔水管的安全运行。

④环形隔离装置（AID）可实现裸眼关井，并提供多种压力平衡选项。

⑤自动流量滑阀传感器可监测环空压力和温度。

⑥单井控管线提供高性能的光纤电缆，保证快速和可靠的数据传输。

⑦紧凑型隔水管设计集成了智能旋转控制头、自动流阀、环形隔离装置和所有需要的转换接头，无须在海上钻机现场进行组装。

⑧长度、宽度和重量的减少优化了复杂性、相关成本和安装时间。

⑨精简的体积便于运输至现场，并通过转盘处理和安装。

⑩设计符合大部分深水钻机的标准。

作为Weatherford MPD系统的一部分，ARS通过集成、紧凑和智能的设计加快了控压钻井设备的安装速度，并且随着时间的推移，安装效率还有望从下列两个方面进一步提升。

①钻井人员对控压钻井设备接头安装流程的熟悉程度：控压钻井设备接头安装是一个复杂的过程，包含多个活动部件，需要在不同的位置松开隔水管来进行连接部件、压力测试、功能测试等。

②增加操作人员的信心：首次安装控压钻井设备接头通常伴随着很高的期望，因此需要在安装过程中对所有组件进行大量测试。随着时间的推移，开始减少测试的数量是很常见的。例如，在第一次安装时，控压钻井设备接头的组件连接时会进行非常彻底的干燥功能和压力测试。一旦接头被打湿，需要进行相同的测试。第一次安装时的功能和压力测试需要8h，但在后续的4～6次安装中可以减少到2.5h。

（二）Schlumberger BTR控压钻井系统

如图3-6所示，Schlumberger自研的BTR控压钻井装备——整体式隔水管接头系统（integrated riser joint system，简称IRJ）采用模块化设计，可实现隔水管气体处理和控压钻井操作。IRJ系统由上下接头（表3-7）、管汇系统、环形防喷器和张力环下旋转控制装置

（BTR RCD）组成。当 BTR RCD（表 3-8）配备密封旋转系统时，可提供从隔水管环空到地面设备的流体闭环循环系统。管汇系统的流量滑阀具有带阀门和软管的鹅颈管，使钻井液循环到地面，在地面上可以根据所需操作进行适当的流动控制。当未部署或需要更换密封旋转系统时，环形防喷器可作为替代的主动密封设备。

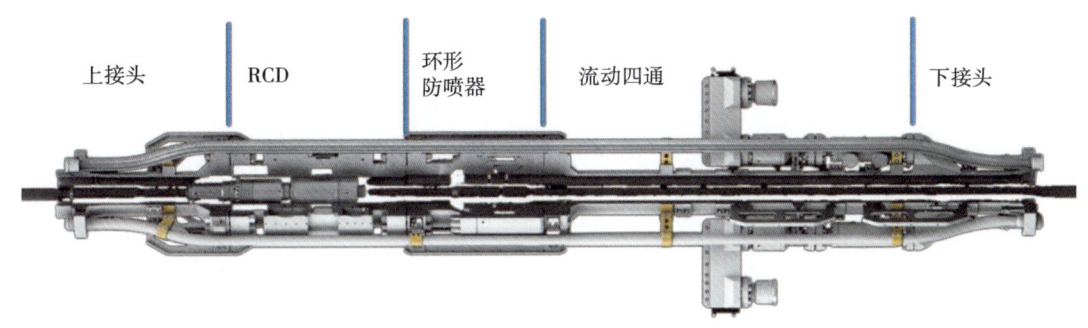

图 3-6　整体隔水管 RCD 系统

表 3-7　整体隔水管 RCD 系统参数

额定工作压力	2000psi（13.8MPa）
额定拉伸载荷	3500000lbf（15568776N）
最大工作深度	150ft（45.72m）
长度	40ft（12.2m）
最大外径	59in（1499mm）
最小外径（通径）	18.75in（476.25mm）
重量	76000lb（34473kg）

表 3-8　BTR RCD 壳体参数

上法兰	21¼in（540mm）　API 10000
下法兰	21¼in（540mm）　API 10000
出口	无
外径	46.75in（1187.5mm）
高度	86in（2184mm）

（三）AF Global BTR 控压钻井系统

AF Global 的 BTR 控压钻井系统分为集成式 MPD 专用接头（图 3-7）和组合式 MPD 专用接头两种类型（表 3-9），两种类型都由管汇系统、分体式钻柱隔离工具（环空密封装置）、主动控制装置（主动式旋转控制头）组成。如图 3-8 所示，与 Weatherford 及 Schlumberger 的设备不同，AF Global 的主动控制装置（主动式旋转控制头）去掉了旋转部件，采用上下两只由液压控制的密封元件对钻柱进行动密封，如图 3-9 所示。当密封元件磨损时，主动控制系统可随时间调整环空密封装置关闭压力，以直接控制井筒密封完整性。在下入钻柱，钻具接头经过密封元件时,与液压腔连接的缓冲瓶可快速吸收钻具接头体积变化带来的压力冲击,使密封件密封压力稳定、无尖峰波动。去除旋转部件的设计可有效地降低设备的维修频次,但使用主动控制系统需增加额外的液压管线及液压控制系统。

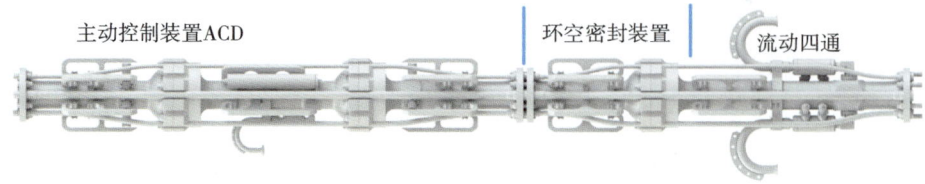

图 3-7 集成式隔水管 MPD 专用系统

表 3-9 AFGlobal MPD 专用接头参数

类别	组合式	集成式
接头外径	57in	57in
重量	38t	43.7t
长度	44.5ft	54.5ft
连接方式	整体式OEM隔水管法兰	
接头内径	19in	19in
密封总成外径	18.72in	18.72in
最大工作压力	2000psi	2000psi
鹅颈管连接时间	30~45min	30~45min

图 3-8 主动控制装置 ACD 结构图

图 3-9 密封元件结构

(四)国内 BTR 设备

目前国内对深海控压钻井设备的研发与制造较少,其中中国海油海南分公司与格瑞迪斯公司合作,在勘探 3 号半潜式钻井平台上开发了一种 ATR 控压钻井技术,该技术通过使用共同研发的新型旋转控制头和改造伸缩钻井隔水管,基本实现了控压钻井的需要,且经济实用。但对深海钻井而言,因作业环境更复杂,对控压钻井装备的要求更高,设计规范更严格,ATR 控压钻井装备和技术很难满足作业生产的需要。而在国外已经有成功应用的深水 BTR 控压钻井模式的特殊装置,国内还没有成功研制案例,所以亟须发展我国具有自主知识产权的深水 BTR 控压钻井技术、装备、工艺,助力我国深海石油规模的开发和利用。

第二节 控制钻井液液面的海洋控压钻井系统

控制钻井液液面的海洋控压钻井系统没有旋转控制头,是通过水下钻井液输送泵与隔水管柱旁通口连接,将井内返出钻井液由隔水管柱泵送到地面,对隔水管柱内钻井液液面高度进行调节,以达到对井底压力控制。

其设备组成主要包括水面设备和隔水管柱(可选)设备。水面设备包含钻井数据采集系统、自动控制系统、软管收放系统、灌注泵、与平台钻井液循环系统连接的高压管线等附件;隔水管柱设备包含隔水管灌注短节、灌注软管、隔水管适配转换接头、水下输送泵等,如图 1-3 所示。

一、海底泵系统

主要有 SMD 海底钻井液举升钻井系统,Deep vision 双梯度钻井系统,Shell 公司海底泵系统。

组建于 1996 年的 SMD JIP 研发了海底钻井液举升钻井系统,Conoco 公司负责管理 SMD JIP,Hydril 公司制造系统的关键设备,其他工业合作伙伴包括英国 BP 公司、美国 Chevron、Texaco、Diamond Offshore、Global Marine 和 Schlumberger 公司等。SMD JIP 研究主要包括四期:第一期从 1996 年 9 月至 1998 年 4 月,主要进行系统概念设计;第二期从 1998 年 1 月至 2000 年 4 月,进行关键设备设计和试验、操作规程的制定;第三期从 2000 年 1 月至 2001 年 11 月,进行系统设计、制造和试验;第四期主要进行海上试验和商业推广。SMD JIP 是唯一进行全尺寸海上试验的双梯度钻井系统,SMD JIP 使用平台"Diamond New Era",于 2001 年 8 月 24 日至 2001 年 10 月 14 日在墨西哥湾绿峡 136 区块进行海上试验,目前已投入工业应用。

SMD 系统结构如图 3-10 所示,SMD 系统由两大类设备组成:常规的钻井设备和具有特殊用途的新型钻井设备,其中地面设备与常规钻井设备一样(或者经过升级改造),系统需要开发的关键设备和装置包括：钻井液阀、钻柱阀、固相处理装置和钻井液举升装置，其中钻井液举升装置由旋转分流器和海底钻井液举升泵组成。在进行钻井作业时，钻井液经过钻杆、钻柱阀和钻头进入井眼环空。在海底井口的一个海底旋转分流装置分隔开井眼环空和隔水管环空，钻井液转而进入固相处理装置。固相处理装置处理包括岩屑在内的所有直径大于 40mm 的固相颗粒，处理后的固相颗粒进入放置在海底的钻井液举升泵，钻井液举升泵通过单独回流管线循环钻井液和钻屑至海面进入钻井液循环池。在该钻井方法中，充满海水的隔水管可以对钻柱进行导向或者在紧急情况下备用，使得能够转换到常规钻井方式。根据系统的硬件设备、水深、循环速度和其他意外情况，可使用多路回流管线和其他的设备。

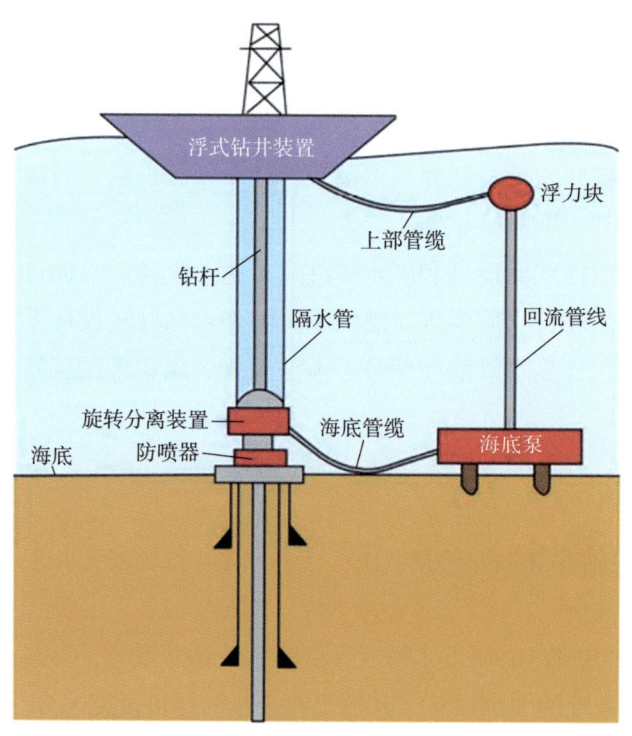

图 3-10　双梯度钻井专用隔水管系统 (DMRS)

SMD 系统采用井控程序 HAZOP 分析方法为系统提供安全保证，包括钻井作业、隔水管分析、设备设计、培训和试井小组的代表组成的 HAZOP 井控小组编写所有钻井作业和井控程序，并对其进行检查、评估，开展井控实例 HAZOP 分析，并对其进行修改。现场试验表明，采用 HAZOP 分析的井控程序现场应用效果好于常规深水钻井作业的井控程序。

Deep vision 双梯度钻井系统和 SMD 系统类似，不同点是 DeepVision 系统应用连续管钻井技术，海底使用 National Oilwell 公司制造的电动离心泵，离心泵叶片粉碎岩屑、水泥、橡胶等，保证海底泵不被损坏。

二、无隔水管 RMR 系统

挪威 AGR Subsea 公司开发的无隔水管钻井液回收 (RMR) 系统,获得 2005 年度海洋技术会议 (OTC) 新技术奖。该系统采用重的抑制性钻井液钻上部井眼,可使上部井眼的钻井液循环应用,并且能够控制钻屑的处理和废弃。系统硬件组成包括:海底泵和马达模块,吸入和对中模块,下放控制工具以及密封装置,海底控制舱以及动力供应系统,回流管线系统,管缆绞车控制装置,意外事故应急关井系统等。该系统具有的优点为:提高井眼的稳定性;减少清洗;提高具有浅层气和浅层水流动的危险地层井控能力。该系统已通过挪威研究委员会的认证,已在黑海 West Azeri 油田进行工业应用,取得良好的经济效益。

(一) RMR 系统组成

RMR 系统的应用现已比较完善,特别是在浮式钻井平台,目前已在挪威、英国、里海和澳大利亚等地区应用。尽管油井参数、钻机配置和水深不同,但在这些操作区域中使用的典型 RMR 系统如图 3-11 所示。

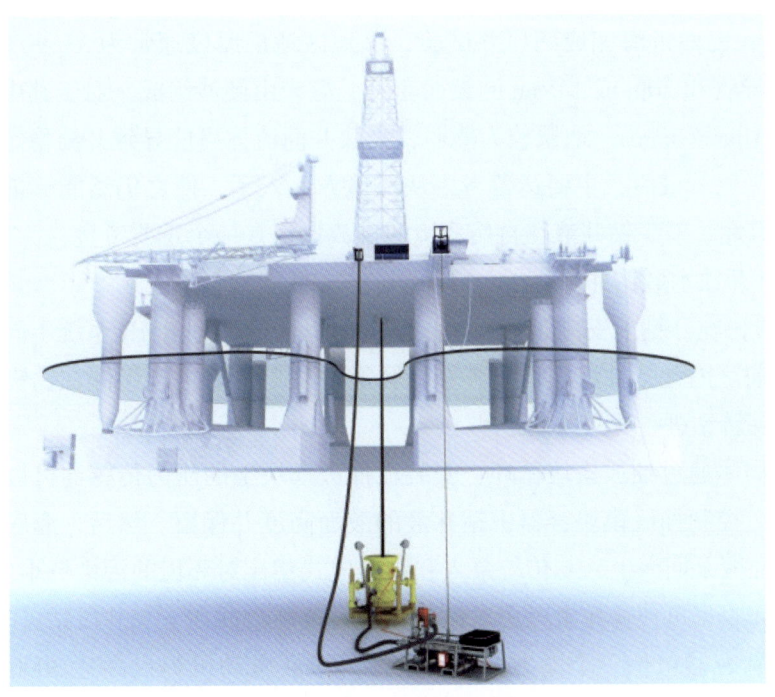

图 3-11 标准 RMR 系统布局

用于浮式钻井平台的典型 RMR 系统,一般在导管柱和低压井口外壳在钻井液管线上就位后安装。然后,RMR 系统为钻井液提供了一个闭环循环,这些钻井液在开放水域中钻井时,"通常"会被返排在海床上。这个闭环系统,可以提供更优质的钻井液系统来钻导眼井段，从而获得更好的井筒质量，提高控制浅流区和问题地层的能力。

RMR 系统的核心包括：一个特殊的海底泵、压力传感器和集成控制系统，集成控制系统可以持续监测和调节来自压力传感器的信号和海底泵的功率和速度。所有设备都用钻机泵和钻井液进行校准。

典型 RMR 系统通常还包括一个抽汲装置，这个装置连接在低压井口外壳上，收集从井筒返出的流体。该抽汲装置装有压力传感器，可将信号反馈给海底泵模块，然后通过脐带缆返回到水上的控制系统。海底泵模块安装在海床上，其大小可适应水深、钻井液重量和流量，以确保对这些循环流体的有效管理。

抽汲装置和海底泵之间靠抽汲软管连接。海底泵连接至钻井液返回管线，返回管线悬挂在软管处理平台上的钻机上。

海底泵和脐带缆通过甲板上的绞车安装。绞车可以为泵提供动力，并在压力传感器、海底泵模块和控制系统之间传输信号。电源和控制装置安装在甲板上的控制容器中，控制容器向海底泵供电，并监测和管理海底系统和海上控制装置之间的信号。此外，司钻舱内还安装了一台 RMR 控制系统计算机。

（二）应用

RMR 系统在巴西近海完成两口井试验，该地区地层厚度通常为 35~70m，导眼井段通常使用 30in 导管和 20in 或 13³⁄₈in 的表面套管。海床由硬沙组成。对于其中一些油井，在导管鞋下面的 Tibau/Guamare 地层较为薄弱，吸收井筒流体可能导致井筒稳定性、钻速和最终井深都难以优化。最后，主要运营考虑从环境方面入手，使之仍然能够进行高效、安全的钻井作业。因此，减少钻井液在自然环境的排放量也是一个重要考量。

1. 阶段 1：开放水域钻井

对于阶段 1，在开钻前安装了抽汲模块。这与以前的典型 RMR 系统不同，即导管安装在抽汲模块之前。因此，抽汲模块安装在钻孔灌注桩上，该组合组件在钻铤运行工具上运行，并从海床旋转钻进，建立井基。

所有上返物体通过抽汲模块循环，安装在抽汲模块上的压力传感器可以将信号反馈到海上控制系统，控制抽汲模块容器中钻井液的液面高度并保留。然后，海底泵通过钻井液返回管线将钻井液泵回海上，与传统泵入和泵出模式相比对环境的污染更小。

钻井液的回收也可使操作者考虑对钻井液进行改性，并在下一井段钻进时使用。

海上的控制容器包括一个电力调节设备，为海底电动机提供高达 3000V 的稳定功率；以及一个装配控制系统和监测站的设备。这些设备的体积较小，节省了甲板上的占地面积。

2. 阶段 2：双梯度井段

在导管运行时，上部甲板处的导管柱安装了弯管和抽汲软管。

这个接口在管外，抽汲模块的上方，潜水员可以接触到。一旦导管固定，潜水员将抽汲软管连接到海底泵的出口连接上，在导管内部和海底泵之间建立第二个流体循环。

重新建立循环后，可以开始下一个井段（表面套管）的钻井，但钻井液不会从导管内部返回至海面，按照正常惯例，钻井液从导管海底出口流出，通过海底泵模块循环，并返回钻井液返回管线。根据下一井段的井底压力要求，出口流出的液体密度是可调节的。即使在浅水范围内，通过降低导管内部液位，RMR系统可以有效降低井底压力，减少了下一井段钻进时钻井液的损失量。

（三）安装

由于抽汲模块和钻孔灌注桩的尺寸较大，这些设备部件需要在岸上预先组装，然后运到海上准备安装。该操作在码头边进行，组装好的抽汲模块/钻孔灌注桩/运行工具被放到钻机框架内，随时准备从补给船吊走。

补给船停在钻机的悬臂甲板下，组件被吊起并固定在转盘下。抽汲模块和钻孔灌注桩从钻铤落地桩向下旋转到海床。

在安装抽汲模块和钻孔灌注桩时，海床上有一个沙坑地形，导致抽汲模块和钻孔灌注桩有一定的倾斜角度。组具重新安装，并检查了36in的钻孔，状况良好，30in的导管成功固定。海底泵重新运行并安装在井孔旁边的海床，准备进行第二阶段。

弯管出口、吸管和压力传感器安装在上部甲板特殊接头的出口处。导管固定后，潜水员就将吸管连接到海底泵，为下一井段的双梯度钻井做好准备。

表面套管井段钻进在30in导管内进行，压力传感器监测钻井液情况，液面保持在导管出口上方一定范围内。与以前的位移井相比，这种方法改善了钻井时间，得到了更光滑的井状和更好的固井效果。

由于海床砂粒较硬，并且受力压缩，物理法安装钻孔灌注桩比预期的更困难。因此运营商在桩的外部增加了螺旋样条，并在桩鼻处增加了凿面。此外，在现有的泥垫上增加了泥垫板，以便遇到海底沙坑时，在海床上提供额外的支撑。

由于导眼的钻井液主要是海水，添加剂有限。特殊的海底泵也经历了比预期更多的磨损，远超世界其他地方。

第三节　海洋控压钻井主要装备

海洋控压钻井需要配备的专用装备及工具可分为压力控制装备、监测与控制装置、流体分离装置、气体燃烧装置四大类。压力控制装备包括旋转防喷器、自动节流控制系统、微流量监测系统、回压补偿系统等；监测与控制装置系统（含自动控制软件）包括、井下压力随钻测量系统（PWD）或井下压力温度存储仪、气体流量监测仪、多通道气体监测仪、环空液面监测仪；流体分离系统包括液气分离器和撇油罐；气体燃烧装置包括自动点火系统、火炬、排气管线（排砂管线）、防回火装置。上述装备及工具并不要求全部配备，部分可选配。典型的控压钻井系统装备及工具配置如图3-12所示。

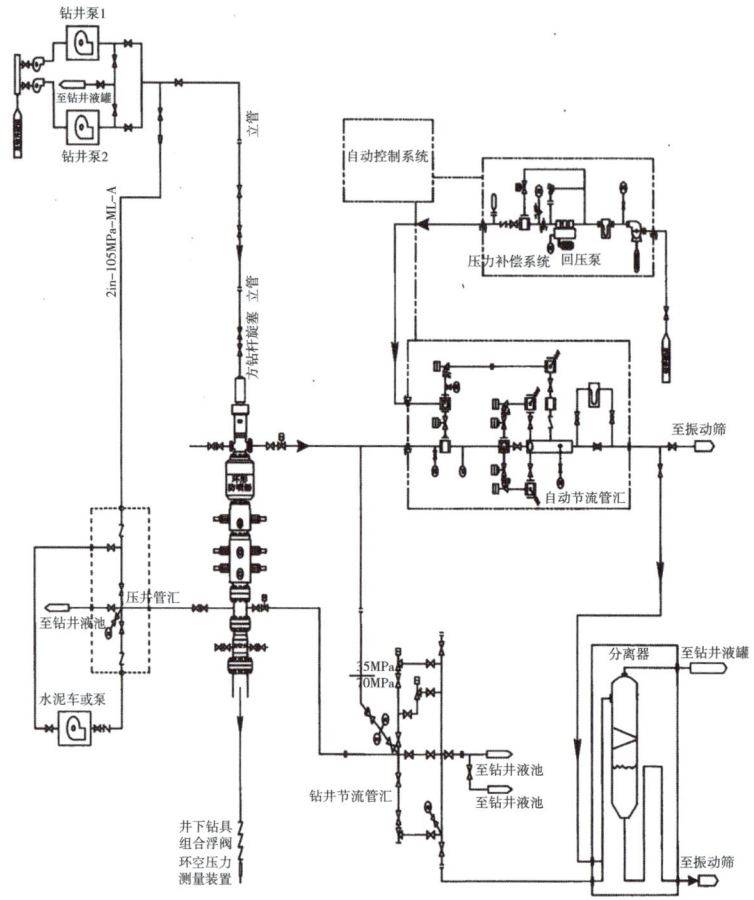

图 3-12 典型的控压钻井系统装备及工具配置

自动节流控制系统、微流量监测系统、回压补偿系统、监测与控制装置是控压钻井系统最具标志性的专用配套装备。自动节流控制系统如图 3-13 所示,是由自动节流阀、自动平板阀、手动平板阀、流量计、传感器等组成的节流管汇系统,通过反馈、逻辑系统能够对井口返出流体进行自动调节,从而对井口施加回压,并具有流量测量能力。

微流量监测仪一般采用科里奥利流量计,如图 3-14 所示,它利用科里奥利力原理可精确监测井内返出流体质量流量的微小变化,同时也可监测流体密度。

图 3-13 自动节流管汇

图 3-14 科里奥利质量流量计

回压补偿系统由回压补偿泵、自控节流阀、出口质量流量计、数据采集、数学模型及控制模块 PLC（Programmed logic controller）组成，如图 3-15 所示，它能够在井筒无流体循环或流量较低的情况下，通过地面管汇形成节流循环，从而对井口施加回压。

监测与控制装置是通过传感器、逻辑控制器等实现控制的自动系统，是设备、工艺自动化的载体，其核心是自动控制软件。监测与控制装置

图 3-15　回压补偿系统

可实现工程参数实时监测、分析与决策，下达井口套压指令，实现井筒压力自动控制。

本节主要介绍海上旋转控制头和隔水管等海洋控压钻井的主要装备。

一、旋转控制头

旋转控制头也叫旋转防喷器，最先研发的控制头仅用在空气钻井中，其后研发出适合于地热钻井和钻井液气体钻井的装备，进而研究出适合边喷边钻的欠平衡钻井的装备，最新的应用是控压钻井。

旋转控制头安装在井口防喷器组的最上端。用以密封钻杆与六方钻杆，并在其允许的井口压力条件下钻动钻具旋转转进，在进行带压（不压井）起下钻具作业及其他带压作业中，用以封隔井口环空，并通过规定尺寸的钻具及其接头。

（一）旋转控制头组成及连接示意图

以最常用的环形胶心型密封的旋转控制头为例，由旋转总成、壳体和液控装置三大部分组成（图 3-16）。其工作原理为：壳体底座的内腔顶部增设一套旋转轴承系统，旋转总成上、下两组胶芯能封闭井内钻具和井眼之间的环空。旋转总成在一定承压范围允

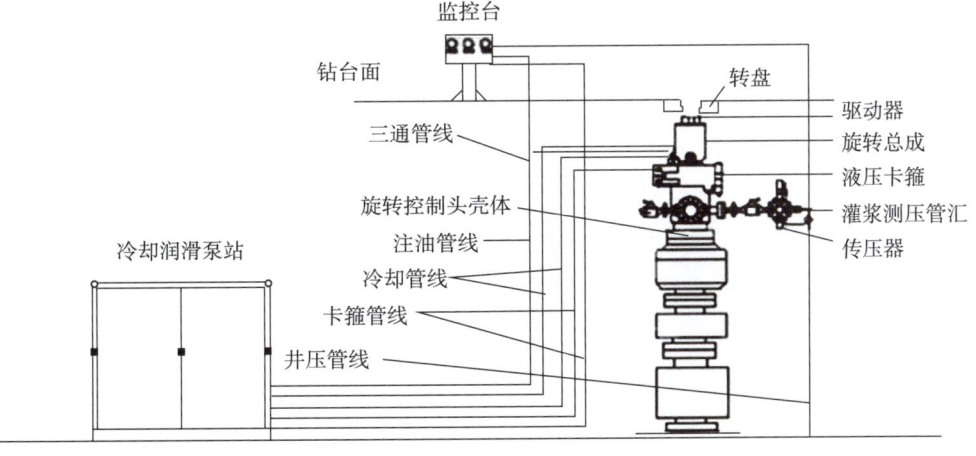

图 3-16　旋转控制头组成及连接示意图

许方钻杆带动中心管与胶芯以一定的转速旋转进行钻进作业；旋转控制头胶芯有不同尺寸，以适应不同尺寸的钻杆与方钻杆；方钻杆、钻杆通过旋转总成时，胶芯在自身弹性作用下产生一个预紧力包紧钻具，同时在井压作用下又获得一个助封力增加胶芯密封的可靠性。

（二）旋转控制头主要类型

现阶段国外旋转控制头种类多种多样，具有代表性的有 Williams 7100 控制头、Varco 公司的 Shaffer PCWD 旋转万能控制头和 Sea-Tech 研发的旋转控制头（图 3-17，表 3-10）。其中 Williams 于 1968 年研发了低密封压力的 8000 型，1985 年研发了低密封压力 9000 型、9200 型和 9300 型，1995 年研发了高密封压力的 7000 型，1997 年高密封压力的 7100 型。

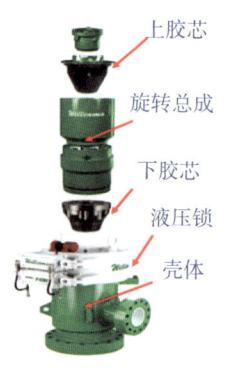
（a）Williams 7100 型

（b）Shaffer PCWD 旋转万能控制头

图 3-17 国外典型旋转控制头

表 3-10 国外旋转控制头性能参数表

产地	型号	动压（MPa）	静压（MPa）	最高转速（r/min）	高度（mm）	轴承润滑	轴承冷却	锁紧装置	胶芯数量
美国	Shaffer低压	3.5	7	200	914	低压脂润滑	无	螺纹、锁销	1
美国	Shaffer PCWD	21	35	200	1727	高压脂润滑	水冷	螺纹、锁销	1
美国	Williams 9000型	3.5	7	100	927	低压脂润滑	无	手动紧锁卡箍	1
美国	Williams 7000型	10.5	21	100	1600	高压脂润滑	水冷	单液缸液动卡箍	2
美国	Williams 7100型	17.5	35	100	1600	高压脂润滑	水冷	双液缸液动卡箍	2
美国	Sea-Tech	10.5	14	100	1447	高压脂润滑	风冷	手动螺纹锁紧	胶囊
美国	RPMsystem300	14	21	100	1016	高压脂润滑	水冷	液动锁紧	胶囊

按对钻柱的密封方式，旋转控制头可分为环形胶芯型和膨胀胶囊型两种，各种旋转控制头的密封结构各有其特色（表 3-11），但均存在切换钻井模式施工程序烦琐，时间长，不利于井控安全监控等问题。

表 3-11 两种类型旋转控制头优点与不足

类型	旋转密封原理	优势	不足
被动型	环形胶芯，通过轴承实现旋转密封	体积小、质量轻、拆装及更换胶芯较方便	胶芯的使用寿命较短，更换较频繁；切换钻井模式施工程序烦琐，时间长；不利于井控安全监控。增加非生产作业时间和生产成本
主动型	膨胀胶囊，也通过轴承组实现旋转密封	密封预紧压力可调，动密封压力相对较高	体积大、重量重，安装和更换胶囊程序复杂，费时费力；切换钻井模式施工程序烦琐，时间长；不利于井控安全监控

Sea-Tech 的旋转控制头采用膨胀胶囊型密封结构，如图 3-18（a）所示，由一个远端液压站来使胶囊膨胀。密封由内袋式封隔器与方钻杆封隔器构成，膨胀胶囊在液压站的作用下膨胀后，挤压钻杆封隔器，封隔器发生形变抱住方钻杆，并通过轴承组实现旋转密封，内袋式封隔器内的油压随着井内压力的变化而变化。

Willams 7100 旋转控制头采用环形胶芯型结构，如图 3-18（b）所示，分上下两个密封胶芯，外锥面结构，安装在轴承总成内滚道组件的上部与下部。钻杆的外通径比胶芯的内通径要大，因此胶芯和钻柱形成过盈配合形式。提高胶芯锥面上的液压力，胶芯和钻柱连接面的压力也同样会加大。上密封胶芯小于下密封胶芯受到的井眼压力，降低磨损，这种设计添加了有效的过余保护，增加密封的可靠性。

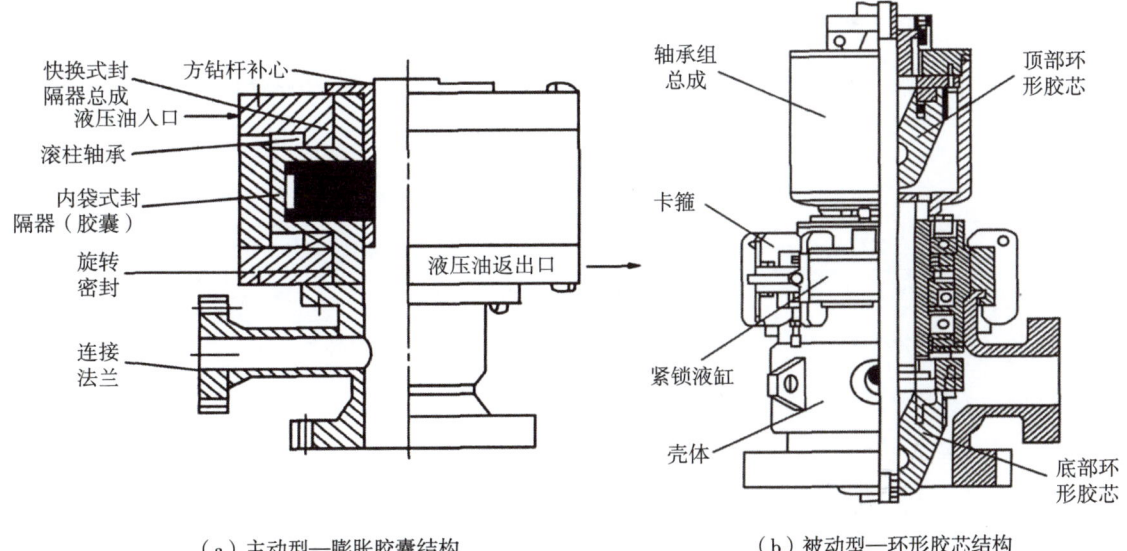

（a）主动型—膨胀胶囊结构　　（b）被动型—环形胶芯结构

图 3-18 两种类型旋转控制头结构情况

国内旋转控制头已实现批量国产化，形成压力级别从 3.5/7MPa 到 17.5/35MPa，通径尺寸从 180mm 到 700mm，规格品种较齐全（图 3-19），基本满足国内欠平衡、气体和控压钻井需求。有多个厂家都生产加工旋转控制头，其结构均借鉴于 Williams 7100 型，采用上下两个环形胶芯密封型，胶芯抱紧钻具通过轴承实现旋转密封，动密封压力最高17.5MPa，静密封压力最高35MPa。

图 3-19 国产旋转控制头

通常用于控压钻井的旋转控制头主要技术参数见表 3-12，但均不能高效切换钻井模式，增加了非生产作业时间，不利于降本增效和提高安全性能。钻井模式切换必须倒换旋转总成和防溢管（图 3-20），耗时长；更换旋转总成程序烦琐，井口作业时间长；频繁进行井口高处作业，安全风险大；不具备封闭下套管能力，无法实现控压钻完井作业全覆盖。

表 3-12 控压钻井旋转控制头主要技术参数

序号	设备名称	技术参数
1	壳体底座	（1）主通径350mm，额定压力级别35MPa
		（2）安装净空高度满足：大于1700mm（环形35-35时）
		（3）车间试压35MPa，现场试压24.5MPa
2	旋转总成	（1）额定压力级别17.5MPa，现场试压12.25MPa
		（2）转盘转速范围：0～100 r/min
		（3）使用要求：井口、转盘及天车三点一线
		（4）常用中心管通径192mm，最长219mm
3	壳体	（1）灌浆口活接头为2in1502
		（2）返浆口法兰为7$\frac{1}{16}$in，35MPa
		（3）壳体与旋转总成连接为液压卡箍

第三章 海洋精细控压钻井系统及装备

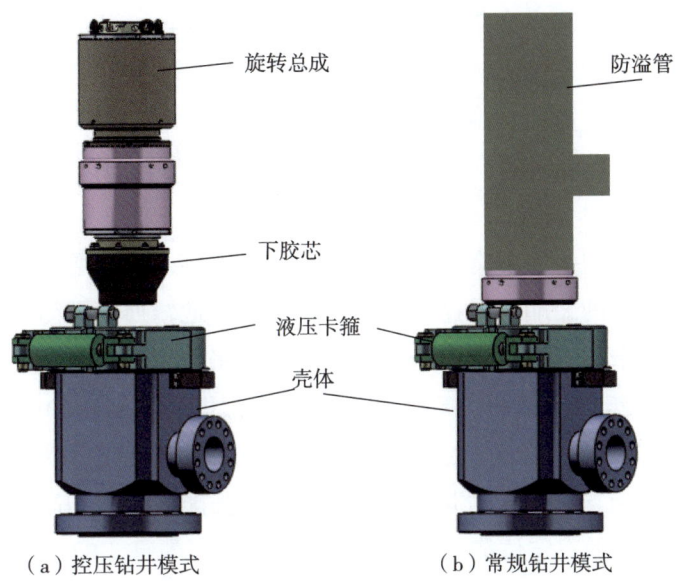

（a）控压钻井模式　　　　（b）常规钻井模式

图 3-20　旋转控制头钻井模式示意图

目前海洋平台钻井综合日费高，降低非生产作业时间是提高钻井综合效益的有效手段。有必要研发具有以下特点的适用于海上的新型旋转控制头：

（1）优化整体结构，便于钻井模式切换；

（2）利于井控安全监控；

（3）胶芯更换及设备维护便捷；

（4）提高密封效果，延长胶芯寿命；

（5）液压站系统结构紧凑，尺寸小，便于海洋平台安放；

（6）具有封闭下 $9\tfrac{5}{8}$in 套管的功能。

（三）海上旋转控制头应用

旋转控制头经历了一个漫长而艰巨的发展过程，现在已能够为所有类型的浮式钻井平台提供深水控压钻井功能，包括动态定位的浮式钻井平台。

世界上首次有记录的旋转控制头应用是 Weatherford 公司于 2004 年在浮式结构上使用高压 7100 型旋转控制头。该技术应用于马来西亚的一个水下钻井平台，目的是钻探存在高失液问题的碳酸盐岩地层。这一应用推动了该技术在浮动钻井平台上的应用。在控压钻井作业期间，旋转控制头被安装在隔水管顶部，具有很大的局限性：

（1）由于旋转控制头的直通尺寸不允许通过防喷器测试桥塞，因此在测试防喷器时，必须将旋转控制头及其附属组件连接起来。这使控压钻井只能用于井的下部和较小的井段；

（2）旋转控制头没有上法兰，安装后无法通过钻机转喷器进行回喷。同时使得传统监测系统的某些组件变得无用，并且使钻井人员更难以适应新系统。

2008 年，Weatherford 公司首次部署了 Seasshield 系列旋转控制头，该系列设备专为恶劣的海上环境而设计，具有完全集成到立管中的功能。SeaShield 旋转控制头配备了一个顶部法兰，可以与海洋立管系统安装和集成。这使得旋转控制头在任何时候都能与钻机防喷器外壳保持连接。当作业需要切换到控压钻井模式时，旋转控制头轴承和封隔器组件通过防喷器外壳和海洋立管系统安装，安装轴承组件，打开阀门，即可在控压钻井模式下钻井，无须进一步的装配要求。

然而，因为旋转控制头通常有软管、管道和阀门连接，需要通过连接在张力环上的电缆。当考虑到动态定位的船舶时，这种设置并不能很好地转换，因为当船舶旋转时，控压钻井辅助设备最终会卡住管线。将旋转控制头安装在张力环下方克服了这一困难，并使软管和其他旋转控制头组件远离张力环，从而促进了钻机的旋转。2010 年，海盾系列型号 7875 BTR 成为业内首个安装在动态定位钻井船上的旋转控制头，作为立管的组成部分。该设备的成功及其应用标志着控压钻井安全性和操作增强能力扩展到高风险、高成本的深水钻井环境，特别是具有动态定位能力的钻井平台。更重要的是，BTR RCD 的成功部署也使控压钻井进一步扩展到超深水钻井领域（水深超过 7000ft），特别是在涉及动态定位钻井装置的情况下。

二、隔水管

（一）隔水管组成及功能

海上隔水管系统是井眼从防喷器组至钻井船的延伸，包括张力系统以及上部挠性/球形接头与下部挠性/球形之间的所有设备。隔水管系统在钻井中的主要功能是提供井口与平台之间的钻井液往返通道，同时支撑辅助管线，如高压节流与压井管线，钻井液增压线和液压管线，并引导和回收钻井工具和防喷器组从钻井船下入海底井口。

典型海洋隔水管系统组成包括：隔水管单根，伸缩节，海面张力器，高压节流与压井管线，液压管线，钻井液增压线，隔水管填充阀，终端短节以及连接底部海洋隔水管组与防喷器组的液压接头等，如图 3-21 所示。

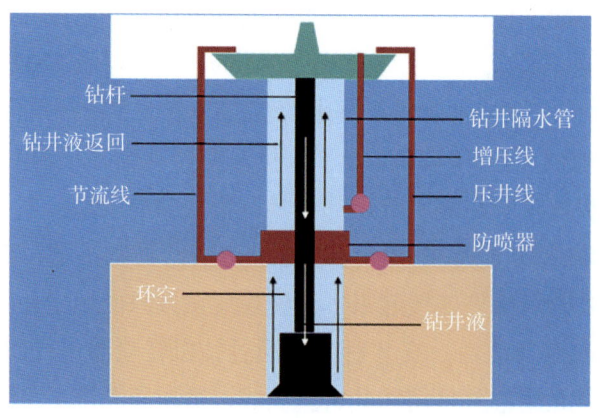

图 3-21　海洋隔水管示意图

海上钻井隔水管系统主要功能如下：

（1）隔开海水，提供井口与钻井船之间的液体传输的通道：

①正常钻井条件下，在隔水管环空内。

②当防喷器组正用于井控时，通过节流和压井管线。

（2）支撑节流、压井及辅助管线。

（3）把工具导向井内。

（4）作为防喷器组的送入和回收管体。

（二）隔水管类型

隔水管系统的选型主要考虑水深和作业的需要。目前常用隔水管介绍如下。

1. Stewart&Stevenson 公司生产的双梯度钻井专用隔水管系统

双梯度钻井专用隔水管系统（dual gradient drilling mud return marine riser system，简称 DMRS），如图 3-22 所示。

2. GE- 维高公司深水钻井隔水管

GE- 维高公司开发了快速连接隔水管来取代传统隔水管并且得到应用。比如 GE- 维高公司开发的 MR-6E 隔水管接头及专用液压上紧装置，液压上紧装置使得操作人员不需要手动对接，上扣即夹紧隔水管，能够实现快速对接、上扣及夹紧，显著提高了隔水管下放速度（图 3-23）。

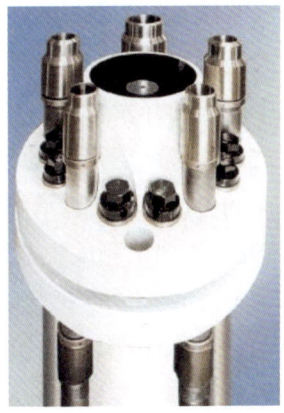

图 3-22 双梯度钻井专用隔水管系统 (DMRS)

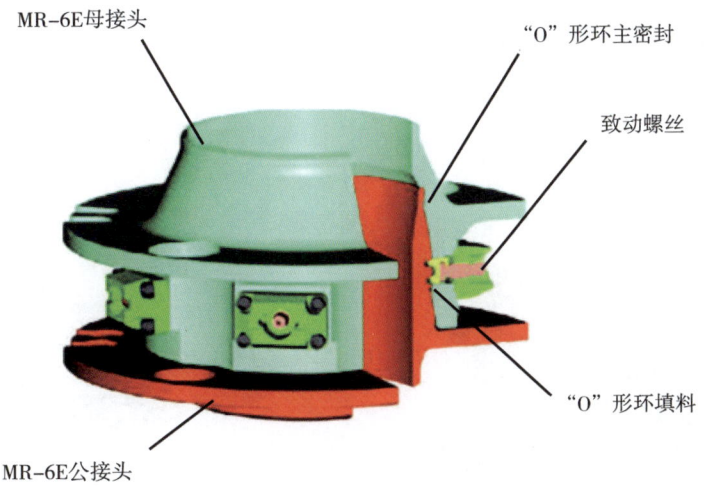

图 3-23 GE- 维高公司深水钻井隔水管

3. Aker Clip 接头隔水管

Aker Clip 接头隔水管由法国石油研究院 IFP 于 20 世纪 80 年代中期研制,采用卡口式快速接头实现隔水管的快速作业,它的简易性和快速下放性能使得它成为深水钻井的理想装备。作业时,当两根隔水管单根对接完成后,压入上部隔水管单根,快速接头的载荷环/锁紧环将两个单根锁定完成连接,作业中不需要螺栓、多线程或任何预加载荷。该技术最大的优点是显著提高隔水管作业速度,连接速度是法兰连接的两倍,可以每小时 7 到 8 根的速度组装隔水管柱。例如,组装 7500ft 水深的钻井隔水管只需 12~14h,一年可省 10~15 天的时间。

4. 俄罗斯 ZAO 公司铝合金深水钻井隔水管

俄罗斯 ZAO 公司采用铝合金作为材料生产铝合金钻井隔水管(Aluminum Alloy Drilling Riser,简称 AADR),在满足强度要求的条件下,铝合金隔水管比钢制隔水管更轻,在平台承重能力保持不变的情况下,能够在更大水深的海域钻井。ZAO 公司隔水管单根也采用法兰连接,隔水管作业效率低。

5. 山东豪迈集团开发的隔水管

随着南中国海的开发,国内厂家开始参与隔水管研制,其中 HYSY982 钻井隔水管除了部分密封件之外,隔水管所有的原材料采购均来自国内(化学药剂管线采购来自印度,主要是价格方面的考虑);豪迈承担的工作包括焊接、机加工、集成、压力测试、出厂测试。GE 负责产品设计、加工测试规范及质量控制。该公司参与隔水管研制如下:

2015 年,承接南海 982 平台隔水管制造;

2017 年,承接 NH9 隔水管和伸缩节返修;

2019 年,承接深蓝探索平台隔水管制造;

2021 年,承接 GMGS 隔水管及附件制造。

山东豪迈目前加工过两种拉力等级的隔水管,一种是 E 级 2.000×10^6lb,一种是 G 级 3.000×10^6lb,技术标准来自 API 16F。山东豪迈主要参与制造,目前所生产两种隔水管接头是卡爪型,如图 3-24 所示。

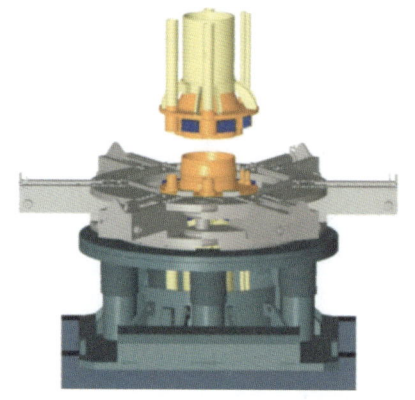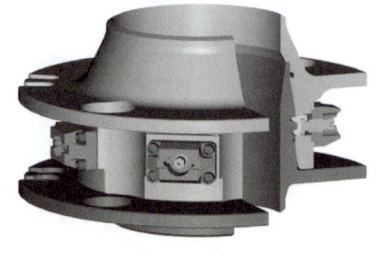

图 3-24　API 16F 标准中两种隔水管接头

根据 API Spec 16F—2017（2021）《海洋钻井隔水导管设备规范》及石油行业标准 SY/T 6917—2021《石油天然气钻采设备海洋钻井隔水管接头》规定，隔水管额定载荷分为 11 个等级（表 3-13）。

表 3-13　隔水管额定载荷表

序号	等级	API 16F（10⁶lb）	SY/T 6917（kN）	对应拉力（tf）
1	A	0.50	2224	227
2	B	1.00	4448	454
3	C	1.25	5560	567
4	D	1.50	6672	680
5	E	2.00	8896	907
6	F	2.50	11120	1134
7	G	3.00	13344	1360
8	H	3.50	15568	1588
9	I	4.00	17792	1814
10	J	4.50	20016	2041
11	K	5.00	22240	2268

6. 宝石机械开发的隔水管

2018 年 6 月 26 日，由中国质量检验协会团体会员单位宝鸡石油机械有限责任公司承担的国家 863 计划课题"深水钻井隔水管系统工程化研制"，顺利通过科技部组织的课题验收。

课题于 2012 年 11 月立项以来，研制完成了深水钻井隔水管系统关键装备（安装试压装置、卡盘、万向节、张紧环、隔水管灌注阀、下部挠性接头、终端接头等 7 种样机）和伸缩装置原理样机，研制完成了深水钻井隔水管用 X80 钢级直缝埋弧焊钢管。

研制的隔水管系统关键装备通过了 CCS 认证，并取得 API Spec 16F 证书。为勘探 3 号平台研制的隔水管伸缩装置已经完成了一口探井作业，实现了工程化应用。

课题在耐疲劳球形弹性复合元件研制、液压驱动整体式隔水管张紧环、灌注阀压差平衡控制技术、高精度直缝埋弧焊钢管研制技术、挠性装置多功能循环疲劳试验等方面，取得了创新性成果并获得知识产权。

课题已申请国家发明专利 18 件，美国发明专利 1 件，发表科技论文 28 篇，制定了 8 项隔水管国家和行业标准，形成了深水海洋钻井隔水管系统开发设计研发团队。

该课题的验收通过，标志着宝石机械公司拥有了自主知识产权的隔水管系统研制技术，打破了多年的国外技术垄断，为隔水管产品国产化奠定了坚实的基础，也为我国开展深水区域油气田开发提供了强有力的科技支撑。

隔水管性能参数见表 3-14 和表 3-15。

表 3-14 H 级隔水管性能参数表

序号	参数	内容
1	额定级别	H级（3.5×10^6 lb）
2	额定长度	3048～22860mm（75ft）
3	额定工作压力	31.03MPa（4500psi）
4	隔水管名义外径	533.4mm（21in）
5	节流/压井管线	2根
6	钻井液增压管线	1根
7	液压管线	2根
8	法兰外径	1100mm（43in）
9	螺栓规格	M100
10	总质量	16541kg
11	隔水管主体强度压力	46.54MPa
12	隔水管主体密封压力	31.03MPa

表 3-15 E 级隔水管性能参数表

序号	参数	内容
1	额定级别	E级（3.5×10^6 lb）
2	额定长度	3048～22860mm（1050ft）
3	额定工作压力	13.79MPa（4500psi）
4	隔水管名义外径	533.4mm（21in）
5	节流/压井管线	2根
6	钻井液增压管线	1根
7	液压管线	2根
8	法兰外径	990mm（39in）
9	螺栓规格	M85
10	总质量	8182kg
11	隔水管主体强度压力	20.69MPa
12	隔水管主体密封压力	13.79MPa

（三）隔水管伸缩节

隔水管伸缩节主要由自动锁紧装置、内筒、密封装置、内外筒旋转机构、辅助管线连接机构及外筒组成。其中，自动锁紧装置起到锁紧内筒与外筒的作用；密封装置一般包括主密封装置与辅助密封装置，为了方便维修，密封结构一般采用剖式密封或填料密封。辅助密封装置在主密封失效或主密封进行维修时使用。旋转机构设置可实现内外筒之间的相对运动。其结构如图 3-25 所示。

第三章 海洋精细控压钻井系统及装备

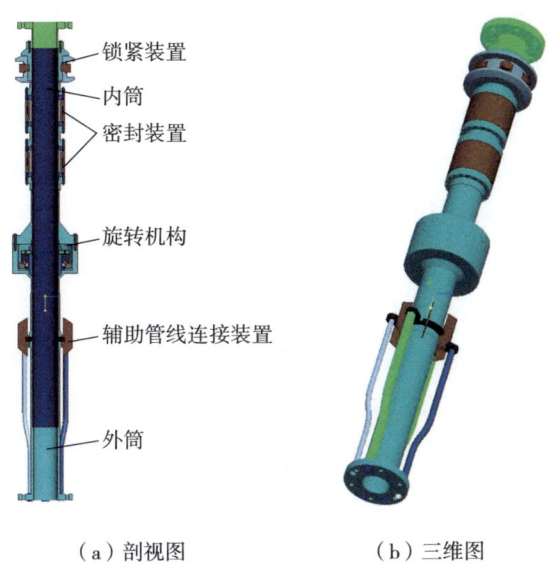

（a）剖视图　　　　　（b）三维图

图 3-25　隔水管伸缩节

伸缩节冲程长度取决于钻井船的要求，一般为 15～20m（45～65ft）。在环境相对温和的浅水区域，13.716m（45ft）的冲程长度已经足够。在环境恶劣的深水区域，冲程长度要求达到 19.812m。

伸缩节鹅颈管连接程序：

（1）清洁销端和销座并涂上润滑油，以备安装。

（2）将钩环安装在鹅颈管的顶板上。选择正确的安装孔位，使鹅颈管吊起时处于垂直悬挂状态。

（3）将绞车或吊车绞线连接到卸扣上，并将其固定在终端上。

（4）焊接在鹅颈节上的导向片必须处于终端上的导轨板之间。

（5）当鹅颈部分下降并插入正确位置时，将锁紧螺栓就位，并将锁紧螺栓 90°转动到位。鹅颈管已准备就绪。

伸缩节结构如图 3-26 所示。

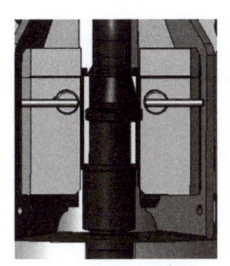　　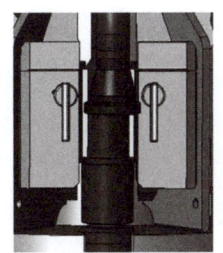

（a）打开状态　　　　　（b）锁紧状态

图 3-26　伸缩节鹅颈管

(四)浮力块

浮力块是深水钻井隔水管必不可少的重要组成部分。这是由于在深水情况下,受张力器附近隔水管强度的限制,隔水管可以承受的最大张力是很有限的,但是隔水管由于横向载荷,特别是由于自身重量的作用,需要足够大的顶张力才能维持自身的稳定性。所以必须增加浮力块以提供分布式浮力以改善隔水管的局部力学性能,同时也能够降低对隔水管张力器提供的张力要求。

Cuming公司是浮力块的主要供应商,该公司的C-FLOAT产品常常是最高效的隔水管浮力模块,具有强度高、质量轻、密度小、吸水性能差、抗挤毁能力差、弹性损失小(压缩比小)等优点。表3-16给出了Cuming公司传统的复合泡沫塑料浮力块参数。

表3-16 复合泡沫塑料浮力块参数表

标定服役水深		传统复合泡沫塑料		C-FLOAT超轻产品		C-FLOAT超-超轻产品	
单位为ft	单位为m	单位为lb/ft³	单位为kg/m³	单位为lb/ft³	单位为kg/m³	单位为lb/ft³	单位为kg/m³
2000	600	26.0	417	22.0	353	20.0	320
4000	1200	30.0	481	26.0	417	24.0	385
6000	1800	32.0	513	28.0	449	26.0	417
8000	2400	34.0	545	30.0	481	28.0	449
10000	3000	36.0	577	32.0	513	30.0	481

(五)隔水管技术

隔水管钻井液控压技术是一种新型的双梯度控压钻井技术。隔水管钻井液控压技术同样是通过调节隔水管内钻井液液面高度控制井底压力,但隔水管上部为气体,下部为钻井液。钻井液通过额外的管线返回至地面。

常规双梯度控压钻井体系的液面高度确定后,在钻井中便无法轻易改变,下入套管后钻开新地层时,需要调整钻井液密度。隔水管钻井液控压技术可以改变环空中钻井液液面高度,从而控制井底压力,可以在不改变钻井液密度情况下继续钻进,大大减少操作难度,经济性更高。

隔水管控压技术虽然具备众多优势,但在装备方面还存在一些可以改进的地方。隔水管上部为气体,管内压力为大气压力,会产生一个周围海水向内挤的压力,在气液界面处该内挤压力达到最大。现有隔水管抗压强度有限,在一定程度上限制了系统的压力调节范围。因此需要开发出强度更高的隔水管,以扩大隔水管控压技术的压力调节范围。目前该技术只能应用于过平衡和近平衡钻井,因此可以考虑在该技术的基础上加装旋转控制头,以开发该技术的欠平衡钻井应用。

参考文献

[1] KUEHN A. Managed pressure drilling operations in deepwater and total circulation losses environments [C]. D031S050R004, 2016.

[2] BYSVEEN J, FOSSLI B, STENSHORNE P C, et al. Planning of an MPD and controlled mud cap drilling CMCD operation in the barents sea using the CML technology [C]. D011S001R005, 2017.

[3] JOHNSON R, LUO Y, GRACE C, et al. Field demonstration of a new method of the automation of continuous circulation drillpipe connections [C]. D031S025R002, 2018.

[4] MOGHAZY S, VAN NOORT R, SHAYEGI S. The business case for ABP MPD use in deepwater gulf of mexico [C]. D021S009R001, 2019.

[5] HOVLAND S, VAN KUILENBURG R, EIDE T, et al. Lessons learned with real integration of a deepwater MPD control system [C]. D011S003R002, 2019.

[6] FERNANDES A A, VANNI G S, MARTINELLO I A, et al. Evolving well control procedures with MPD on floaters [C]. D011S002R002, 2019.

[7] MOGHAZY S, VAN NOORT R, KOZLOV A, et al. Using MPD and conventional methods to address a well control event in a deepwater exploration well [C]. D101S018R002, 2020.

[8] HAMMAD M, HERNANDEZ J, HERNANDEZ A, et al. New automated MPD Riser system allowed an operator to reduce manual working hours in the moonpool by 85% and installation time by 60% [C]. D022S183R001, 2021.

[9] EJIKE C, SHOUCENG T. A method for reducing wellbore instability using the managed pressure drilling (MPD) system [C]. D021S002R001, 2022.

[10] DAVILA A N, LOPEZ J R, ROSSI L, et al. Key technologies and solutions to manage risks and overcome the deepwater challenges in an integrated services project in the gulf of mexico [C]. D011S007R003, 2023.

[11] BORGES S, AL-HASHMY W. MPD Approach to completion string design and run enabled operator to successfully complete wells in highly-unstable formations offshore west africa [C]. D011S002R002, 2023.

第四章　EKM 海洋控压钻井系统

EKM 海洋控压钻井系统源于 EKM 精细控压钻井系统，经过设计加工适用于海上的旋转控制头，以及将陆地设备海洋化改造，已成功用于海上自升式平台的控压作业。至今，已在海上成功实施数十口井，成为国内海洋成功应用最多的海洋控压系统，统计见表 4-1。

表 4-1　EKM 海洋控压钻井统计

井号	时间	井别	井型	作业井段（m）	井眼尺寸（in）	井眼尺寸（mm）	地层特点	压力窗口（g/cm³）	钻井液密度（g/cm³）
CFD18-1E-1	2019/04/26—2019/05/02	探井	直井	3001～3066	8½	215.9	潜山碳酸盐岩易漏	1.03～1.85	1.1
CFD22-1-2	2019/07/18—2019/08/10	探井	直井	2513～2606	8½	215.9	压力窗口窄，溢漏同存	1.06～1.08	1.02
CFD1-8-1	2019/08/01—2019/08/15	探井	直井	3582～3862	8½	215.9	潜山碳酸盐岩易漏	1.03～1.48	1.06
LD25-1-2	2019/08/30—2019/09/10	探井	直井	3359～3562	8½	215.9	潜山碳酸盐岩易漏	1.1～1.79	1.1
CFD2-2-2	2019/09/18—2019/10/26	探井	直井	3369～3718	8½	215.9	压力窗口窄，溢漏同存	1.07～1.05负窗口	1.03
				3718～4142	6	152.4		1.06～1.18	1.05
JZ25-1N-2	2019/10/24—2019/11/02	探井	直井	1922～2111	8½	215.9			
BZ13-2-6	2019/11/17—2019/12/24	评价井	直井	4000～4867	8½	215.9	压力窗口窄，溢漏同存	1.15	1.18～1.2
				4867～5481	6	152.4		1.03～1.07	1.09～1.1
BZ13-2-5	2019/12/09—2019/12/26	探井	直井	4062～4357	8½	215.9	潜山碳酸盐岩易漏	1.15～1.45	1.19
				4357～4643	6	152.4			
CFD2-2-3	2019/12/11—2020/01/15	探井	直井	3620～4530	8½	215.9			
QHD22-3-1	2020/03/21—2020/04/11	探井	直井	3180～3508	8½	215.9			
BZ19-6-A4H	2020/04/10—2020/05/05	开发井	水平井	4685～5073	6	152.4	压力窗口窄，溢漏同存	1.1～1.12	1.14～1.16
CFD2-2-4	2020/05/15—2020/06/10	探井	直井	3730～4150	8½	215.9			

续表

井号	时间	井别	井型	作业井段（m）	井眼尺寸（in）	井眼尺寸（mm）	地层特点	压力窗口（g/cm³）	钻井液密度（g/cm³）
BZ13-1-A7H1	2020/05/30—2020/07/20	开发井	水平井	4377~5000	8½	215.9	太古宇压力窗口窄，溢漏同存	1.26	1.35
				5000~5465	6	152.4		1.05	1.04~1.12
BZ21-2-3	2020/06/06—2020/07/03	探井	直井	4929~5525	8½	215.9			
CFD2-2-6d	2020/07/13—2020/07/26	评价井	定向井	4397~4591	8½	215.9			
BZ19-6N-1	2020/08/12—2020/09/05	探井	直井	3898~4742	8½	215.9			
				4742~5290	6	152.4			
BZ21-2-2	2020/09/02—2020/09/27	探井	直井	4808~5340	6	152.4			
BZ13-1-A8S1	2020/09/08—2020/11/04	开发井	定向井	2296~4075	12¼	311.15	易漏	1.55~1.76	1.42
				4075~4917	8½	215.9		1.50~1.79	1.45
				4917~5486	6	152.4		1.10~1.62	1.10
BZ13-2-8d	2020/11/23—2021/01/25	评价井	定向井	3970~4608	8½	215.9	潜山碳酸盐岩易漏	1.55~1.75	1.49
				4608~5397	6	152.4		1.10~1.65	1.11
BZ13-2-9	2020/11/24—2021/01/03	评价井	直井	3250~4096	11¼	285.75	潜山碳酸盐岩易漏	1.50~1.78	1.37
				4096~4799	8½	215.9		1.50~1.80	1.40
				4799~4981	6	152.4		1.10~1.64	1.10
LD27-1-4d	2021/01/11—2021/02/09	评价井	定向井	1829~3409	12¼	311.15	压力窗口窄，溢漏同存	1.50	1.35
				3409~4236	8½	215.9		1.59	1.49~1.52
BZ13-1-A6H1	2021/01/24—2021/03/28	开发井	水平井	3827~4523	12¼	311.15	沙河街组地层易漏失，太古界压力窗口窄，溢漏同存	1.50	1.30~1.40
				4523~4851	8½	215.9		1.26	1.25~1.28
				4851~5488	6	152.4		1.05	1.03~1.06
LD25-1-5	2021/02/22—2021/03/22	评价井	直井	1807~3781	12¼	311.15	压力窗口窄，溢漏同存	1.36	1.22~1.30
BZ13-1-A3S1	2021/05/14—2021/09/04	开发井	定向井	2227~4096	12¼	311.15	沙河街组地层易漏失，太古界压力窗口窄，溢漏同存	1.50	1.28~1.41
				4096~4977	8½	215.9		1.25	1.38~1.40
				4977~5505	6	152.4		1.08	1.05~1.09
JZ20-2E-1	2022/04/25—2022/05/10	评价井	直井	1901~2531	12¼	311.15	沙河街组地层易漏失，太古宇压力窗口窄，溢漏同存	1.44~1.58	1.28
				2531~2740	8½	215.9		1.74~1.98	1.63

续表

井号	时间	井别	井型	作业井段（m）	井眼尺寸（in）	井眼尺寸（mm）	地层特点	压力窗口（g/cm³）	钻井液密度（g/cm³）
JZ20-2E-2	2022/04/13—2022/05/08	评价井	直井	1849～3276	8$\frac{1}{2}$	215.9	沙河街组地层易漏失，太古界压力窗口窄，溢漏同存	1.79～1.99	1.65
JZ14-6-1	2022/04/20—2022/05/25	评价井	直井	2481～3758	8$\frac{1}{2}$	215.9	压力窗口窄，溢漏同存	1.08～1.20	1.08
PL19-3-C25S1	2022/11/05—2022/11/17	开发井	定向井	515～1771	8$\frac{1}{2}$	215.9			
BZ19-6-D1	2023/06/07—2023/07/14	开发井	定向井	3806～4300	12$\frac{1}{4}$	311.15	潜山以低孔、低渗储集层为主，压力窗口窄，易漏	1.21～1.31	1.23
BZ19-6-D1	2023/06/07—2023/07/14	开发井	定向井	4300～5622	8$\frac{1}{2}$	215.9	潜山以低孔、低渗储集层为主，压力窗口窄，易漏	1.40～1.51	1.35
PL19-3-D22	2023/08/13—2023/08/25	开发井	定向井	2163～2626	8$\frac{1}{2}$	215.9	压力窗口窄，溢漏同存	0.80～1.18	1.07～1.23
BZ19-6-D10	2023/08/25—2023/09/10	开发井	定向井	3103～3666	12$\frac{1}{4}$	311.15	潜山压力窗口窄，频繁发生失返性漏失	1.20～1.33	1.34
BZ19-6-D3	2023/09/11—2023/09/25	开发井	定向井	3699～4730	8$\frac{1}{2}$	215.9	潜山以低孔、低渗储集层为主，压力窗口窄，溢漏同存	1.40～1.48	1.39
PL19-3-D06S2	2023/09/11—2023/09/21	开发井	定向井	1196～1688	8$\frac{1}{2}$	215.9	压力窗口窄，溢漏同存	0.98～1.08	1.05～1.20
PL19-3-K48	2023/11/03—2023/11/16	开发井	定向井	552～2429	12$\frac{1}{4}$	311.15	压力窗口窄，溢漏同存	0.92～1.16	1.03～1.25
BZ19-6-B4	2023/11/20—2023/12/12	开发井	定向井	4910～5290	6	152.4	钻遇断层及太古宇潜山风化壳易漏；	1.10～1.61（未漏失）	1.09
BZ19-6-B8	2023/12/17—2023/12/31	开发井	定向井	4969～5388	6	152.4	钻遇断层及太古宇潜山风化壳易漏；	1.10～1.61（未漏失）	1.11
PL19-3-V70	2023/12/08—2023/12/31	开发井	定向井	428～2187	12$\frac{1}{4}$	311.15	压力窗口窄，溢漏同存	0.92～1.20	1.03～1.30
BZ19-6-B5	2024/01/04—2024/01/23	开发井	定向井	5041～5646	6	152.4	潜山钻遇断层发生失返性漏失	1.08～1.19	1.10
PL19-3-K53	2024/02/02—2024/02/13	开发井	定向井	522～1853	12$\frac{1}{4}$	311.15	压力窗口窄	1.10～1.28	1.03～1.33
PL19-3-K54	2024/02/13—2024/02/19	开发井	定向井	502～1774	12$\frac{1}{4}$	311.15	压力窗口窄	0.91～1.00	1.03～1.20

续表

井号	时间	井别	井型	作业井段（m）	井眼尺寸（in）	井眼尺寸（mm）	地层特点	压力窗口（g/cm³）	钻井液密度（g/cm³）
BZ19-6-B6	2024/02/05—2024/03/12	开发井	定向井	3950～5277	8½	215.9	潜山碳酸盐岩易漏	1.50～1.58	1.42～1.55
				5277～5931	6	152.4		1.05～1.13	1.08
WZ13-3-1	2020/01/10—2020/02/11	探井	直井	2507～3708	8½	215.9	作业期间月桂峰组发生漏失	1.66～1.69	1.36
WZ13-5-1	2021/07/08—2021/08/16	探井	直井	3180～3635	8⅜	212.7	压力窗口窄	1.90～2.14	1.78
SHX36-5-A4	2023/03/23—2023/04/23	开发井	定向井	3968～4650	8⅜	212.7	平湖组异常高压地层	1.42～1.81	1.45～1.60
SHX36-5-A8	2023/06/02—2023/06/10	开发井	定向井	4894～5270	8⅜	212.7	平湖组P10层异常高压地层	1.30～1.67	1.58～1.60
SHX36-5-A8H1	2023/06/11—2023/07/08	开发井	水平井	4566～5813	8⅜	212.7	平湖组P10层异常高压地层	1.30～1.67	1.55
SHX36-5-A6H	2023/08/13—2023/08/30	开发井	水平井	4620～5445	8⅜	212.7	平湖组P10层异常高压地层	1.30～1.67	1.55～1.56
TT6-3-1d	2023/06/20—2023/07/08	评价井	定向井	3860～4537	8⅜	212.7	平湖组P6异常高压地层	1.2～1.61	1.30～1.50
ZZ-A9P1	2023/11/02—2023/11/29	开发井	定向井	5548～6105	8⅜	212.7	花港组H5层异常高压	1.31	1.16～1.22
NB25-1-1	2023/11/02—2023/12/10	探井	直井	2925～4575	12¼	311.15	平湖组异常高压，潜山裂缝带易漏失	1.45	1.38
				4575～4875	8⅜	212.7		1.20	1.15
NB19-6-A19	2024/03/01—2024/03/12	开发井	定向井	6610～7504	8⅜	212.7	平湖组P10层砂岩，压力窗口窄，易漏	152～1.78	1.48
HZ26-6-7	2020/07/15—2020/07/30	探井	直井	4101～4346	8½	215.9			
DF24-1-1	2021/05/11—2021/05/30	探井	直井	2550～3080	12¼	311.15	高温高压，压力窗口窄	1.94～2.06	1.8
				3080～3296	8½	215.9		2.00～2.10	1.9
DF1-1-F8H	2022/01/30—2022/03/16	开发井	水平井	4794～5432	8½	215.9	高温高压	1.89～2.14	1.8
DF1-1-P7H	2022/07/29—2022/09/03	开发井	水平井	2636～3029	12¼	311.15	高温高压，压力窗口窄	1.92～2.00	1.56
				3029～4053	8½	215.9		2.02～2.18	1.87～2.00
DF11-2-1d	2022/11/15—2023/01/08	评价井	定向井	2506～3245	12¼	311.15	存在亏空层	1.42～1.65	1.32
				3245～4369	8½	215.9		1.42～1.90	1.4

续表

井号	时间	井别	井型	作业井段（m）	井眼尺寸（in）	井眼尺寸（mm）	地层特点	压力窗口（g/cm³）	钻井液密度（g/cm³）
DF13-2-B20H	2022/12/24—2023/02/23	开发井	水平井	3651～4105	$8\frac{1}{2}$	215.9	高温高压，可能存在压力异常	1.75～2.17	1.72
				3209～3675（开窗侧钻）	$8\frac{1}{2}$	215.9		1.75～2.17	1.72
				3675～3726	$5\frac{7}{8}$	149.2		1.75～2.17	1.73
DF13-2-B21H	2022/12/31—2023/01/10	开发井	水平井	3373～4555	$8\frac{1}{2}$	215.9	高温高压，可能存在压力异常	1.78～2.17	1.75
LD5-1-1	2023/03/12—2023/04/15	探井	直井	3019～4063	$12\frac{1}{4}$	311.15	高温高压，压力窗口窄	1.33～1.44	1.34
				4063～4544	$8\frac{1}{2}$	215.9		1.83～2.10	1.72～1.81
DF13-2-A11H	2023/05/12—2023/06/23	开发井	水平井	3508～3745	$8\frac{1}{2}$	215.9	属异常高压系统，溢漏同存	1.64～1.90	1.82
				3745～3745	$8\frac{1}{2}$	215.9			
DF13-2-A12H	2023/05/12—2023/06/23	开发井	水平井	4563～5371	$8\frac{1}{2}$	215.9	属异常高压系统，溢漏同存	1.74～2.14	1.76
DF11-2-7	2023/06/20—2023/07/27	评价井	直井	2540～2916	$12\frac{1}{4}$	311.15	高温高压，压力窗口窄	2.05～2.10	2.03
				2916～3222	$8\frac{1}{2}$	215.9		2.28～2.32	2.19
DF11-2-9	2023/07/28—2023/08/29	评价井	直井	1857～2252	$12\frac{1}{4}$	311.15	高温高压，压力窗口窄	1.80～1.94	1.53
				2252～2500	$8\frac{1}{2}$	215.9		2.12～2.18	2.02
DF11-2-8	2023/11/08—2023/11/29	评价井	直井	2376～2730	$12\frac{1}{4}$	311.15	高温高压，压力窗口窄	1.80～1.95	1.72
				2730～2925	$8\frac{1}{2}$	215.9		2.05～2.13	1.98
HK-1	2022/11/12—2023/03/14	探井	直井	2926～4122	$12\frac{1}{4}$	311.15	石灰岩及白云岩地层漏失风险高，泥页岩易垮塌	1.39～1.59	1.33～1.48
				4122～4988	$8\frac{1}{2}$	215.9		1.33～1.60	1.22～1.31

第一节 EKM 海洋控压钻井系统构成及现场布置

EKM 海洋控压钻井系统目前主要用于海上自升式平台，系统主要由旋转控制头、自动节流控制系统、控压控制中心、回压补偿系统、随钻压力测量系统等组成，具体设备见表 4-2，现场布置图如图 4-1 所示。

第四章 EKM海洋控压钻井系统

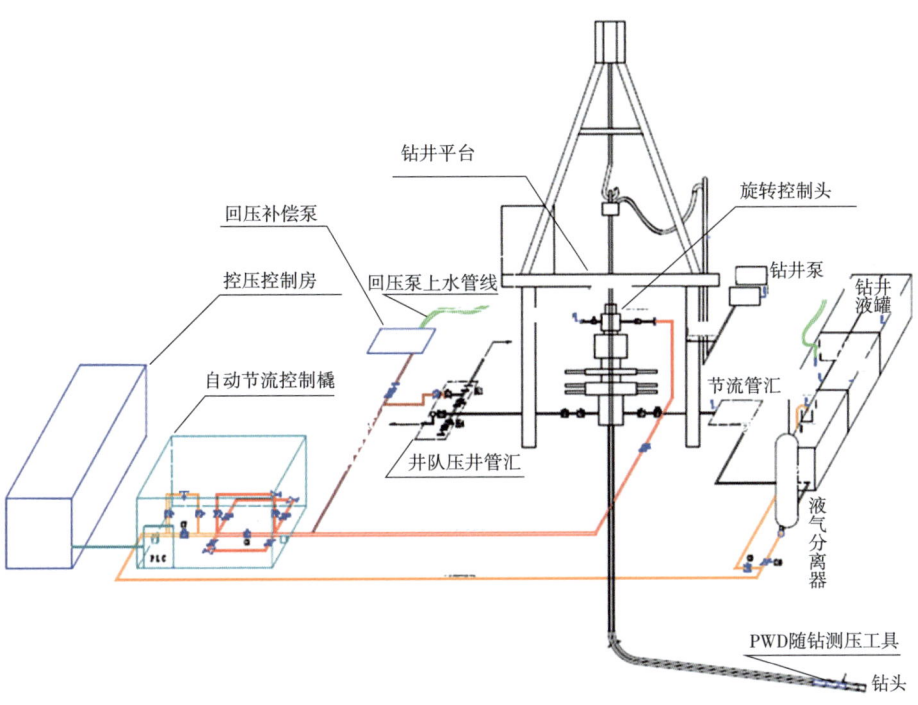

图 4-1 EKM 控压系统设备布置图

表 4-2 EKM 控压系统设备表

设备分类	设备名称	数量	备注
井口设备	旋转控制头	1套	包括液压控制系统
井下工具	PWD随钻测压工具	1套	如有可能应备用1套
地面处理设备	控压控制房	1套	大数据采集处理系统
	自动节流控制橇	1套	含高精度流量计和节流阀等
	液气分离器	1台	
	回压补偿泵	1台	175kW
	液动阀及其管线		连接旋转控制头出口
其他	住宿房		
	工具房		
	正压式呼吸器		
	各种气体报警仪		H_2S；可燃气体等
	防爆对讲机		
	消防器材		

作为国内成功应用于海上的控压系统，EKM 陆地控压系统海洋化时，主要做了以下改进：

（1）研制了适用于海上控压钻井的 HRCD 旋转控制头。

（2）进一步完善了回压泵系统。

（3）根据海上平台要求，集成设计 EKM 智能控制中心。

（4）完善了 EKM 溢流漏失监测系统。

第二节　EKM 海洋旋转控制头研制

一、旋转控制头介绍

陆地旋转控制头的壳体一般安装在井口环形防喷器的上面，它的旋转总成和防溢管都是采用抱箍式的锁紧安装，存在以下问题：

（1）每一次更换旋转总成都必须人员登高作业，操作安全性差；

（2）倒换防溢管与旋转总成，钻井液泄漏，严重影响环保安全；

（3）操作程序烦琐，非生产时间长；

（4）不能实现密闭下套管作业。

针对上述问题，研制针对海洋控压钻井应用的海洋旋转控制头 EKM HRCD，可实现工具取送旋转总成、旋转总成与防溢管兼容安装、封闭下套管等操作。

二、EKM HRCD 研制

（一）总体设计原则

经过调研发现，许多中国制造商已经生产低压旋转控制头，可是用于欠平衡钻井的高压旋转控制头大部分来自进口。尽管国内已研发出动密封为 10.5MPa 的高压旋转控制头，可是还远远不满足国内欠平衡钻井对高压旋转控制头的要求。针对这一基本情况，通过对国内外高压旋转控制头的科学研究，研发静压力为 35MPa，动压力为 17.5MPa 的一种高压旋转控制头 EKM HRCD。

根据旋转控制头的工作性能和使用要求确定以下一些设计原则：

（1）产品应符合相关的压力容器标准和 API Specification 16A 要求的技术规范；

（2）尽量利用已有技术和设备元件设计出满足生产需求的新型旋转防喷器，采用国内外先进技术和结构，借鉴现有的研究成果并注意符合有关标准要求；

（3）采用模块化设计，多种组合方式，增强通用性、互换性，适应不同用户的需求；

（4）设计贯彻"可靠、安全、实用、经济"的原则。在满足旋转防喷器技术指标先进性的前提下，提高旋转防喷器的可靠性。采用简单的结构形式，达到实用经济的目的。

（二）设计方法

首先采用传统的机械设计方法设计出了旋转控制头的零件和整体结构，并采用机械设计软件 SolidWorks 与 AutoCAD，建立旋转控制头各零部件的三维实体模型，完成了结构装配，并进行了结构干涉检验，按实际工况对其主要部件进行有限元计算和强度校核，在此基础上完成了旋转控制头的结构优化设计。

（三）工作原理

大多数的旋转控制头靠密封胶芯抱紧钻具进行密封，靠传统转盘带动钻杆，钻杆由方补芯总成带动旋转总成、密封胶芯和转动套，达到密封胶芯和旋转总成随着钻杆一同旋转，外筒体和壳体相对静止。如果欠平衡钻井由顶部驱动，此时就不需要用方补芯总成来驱动，仅由密封胶芯和钻杆的摩擦力来驱动旋转总成旋转。

旋转控制头胶芯内径要小于钻杆外径，靠密封胶芯和钻杆的过盈配合来达到密封，钻杆经过密封胶芯时，胶芯在本身弹性作用下来抱住钻杆，起到密封环空的功能。此密封胶芯还有井压助封功能，进一步提升密封的可靠性。工作中密封胶芯橡胶的磨损与橡胶弹性降低，过盈量在减少，当胶芯不能密封住环空时，需立即换新胶芯。

对旋转控制头进行静力学分析，欠平衡钻井和其他钻井的主要区别是对静液柱压力的控制不同。

（1）常规钻井静止时井内压力关系：

$$p_m = p_p + \Delta p \tag{4-1}$$

式中：p_m 为钻井液液柱压力，MPa；p_p 为地层压力，MPa；Δp 为附加压力，通常取值 1.5～3.5MPa。

（2）欠平衡钻井时井内压力关系：

$$\begin{cases} p_p = p_{mc} + p_c + p_q + p_a \\ p_a = p_p - p_{mc} - p_c - p_q \end{cases} \tag{4-2}$$

式中：p_{mc} 为环空钻井液液柱压力，MPa；p_a 为井口压力（套压），MPa；p_c 为环空循环压耗，MPa；p_q 为欠压值，MPa。

经过对各因素的研究发现，控流欠平衡下钻时负压值控制范围通常为 0.5～3.5MPa。通过调研中外的材料显示，下钻时通常控制回压不大于 5MPa，最多不会大于 7MPa，关井时控制头受压不会大于 10MPa，如果超过需进行节流压井。

（3）在实验室与现场进行试压时，静压须 35MPa，动压须 17.5MPa。

（4）液压力的作用效果：钻井液作用在轴承使控制头外筒受到均布载荷；下胶芯密封时，下胶芯和内筒受竖直向上的压力，当下胶芯失效上胶芯密封时，内筒也会受均布载荷，上胶芯和内筒受竖直向上的压力。

（四）设计方案

（1）一体化旋转控制头由两个重要部件组成：壳体总成和轴承总成。

①壳体总成安装在地面上部（非水下设备）的环形防喷器的上方、防溢管的下方。

②壳体总成具有 2 个主返出口和 2 个辅助出口。

③可用于在精细控压钻井作业期间切换返出流体通道。

④可用于钻井液帽钻井作业过程中进行维护、压力平衡/泄放和流体注入。

⑤轴承总成由专用钻杆取送工具通过钻台转盘和防溢管下方安装到壳体内，用壳体液压锁紧系统将其远程锁定到壳体总成中。

（2）一体化旋转控制头设计加工执行标准见表4-3。

表4-3 设计加工标准

序号	标准号	标准名称
1	API RP505	石油设施电气设备安装区域1级0区、1区和2区石油设施电气安装区域划分的推荐做法
2	API RP 500B	陆上及海上固定与移动平台钻井与采油设施的电气安装区域划分的推荐做法
3	API 6A	井口装置和采油树设备规范
4	API Spec 16D	钻井控制设备控制系统规范
5	API Spec 16A	石油天然气工业 钻井和采油设备 钻通规范
6	API Spec 16RCD	钻井旋转控制设备规范
7	NACE_MR0175	油田设备用抗硫化氢应力裂纹的金属材料
8	SY/T 5087	含硫化氢油气井安全钻井推荐做法
9	SY 5308	石油钻采机械产品涂漆通用技术条件
10	SY 5309	石油钻采机械产品包装通用技术条件
11	IEC60079	爆炸性气体环境用电气设备通用要求
12	GB/T 25430	石油天然气钻采设备—旋转防喷器

（五）具体组成及参数

一体化旋转控制头由防溢管、旋转总成、液压系统总成以及壳体组成，防溢管的内径大于旋转总成的最大外径，防溢管上端设置与导流装置连接的接头，防溢管下端通过法兰与壳体顶部连接。

旋转总成设置在壳体内，包括旋转部分和非旋转部分。旋转部分包括上胶芯总成、芯轴总成和下胶芯总成，非旋转部分位于上胶芯总成和下胶芯总成之间，非旋转部分由上密封端盖、外筒、下密封端盖、内部轴承组成；外筒的外部设置环形锁紧爪槽、密封槽和环形定位台阶；壳体内通过通径大小变化设置有一个支撑台阶与外筒外部的定位台阶配合一致，下入旋转总成时，定位台阶坐落在壳体内的支撑台阶上实现定位。

液压系统总成包括液压缸、锁紧爪和锁紧状态指示杆，液压缸有若干个，所有液压缸等间距环绕设置在壳体外侧，且所有液压缸位于同一径向平面上，所有液压缸之间通过双管道并联形成环形液压通路，每个液压缸正对的壳体壁面上开设一个锁紧爪孔，锁紧爪以可移动方式位于锁紧爪孔内,锁紧爪与液压缸的活塞杆通过螺纹连接;在液压缸作用下锁紧爪径向向轴心移动伸出卡在外筒的锁紧爪槽里将旋转总成固定在壳体里,或锁紧爪径向向轴心相反方向缩回,放松旋转总成,便于在壳体里安装或取出旋转总成;锁紧状态指示杆与液压缸活塞连接,锁紧状态指示杆与活塞杆分别位于活塞的左右两侧,锁紧状态指示杆在活塞的带动下进行伸出或缩回,以显示锁紧爪是否关或开到位。

液压系统总成还包括液压站和与液压站连接的两根油管;每个液压缸上设置两个进出油口,所有液压缸的两个进出油口并联连接到环形油管上,并在环形油管上设置两个油管接头;液压站连接两根油管,两根油管另一端分别通过两个接头与液压缸的环形油管连通。

旋转控制头壳体外侧环绕设置若干个等间距分别的平面板,液压缸安装在平面板上,壳体顶部通过裁丝法兰与防溢管底部法兰螺栓连接,壳体底部通过法兰与井队环形防喷器或深水平台隔水管外筒连接。

HRCD 主要性能参数见表 4-4。

表 4-4 HRCD 主要性能参数

密封静压(MPa)	35
旋转动压(MPa)	17.5
转速(r/min)	200(最高转速)
适用钻杆尺寸(in)	$3\frac{1}{2}$、4、5、$5\frac{1}{2}$、$5\frac{7}{8}$
适用套管尺寸(in)	7、$9\frac{5}{8}$
适用温度(℃)	−29～121
工作介质	原油、天然气、钻井液
壳体出口数量(个)	4

(六)HRCD 加工实物及装配

HRCD 加工半成品部件如图 4-2 所示,组装壳体总成如图 4-3 所示,组装旋转总成如图 4-4 所示。

图 4-2 加工半成品部件

图 4-3　组装壳体总成

图 4-4　组装旋转总成

HRCD实物装配图如图4-5所示。HRCD总装配由壳体总成、旋转总成、直通旁通总成、流量计旁通总成、下部防溢管总成组成。

图 4-5　HRCD 总装配图

三、HRCD 优势

HRCD 旋转控制头用于自升式平台具有以下优势。

（1）壳体上端为法兰连接，实现了壳体总成可同时连接旋转总成和防溢管总成，互不干扰，现场施工时减少更换旋转控制头总成程序，大大节约非生产时间，降低高空作业的安全风险和经常拆卸防溢管所形成的钻井液泄漏而带来的环保安全风险。

（2）壳体下部连接平台环形防喷器，上部连接防溢管内筒、防溢管外筒和平台转喷器，构成井口装置的密闭环境（图4-5）。在控压作业不会出现钻井液泄漏造成环境污染情况。

（3）取放各配套设备（试压塞、防磨套、旋转控制头总成等）流程简洁快捷，节约时效。

（4）HRCD 旋转控制头设备及配套井口装置最小内径为 $18\frac{3}{4}$in，满足各尺寸抗磨补心取放需求。

（5）防溢管上部与转喷器连接，返浆口通径大，满足大排量施工要求。

（6）可实现封闭下套管及控压固井作业，提高窄密度窗口井固井质量。

第三节　EKM 智能化控制中心

基于海洋地层压力梯度及温度特性、平台受限空间、平台环境、运行成本、安全高效等条件及要求，进行控压钻井控制系统的整体设备优化，提高海洋高压力及高温度地层控压钻井作业的高效性和安全性，研发了适应海洋自升式平台的智能控制中心，如图4-6 所示。其中控制中心内部如图4-7 所示。

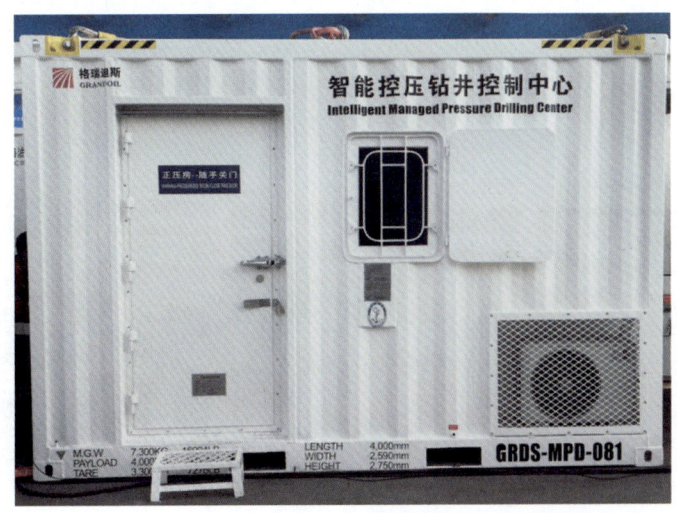

图 4-6　控制中心

图 4-7 控制中心内部

该控制中心具有以下优点：

（1）通过中国船级社 CCS 认证，实现正压防爆功能；
（2）工控机中央控制系统性能稳定可靠；
（3）可外接 380V、460V、690V 等各种电源，满足不同平台作业需求；
（4）配备 UPS 电源，紧急停电系统正常可用；
（5）尺寸小巧，长 × 宽 × 高：3000mm × 2600mm × 2750mm，占用甲板空间小。

第四节　EKM 回压泵系统设计

回压泵系统用于在钻井泵停止工作的情况下，提供井口所需的补偿压力。回压泵系统主要组成部分包括：动力系统、控制系统、变速箱、柱塞泵及管汇系统。格瑞迪斯回压补偿设备如图 4-8 所示，产品基本参数见表 4-5。

图 4-8　格瑞迪斯回压补偿设备

表 4-5 产品基本参数

序号	名称	参数
1	防爆等级	ExdIIBT4
2	功率（kW）	197～224
3	转速（r/min）	0～2200
4	进水压力（MPa）	0
5	排水压力（MPa）	10
6	流量（L/s）	1.87～15（范围内挡位调节）
7	泵转速（r/min）	1挡36～57；2挡78～124；3挡145～27；4挡193～296
8	工作制式	24h连续工作制
9	可靠性	整套装置可靠地连续工作30h以上
10	稳定性	以稳定的流量输出，不受泵出口压力的影响
11	橇体尺寸（m×m×m）	7×2.4×2.6（长×宽×高）
12	整体质量（t）	13

一、动力系统

动力系统由柴油机提供动力，控制柴油机启停、速度调节，实现排量大小的调整。其规格和型号见表4-6。

表 4-6 柴油机规格型号

序号	名称	参数
1	型号	WEICHAI WP10023BE201
2	质量（kg）	870
3	额定功率（kW）	216
4	额定转速（r/min）	1800
5	防爆等级	ExdllBT4
6	防护等级	IP65

二、控制系统

控制柜控制柴油机启停、速度调节，如图4-9所示。连接好控制柜电源后，打开380V输入开关及控制电源开关，电源指示灯亮起，触控显示屏点亮。按下系统启动按钮，在触控屏中点击确定，柴油机启动，触控显示屏显示油温、剩余油量、转速等信息。向右旋转

图 4-9 控制柜

控速旋钮提高转速，向左旋转降低转速。调节旋钮到达指定转速，实现排量大小调整。降低转速后按下系统停止按钮，系统停止，柴油机停止。遇紧急状况按下急停按钮，系统立刻停止。

三、变速箱

变速箱选用泰兴 ZLY280-4.5-1.F 手动变速箱，根据转速通过操纵手柄改变离合器片接合或分离的时间，如图 4-10 所示。其安装在柴油机和柱塞泵之间，通过弹性联轴器与柴油机连接，通过传动轴与柱塞泵连接。

四、柱塞泵

选用卧式柱塞泵，由三个柱塞并列安装，靠曲轴的旋转带动活塞做往复运动，实现吸液和排液。采用了高效的密封结构，可使吸油和排油过程完全分离。柱塞泵内的柱塞和缸体均采用了优质合金钢材料，并经渗碳和氮化处理，不仅使柱塞和缸体的寿命提高一倍以上，而且使泵的寿命延长三倍以上。柱塞泵具有结构简单、体积小、质量轻等优点，确保流体的压力和流量稳定可靠，如图 4-11 所示。

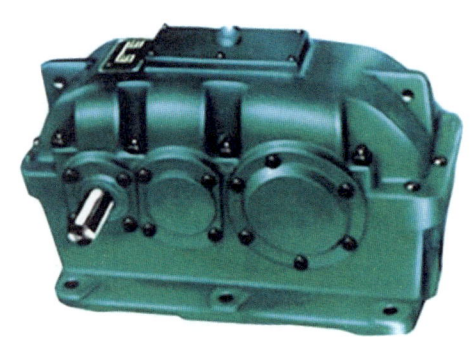

图 4-10 变速箱

图 4-11 柱塞泵

五、管汇系统

管汇系统用于传输水泥浆等流体，整体系统包括管汇、阀门、法兰、接头和压力表等。压力传感器可显示排出压力，保障安全。系统启动时，打开回水阀门，流体通入储水罐，实现内循环。系统准备就绪无问题后，观察压力表状态，缓缓关闭回水阀，通过控制各管路蝶阀开关，实现各管路的开启和关闭。

第五节 EKM 自动节流系统优化

一、优化后的节流系统特点

自动节流系统包括双通道国外进口节流阀、艾默生质量流量计、PLC 数据采集及控制系统，如图 4-12 所示。自动节流系统具有以下优点：

（1）尺寸小巧，长 × 宽 × 高：3200mm × 2400mm × 2800mm，占用甲板空间小。

（2）双自动节流通道，一用一备，实现不间断控制。

（3）系统有自动泄压功能。

（4）节流阀通径为 3in，适应大排量施工需求。

（5）压力控制精度 0.2MPa。

（6）多种控制形式。电脑远程控制、现场液控控制、现场手动控制等。多种液控驱动模式：电控液、气控液、手压泵控液等。且液控系统配备储能器。全方位应对各种突发情况，保证对节流阀的全程控制。

图 4-12 自动节流系统

二、主要部件

（一）双通道节流阀

采用双通道节流阀，一用一备，实现不间断控制，如图 4-13 所示。

（二）质量流量计

采用艾默生质量流量计，实现高精度高准确度溢流漏失监测。质量流量计安装在自动控制橇低压端，用以监测返出流量、返出钻井液密度、温度、流速等参数，测量精度为 ±0.1%。

（三）数据采集及控制柜

PLC 控制系统为冗余系统，是数据采集监测和控制的核心部分，是连接测量单元和采集监测终端、液控系统和控制终端的中枢，确保在海洋环境钻井平台的长时间连续工作，如图 4-15 所示。数据采集及控制柜采用西门子 PLC 模块，采用 316L 不锈钢材质箱体，可实现防爆功能，外壳防护等级 IP56。

图 4-13 双通道节流阀

图 4-14 流量计

图 4-15 PLC 数据采集柜

第六节 EKM 集成橇装控压钻井系统

通过对 EKM 精细控压钻井系统进行精减、集成，形成适用于海洋的集成橇装控压钻井系统。该系统基本保持了精细控压的核心技术内容，包括旋转控制头、自动节流系统、质量流量系统、中控软件计算系统等，同时通过设备的高度集成、配置优化和软件算法等大幅降低了成本。

一、集成橇装控压钻井系统主要装备

集成橇装控压钻井系统采用封闭、加压的钻井液循环系统，通过集成中央控制系统对钻井参数的采集、监测、分析、决策和控制，以实现井筒压力的精确控制。主要装备包括旋转控制头和控压集成橇，如图 4-16 所示，性能参数见表 4-7。

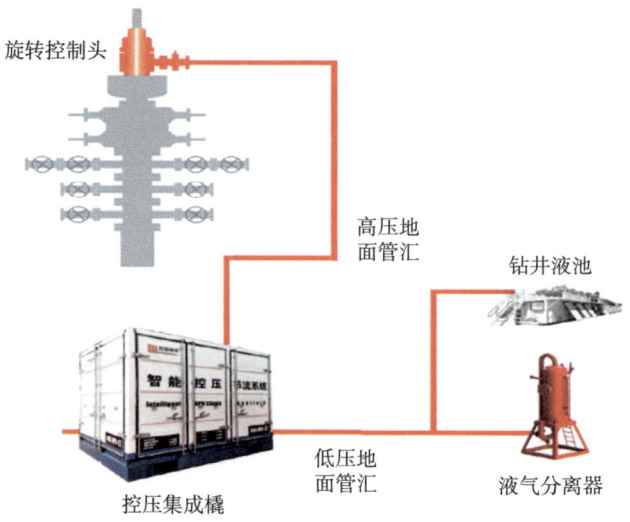

图 4-16 集成橇装控压钻井系统主要装备

表 4-7 集成橇装控压钻井系统主要装备参数

设备	主要部件	主要参数
旋转控制头	旋转控制头壳体	出口法兰17.5，下法兰型号35-35
	旋转控制头总成	通径192mm，压力级别17.5 MPa
	旋转控制头控制系统	卡箍关紧压力21MPa，卡箍打开压力≤7.5MPa，总功率8kW
集成控制橇	高精度自动节流阀	压力控制精度：±0.35MPa
		压力控制能力：35MPa
	高精度质量流量计	流测量精度：±0.1L/s
		密度测量精度：±0.01g/cm^3
		密度测量范围：0~2.5g/cm^3

旋转控制头：安装在井口防喷器的上方，实现井口闭环式管理，正常钻进时钻井液从环空流经旋转控制头，从旁通进入控压流程或者进入振动筛。

控压集成橇：包括自动节流阀和质量流量计，同时将中央控制系统也集成到该橇。在控压集成橇上安装有电脑控制屏操作系统，同时也可以通过无线连接工程师手提电脑进行操作。

二、集成橇装控压钻井性能特点

（一）配置优化降低成本

主要进行了以下设备精减和集成，降低成本。

（1）采用井队钻井泵代替回压泵，直接减少了设备成本。通过闸门倒换，启动钻井泵，在井口建立小排量循环，实现起下钻和接单根时环空回压的控制和稳定。和精细控压钻井装备相比，减少了回压泵等装备，直接降低了设备成本。

（2）集成橇装控压钻井系统将自动节流橇和中央控制房集成到一个工作橇，是该系统的核心工作单元。控制系统模块化设计，确保正常钻进、起下钻和接单根时控压钻井实施。基本实现精细控压的所有功能，但是集成后的工作橇成本大幅降低。

（3）基于多年精细控压钻井经验形成的流体力学模型及校正系数，通过系统软件计算不同流体性能参数和钻具组合时的环空摩阻从而计算出井底当量循环密度（ECD），省去了传统精细控压所需的随钻压力温度测量的费用。

（4）集成后设备体积更小，减少了陆上汽运、海上船运、吊装等成本，且适用性更广。可适用于陆地井场面积小的井场或海洋钻井平台。

（二）强大的软件系统确保基本实现精细控压的功能

1.精确计算循环时井底当量密度（ECD）

控压钻井的关键是实现对井底压力的控制，循环时其计算公式如下：

$$p_{底} = p_{回} + p_{静} + p_{摩} \tag{4-3}$$

式中：$p_{底}$ 为井深 h 处的环空压力，钻进时为井底压力，MPa；$p_{回}$ 为井口回压，MPa，可地面显示和调节；$p_{静}$ 为环空静液柱压力，MPa，可准确计算；$p_{摩}$ 为环空摩阻，MPa。

根据钻井液性能选用不同的流体力学模式进行计算，非常复杂。

带 PWD 的精细控压时，$p_{底}$ 可由井下 PWD 直接监测，再通过 MWD 传到地面接收器。通过调节 $p_{回}$ 来保证 $p_{底}$ 满足要求。所以，不需要计算 $p_{摩}$ 和 $p_{静}$，省去了流体力学计算 $p_{摩}$ 的麻烦。

集成橇装控压钻井系统软件是在积累了大量带 PWD 精细控压钻井经验的基础上，针对不同流体性能、不同流体力学计算模式，通过 PWD 实测 $p_{底}$ 校核 $p_{摩}$ 修正系数，使软件精确计算环空摩阻 $p_{摩}$，从而精确计算 ECD。

2. 回压的自动跟踪与调节确保按设计进行井底压力控制

软件在计算 $p_{摩}$ 后，根据当前井口回压 $p_{回}$、$p_{静}$ 和 $p_{摩}$ 计算显示 $p_{底}$。将计算出的 $p_{底}$ 与设计所需的井底压力进行比较后，再通过调节 $p_{回}$ 来实时校正 $p_{底}$ 满足要求，自动调整流程如图 4-17 所示。

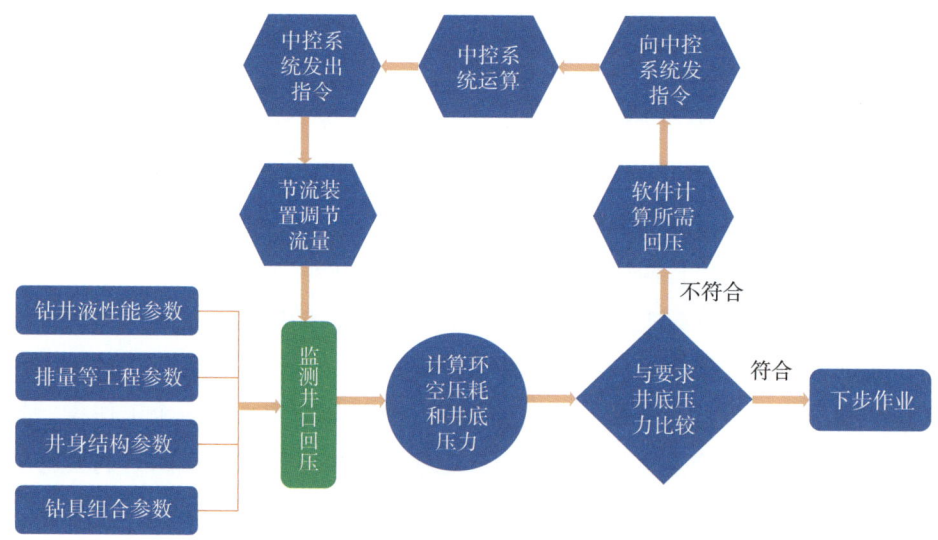

图 4-17 回压自动跟踪与调节流程图

3. 基于流量监测为主的智能溢漏预警、报警系统

根据各工程参数在溢漏预警中的权重值，建立溢漏预警模型，通过监测参数与模型符合度对比，实现智能预警。

通过高精度的质量流量计监测每秒出口流量，利用不漏不溢时的循环排量校正入口流量，再累积以某时间内出口流量和入口流量差，根据行业相关标准判断溢漏情况，并进行报警。

第七节　EKM 控压钻井过程

控压钻井的核心关键在于压力控制工艺的实现，包括控压钻进、接单根、起下钻、换胶芯等作业流程，与开泵、正常循环、停泵和停止循环4个单一程序相对应。

循环钻进期间，控压钻井自动控制系统依据采集的排量、套压、井下 PWD 数据，实时比对实际井筒压力与目标压力。依据其差值，相应给出节流阀控制信号，以实现对井筒压力控制的目标。同时，根据控压钻井作业工况的不同，设计了3种控制方案。

（1）井底压力模式：在钻井液循环过程中，随钻压力测量装置 PWD 正常采集井底压力传送到地面，地面自动控制系统根据随钻压力测量装置传送的数据，根据水力模型分析井口压力，自动调节节流阀，调节井口压力保持井底压力稳定。

（2）井口压力模式：在钻井液不能循环情况下，随钻压力测量装置不能将井底压力数据送到地面，地面自动控制系统将根据随钻压力测量装置最后传送上来的测量数据，根据水力模型计算井口回压，自动调节节流阀，保持井口压力稳定。

（3）手动工作模式：在设备控制系统失效的应急情况下，采用手动方式控制，以保持井口压力稳定。

接单根控压工艺其实就是停泵、停止循环和开泵、正常循环的动态切换过程。在准备接单根过程中，控压钻井回压泵系统要提前运转起来待命，回压泵系统运转正常后可通知司钻停井场大泵，大泵停止过程中，井筒循环摩阻减少，此时要不断增加井口回压来弥补井筒循环阻力的损失；反之，当接单根完成，开泵循环时，井筒循环摩阻增加，此时要不断减少井口回压来保持井底压力恒定。

接单根具体操作流程如下：

（1）准备接单根，提前开启回压泵系统，经红色辅助节流通道流出；

（2）开始停大泵，关闭主节流通道，切换到辅助节流通道，切换过程中根据环空摩阻的损失，及时调整辅助节流阀开度大小，保持设定点压力恒定；

（3）大泵完全停止，井口回压完全由红色辅助节流通道提供，此时，正常接单根；

（4）开启大泵，打开主节流通道，及时调整辅助节流阀开度大小，保持设定点压力恒定，同时关闭辅助节流通道，接单根程序完毕。

重浆压井控压工艺包括重浆注入与重浆驱替，主要是为了解决在较高井口压力下控压起下钻的问题。通过设定深度位置的重浆压井可以完全卸掉环空井口压力，敞口起下钻。具体流程如下：

（1）准备好降低井口压力步骤表和通过自动节流管汇的顶替体积量；

（2）上提钻头至设定深度，开始注入重浆；

（3）观察 PWD 测压，保持井底压力连续，按井口压力降低步骤表调整井口压力，直至为 0，重浆注入程序结束，重浆驱替程序亦然。

起下钻过程的井筒压力控制与接单根程序类似，采用回压泵配合的方式完成。先停泵，参照接单根中停泵压力控制方法。通过旋转控制头起钻至预定深度，按重浆驱替工艺，替入重浆压井，直至井口回压为 0，在起下钻过程中，由节流阀控制井口套压，回压泵实时提供压力补偿，维持目标井底压力连续稳定。另外，控压起下钻要保证起下钻速度不应太快，避免出现较大的抽吸激动压力。

第八节　EKM-ATR 在勘探三号平台应用

一、勘探三号平台基本情况

1984 年 12 月 6 日，在我国东海温州海区由我国自行设计并制造的"勘探三号"打的第一口井顺利出油。

"勘探三号"是我国自行设计、自行建造的第一艘半潜式石油钻井平台。该平台是由中国船舶工业总公司 708 所，上海船广和地质矿产部海洋地质调查局联合设计，由上海船厂建造的非自航半潜式海上石油钻井平台。它是近代海洋石油钻探不可缺少的船舶，适用于开发水深较大、海况比较恶劣的海区。我国大陆架非常广阔，蕴藏着丰富的油气资源，为了进一步开发深海区的海底资源，设计制造了该平台。

为了适应我国沿海大陆架的实际情况，"勘探三号"的设计工作水深为 35～200m，工作排水量为 2×10^4t，能满足海上钻探深度 6000m 的要求，其主要尺度和设计参数为：

沉垫（二只）的长、宽、高分别为 90m、14m、6m；立柱（六根）的直径、高分别为 9m、24m；平台甲板的长、宽、高为 69m、57m、5.2m；总长为 91m，3 型宽 64m；立柱横面间距 50m，纵向间距 31m，上甲板距基线 35.2m；总高 100m，工作排水量 20750t；工作吃水 20m；拖航排水量 14040t，拖航吃水 5.6m，风暴吃水 18m，定员 130 人。

设计极限海况：风速为 100mile/h；浪高 18m 潮流 3 节。

工作状态海况：风速 35mile/h，浪高 5m 潮流 3 节，潮差 5m，升沉 1m，摇摆 ±2°，漂移 1/20 水深。

拖航条件：风速 ≤ 18m/s，浪高 5m。

二、隔水管用于控压存在问题

（一）隔水管介绍

"勘探三号"平台原钻井隔水管选用的是 Vetco Gray 公司的 MR-6C 型隔水管，其连接形式属于爪类接头（图 4-18）。该隔水管是当前世界上较为先进的一种快速连接式隔水管，与传统法兰型隔水管相比，安装连接速度较快，与 CAMERON 公司的 RD 和 RCK

型隔水管相比其可靠性更高。MR-6C 型隔水管工作原理是：通过液压扳手驱动内接头径向上的 6 个小螺栓，并通过螺栓带动与其螺栓尾部连接的牙型锁块径向推移，以实现锁块牙齿与外接头上凹槽嵌入锁紧，最终达到内、外接头连接的目的。MR-6C 型隔水管接头最显著的优点是接头锁紧后，其载荷由内、外接头和锁块共同承担，专用液压上紧装置使操作人员不需手动对接、上扣及夹紧隔水管，省时省力。另外，该接头还具

图 4-18　MR-6C 型隔水管快速接头

有结构简单、质量轻、上扣扭矩小（约 855N·m）以及容易对扣连接等性能特点，设计额定载荷为 5675kN，通常情况下，仅钻井隔水管而言，可满足水深 1000m 以内的海域钻井作业要求。

（二）隔水管存在问题

"勘探三号"平台属我国早期自主研发的半潜式钻井平台，该平台于 1984 年开始启用，至少服役近 40 年。管体系统共配置有 18 根 15.24m 标准长度的隔水管及其隔水管短节，该钻井隔水管曾于 1996 年维修改造过 1 次，经多年使用及海水腐蚀、磨损和碰撞等，时至今日，隔水管单根及隔水管伸缩装置等已发生了严重锈蚀和变形（图 4-19）。通过现场目测和实测发现，不仅隔水管内、外接头密封面配合间隙明显增大，锁块及锁块槽严重磨损，驱动螺栓及锁块座上螺孔因螺纹腐蚀已发生松动，而且更为严重的是隔水管 2 根节流压井管线的连接内、外接头因长期腐蚀磨损非常严重，其本身设计额定工作压力只有 69MPa，试压后发现已远达不到其额定工作压力要求；同时发现，隔水管伸缩装置内筒和外筒的壁厚因长期腐蚀和磨损等已明显减薄，致使隔水管连接处的密封无法保证，强度明显不足，如果继续使用，随时都存在潜在危险和安全隐患。

图 4-19　原 MR-6C 型隔水管及旧隔水管伸缩装置

三、EKM 控压时隔水管改造

根据产品升级发展需要,"勘探三号"钻井平台当前新配套的隔水管仍选用 Vetco Gray 公司开发的 MR-6C 型,但与原配置的隔水管相比,除隔水管主体直径和主要接口尺寸不变外,主管壁厚已由原来的 12.7mm 增加至 15.9mm,材料级别由原来的 X65 更换成 X80,主管整体强度增加了 53%,抗拉能力增至 8500kN,接近 ISO 13625 的 E 级接头,节流压井管线工作压力增大至 103.5MPa,具体参数详见表 4-8。

表 4-8 "勘探三号" MR-6C 型隔水管升级前后参数对照表

升级改造	最大外径（mm）	C&K分度圆直径（mm）	C&K内接头直径（mm）	C&K管体（直径×壁厚）（mm×mm）	C&K额定压力（MPa）
前	943.0	781.1	123.1	101.6×19.1	69.0
后	940.0	797.0	143.0	111.1×22.9	103.5

同时,"勘探三号"钻井平台所配套隔水管提升试压工具、隔水管伸缩装置、隔水管终端接头及水下防喷器等也进行了相应的升级。按照当前钻井平台新设备配置参数和方案,本次对原钻井隔水管升级改造后的性能必须达到当前新配置钻井隔水管的技术水平,并且能够实现新、旧之间的互换。

"勘探三号"平台用隔水管伸缩装置主要由张紧环总成、锁紧总成、上密封胶筒、下密封胶筒、上部外接头、下部内接头、外筒、内筒、辅助管线及其终端、辅助管线支架等组成。

升级改造后的"勘探三号"伸缩装置如图 4-20 所示。其关键技术和创新点主要体现在以下 4 个方面。

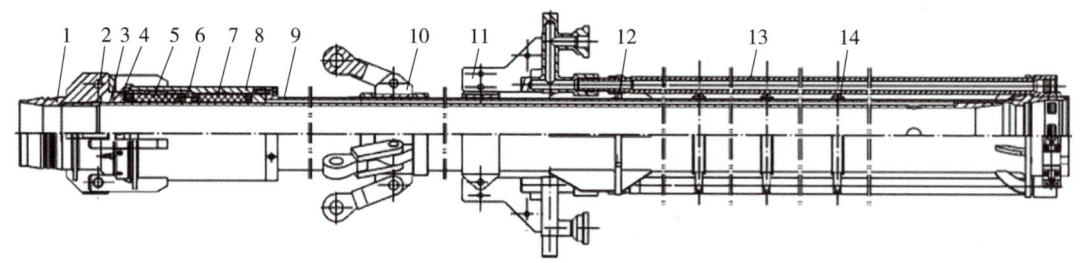

图 4-20 隔水管伸缩装置方案设计图

1—上部接头；2—锁销；3—内筒；4—密封压块；5—上密封胶筒；6—密封衬套；7—下密封胶筒；8—密封外筒；9—外筒；10—张紧环；11—鹅颈管插接器；12—管线终端固位法兰盘；13—节流压井管线；14—卡箍

（一）内、外筒锁紧及与单根相匹配的接头设计技术

伸缩装置在下放回收隔水管时需要内、外筒锁紧,同时承载整个隔水管系统全部重力,工作时需要解锁实现升沉补偿功能,因此隔水管内外筒锁紧机构的设计是实现该需求的关

键。本方案通过上部接头与密封外筒上设计的插入式板式连接及锁销实现连接和解锁，上部接头与密封外筒的圆周上设计的加强环加强了插入式板式连接的连接强度，整个设计结构简单紧凑，操作方便，性能可靠。

（二）伸缩装置内、外筒动密封结构设计技术

伸缩装置内、外筒动密封采用了上、下双密封胶筒设计：上密封胶筒采用气动挤压胶筒压紧内筒的原理进行环空密封，下密封胶筒采用液动胶筒压紧内筒的方案进行环空密封。另外，为保证安全可靠，胶筒设计采用具有独特功能的双重密封结构，对于气体和液体均可实现密封；同时，采取调节螺栓来挤压密封压块设计构思，不仅减轻了对胶筒工作的压力，而且可有效防止胶筒损伤。

（三）伸缩装置内筒动态机构加工工艺设计技术

伸缩装置内筒是实现伸缩装置升沉补偿、动态钻井液密封和极限承载的关键部件，因此合理设计并加工内筒方法非常关键。除积极从源头上掌控钢管的精度及力学性能外，通过工况分析，科学判定伸缩装置内筒形状公差、工艺路线和焊接评定方法等，最终确定出合理的加工工艺方案，有效解决了内筒的加工质量问题，并得到厂内试验验证。

（四）隔水管张紧环整体结构布局设计技术

考虑到隔水管张力环要承载整个隔水管张力等巨大载荷的工作要求，设计采取张紧环本体可绕伸缩装置外筒旋转以及上、下止推环焊接在伸缩装置外筒上等技术方案，满足了张力环承受巨大载荷的工作需要。通过试验验证，新设计的张力环结构完全满足其额定轴向拉力 4540kN 的承载能力。

参考文献

[1] 谯世均，赵江源，岳龙，等. 集成橇装控压钻井系统及在 C909 井的应用 [J]. 钻采工艺，2023（5）：162-166.

[2] 李海寿. 数据驱动的海洋石油控压钻井过程故障诊断 [D]. 青岛：中国石油大学（华东），2018.

[3] 肖凯文. 控压钻井系统在浮式钻井平台的集成分析 [J]. 海洋工程装备与技术，2019，6（4）：647-653.

[4] 蒋凯，苗典远，初德军，等. 海洋控压钻井系统装备探讨与展望 [J]. 中国石油和化工标准与质量，2020（8）：145-146.

[5] 王安康，雷新超，王福学，等. 精细控压钻井技术在海上平台（地面井口）的应用 [J]. 海洋石油，2020，40（3）：72-76.

[6] 杨宏伟. 深水变梯度控压钻井井筒压力分布规律与控制方法研究 [D]. 青岛：中国石油大学（华东），2020.

[7] 刘书杰，任美鹏，李军，等.我国海洋控压钻井技术适应性分析[J].中国海上油气，2020，32（5）：129-136.

[8] 王江帅.深水变梯度控压钻井井筒压力预测模型与优化控制[D].北京：中国石油大学（北京），2021.

[9] 刘书杰，吴怡，谢仁军，等.深水深层井钻井关键技术发展与展望[J].石油钻采工艺，2021，43（2）：139-145.

[10] 李军，杨宏伟，张辉，等.深水油气钻采井筒压力预测及其控制研究进展[J].中国科学基金，2021，35（6）：973-983.

[11] 朱连望，蒋凯，张帅，等.海洋水下井口控压钻井系统装备配置方案探讨[J].天津科技，2023，50（4）：108-111.

[12] 尹士轩，徐宝昌，孟卓然，等.控压钻井的控制理论研究与装备研发进展[J].化工自动化及仪表，2023，50（5）：622-631.

[13] 陈才虎，王定亚，张彩莹，等.勘探三号平台钻井隔水管升级改造技术研究[J].石油机械，2016，44（12）：49-53.

第五章　EKM 压力控制系统

结合井底压力改变方法和控压钻井技术原理，选择节流压力作为实时控制参数，分析不同节流压力控制方法的特点，通过采用不同的闭环控制方法来控制节流压力，根据闭环控制工程应用方法设计了 EKM 控压钻井节流压力智能控制系统。有效控制节流压力是 EKM 控压钻井技术实施的核心，控压钻井技术通过调整井口回压、钻井液流速和密度等参数，实时监测井底压力的变化，有效发现并解决钻井过程中出现的溢流、漏失等复杂问题。

EKM 控压钻井技术，利用智能控制、设备自动化等新技术，实现动态井况下通过整合钻机设备，实现了机器间的互通、井况实时分析、快速的自动响应，从而快速、精确维持井底压力。EKM 控压钻井系统通过在塔里木盆地、四川盆地、中海油渤海和南海区域应用，取得了良好效果，有效解决了窄密度窗口钻井安全问题，提高了钻井效率，显著降低了综合成本，补齐了窄密度窗口安全钻井领域短板。

第一节　节流压力控制系统原理

一、EKM 控压钻井硬件设施及控制系统

海洋 EKM 控压钻井技术及设备采用全自动化控制技术，避免了手动控压人员误操作。图 5-1 为 EKM 控压钻井设备，主要通过旋转防喷器及其控制系统、自动节流系统、远程控制系统、回压补偿系统、随钻环空压力监测（APWD）（可选）、井下回阀、液气分离器等，实时控制整个井眼环空压力剖面，压力控制精度高，井筒压力波动范围小于 0.1MPa。

二、EKM 控压钻井技术原理

EKM 控压钻井模型主要由钻井泵、钻杆、钻头、环空、节流阀和回压泵组成，其中钻井液被钻井泵注入钻杆里，一直到井底钻杆底部钻头处，由于井底压力的作用从钻头流经环空返回地面，如图 5-2 所示。

根据控压钻井的特点，将钻杆井眼和井眼环空看作一个简单的"U"形管结构，钻杆内可以看作"U"形管的左侧，井筒环空可以看作"U"形管的右侧，井底则可以看作"U"形管的底部，可通过计算"U"形管任意一侧的压力值得到另外一侧的压力值。

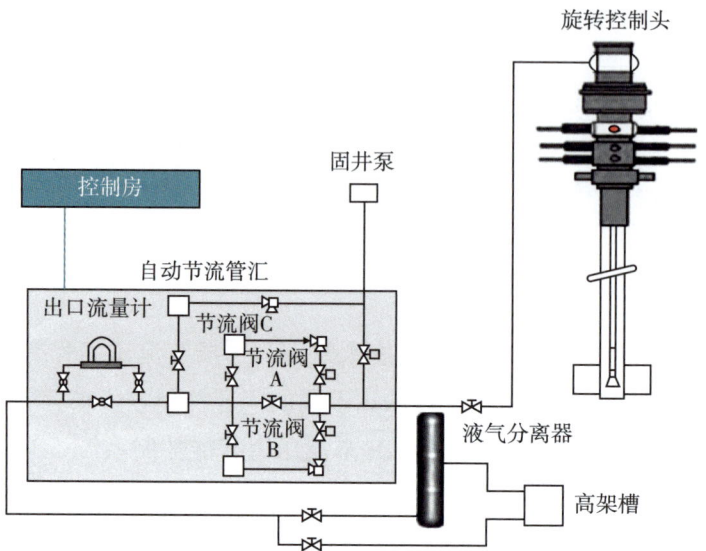

图 5-1 EKM 控压钻井设备

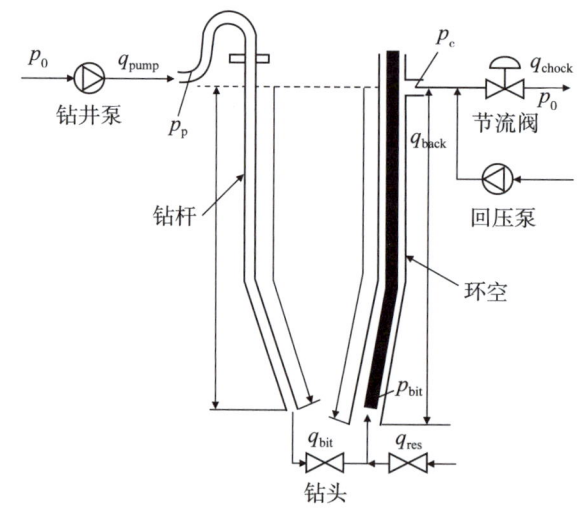

图 5-2 精细控压钻井模型

q_{pump}—地面泵入排量;q_{bit}—钻杆内钻头处排量,其值等于 q_{pump};q_{res}—环空内钻头井底上返流量,此时可能包含地层入侵流体;q_{back}—环空上返至井口处流量,如果地层漏失,则该值小于 q_{res};q_{chock}—节流阀后流量

(1)当钻井液为静止状态时,井筒压力为以下公式。
环空内:

$$p_{bh}=p_c+\Delta p_{cg} \quad (5-1)$$

钻柱内:

$$p_{bh}=p_{sp}+\Delta p_{pg} \quad (5-2)$$

式中：p_{bh} 为井底压力，MPa；p_c 为井口套压，MPa；Δp_{cg} 为环空静液柱压降，MPa；p_{sp} 为井口立压，MPa；Δp_{pg} 为钻柱内静液柱压降，MPa。

（2）当钻井液为动态时，也就是钻井液在井筒内循环时，其压力可以表示为以下公式。

环空内：

$$p_{bh} = p_c + \Delta p_{cg} + \Delta p_{cf} + \Delta p_{ca} \tag{5-3}$$

钻柱内：

$$p_{bh} = p_{sp} + \Delta p_{pg} - \Delta p_{pf} + \Delta p_{pa} + \Delta p_{bit} \tag{5-4}$$

$$p_c = \Delta p_{pg} + \Delta p_{jl} + p_{atm} \tag{5-5}$$

式中：Δp_{cf} 为环空压耗，MPa；Δp_{ca} 为环空加速度压降，MPa；Δp_{pf} 为钻柱内压耗，MPa；Δp_{pa} 为钻柱内加速度压降，MPa；Δp_{bit} 为钻头压耗，MPa；Δp_{jl} 为节流管线压耗，MPa；p_{atm} 为大气压，MPa。

在安全密度窗口内进行钻井施工作业时，为有效减少在钻井施工作业中出现的井涌、井漏和井壁坍塌等钻井事故，环空压耗应该大于或等于破裂压力和孔隙压力两者之差。常规钻井作业中，如果不施加套压的情况下，钻井静液柱压力加上环空压耗等于井底动态压力，而钻井静液柱压力等于井底静态压力，因此在控制井眼环空压力时需要遵循以下原则。

（1）满足裸眼段安全钻井液密度窗口原则。

$$\max(p_p, p_{cp}) \leq p_{bh} \leq \min(p_f, p_{Leak}) \tag{5-6}$$

式中：p_p 为地层孔隙压力，N；p_{cp} 为坍塌压力，N；p_f 为地层破裂压力，N；p_{Leak} 为地层漏失压力，N。

当 $p_p \leq p_{bh} \leq p_f$ 时，此时处于安全密度窗口内，井筒内不会有溢流和漏失；当 $p_{bh} > p_f$ 或 $p_{bh} > p_{Leak}$ 时，一般最先压漏管鞋处；当 $p_{bh} < p_p$ 时，此时井筒内会发生漏失，为欠平衡钻井；当 $p_{bh} < p_{cp}$ 时，容易造成井壁坍塌。

（2）满足井口压力控制设备额定压力原则。

井口回压由旋转控制头产生，由地面自动节流管汇系统控制，两者都是节流压力控制的重要设备，正常钻进时，最大回压值是防喷器密封压力的一半。若压力超过了范围，就需要用高压井控措施实施压井。

（3）满足套管抗内压强度原则。

根据钻井施工现场情况和国家标准，井筒环空的压力不能大于套管抗内压强度的 80%，如果井筒环空压力超过套管抗内压强度极限，就会造成套管破裂，造成严重的钻井事故，用公式表示为

$$p_{ani} \leq 80\% p_{cjps} \tag{5-7}$$

式中：p_{ani} 为井筒环空任意位置的环空压力，N；p_{cjps} 为套管的抗内压强度，N。

其次控制井底压力需考虑钻井液密度、钻井液流量、钻井液泄漏量、钻井液排量、井口回压和井深等许多因素，使得精确控制井底压力非常困难。但在精细控压钻井过程中，通过分析控制井底压力的方法，发现控制井口回压能更直接、容易地控制井底压力，具有实时性强、控制准确等优点。通常改变井底压力的方法主要有三种，如图 5-3 所示。

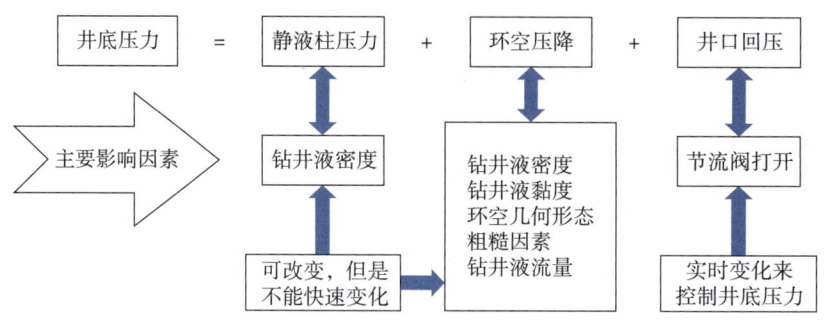

图 5-3　井底压力改变方法

第一种方法是调整钻井液密度，这样需要重新准备新的钻井液，需要花费更长的时间，在这段时间内侵入井筒的地层流体体积更大，且通过改变钻井液密度的方式压力控制效果较慢，完成井底压力控制需要多次循环，不适用于井涌和井漏现象严重的钻井现场。在实际的油气生产开发过程中，一般不会通过调整钻井液密度来改变井底压力，且无论怎么调整钻井液密度在安全密度窗口之内，都会出现许多复杂的情况。

第二种方法是调整钻井泵的进口容量，增加钻井液在环空中的流速，从而增加环空压降，以平衡井底压力。但环空压降的大小通常和所选钻井液的密度、钻井液的黏度、环空几何形态、井筒内壁粗糙程度和钻井液实时流量等复杂因素息息相关，这些复杂的因素使得环空压耗的精确控制难以实现，而且当钻井液停止循环时，环空压降控制便会失效。

第三种方法是调节回压泵和节流阀，以便在井筒上施加回压，这是重建井底压力平衡最快、最常见和最有效的方法。高压储层发生地层流体侵入时，通过钻井液系统和钻井设备调节回压泵和节流阀，产生井口回压作用于整个井筒，使井底压力与地层压力逐渐平衡，从而减慢地层气体侵入速度，抑制地层气体持续侵入井筒。

EKM 控压钻井技术通过在井口连续施加回压，根据不同钻井施工情况及井下压力变化情况，及时控制节流阀开度调整井口回压，维持井底压力稳定。在起下钻或者下套管操作时，钻井液停止循环，需要增加相应的井口回压来补偿环空压降。在钻井液恢复循环时，降低相应的井口回压，平衡环空压降增加的压力，从而有效预防开停泵时产生的压力波动对窄安全密度窗口地层和压力敏感地层的不利影响，实现稳定控制井底压力，达到安全高效钻井的目的，能有效解决不同地层所出现的钻井复杂问题。

在 EKM 控压钻井过程中，每个环节和每个步骤都需要精确控制压力。对于井口压力的控制，不仅需要根据现场地质状况进行合适的调整，还需要实时监测井底压力变化情况，保持井底压力和地层压力平衡。相对而言，EKM 控压钻井技术操作性强，可实时监测和控制井底发生的复杂情况，减少非生产时间，保证钻井开发安全进行。

第二节　节流压力 PID 闭环控制方法分析

对 EKM 控压钻井的原理的分析，为节流压力控制器的设计提供了理论依据。本节将对节流压力不同控制方法进行分析，完成节流压力控制器的设计，对节流压力控制效果进行仿真分析。

一、PID 闭环控制方法理论

EKM 控压钻井在进行节流压力控制时，井底环境非常复杂多变，钻井过程中环空流体密度、钻井液流变特性等相关参数具有不确定性，钻井模型存在大量未知特性和随机扰动，不能实时传输井底数据，这些不仅增加了设计节流压力控制器的难度，还会影响控制效果。

目前对于节流压力的控制主要以经验控制和 PID 控制算法为主，PID 控制算法因其结构简单、鲁棒性好、工作可靠、易于调整等特点，被广泛应用于工程领域，其控制原理是用比例、积分和微分环节的线性组合构成控制，其控制框图如图 5-4 所示。

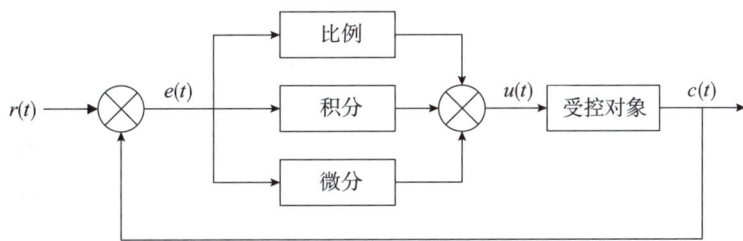

图 5-4　PID 控制算法框图

PID 控制算法的数学描述：

$$\begin{cases} u(t) = K_\mathrm{p} e(t) + K_\mathrm{i} \int_0^t e(t)\mathrm{d}t + K_\mathrm{d} \dfrac{\mathrm{d}e(t)}{\mathrm{d}t} \\ e(t) = r(t) - c(t) \\ K_\mathrm{i} = \dfrac{K_\mathrm{p}}{T_\mathrm{i}} \\ K_\mathrm{d} = K_\mathrm{p} T_\mathrm{d} \end{cases} \quad (5-8)$$

式中：$e(t)$ 为系统误差；K_p 为比例系数；K_i 为积分系数；K_d 为微分系数。

通过拉普拉斯变换，PID 控制算法传递函数为

$$G(s) = \frac{U(s)}{E(s)} = K_\mathrm{p}(1 + \frac{1}{T_\mathrm{i} s} + T_\mathrm{d}) \quad (5-9)$$

式中：K_p 为比例系数；T_i 为积分时间常数；T_d 为微分时间常数。

PID 控制算法可以很好地控制线性被控对象，但非线性被控对象快速变化时，PID 控制算法控制速度较慢，不精确的井底压力模型会使该控制算法的控制效果变差，且液压站压力、节流阀磨损、比例阀死区变化都会影响其控制速度和控制精度，严重时会出现剧烈控制振荡，无法稳定有效控制井底压力稳定。

无模型自适应控制算法可根据被控对象的输入输出数据进行控制器的设计，并不需要了解被控对象的技术原理及硬件结构。除此之外，无模型自适应控制算法能根据控制系统的变化，通过自适应控制输出最优控制量。

模糊 PID 控制算法通过人工智能学习，使节流压力控制更具人性化，不仅能有效缩短控制时间，还增强了系统的稳定性。在节流压力控制过程中，模糊 PID 控制算法可快速反映井底压力和钻井流量的变化，通过控制节流阀开度，改变节流压力来平衡井底压力，使井底压力始终稳定在安全压力窗口之内。

神经网络预测控制算法是一种拥有优秀非线性映射能力的预测算法，可有效地解决常规预测控制算法在非线性系统建模中存在的不足之处，很大程度地提升预测控制在非线性系统中的控制效果，实现预测控制的滚动优化和多种非线性系统的优化控制。

神经网络 PID 控制算法是以 PID 控制算法为基础，通过神经网络优化 PID 控制算法后得到的一种新型控制算法。PID 控制算法对于时变性强的非线性系统不能取得理想的控制效果，原因是其比例、积分和微分三个控制参数是提前设定好的。神经网络通过其强大的非线性映射能力和自主学习能力，跟随系统实时改变控制参数，不停地改变 PID 控制算法的三个控制参数，使 PID 控制算法实现自适应控制。

目前，在精细控压钻井系统节流压力控制的研究中，无模型自适应控制算法、模糊 PID 控制算法、神经网络预测控制算法和神经网络 PID 控制算法尚处于理论研究阶段，通过仿真验证了方法可行性，并未在现场进行实际应用。

二、PID 闭环控制方法仿真分析

基于 PID 控制算法设计节流压力控制器，然后对所得到的控制器进行仿真分析，将目标压力设置为 1MPa 时，PID 控制的响应曲线如图 5-5 所示。

从图中可以看出，目标压力为 1MPa 时，PID 控制响应迅速但出现了较大的超调量，在 5.58s 时达到稳定。

然后将目标压力分别设置为 2MPa、3MPa、4MPa 和 5MPa 时，PID 控制的响应曲线如图 5-6 所示。

从图中可以看出，随着目标压力不断增大，PID 控制达到稳定的时间也越来越长，压力控制振荡严重，控制效果受到影响，不适用于节流压力控制。

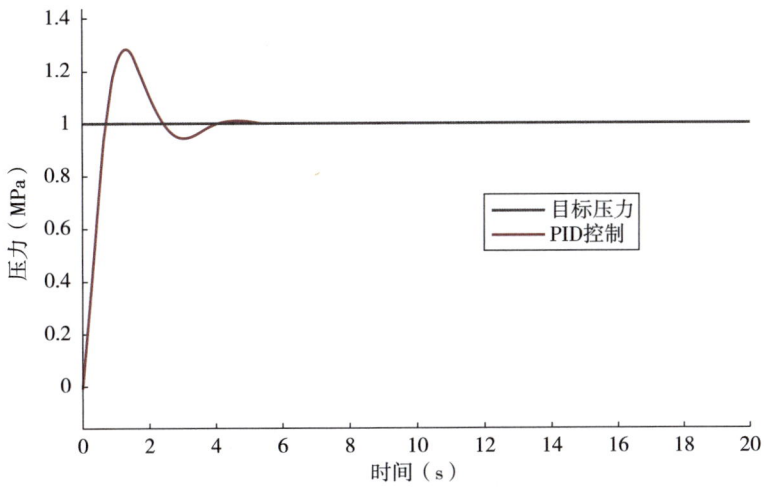

图 5-5 目标压力为 1MPa 时 PID 控制响应曲线

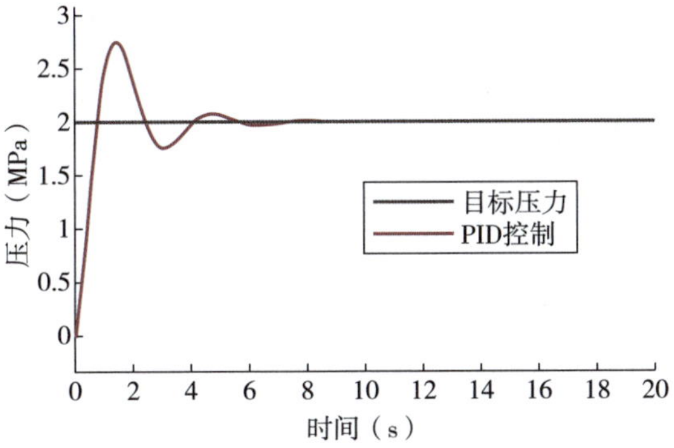

（a）目标压力为 2MPa

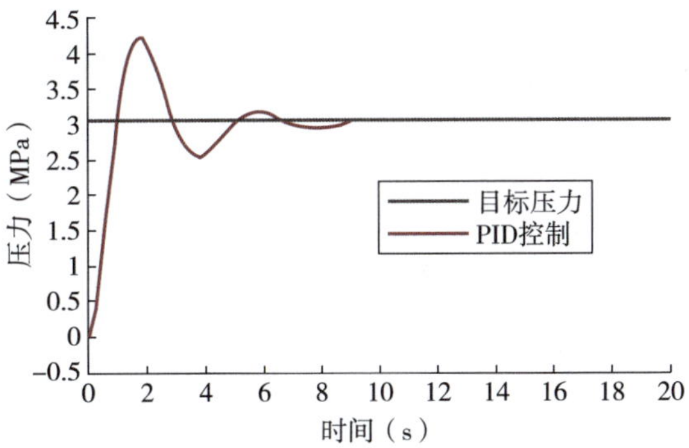

（b）目标压力为 3MPa

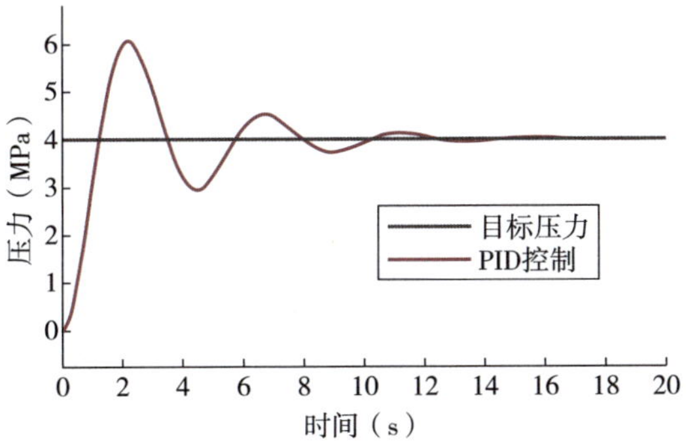

（c）目标压力为 4MPa

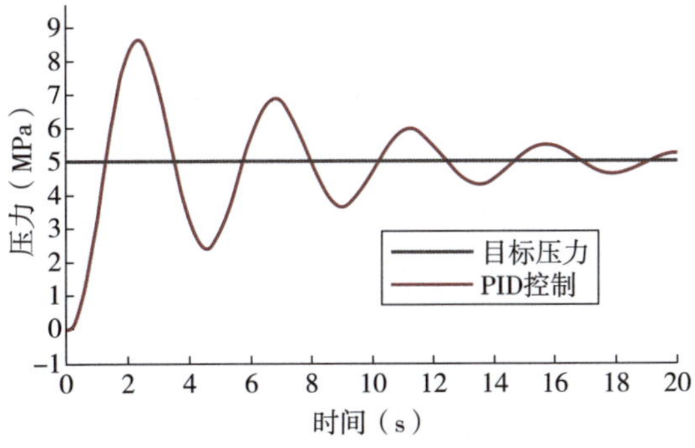

（d）目标压力为 5MPa

图 5-6 目标压力分别为 2MPa、3MPa、4MPa、5MPa 时 PID 控制响应曲线

第三节　节流压力指数型闭环控制方法分析

一、指数型闭环控制方法理论

通过分析可知 P、I、D 三者之间是线性组合的关系，导致系统总会出现"超调""振荡"等问题，而现有的数学工具还不足以支撑找到一个"通释"。在实际的应用中，由于被控过程往往机理复杂，具有高度非线性、时变不确定性和纯滞后的特点，特别是在噪声、负扰动等因素影响下，过程参数甚至模型结构均会随时间和工作环境变化而变化，最终导致系统无法满足控制需求。为满足复杂的精细控压钻井需求，2019 年西南石油大学王其军团队提出了一种指数型闭环控制方法。该方法基于控制值与目标值按照指数关系无限逼近的闭环控制思路，即离目标值较远时，运行速度越快，优先速度响应；离目标值较近时，运行速度越慢，优先精度响应；使控制系统运行更平滑、稳定；实现从控制信号到机械执行为贯穿的阀体死区监测，降低外界环境（温度、压力、阀体磨损、管道内流体性质等）对执行机构的影响；充分利用了执行机构的有效力矩，同时能够减弱机械冲击，可有效减少执行机构出现失步（过冲）或堵转的现象，精确、有效地控制节流压力。具体的控制思路如图 5-7 所示。

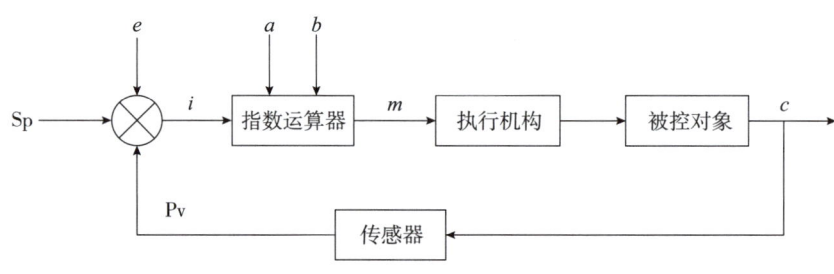

图 5-7　指数型闭环控制方法

（1）采集变量数据，包括给定量 Sp、反馈量 Pv、输出量 c、误差 e、指数周期 a 和指数系数 b；

（2）对指数周期 a、指数系数 b 和误差 e 赋初值以完成系统初始化，并对给定量 Sp 赋值；

（3）根据变量数据，利用指数运算器计算后得到过程量 m：

$$m = 1/[1+\exp(a-bi)] \tag{5-10}$$

式中：a 为时间常数，无量纲；b 为加速度系数，无量纲。

（4）根据不同的控制对象物理特性不同，将过程量 m 送入不同的执行机构控制，输出量 c 控制的被控对象，直至偏差 i 的绝对值小于等于误差 e 时闭环控制运行结束。具体的计算步骤如图 5-8 所示。

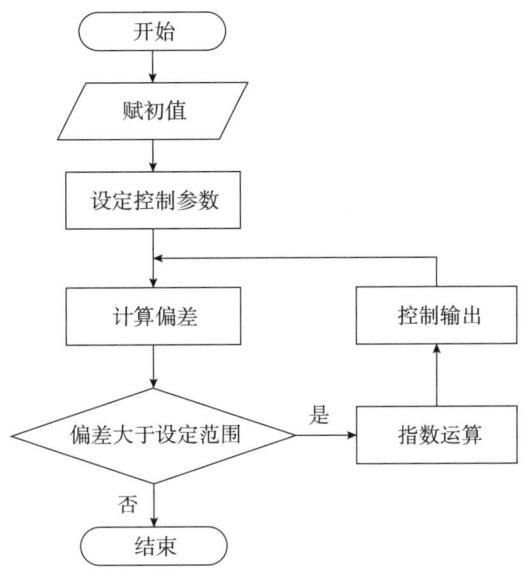

图 5-8　指数型闭环控制方法计算步骤

在节流压力控制过程中，首先对指数周期 a、指数系数 b 和误差 e 赋初值完成系统初始化，并对给定井底压力 Sp 赋值，然后实时采集精细控压钻井数据，比较 Sp 和反馈量实际井底压力 Pv 得到偏差 i，通过偏差 i 和给定误差 e 的差值范围，判断是否需要控制节流压力。如需控制节流压力，则通过指数运算器得到过程量 m，将过程量 m 送入执行机构控制节流阀开度控制节流压力，实现对井底压力的控制。如不需控制节流压力，则继续实时采集精细控压钻井数据，指数控制工程应用方法如图 5-9 所示。

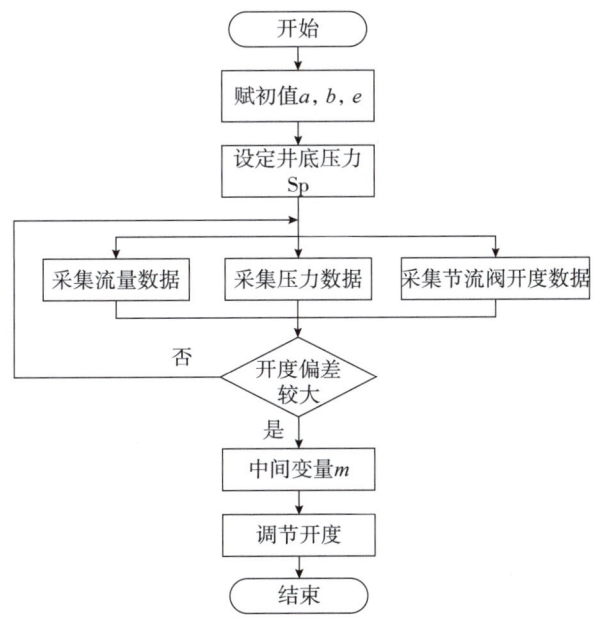

图 5-9　指数控制工程应用方法

二、指数型闭环控制方法仿真分析

基于指数型闭环控制方法设计节流压力控制器,然后对所得到的控制器进行仿真分析,将目标压力设置为 1MPa 时,指数控制的响应曲线如图 5-10(a)所示。

从图 5-10(a)可以看出,当前值按照指数关系无限逼近控制目标值,直到偏差小于设定的误差范围,指数控制响应迅速并且没有超调量,在 4.67s 时达到稳定,为了更方便看出指数控制逼近目标值的过程,目标压力为 1MPa 时指数控制偏差曲线如图 5-10(b)所示。

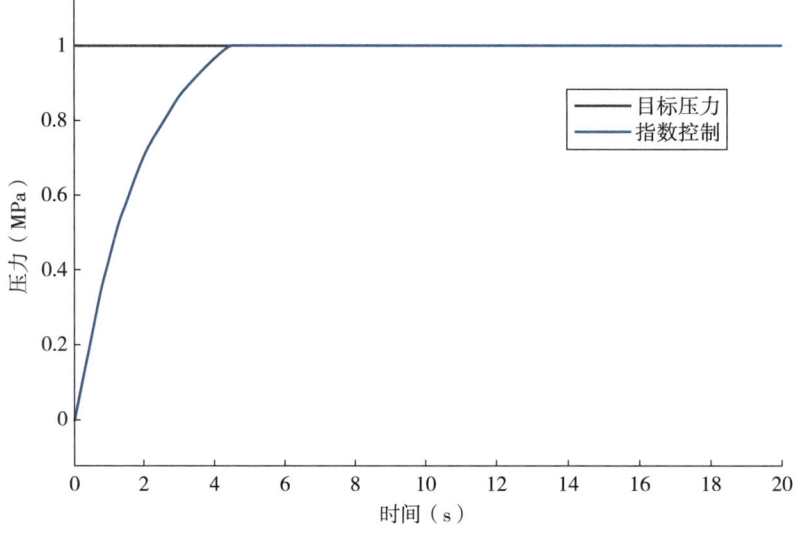

(a)指数控制的响应曲线

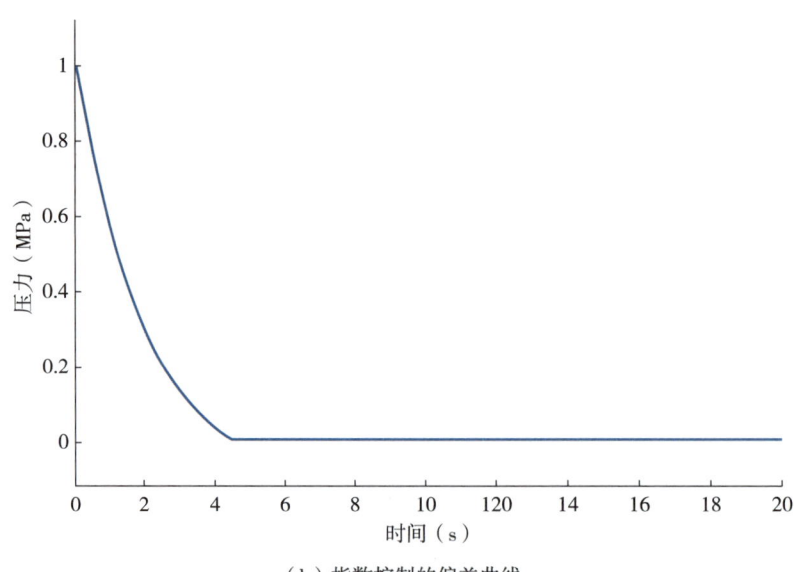

(b)指数控制的偏差曲线

图 5-10　目标压力为 1MPa 时指数控制响应曲线和偏差曲线

从图 5-10 可以看出，仿真刚开始时当前压力与目标压力相差较大，指数控制快速响应，偏差快速减小，优先速度响应；随着误差减小，指数控制响应速度开始变慢，优先精度响应，直到系统稳定。

随后将目标压力分别设置为 2MPa、3MPa、4MPa 和 5MPa 时，指数控制的响应曲线如图 5-11 所示。

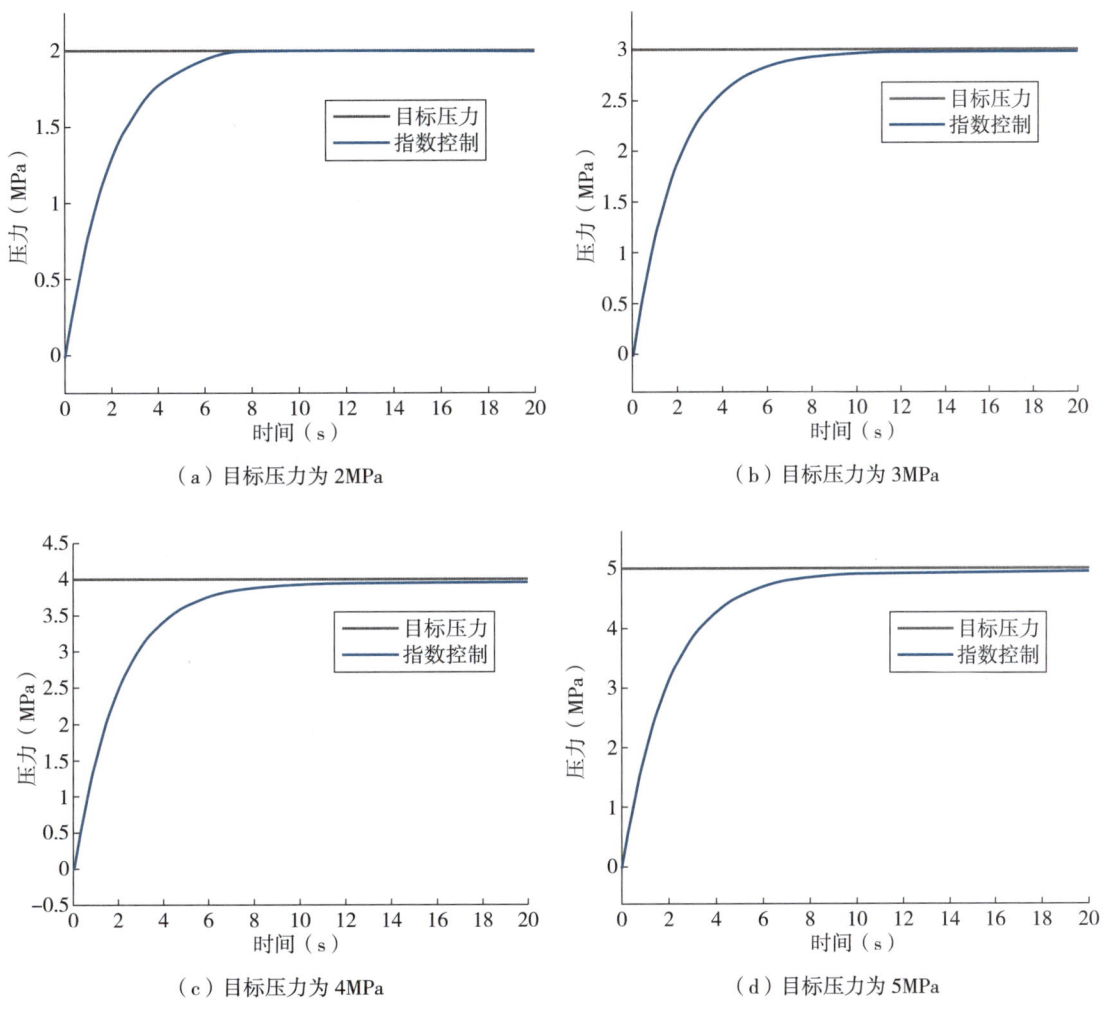

图 5-11　目标压力分别为 2MPa、3MPa、4MPa、5MPa 时指数控制响应曲线

从图 5-11 可以看出，随着目标压力不断增大，指数控制响应速度快，控制精度高，没有超调量，具有良好的静态和动态特性，能很好地满足节流压力控制要求。

三、方法优选

通过分析不同节流压力控制方法的特点，包括 PID 控制算法、无模型自适应控制算法、模糊 PID 控制算法、神经网络预测控制算法和神经网络 PID 控制算法，为了实现更好的控制效果，通过一种指数型闭环控制方法来控制节流压力，得到了指数型闭环控制工程应用方法，随后通过仿真模块对节流压力 PID 控制和指数控制进行了仿真分析。仿真结果显示随着目标压力不断增大，PID 控制达到稳定的时间也越来越长，压力控制出现振荡，控制效果受到影响，难以满足精细控压钻井的需求，而指数控制响应速度快，控制精度高，没有超调量，具有良好的静态和动态特性，能很好地满足精细控压钻井系统节流压力控制要求，PID 控制和指数控制稳定时间见表 5–1。

表 5–1　PID 控制和指数控制稳定时间

目标压力 （MPa）	PID 控制稳定时间 （s）	指数控制稳定时间 （s）	稳定时间缩短百分比 （%）	备注
1	5.58	4.67	16.31	—
2	8.21	7.64	6.94	PID 控制出现振荡
3	12.54	11.76	6.22	—
4	16.48	14.92	9.47	—
5	25 至无穷大	17.46	—	PID 控制振荡严重

结合 PID 闭环控制曲线、指数型闭环控制曲线以及表 5–1 二者的控制稳定时间，不难看出，指数型控制的响应速度虽不及 PID 控制，但指数控制的稳定时间较 PID 至少缩短了 6.22%，且无控制振荡出现，控制优势明显。

通过将目标压力从 1MPa 阶梯式增长到 5MPa，再将目标压力从 5MPa 阶梯式降低到 0MPa，指数控制的响应曲线如图 5–12 所示。

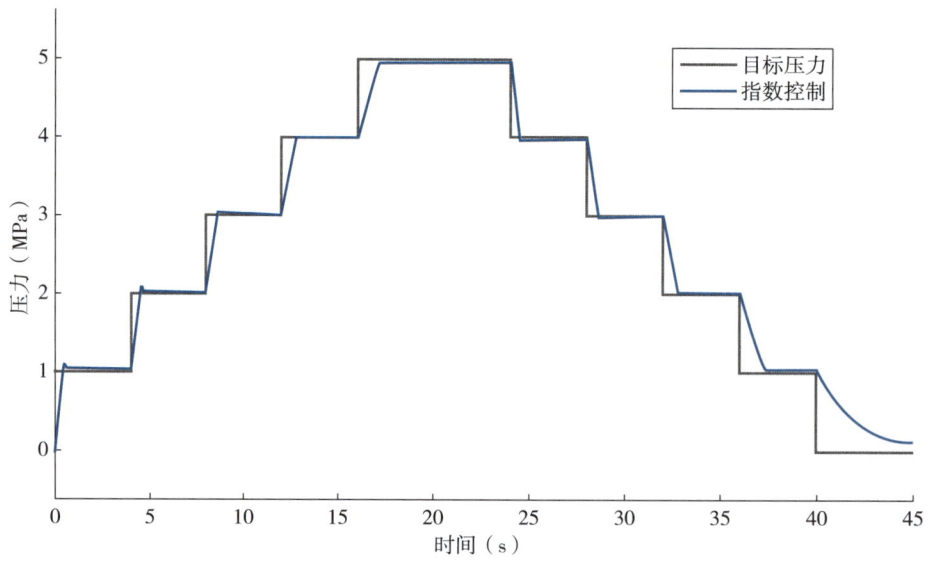

图 5–12　目标压力阶梯式增长指数控制响应曲线

从图 5-12 可以看出，随着目标压力阶梯式增长，指数控制快速响应，在目标压力小于等于 3MPa 时出现了较小的超调量，但都在可控范围内，随着控制时间的增加指数控制快速逼近目标压力，最后在 17.35s 时压力稳定在 5MPa；随着目标压力阶梯式降低，指数控制快速响应，使控制压力迅速稳定于设定压力。

指数型闭环控制方法充分利用执行机构的有效输出，降低外界环境对执行机构的影响，减弱控制冲击，提高系统控制精度，使系统具有良好的静态和动态特性、控制更平稳、冲击更小、控制精度更高。

第四节　节流压力指数型闭环控制系统优化设计

EKM 控压钻井系统已从 G1 升级到 G7，适用于陆地和海上，目前能够进行深水控压钻井作业。指数型闭环控制方法是 EKM 控压钻井的优化升级。

一、系统优化设计

控压钻井控制系统由测量系统、数据采集系统、数据传输系统、数据库系统、HMI 人机交付系统、监测与显示系统、判断决策系统（包括计算、比对、决策、指令等）、指令系统（CPU 系统）、执行系统（包括液动系统和节流阀系统等）等主要部分组成。整个系统由硬件和软件组成。

控压钻井控制系统优化旨在基于海洋地层压力梯度及温度特性、平台受限空间、平台环境、运行成本、安全高效等条件及要求，在目前国内外成熟控压钻井控制系统的基础上优化研究更适合自升式平台控压钻井控制系统，进行控压钻井控制系统的整体设备优化、控制系统硬件设备系统、软件系统、传输系统等的优化，提高海洋高压力及高温度地层控压钻井作业的高效性和安全性。

（一）指数型节流压力闭环控制系统优化设计

1. 平台环境硬件整体优化

根据海洋钻井平台的空间限制，控制系统设计小型化集成化，合理布置设备摆放。根据海洋环境的特殊性，设备须满足露天作业的要求，防爆、防渗漏、防海洋盐雾腐蚀、防冻和耐高温，并具有较高的适应性，同时容易检查和维保。

2. 电子元器件及箱体技术优化

（1）防尘防水。

控压设备露天放置，受雨水多、盐雾严重等因素影响，对电子元器件箱体密封、箱体进出口密封、插接件、灯具等，要求密封等级 IP56。

（2）防爆。

由于自升式平台空间狭窄，设备需放置于防爆区域，所以除非正压空间内的电子、电器、灯具等至少满足 Exd Ⅱ BT4 防爆标准。

（二）控压钻井控制系统优化

目前成熟应用的控压钻井控制系统硬件主要部件包括：模拟量传感器系统、1X 西门子 1200 的 CPU 控制模块、1XET200M 数据采集模块、1X 供电系统等、工控机等，如图 5-13 所示。

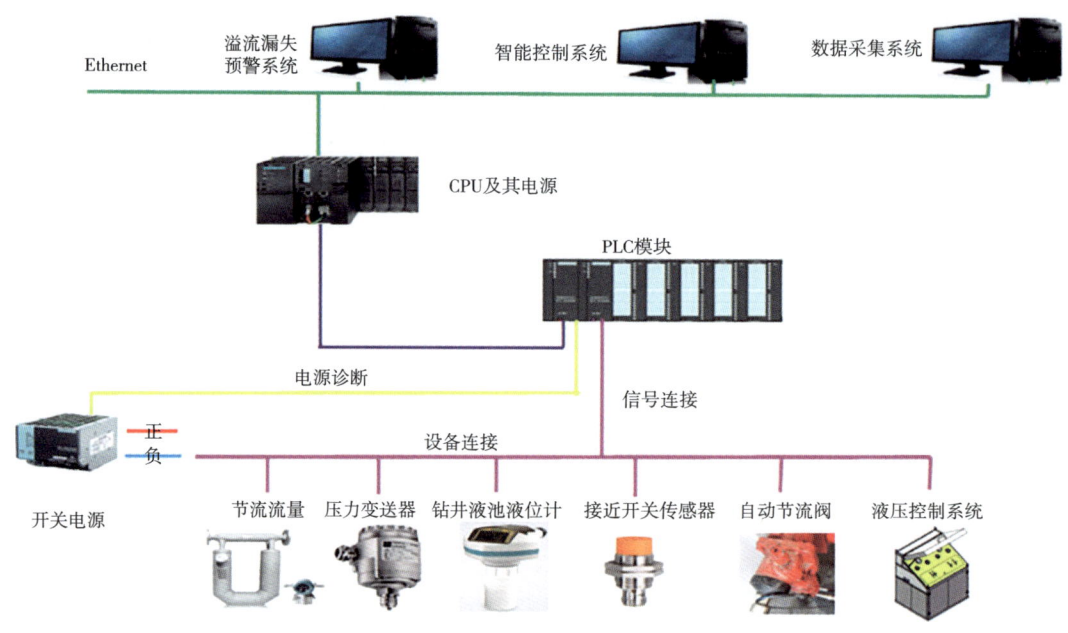

图 5-13　非冗余控制系统图

在目前成熟应用的控压钻井常规控制系统的基础上，将控制系统优化为硬冗余控制系统。非冗余系统如果其中任一部件出现问题，整个控制系统将不能正常运行实现控制，影响钻井时效及钻井安全。目前成熟使用的数据监测仪器仪表多为 4～20mA 模拟量传输模式，传输过程中传输抗电磁干扰能力弱，信号容易失真。

由于海洋平台气候恶劣，运行费用高，为了避免类似事件的发生，双重系统能确保系统正常、不间断运行，必须优化控制系统为硬冗余。系统硬冗余硬件包括：总线（数值）传感器系统、2X 西门子 400 的 CPU 控制模块、2XET200M 数据采集模块、2X 供电系统等，如图 5-14 所示。

该系统配置实现了双通道数据采集、双通道存储、双通道控制，系统自动切换确保不间断运行，同时系统具有自动甄别系统故障报警功能，提示工作人员进行检修维护。

监测及自动控制系统利用总线技术，集成汇总地面压力传感器、温度传感器、泵冲传感器、流量计、井下测压工具 PWD 和录井传感器等现场装置的相关数据，通过精细控压软件完成系统之间的通信和数据交互，向液气控制系统发出调整指令并监控指令和节流阀门

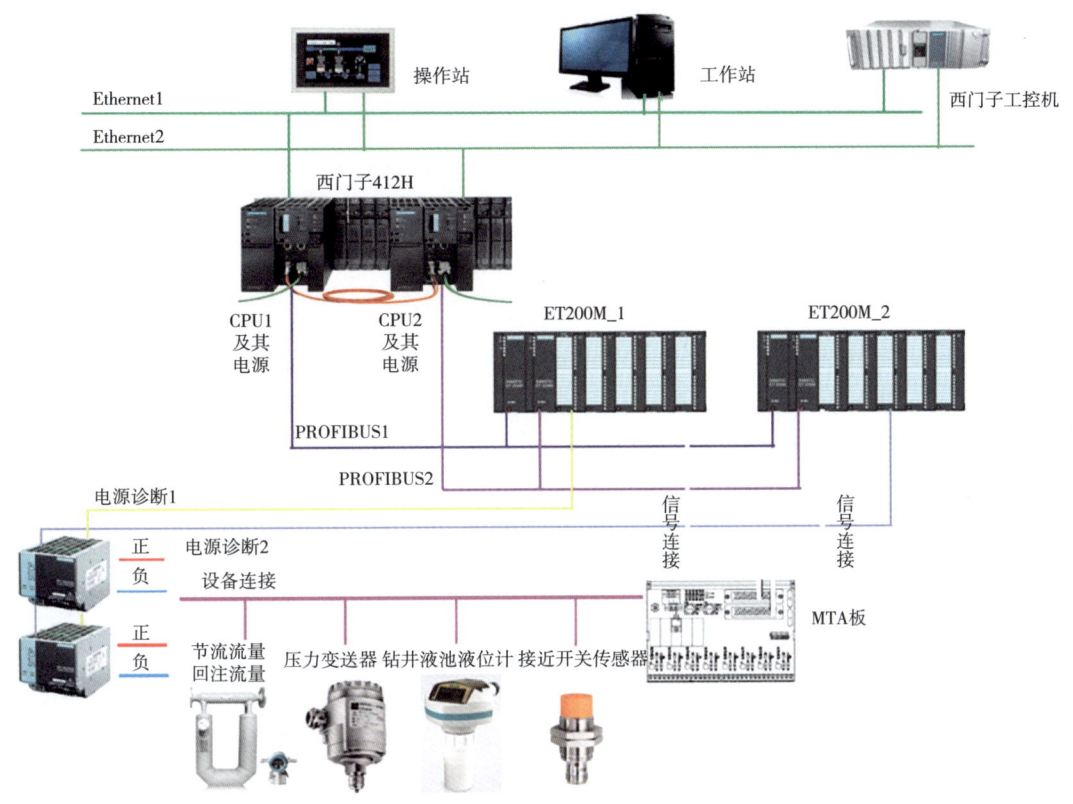

图 5-14 硬冗余控制系统图

开关情况，实现实时监测及自动控制。

硬冗余系统结构具有以下特点：

（1）硬冗余相比软冗余拥有更快的响应速度、更稳定的工作状态、更加便捷的维修方式。软冗余采用用户程序（软件）进行故障切换，当系统出现故障时，随着程序越大、工艺越复杂，切换时间会越长，无法达成及时响应快速切换。硬冗余采用组态拓扑（硬件）进行故障切换，达到了毫秒级别的响应与故障切换。两个 CPU 之间进行主从热备，拥有更加完备的报警与故障处理机制。

（2）软冗余系统只能采用单向冗余，即 CPU 互为冗余架构，而与过程仪表的 IO 模块无法冗余，当现场出现 IO 模块故障，只能进行快速停机，而在工艺关键环节，停机可能造成损失，而硬冗余采用环网拓扑，可以完成双向冗余，即 CPU 冗余、IO 模块冗余、网络冗余。在任何工作状态下，都有安全保障，让现场工艺环节稳定执行。

（3）硬冗余支持模块在线热插拔，当硬冗余检测出系统故障时，维修人员可以直接进行维修，不需要停机维修，在保证现场生产的同时处理故障报警，提高效率、保证生产质量。

（4）现场仪表传输方式有模拟量、总线两种形式。冗余系统采用全总线形式传输。

①对于模拟量而言，具有传输距离远，性价比高的特点，但在海洋平台，空间紧凑、接地环境不理想、大功率用电动机构紧密安放，模拟量信号不可避免地产生失真。交流用电器产生的磁场，会导致共模电压升高，电网侧的谐波也会带来反生电势，这些能量进入到模拟量信号中，会让模拟量信号产生零点漂移、数据跳动的现象。

②对于总线信号仪表，通过有源现场分配器，利用电压频率传递数据，极大地克服现场干扰状况。其硬件通过专属协议工作，对于采集系统而言，相当于一个站点，不存在信号失真问题，对比模拟仪表，总线仪表拥有更快的传输速率、更大的数据吞吐量、更稳定的工作状态、更便捷的读取方式。依据各协议不同，有不同协议的总线仪表，这里选择 ProfiBus-PA，欧标总线传输协议。

（三）控压钻井上位机控制软件系统优化

控压钻井软件系统包括：控压钻井数据采集系统，控压钻井控制系统，控压钻井图形显示系统。根据海洋钻井作业的需求，需要对控压钻井上位机软件系统进行功能的完善和升级，达到智能化模拟分析、决策、控制和异常预警功能，操作简单化、安全化、功能全面化、智能化，运算高速化、精准化。目前所成熟应用的上位机软件系统已不能完全满足以上需求，需设计研发新的上位机控制系统软件。前期成熟应用的上位机软件系统如图 5-15 所示。

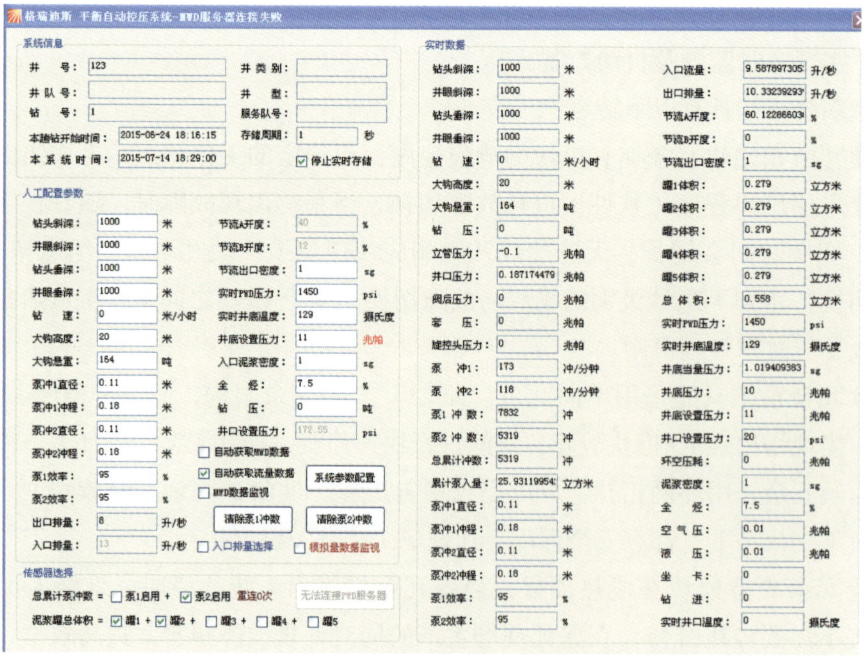

图 5-15 控压钻井数据采集系统

控压数据采集系统将所测量采集参数信息按照预设周期存储至数据库中，可以供控压溢流漏失预警系统和智能钻井控制系统实时调取，可连接接收录井数据库，MWD 数据库，通过井身结构、钻具组合、测斜数据、钻井液性能参数导入，建立动态井压力体系，实时水力模拟计算可以计算出钻头压耗、管内压耗、环空压耗、抽吸及激动压力、立管压力、水功率等数据。

系统设有报警功能，系统运行及通信异常时会自动报警，报警为声光报警及报警信息弹窗，历史报警信息可查询、导出。操作界面设置防错功能，系统程序运行前必须先点击开始井控后系统才能正式开始工作，关停系统前必须先停止监控，异常报警如图 5-16 所示。

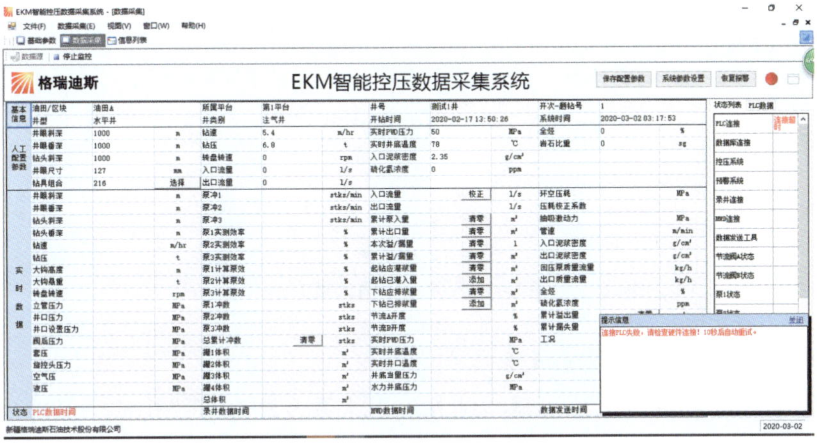

图 5-16　系统异常报警界面

HMI 人机交互操作界面（图 5-17）要求：(1) 压力控制模式操作方便安全；(2) 控制结果监测实时展现；(3) 实时工况监测图形显示；(4) 实时传输监测及报警；(5) 实时溢流漏失监测及报警；(6) 阀门开度及流道通路显示；(7) 节流阀操作简单快捷；(8) 节流阀阀位指针式显示便于观察。

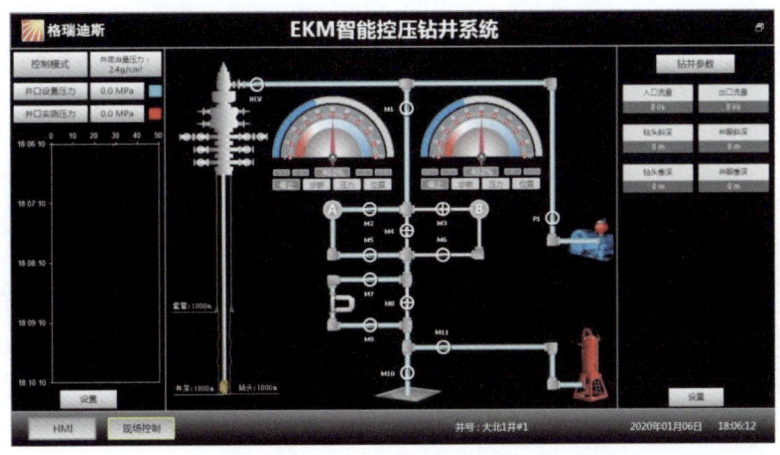

图 5-17　HMI 人机交互操作界面

系统具有完整的控压模式,包括井底压力、井口压力、定点压力、替入重浆帽、替出重浆帽、立压控制等模式如图 5-18 所示。

任何一种控压模式都是通过调整和控制节流阀前压力(井口压力)来实现的,如图 5-19 所示。

所以井口压力的控制精度直接影响井底压力、定点压力和立压的控制精度。

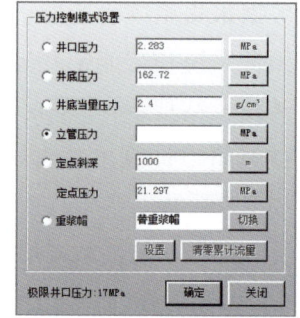

图 5-18 控压模式

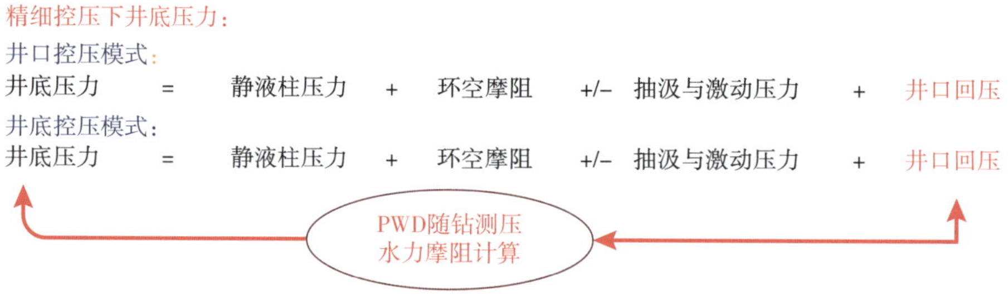

精细控压下井底压力:
井口控压模式:
井底压力 = 静液柱压力 + 环空摩阻 +/- 抽汲与激动压力 + 井口回压
井底控压模式:
井底压力 = 静液柱压力 + 环空摩阻 +/- 抽汲与激动压力 + 井口回压

PWD随钻测压水力摩阻计算

图 5-19 井底压力计算方法

(四)控压钻井回压补偿系统研究

回压补偿系统主要由回压补偿泵与钻井液上水泵及配套管线构成。其输出端与自动节流管汇辅助钻井液入口相连,主要在钻井泵停止过程中及停稳期间持续为自动节流管汇系统提供连续流量,以实现井口回压的控制调节,如图 5-20 所示。

液压控制站具有当地和远程自动控制功能,动力供应有电动、气动和手动三种方式。气动泵采用美国 HASKEL,采用 ABB 船用防爆电动机,比例阀、换向阀、调速阀、齿轮液压泵、气动减压阀及过滤器等全部进口。配电箱防爆等级 ExdⅡBT4,外壳防护等级 IP56,如图 5-21 所示。

图 5-20 回压泵

图 5-21 液压控制柜及配电箱

二、系统的现场应用

现以 2022 年 12 月在南海北部某海上平台进行的精细控压钻井现场作业为例加以说明（图 5-22）。

图 5-22　海上控压钻井作业深水钻井平台

（一）井作业概况

南海 ** 井，设计井深 4360.29m，垂深 3123.9m，主要目的层为异常高温高压系统。预测 $8\frac{1}{2}$in 井眼地层孔隙压力系数为 1.76～1.78，地层破裂压力系数为 2.17～2.20，如图 5-23 所示。

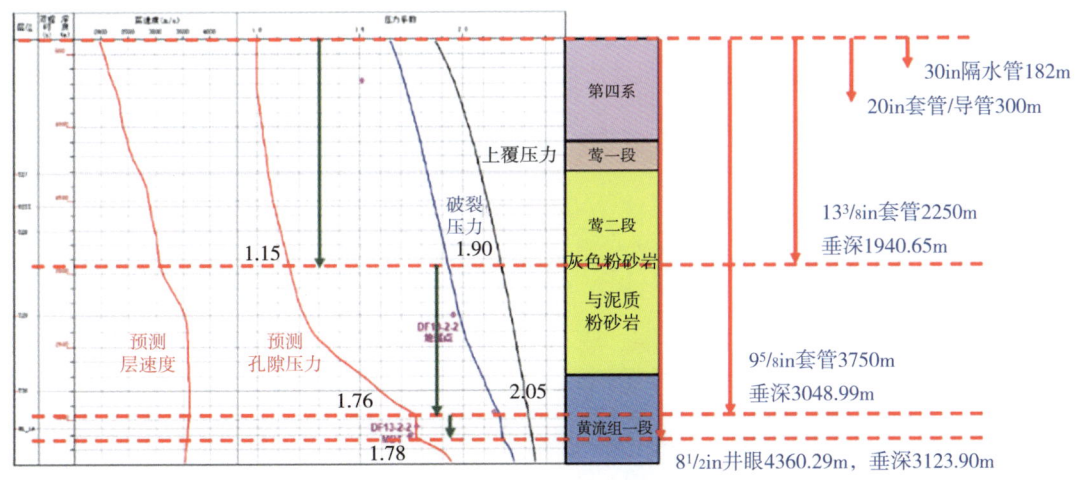

图 5-23　四开压力剖面曲线示意图

该井因作业密度窗口过窄，高压高产及气侵严重以及由此引发的漏喷、卡塌等复杂情况。采用 EKM 控压钻井技术，有效地解决以上诸多钻井难题，规避井控的风险，提升作业效率，控压钻井具体实施原则如下：

（1）根据钻井地质参数做井筒水力模拟，通过 0～5MPa 的井口压力空间保证在钻进、循环、起下钻期间井底压力始终略高于地层压力，压稳地层，保持微过平衡或微漏状态作业。

（2）精密监测返出流量，及时发现溢流或漏失，迅速控制井口，降低井控风险和有害气体溢出风险，减少关井和压井的复杂情况。

（3）降低井底压力波动，减少溢流和井漏复杂情况，提高钻进能力。

（4）解决窄压力窗口钻井易喷易漏的问题，提高钻井效率。

（5）平衡或者微过平衡钻井，有效降低黏附卡钻和井壁坍塌概率。

（6）精细控制井底压力，减少窄压力窗口地层的漏失量，节约钻井液成本。

（二）现场实施

在井场按照控压钻井设计要求安装完成精细控压钻井设备，如图 5-24 所示。

图 5-24　指数型节流压力控制系统应用现场

根据现场需求，设置井口压力为 1～5MPa，记录实际井口压力稳定时的值和经历时间，如图 5-25 所示。

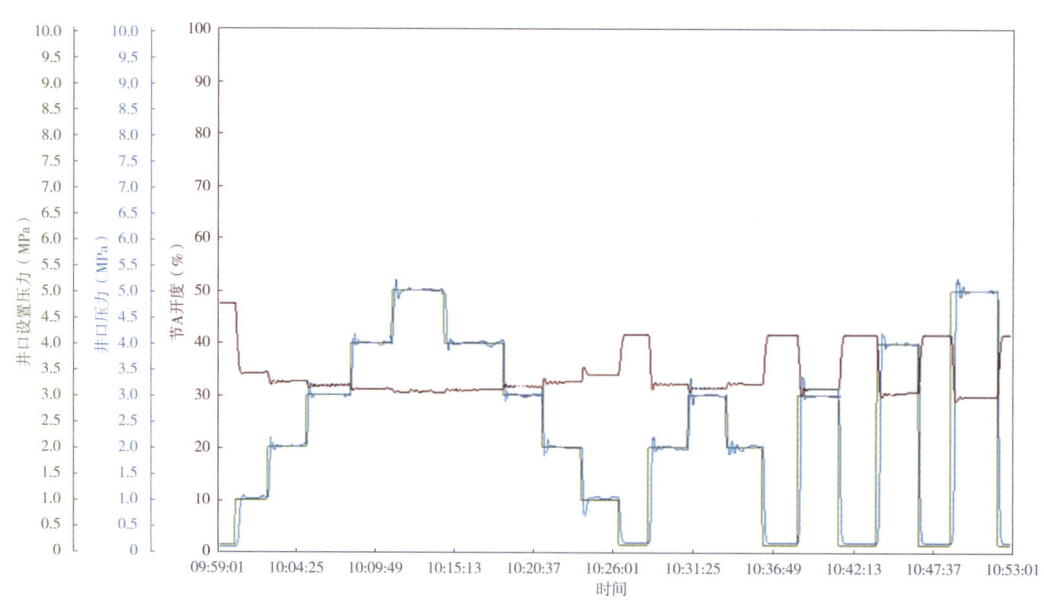

图 5-25　节流压力智能控制系统现场应用低压控制

由图 5-25 可以看出，在上位机控制系统设置井口压力后，控制系统控制节流阀开度迅速变化，使实际井口压力快速稳定于设置的井口压力，稳定时实际井口压力趋于稳定时与设置压力的差值不大于 0.13MPa，节流压力智能控制系统现场应用低压控制效果稳定，可精确有效地控制节流压力平衡井底压力，使井底压力保持稳定，控制数据见表 5-2。

表 5-2　节流压力智能控制系统现场应用低压控制数据

检验状态		检验介质	钻井液			
		泵参数	缸径110mm	冲程127mm	发动机转速	1600r/min
序号	功能	初始压力（MPa）	目标压力（MPa）	稳定压力范围（MPa）	差值（MPa）	所需时间（s）
1	关	0.14	1.00	1.01～1.04	0.01～0.04	14
		1.00	2.00	2.01～2.07	0.01～0.07	10
		2.00	3.00	2.92～3.03	−0.08～0.03	8
		3.00	4.00	3.94～4.08	−0.06～0.08	7
		4.00	5.00	4.96～5.05	−0.03～0.05	12
2	开	5.00	4.00	3.96～4.05	−0.03～0.05	9
		4.00	3.00	2.97～3.08	−0.03～0.08	10
		3.00	2.00	1.96～2.08	−0.04～0.08	8
		2.00	1.00	0.97～1.07	−0.03～0.13	9
		1.00	0.14	0.18～0.18	0.04	6
3	关	0.14	2.00	1.95～2.01	−0.04～0.01	9
		2.00	3.00	2.90～3.07	−0.10～0.07	11
4	开	3.00	2.00	1.99～2.03	−0.01～0.03	9
		2.00	0.14	0.17～0.18	0.03～0.04	6
5	关	0.14	3.00	2.88～2.96	−0.12～−0.04	18
6	开	3.00	0.14	0.17～0.17	0.03～0.03	7
7	关	0.14	4.00	3.90～4.06	−0.10～0.06	21
8	开	4.00	0.14	0.17～0.18	0.03～0.04	8
9	关	0.14	5.00	4.85～5.03	−0.15～0.03	22
10	开	5.00	0.14	0.17～0.18	0.03～0.04	10
11	关	1.00	5.00	4.88～4.90	−0.12～−0.10	23

根据现场需求，设置井口压力为 5～8MPa，记录实际井口压力稳定时的值和经历时间，如图 5-26 所示。

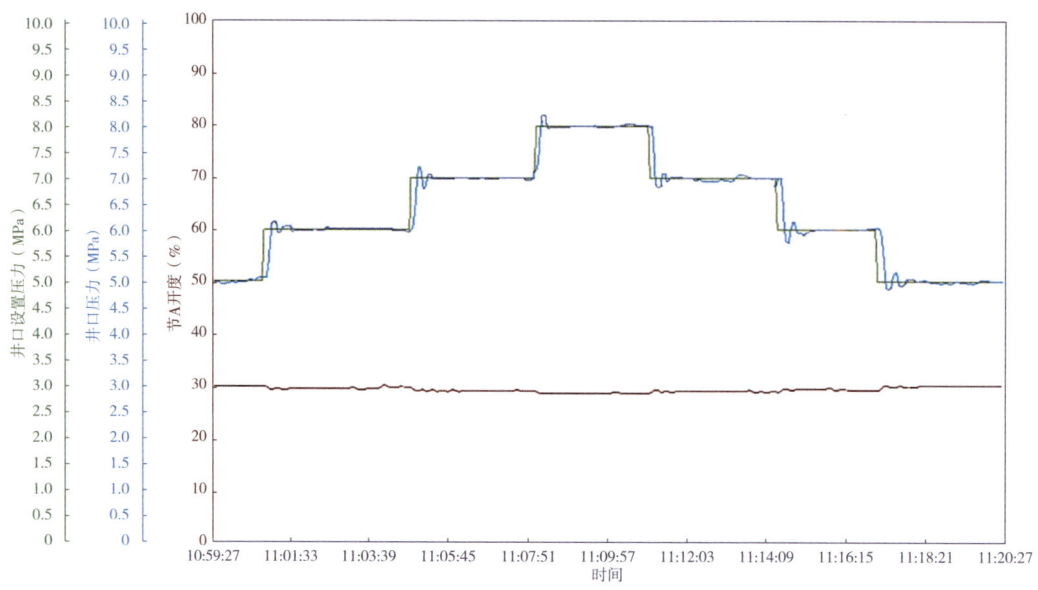

图 5-26　节流压力智能控制系统现场应用高压控制

由图 5-26 可以看出，在上位机控制系统设置井口压力后，控制系统控制节流阀开度迅速变化，使实际井口压力快速稳定于设置的井口压力，稳定时实际井口压力趋于稳定时与设置压力的差值不大于 0.12MPa，节流压力智能控制系统现场应用高压控制效果稳定，可精确有效地控制节流压力平衡井底压力，使井底压力保持稳定，控制数据见表 5-3。

表 5-3　节流压力智能控制系统现场应用高压控制数据

检验状态	检验介质	钻井液		
	泵参数	缸径110mm	冲程127mm	发动机转速1600r/min
功能	初始压力（MPa）	目标压力（MPa）	稳定压力范围（MPa）	差值（MPa）	所需时间（s）
A关	5.00	6.00	5.93~6.06	-0.07~0.06	8
	6.00	7.00	6.90~7.09	-0.10~0.10	10
	7.00	8.00	7.94~8.10	-0.06~0.10	9
	8.00	7.00	6.92~7.12	-0.08~0.12	10
	7.00	6.00	5.93~6.09	-0.07~0.09	8
	6.00	5.00	4.97~5.03	-0.03~0.03	9

本井控压作业井段 3737～4555m，进尺 818m，控压钻进期间出口开双节流通道，钻进期间出口流量平稳，停泵出口自然断流，单根气显示不明显，短起下后效显示活跃，各项工程参数正常，设备软件运行正常。现场应用表明，指数型闭环控制方法能够实现快速、准确、稳定地控制节流压力，平衡井底压力，使井底压力保持稳定，有效提高钻井安全性、

减少钻井周期和降低钻井成本，具有较高的实用价值。

EKM 控压钻井指数型节流压力控制系统，有效降低了井底压力波动，保证井下安全；通过实时监测进出口钻井液流量和密度等参数，及时发现溢流、井漏，有效预防了压差卡钻、井塌等复杂情况发生，从而保障了技术方案的顺利实施；通过参数的精确监测来准确摸清地层压力窗口，采取适当降低钻井液密度的方法钻进，从而减轻地层伤害，有效地保护和发现储层；此外，该技术实现了近平衡钻井，提速、提效显著，大幅缩短了非生产时间、钻井周期，降低了钻井综合成本，从而提高了经济效益。

参考文献

[1] 周守为，李清平，朱海山，等.海洋能源勘探开发技术现状与展望[J].中国工程科学，2016，18（2）：19-31.

[2] 吕福亮，贺训云，武金云，等.世界深水油气勘探形势分析及对中国深水油气勘探的启示[J].海洋石油，2007，27（3）：41-45.

[3] 吕建中，郭晓霞，杨金华.深水油气勘探开发技术发展现状与趋势[J].石油钻采工艺，2015，37（1）：13-18.

[4] 潘继平.国外深水油气资源勘探开发进展与经验[J].石油科技论坛，2007，26（4）：35-39.

[5] 高德利，朱旺喜，李军，等.深水油气工程科学问题与技术瓶颈：第147期双清论坛学术综述[J].中国基础科学，2016，18（3）：1-6.

[6] 高德利，杨进，王宴滨.深海油气开发利用技术新进展[C]// 中国科学院.2019高技术发展报告.北京：科学出版社，2020：208-215.

[7] 宫柯.海上油气勘探60年[J].石油知识，2019（6）：20-22.

[8] WANG Q J, HE Z G, LU F M, et al. Research and application of adaptive control method for managed pressure drilling[C]. Beijing: Proceedings of the 2021 International Petroleum and Petrochemical Technology Conference, 2021: 451-458.

[9] HOLTA H, ANFINSEN H, AAMO O M. Improved Kick and loss detection and attenuation in managed pressure drilling by utilizing wired drill pipe[J].IFAC Papers On Line, 2018, 51(8).

[10] 袁夕茹.控压钻井节流回压优化控制技术研究[D].成都：西南石油大学，2019.

[11] SULE I, KHAN F, BUTT S, et al. Kick control reliability analysis of managed pressure drilling operation [J]. Journal of Loss Prevention in the Process Industries, 2018, 52.

[12] YAN T, QU J, SUNX, et al. Propagation velocity and time laws of backpressure wave in the wellbore during managed pressure drilling [J].Natural Gas Industry B, 2018, 5(3).

[13] 丁慧.无模型自适应控制算法在控压钻井自动控制系统中的应用[J].科技经济市场，2018（1）：12-15.

[14] YAN T, QU J, SUN X, et al. Propagation velocity and time laws of backpressure wave in the wellbore during managed pressure drilling [J]. Natural Gas Industry B, 2018, 5(3).

[15] SULE I, IMTIAZ S, KHAN F, et al. Nonlinear model predictive control of gas kick in a managed pressure drilling system [J]. Journal of Petroleum Science and Engineering, 2018,174.

[16] 王其军，梁春平，周平. 一种指数型闭环控制方法：201910558259.0[P]. 2021-02-19.

[17] 王其军，卢发明，许亚辉，等. 流体 PVT 分析仪指数型压力闭环控制方法 [J]. 实验室研究与探索，2022（9）：50-53.

第六章　EKM 控压钻井管理系统

第一节　EKM 控压钻井流体力学模型及计算

根据钻遇地层复杂性，钻井过程经常会遇到喷、漏等诸多复杂情况，是目前石油钻井重点攻克问题，可以归结为钻井液安全窄密度窗口的钻井技术问题。对钻井液密度、流变性等性能进行准确计算是保证精确计算井底压力的基础。研究温度与压力对钻井液性能的影响规律以及井底压力的变化规律，对于钻井液循环当量密度（ECD）特别是高温高压井钻井液循环当量密度的计算极为重要。对于 EKM 控压钻井管理系统而言，主要是选用合适的流体力学计算公式，计算环空压耗和环空剖面压力，特别是井底压力。

一、常见流变模型介绍

（1）宾汉塑性模型，其本构方程为

$$\tau = \tau_0 + \mu_p \gamma \tag{6-1}$$

式中：τ_0 为屈服值；μ_p 为塑性黏度；γ 为剪切速度。

（2）幂律模式：

$$\tau = K\gamma^n \tag{6-2}$$

式中：K 为稠度系数；n 为流性指数。

（3）卡森模式：

$$\sqrt{\tau} = \sqrt{\tau_c} + \sqrt{\tau_\infty}\sqrt{\gamma} \tag{6-3}$$

或

$$\tau = \tau_c + \eta_\infty \gamma + 2\sqrt{\tau_c \eta_\infty} + \sqrt{\gamma} \tag{6-4}$$

式中：τ_c 为卡森屈服值；η_∞ 为极限剪切黏度。

（4）赫－巴模式：

$$\tau = \tau_0 + K\gamma^n \tag{6-5}$$

（5）罗－斯模式：

$$\tau = A(\gamma + C)^B \qquad (6-6)$$

式中：A 为稠度系数；B 为流性指数；C 为剪切速率校正值。

二、流变参数计算方法

为了提升井底当量循环密度的计算精度，必须优选流变模型，对流变参数进行准确的计算。如果计算井底压力等水力参数的过程中存在着初始误差，可能会造成水力结果的较大误差。在进行水力参数计算之前，需要尽可能地对流变参数进行精确计算，使误差降到最低，从而提升高温高压井底当量循环密度的计算精度。

（一）常温常压下流变参数计算方法

1. 直接计算方法

直接法即是利用旋转黏度计测得的原始数据，运用流变模型本构方程，通过传统的公式推导，不经条件设定和假设简化，确定流变参数的方法。这种方法的适应性强，计算程序较为简便，可靠性比较高。但仅适用于宾汉、幂律、卡森等比较简单的流变模型。表6-1给出了直接计算法计算流变参数的一些公式。

表6-1 流变参数计算公式

流变模型	流变参数	
	一般式	常用式
宾汉模型	$\mu_p = 300 \dfrac{\theta_2 - \theta_1}{N_2 - N_1}$ $\tau_0 = 0.511 \dfrac{\theta_2 N_1 - \theta_1 N_2}{N_2 - N_1}$	$\mu_p = \theta_{600} - \theta_{300}$ $\tau_0 = 0.511(\theta_{300} - \mu_p)$
幂律模型	$K = \dfrac{0.511 \theta_n}{(1.703N)^n}$ $n = \dfrac{\lg(\theta_2/\theta_1)}{\lg(N_2/N_1)}$	$K = \dfrac{0.511 \theta_{300}}{511^n}$ $n = 0.3221 \lg \dfrac{\theta_{600}}{\theta_{300}}$
卡森模型	$\sqrt{\eta_\infty} = \sqrt{3} \dfrac{\sqrt{\theta_2} - \sqrt{\theta_1}}{\sqrt{N_2} - \sqrt{N_1}}$ $\sqrt{\tau_c} = \dfrac{\sqrt{0.511}\left(\sqrt{\theta_1 N_2} - \sqrt{\theta_2 N_1}\right)}{\sqrt{N_2} - \sqrt{N_1}}$	$\sqrt{\eta_\infty} = \sqrt{0.511}\left(\sqrt{\theta_{600}} - \sqrt{\theta_{300}}\right)$ $\sqrt{\tau_c} = 0.493\left(\sqrt{6\theta_{100}} - \sqrt{\theta_{600}}\right)$

目前最常用的范氏旋转黏度计筒间流体剪切速率分布规律是按牛顿流体确定，圆筒壁面剪切速率与转速关系如下：

$$\gamma = \frac{0.20944R_2^2}{R_2^2 - R_1^2}N \qquad (6-7)$$

式中：R_2 为旋转黏度计外筒直径，cm；R_1 为内筒直径，cm；N 为旋转黏度计转子转速，r/min。

剪切应力与刻度盘读数的转换可根据牛顿流体本构方程得到：

$$\tau = \frac{K_s\theta}{2\pi R_1^2 h} \qquad (6-8)$$

式中：K_s 为弹簧系数，10^{-1}Pa/度（格）；θ 为刻度盘读数，圆盘上度数不考虑单位；h 为黏度计筒高，cm。

对于钻井液流变性测量，常用范氏旋转黏度计使用的标准组合件是 R1–B1 组合，常用扭矩弹簧的弹性系数为 360.5，这样可得壁面剪切速率与剪切应力分别表示为

$$\begin{cases} \gamma = 1.703N \\ \tau = 0.51\theta \end{cases} \qquad (6-9)$$

根据式（6-9）得到黏度计剪切速率、剪切应力后即可根据流变模型本构方程运用直接计算法计算得出相应的流变参数。

2. 修正剪切速率方法

一般来说，宾汉模式、幂律模式、卡森模式、罗－斯模式及赫－巴模式，通过本构方程的推导可以直接推导出修正系数值。四参数流变模式需要结合实验使用或者现场应用的钻井液的相关参数进行处理，从而得出四参数流体做水平旋转运动的流变规律及剪切速率计算式。

表 6-2 给出了用旋转黏度计测量流变特性时间及壁面剪切速率计算公式。通过各计算公式计算不同模型剪切速率结合测得剪切应力从而计算流变参数，使得流变参数更为合理与准确。

表 6-2 筒间及壁面剪切速率计算公式

流变模型	壁面剪切速率	筒间剪切速率
宾汉模型	$\gamma_b = \gamma_n + (B_b - 1)\dfrac{\tau_0}{\mu_p}$	$\gamma_r = \gamma_b \dfrac{R_1^2}{r^2} + \dfrac{(R_1^2 - r^2)}{r^2}\dfrac{\tau_0}{\mu_p}$
幂律模型	$\gamma_p = \gamma_n \dfrac{(R_1/R_2)^2 - 1}{n[(R_1/R_2)^{2/n} - 1]}$	$\gamma_r^n = \gamma_p^n \dfrac{R_1^2}{r^2}$
卡森模型	$\sqrt{\gamma_c} = \sqrt{\gamma_n} + \left(2\dfrac{R_2}{R_2+R_1} - 1\right)\dfrac{\sqrt{\tau_c}}{\sqrt{\eta_\infty}}$ $\gamma_{hb}^n = (C_1N)^n \dfrac{1}{K} + (C_2 - 1)\dfrac{\tau_0}{K}$	$\sqrt{\gamma_r} = \sqrt{\gamma_c}\dfrac{R_1}{r} + \dfrac{(R_1 - r)}{r}\dfrac{\sqrt{\tau_c}}{\sqrt{\eta_\infty}}$

续表

流变模型	壁面剪切速率	筒间剪切速率
赫–巴模型	$C_1 = 0.20944 K^{1/n} \dfrac{1}{n[1-(R_1/R_2)^{2/n}]}$ $C_2 = \dfrac{1}{1-n} \dfrac{1-(R_1/R_2)^{2n-2}}{1-(R_1/R_2)^{2/n}}$	$\gamma_r^n = \gamma_{hb}^n \dfrac{R_1^2}{r^2} + \dfrac{(R_1^2-r^2)}{r^2} \dfrac{\tau_0}{K}$
罗–斯模型	$\gamma_{rs} = \dfrac{0.20944N + 2C\ln(R_2/R_1)}{B[1-(R_1/R_2)^{2B}]} - C$	$\gamma_r = \gamma \left(\dfrac{R_1}{r}\right)^{2B} + C\left[\left(\dfrac{R_1}{r}\right)^{2B} - 1\right]$

3. 回归分析计算方法

回归分析是数学上处理变量之间关系的重要方法。回归计算流变参数流程如图 6-1 所示。由各个流变模型剪切速率计算式可知，非牛顿流体旋转黏度计壁面剪切速率与流体流变特性有关，在未知流变参数情况下准确的剪切速率值是无法得到的，而准确计算流体流变参数的基础即为获得准确的剪切速率。采用迭代方法来修正剪切速率值，同时求解流变参数，进而得到准确的剪切速率及流变参数值。为了能够获得更加准确的流变参数，需要进行剪切速率的修正，此时需要通过迭代的方法来实现。首先按照牛顿流体剪切速率回顾计算初始流变参数，然后根据初始流变参数修正剪切速率，追到在各种转速限定的情况下，剪切速率的求取符合规定值，进行相关的修正计算。

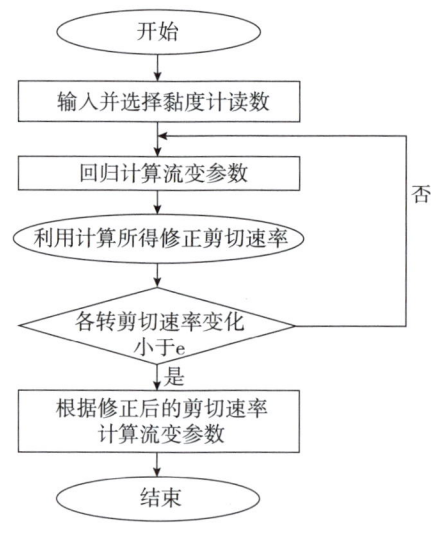

图 6-1 流变参数计算流程图

（二）高温高压下钻井液流变性分析

在高温高压井中，很多时候会遇到窄密度窗口情况，地层破裂压力与地层孔隙压力之间的差值较小，钻井液密度受温度压力影响较大。如果对钻井液密度预测计算不准确，可能会产生井涌，井喷等复杂情况。在高温高压井中，温度使钻井液产生膨胀效应，钻井液的密度变小。压力使得钻井液产生压缩效应，使得钻井液的密度变大。

针对在高温高压地区普遍应用的油基钻井液，钻井液的性能在高温高压情况下与普通情况不同，温度压力对钻井液的密度与流变性都产生了很大的影响，与井口的测量值都会存在着一定的偏差。且很难用一种流变模型准确描述所有钻井工作流体的流变特性。EKM控压系统对于此类情况提供了两种选择：一是采用前述模型进行计算，二是采用实测数据进行计算。

三、井筒温度场模型建立与计算

在井底高温高压情况下，温度影响因素对钻井液密度的影响较大，因此计算钻井液静液柱压力时，必须考虑温度场沿井筒的分布规律。

综合考虑地层温度梯度、地层导热系数和泵排量、管柱尺寸、井眼尺寸等井筒温度场的影响因素，基于传热学论，构建井筒温度场模型，充分地考虑各组分的传热率、比热容与密度的不同，计算井筒剖面的温度场分布，对井筒内外的温度进行分析。

钻井液在井筒中的流动是从井口向井底流动的，管内流动方向自上而下，环空流在管内的流动自下而上，固井工作液流动是从井口到井底，通过套管鞋到达环空返到地面。取井眼内的一个微单元，各过程及热交换形式如图6-2所示。

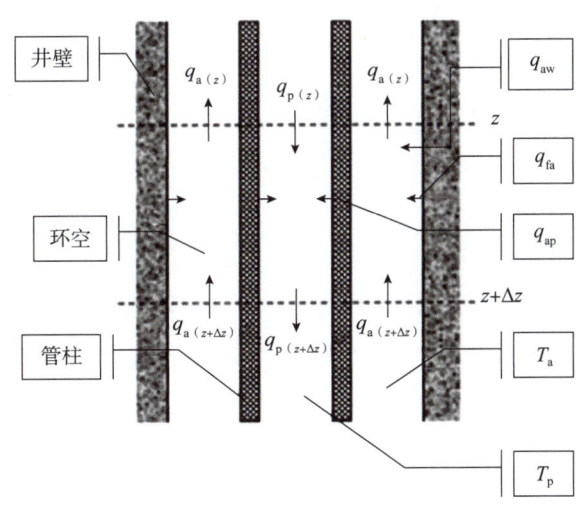

图 6-2　井筒热交换示意图

为了使计算简便，现假定如下：
（1）忽略井筒轴向之间的热传导；
（2）地层和环空热传导是稳定进行的；
（3）地层各热物性参数不随温度和压力变化；

(4)钻井液热物性参数不随温度压力变化,不考虑钻井液压缩性;

(5)钻井液之间不存在径向上的温度梯度;

(6)管内和环空的钻井液性能一致。

(一)管柱内温度场计算

根据热平衡原理图可知,钻柱内轴向单元进来的和出去的热量分别为 $q_{p(z)}$ 和 $q_{p(z+dz)}$。在径向上由环空流入管柱内的热流量为 q_{ap},管柱内由于流体的流动压耗而产生的热流量为 q_{fp},根据能量守恒定律得

$$q_{p(z+dz)} = q_{p(z)} + q_{ap} + q_{fp} \tag{6-10}$$

根据傅里叶导热定律可以得

$$q_{ap} = 2\pi R_p U_p (T_a - T_p) dz \tag{6-11}$$

根据比热容公式得

$$q_{p(z+dz)} - q_{p(z)} = M_p C_{pl} [T_p(z+dz) - T_p(z)] \tag{6-12}$$

由于流动摩擦而产生的热流量为

$$q_{fp} = M_p C_{pl} T_{fp} dz \tag{6-13}$$

通过微积分的基本公式变换得

$$\frac{dT_p}{dz} = \frac{2\pi R_p U_p}{M_p C_{pl}} (T_a - T_p) + T_{fp} \tag{6-14}$$

设 $B = \dfrac{M_p C_{pl}}{2\pi R_p U_p}$,代入式(6-14)化简为

$$\frac{dT_p}{dz} = \frac{T_a - T_p}{B} + T_{fp} \tag{6-15}$$

(二)环空中温度场计算

根据图6-2所示的热量平衡关系图可以得知,在环空轴向进入与出去的热量分别为 $q_{a(z+dz)}$ 与 $q_{a(z)}$,环空中从径向上流出的热流量为 q_{ap},从井壁流入环空的热流量为 q_{aw},环空流动压耗产生的热量为 q_{fa},则根据能量守恒定律得

$$q_{a(z)} + q_{ap} = q_{a(z+dz)} + q_{aw} + q_{fa} \tag{6-16}$$

由傅里叶导热定律得

$$q_{ap} = 2\pi R_p U_p (T_a - T_p) dz \tag{6-17}$$

根据比内能公式得

$$q_a(z) - q_a(z+dz) = M_a C_{al} [T_a(z) - T_a(z+dz)] \tag{6-18}$$

从地层传到井壁的热流量是：

$$q_{aw} = \frac{2\pi K_f}{T_D}(T_{ei} - T_w)dz \tag{6-19}$$

根据式（6-10），井壁流入环空流体的热流量为

$$q_{aw} = 2\pi R_w U_a(T_w - T_a)dz \tag{6-20}$$

联立得到井壁传热量公式：

$$q_{aw} = \frac{2\pi R_w U_a K_f}{K_f + R_w U_a T_D}(T_{ei} - T_a)dz \tag{6-21}$$

由于环空流动的摩擦生热为

$$q_{fa} = M_a C_{al} T_{fa} dz \tag{6-22}$$

将式（6-19）至式（6-22）代入式（6-16），根据微积分原理整理得

$$\frac{dT_a}{dz} = \frac{1}{B}(T_a - T_p) - \frac{2\pi R_w U_a K_f}{M_a C_{al}(K_f + R_w U_a T_D)}(T_{ei} - T_a) - T_{fa} \tag{6-23}$$

再若 $A = \dfrac{M_a C_{al}(K_f + R_w U_a T_D)}{2\pi R_w U_a K_f}$，代入式（6-23），可得环空中的温度分布：

$$\frac{dT_a}{dz} = \frac{1}{B}(T_a - T_p) - \frac{1}{A}(T_{ei} - T_a) - T_{fa} \tag{6-24}$$

式中：T_{ei} 为地层温度，℃；T_w 为井壁温度，℃；T_p 为无量纲温度；K_f 为地层导热率，J/（m·s·℃）；M_a 为环空内质量流量，kg/s；R_w 为井眼半径，m；T_{fa} 为单位长度上环空内流体流动的压耗产生的温度，℃；U_a 为井壁到环空液体的换热系数，J/（m²·s·℃）；ρ_{al} 为环空内流体的密度，kg/m³；C_{al} 为环空内流体的比热容，J/（kg·℃）。

为了求解两种情况下的温度场模型，可以作如下变换：

首先，将式（6-15）对 z 进行求导，得

$$\frac{d^2 T_p}{dz^2} = \frac{1}{B}\frac{dT_a}{dz} - \frac{1}{B}\frac{dT_p}{dz} \tag{6-25}$$

再将式（6-15）和式（6-24）代入式（6-25）得

$$AB\frac{d^2 T_p}{dz^2} - B\frac{dT_p}{dz} - T_p + T_{ei} + (A+B)T_{fp} + AT_{fa} = 0 \tag{6-26}$$

其中

$$T_{ei} = T_s + G_T z$$

式中：T_s 为地面温度，℃；G_T 为地温梯度，℃/m。

$$AB\frac{\mathrm{d}^2 T_\mathrm{p}}{\mathrm{d}z^2} - B\frac{\mathrm{d}T_\mathrm{p}}{\mathrm{d}z} - T_\mathrm{p} + G_\mathrm{T}z + T_\mathrm{s} + (A+B)T_\mathrm{fp} + AT_\mathrm{fa} = 0 \quad (6-27)$$

令

$$C_0 = T_\mathrm{s} + (A+B)T_\mathrm{fp} + AT_\mathrm{fa}$$

则式（6-27）变为

$$AB\frac{\mathrm{d}^2 T_\mathrm{p}}{\mathrm{d}z^2} - B\frac{\mathrm{d}T_\mathrm{p}}{\mathrm{d}z} - T_\mathrm{p} + G_\mathrm{T}z + C_0 = 0 \quad (6-28)$$

式（6-23）和式（6-28）是非齐次微分方程，求解得

$$T_\mathrm{p} = C_1 \mathrm{e}^{\lambda_1 z} + C_2 \mathrm{e}^{\lambda_2 z} + G_\mathrm{T}z - BG_\mathrm{T} + C_0 \quad (6-29)$$

$$T_\mathrm{a} = C_1 \mathrm{e}^{\lambda_1 z}(B\lambda_1 + 1) + C_2 \mathrm{e}^{\lambda_2 z}(B\lambda_2 + 1) + G_\mathrm{T}z - BT_\mathrm{fp} + C_0 \quad (6-30)$$

其中

$$\lambda_1 = \frac{1 + \sqrt{1 + \dfrac{4A}{B}}}{2A}$$

$$\lambda_2 = \frac{1 - \sqrt{1 + \dfrac{4A}{B}}}{2A}$$

表达式中的系数 C_1 和 C_2 需要根据边界条件来确定，根据循环钻井液时入口出口的温度可以确定。

$$\begin{cases} T_\mathrm{p} = T_\mathrm{a}(z=H) \\ T_\mathrm{p} = T_\mathrm{in}(z=0) \end{cases} \quad (6-31)$$

式中：T 为入口测量温度，℃；H 为井深，m。

将式（6-29）、式（6-30）代入式（6-31），得

$$\begin{cases} B\lambda_1 \mathrm{e}^{\lambda_1 H}C_1 + B\lambda_2 \mathrm{e}^{\lambda_2 H}C_2 = BT_\mathrm{fp} - G_\mathrm{T}B \\ C_1 + C_2 = T_\mathrm{in} - C_0 + G_\mathrm{T}B \end{cases} \quad (6-32)$$

解得

$$C_1 = \frac{T_\mathrm{fp} - G_\mathrm{T} - \lambda_2 \mathrm{e}^{\lambda_2 H}(T_\mathrm{in} - C_0 + G_\mathrm{T}B)}{\lambda_1 \mathrm{e}^{\lambda_1 H} - \lambda_2 \mathrm{e}^{\lambda_2 H}} \quad (6-33)$$

$$C_2 = \frac{T_\mathrm{fp} - G_\mathrm{T} - \lambda_1 \mathrm{e}^{\lambda_1 H}(T_\mathrm{in} - C_0 + G_\mathrm{T}B)}{\lambda_2 \mathrm{e}^{\lambda_2 H} - \lambda_1 \mathrm{e}^{\lambda_1 H}} \quad (6-34)$$

将式（6-33）、式（6-34）代入式（6-29）、式（6-30）中，就可以求解井段井筒内的温度分布。

(三）重点参数计算

1. 对流换热系数的确定

对流换热系数指流体与固体的表面温差为1℃时，单位面积的壁面在单位时间传递的热量。影响对流换热的因素很多，目前没有统一的公式表达。对流换热系数一般通过实验方法求得。常用经验公式如下。

对于管柱内层流流动时：

$$Nu = 3.65 + \frac{0.0688\left(\frac{2r_{pi}}{L}\right)RePr}{1 + 0.04\left[\left(\frac{2r_{pi}}{L}\right)RePr\right]^{\frac{2}{3}}} \quad (6-35)$$

对于环空内层流流动时：

$$Nu = 3.65 + \frac{0.0688\left[\frac{2(r_w - r_{po})}{L}\right]RePr}{1 + 0.04\left[\left(\frac{2(r_w - r_{po})}{L}\right)RePr\right]^{\frac{2}{3}}} \quad (6-36)$$

所以求解对流换热系数重点是求解斯坦顿数和努塞尔数。

1）宾汉流体

努塞尔数：

$$Nu = \begin{cases} 2.9\left(\frac{D}{L}\right)^{0.35} Re^{0.25}Pr^{0.25} & \text{管内层流} \\ 4.7\left(\frac{D}{L}\right)^{0.31} Re^{0.25}Pr^{0.31} & \text{环空层流} \end{cases} \quad (6-37)$$

斯坦顿数：

$$St = 0.018Re^{0.8}Pr^{-0.43} \quad (6-38)$$

根据式（6-36）、式（6-37）及式（6-38），求出宾汉流体管内、环空的层流和紊流两种条件下 h_{pi}、h_{ap} 及 h_{aw}。

当 $Re \leq Rec$ 时，流体流动为层流，得到换热系数：

$$\begin{cases} h_{pi} = \frac{2.9Re^{0.25}Pr^{0.25}k_{pl}}{2r_{pi}}\left(\frac{2r_{pi}}{L}\right)^{0.35} \\ h_{ap} = \frac{4.7Re^{0.21}Pr^{0.31}k_{al}}{2r_{po}}\left[\frac{2(r_w - r_{po})}{L}\right]^{0.31} \\ h_{aw} = \frac{4.7Re^{0.21}Pr^{0.31}k_{al}}{2r_w}\left[\frac{2(r_w - r_{po})}{L}\right]^{0.31} \end{cases} \quad (6-39)$$

当 $Re > Rec$ 时，流体流动为紊流，得到换热系数：

$$\begin{cases} h_{pi} = \dfrac{0.018Re^{0.8}Pr^{-0.43}k_{pl}}{2r_{pi}} \\ h_{ap} = \dfrac{0.018Re^{0.8}Pr^{-0.43}k_{al}}{2r_{po}} \\ h_{aw} = \dfrac{0.018Re^{0.8}Pr^{-0.43}k_{al}}{2r_{w}} \end{cases} \quad (6-40)$$

2）幂律流体

努塞尔数：

$$Nu = \begin{cases} 3.65 + \dfrac{0.0668(2r_{pi}/L)RePr}{1+0.04[(2r_{pi}/L)RePr]^{2/3}} & \text{管内层流} \\ 3.65 + \dfrac{0.0668\dfrac{2(r_{w}-r_{po})}{L}RePr}{1+0.04\left[\dfrac{2(r_{w}-r_{po})}{L}RePr\right]^{2/3}} & \text{环空层流} \end{cases} \quad (6-41)$$

斯坦顿数：

$$St = 0.0107Re^{-0.33}Pr^{-0.67} \quad (6-42)$$

根据式（6-40）、式（6-41）、式（6-42），求出幂律流体管内、环空的层流和紊流两种条件下 h_{pi}、h_{ap} 及 h_{aw}。

当 $Re \leq Rec$ 时，流体流动为层流，此时对流换热系数：

$$\begin{cases} h_{pi} = \left\{ 3.65 + \dfrac{0.0668(2r_{pi}/L)RePr}{1+0.04[(2r_{pi}/L)RePr]^{2/3}} \right\} k_{pl} \Big/ 2r_{pi} \\ h_{ap} = \left\{ 3.65 + \dfrac{0.0668\dfrac{2(r_{w}-r_{po})}{L}RePr}{1+0.04\left[\dfrac{2(r_{w}-r_{po})}{L}RePr\right]^{2/3}} \right\} k_{al} \Big/ 2r_{po} \\ h_{aw} = \left\{ 3.65 + \dfrac{0.0668\dfrac{2(r_{w}-r_{po})}{L}RePr}{1+0.04\left[\dfrac{2(r_{w}-r_{po})}{L}RePr\right]^{2/3}} \right\} k_{al} \Big/ 2r_{w} \end{cases} \quad (6-43)$$

当 $Re > Rec$ 时，流体流动为紊流。对流换热系数分为管柱内和环空内。

$$\begin{cases} h_{pi} = \dfrac{0.0107 Re^{-0.33} Pr^{-0.67} k_{pl}}{2r_{pi}} \\ h_{ap} = \dfrac{0.0107 Re^{-0.33} Pr^{-0.67} k_{al}}{2r_{po}} \\ h_{aw} = \dfrac{0.0107 Re^{-0.33} Pr^{-0.67} k_{al}}{2r_{w}} \end{cases} \quad (6-44)$$

式中：Re 为雷诺数；Pr 为普朗特数；Rec 为临界雷诺数；k_{pl} 为管内流体的导热系数；k_{al} 为环空内流体的导热系数；r_{pi} 为钻杆内半径；r_{po} 为钻杆外半径；r_w 为井眼半径；L 为钻杆长度。

上述公式中表明对流换热系数影响因素包括管柱、环空尺寸、雷诺数、流变模式。钻井时，管内和环空中充满钻井液，所以流体的导热系数取钻井液的导热系数。

当 $Re < Rec$ 时为层流：

管柱内：

$$h_{pi} = \dfrac{\left\{3.65 + \dfrac{0.0668\left(2r_{pi}/L\right)RePr}{1 + 0.04\left[\left(2r_{pi}/L\right)RePr\right]^{\frac{2}{3}}}\right\}k_m}{2r_{pi}} \quad (6-45)$$

环空内：

$$h_{po} = \dfrac{\left\{3.65 + \dfrac{0.0668\dfrac{2(r_b - r_{po})}{L}RePr}{1 + 0.04\left[\dfrac{2(r_b - r_{po})}{L}RePr\right]^{\frac{2}{3}}}\right\}k_m}{2r_{po}} \quad (6-46)$$

$$h_f = \dfrac{\left\{3.65 + \dfrac{0.0668\dfrac{2(r_b - r_{po})}{L}RePr}{1 + 0.04\left[\dfrac{2(r_b - r_{po})}{L}RePr\right]^{\frac{2}{3}}}\right\}k_m}{2r_b} \quad (6-47)$$

当 $Re > Rec$ 时为紊流：

管柱内：

$$h_{\mathrm{pi}} = \frac{0.0107 Re^{0.67} Pr^{0.33} k_{\mathrm{m}}}{2 r_{\mathrm{pi}}} \quad （6-48）$$

环空内：

$$h_{\mathrm{po}} = \frac{0.0107 Re^{0.67} Pr^{0.33} k_{\mathrm{m}}}{2 r_{\mathrm{po}}} \quad （6-49）$$

$$h_{\mathrm{f}} = \frac{0.0107 Re^{0.67} Pr^{0.33} k_{\mathrm{m}}}{2 r_{\mathrm{b}}} \quad （6-50）$$

2. 总传热系数的计算

如前所述，井眼内的对流换热形式为强迫对流换热，在推导过程中假设条件是钻杆温度不变，即在钻杆与环空中之间发生热交换时，钻杆壁吸热或者放热量，忽略不计，则井壁与环空总传热系数 $U_{\mathrm{a}} = h_{\mathrm{f}}$。

下面步骤给出了总传热系数的推导过程，设定环空与钻杆钻井液之间的总传热系数 U_{p}，设环空钻井液的温度为 T_1，钻杆温度为 T_2，钻杆内的温度为 T_3，如图6-3所示。

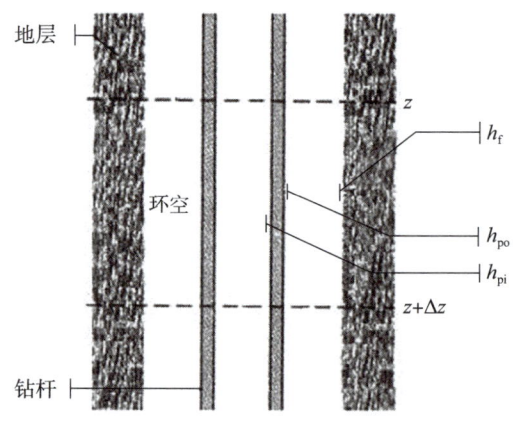

图6-3　井眼传热系数示意图

由环空传给钻杆壁的热量：

$$q_1 = 2\pi r_{\mathrm{po}} dz h_{\mathrm{po}}(T_1 - T_2) \quad （6-51）$$

由钻杆壁传给钻杆内钻井液的热量为：

$$q_2 = 2\pi r_{\mathrm{pi}} dz h_{\mathrm{pi}}(T_2 - T_3) \quad （6-52）$$

环空中的底层换热通过钻柱传到钻杆内，热量可以具体表示如下：

$$q_3 = 2\pi r dz U_{\mathrm{p}}(T_1 - T_3) \quad （6-53）$$

其中，$r = \dfrac{r_{po} - r_{pi}}{\ln \dfrac{r_{po}}{r_{pi}}}$，当 $\dfrac{r_{po}}{r_{pi}} \leq 2$ 时，可以按 $r = \dfrac{r_{pi} + r_{po}}{2}$ 计算，由于环空的热量经过钻杆全部传至钻杆内，即 $q = q_1 = q_2 = q_3$。

$$\begin{cases} 2\pi r_{po} dz h_{po}(T_1 - T_2) = 2\pi r_{pi} dz h_{pi}(T_2 - T_3) = q_3 = 2\pi r dz U_p(T_1 - T_3) = q \\[4pt] \dfrac{q}{2\pi r_{po} dz h_{po}} = T_1 - T_2 \\[4pt] \dfrac{q}{2\pi r_{pi} dz h_{pi}} = T_2 - T_3 \\[4pt] \dfrac{q}{2\pi dz}\left(\dfrac{1}{r_{po} h_{po}} + \dfrac{1}{r_{pi} h_{pi}}\right) = \dfrac{q}{2\pi dz}\left(\dfrac{1}{r U_p}\right) = T_1 - T_2 \\[4pt] U_p = \dfrac{1}{\left(\dfrac{r}{r_{po} h_{po}} + \dfrac{r}{r_{pi} h_{pi}}\right)} \end{cases} \tag{6-54}$$

式（6-54）是不考虑钻杆影响下的钻杆内与环空内的总传热系数。

考虑钻杆影响下的传热系数表达式如下：

$$U_p = \dfrac{1}{\left(\dfrac{r}{r_{po} h_{po}} + \dfrac{r}{r_{pi} h_{pi}} + \dfrac{r}{\lambda} \ln \dfrac{r_{po}}{r_{pi}}\right)} \tag{6-55}$$

式中：λ 为钢的导热系数，W/(m·K)。

上式中 Re 为雷诺数，Pr 为普朗特数，Rec 为临界雷诺数，幂律型流体其计算式分别为：

管内：

$$Re = \dfrac{8 \times 10^3 \rho_m (2 r_{pi})^n v^{2-n}}{800^n K \left(\dfrac{3n+1}{4n}\right)^n} \tag{6-56}$$

环空：

$$Re = \dfrac{12 \times 10^3 \rho_m^{\,2} (r_b - r_{po})^n v^{2-n}}{1200^n K \left(\dfrac{2n+1}{3n}\right)^n} \tag{6-57}$$

临界雷诺数：

$$Rec = 3470 - 1370 n \tag{6-58}$$

普朗特数：

$$Pr = \dfrac{\mu_m c_m}{k_m} \tag{6-59}$$

式中：c_m 为钻井液比热容；μ_m 为钻井液表观黏度；k_m 为钻井液导热系数；ρ_m 为钻井液密度。

$$h = \begin{cases} \dfrac{Nuk_1}{D} & （层流） \\ \dfrac{Stk_1}{D} & （紊流） \end{cases} \quad (6-60)$$

式中：k_1 为流体导热系数，J/（$m^2 \cdot s \cdot ℃$）；h 为壁面传热系数（h_{pi} 为管柱内壁和管内流体换热系数，h_{po} 为管柱外壁和环空流体换热系数，h_{aw} 为井壁和环空流体换热系数），J/（$m^2 \cdot s \cdot ℃$）；D 为管径，m。

四、循环系统压耗的计算

循环压耗主要分为管内和环空两部分，压耗的大小与钻井液性能参数、井身结构、钻具组合有着直接的联系。一般来说，在进行压耗计算的过程中，首先要针对选定的流体进行流变模式的优选，辨别流态，计算流动的雷诺数，然后根据相应公式计算管内外压耗。

通过不同流变模式方程可以发现，赫 – 巴模式本构方程为三参数模式，其余两种模式为两参数模式，且在特殊条件下，宾汉模式、幂律模式均可由赫 – 巴模式表示，当赫 – 巴本构方程模式中 $n=1$ 时即为宾汉模式本构方程，当 $\tau_0=0$ 时为幂律模式本构方程。特别是深井钻井液大多符合赫 – 巴流体，因此以赫 – 巴流体进行循环系统压耗计算。

（一）层流压耗计算

1. 管内

如图 6-4 所示，根据流体微元运动中阻力与推动力之间的关系，$\Delta p \pi r^2 = 2\pi rL\tau$，可以得出 τ_x，τ_y 与压降之间的关系。

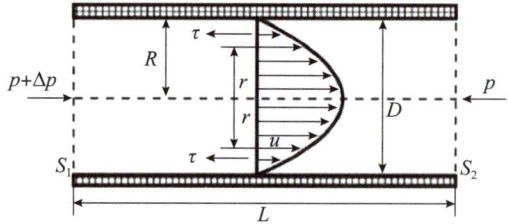

图 6-4　圆管内均匀流体受力分析图

流速的分布 v：

$$\tau = \tau_0 + K\left(-\dfrac{dv}{dr}\right)^n \quad (6-61)$$

将 $\tau = \dfrac{\Delta pr}{2L}$ 关系式代入式（6-61）中可以得到边界条件 $u|_{r=R}=0$ 的关系。

$$\int_0^v dv = -\dfrac{1}{K^{\frac{1}{n}}} \int_R^r \left(\dfrac{\Delta p}{2L}r - \tau_0\right)^{\frac{1}{n}} dr \quad (6-62)$$

积分有：

$$v = \frac{n}{n+1}\left(\frac{\Delta p}{2KL}\right)^{\frac{1}{n}}\left[(R-r_0)^{\frac{n+1}{n}} - (r-r_0)^{\frac{n+1}{n}}\right] \tag{6–63}$$

当 $r=r_0$ 时，对应的流速分布：

$$v_0 = \frac{n}{n+1}\left(\frac{\Delta p}{2KL}\right)^{\frac{1}{n}}(R-r_0)^{\frac{n+1}{n}} \tag{6–64}$$

过流断面的总流量 Q 按式（6–65）计算：

$$Q = \frac{n\pi R^3}{3n+1}\left(\frac{\tau_w}{K}\right)^{\frac{1}{n}}\left(1 - \frac{\tau_0}{\tau_w}\right)^{\frac{n+1}{n}}\left[1 + \frac{2n}{2n+1}\left(\frac{\tau_0}{\tau_w}\right) + \frac{2n^2}{(n+1)(2n+1)}\left(\frac{\tau_0}{\tau_w}\right)^2\right] \tag{6–65}$$

若已知流量 Q，用数值方法求解管壁切应力 τ_w，再通过 $\Delta p = \dfrac{2L\tau_w}{R}$ 即可计算压耗。

根据其中流速 v 与流量 Q 的关系，得到赫－巴流体圆管结构流平均流速的表达式为

$$v = \frac{Q}{\pi R^2} = \frac{nR}{(3n+1)K^{\frac{1}{n}}}\left(\frac{\Delta pR}{2L} - \frac{3n+1}{2n+1}\tau_0\right)^{\frac{1}{n}} \tag{6–66}$$

赫－巴流体圆管结构摩阻系数：

$$f_{hb} = \frac{2}{\rho v^2}\left[K\left(\frac{3n+1}{4n}\right)^n\left(\frac{8v}{D}\right)^n + \frac{3n+1}{2n+1}\tau_0\right] \tag{6–67}$$

进而得到赫－巴模式下的广义雷诺数的表达式：

$$Re_{hb} = \frac{16}{f_{hb}} = \frac{8^{1-n}\rho D^n v^{2-n}}{K\left(\frac{3n+1}{4n}\right)^n\left[1 + \frac{3n+1}{2n+1}\left(\frac{n}{3n+1}\right)^n\left(\frac{D}{2v}\right)^n\frac{\tau_0}{K}\right]} \tag{6–68}$$

赫－巴模式下的压降：

$$\begin{aligned}\Delta p &= \frac{2KL}{R}\left(\frac{3n+1}{4n}\right)^n\left(\frac{4v}{R}\right)^n + \left(\frac{3n+1}{2n+1}\right)\frac{2\tau_0 L}{R} \\ &= \frac{4KL}{D}\left(\frac{3n+1}{4n}\right)^n\left(\frac{8v}{D}\right)^n + \left(\frac{3n+1}{2n+1}\right)\frac{4\tau_0 L}{D}\end{aligned} \tag{6–69}$$

阻力系数 f 为

$$f = \frac{2}{\rho v^2}\left[\left(\frac{8v}{d}\cdot\frac{3n+1}{4n}\right)^n K + \frac{3n+1}{2n+1}\tau_y\right] \tag{6–70}$$

雷诺数为

$$Re_{管} = \frac{16}{f} = \frac{8^{1-n}d^n v^{2-n}\rho}{K\left(\frac{3n+1}{4n}\right)^n \left[1 + \frac{3n+1}{2n+1}\left(\frac{d}{2v} \cdot \frac{n}{3n+1}\right)^n \frac{\tau_y}{K}\right]} \quad (6-71)$$

压耗为

$$P = \left(\frac{8v}{d} \cdot \frac{3n+1}{4n}\right)^n \frac{4LK}{d} + \left(\frac{3n+1}{2n+1}\right)\frac{4L\tau_y}{d} \quad (6-72)$$

2. 环空

同理，针对赫-巴模式在环空内的层流压耗进行推导，得到如下结果。

赫-巴流体同心环空轴向结构流时流变方程表示为 $\tau = \tau_0 + K\left(-\dfrac{du}{dr}\right)^n$，对其进行分离变量可得

$$du = -\frac{1}{K^{\frac{1}{n}}}\left(\frac{\Delta p r}{L} - \tau_0\right)^{\frac{1}{n}} dr \quad (6-73)$$

考虑边界变量 $u|_{r=\frac{R_\delta}{2}} = 0$，代入 $\tau_0 = \dfrac{\Delta p r_0}{L}$，积分得

$$u = \frac{n}{n+1}\left(\frac{\Delta p}{KL}\right)^{\frac{1}{n}}\left[\left(\frac{R_\delta}{2} - r_0\right)^{\frac{n+1}{n}} - (r - r_0)^{\frac{n+1}{n}}\right] \quad (6-74)$$

流量 Q：

$$Q = \frac{n\pi R_\delta^2}{2(2n+1)}(R_0 + R_i)\left(\frac{\Delta p R_\delta}{2KL}\right)^{\frac{1}{n}}\left(1 - \frac{2r_0}{R_\delta}\right)^{\frac{n+1}{n}}\left(1 - \frac{n}{n+1}\frac{2r_0}{R_\delta}\right) \quad (6-75)$$

压降：

$$\Delta p = \frac{4KL}{D_{hy}}\left(\frac{2n+1}{3n} \cdot \frac{12v}{D_{hy}}\right)^n + \frac{2n+1}{n+1} \cdot \frac{4L\tau_0}{D_{hy}} \quad (6-76)$$

阻力系数 f 为

$$f = \frac{2}{\rho v^2}\left[\left(\frac{12v}{D-d} \cdot \frac{2n+1}{3n}\right)^n K + \frac{2n+1}{n+1}\tau_y\right] \quad (6-77)$$

雷诺数为

$$Re_{环} = \frac{24}{f} = \frac{12v^2\rho}{\left[\left(\dfrac{12v}{D-d} \cdot \dfrac{2n+1}{3n}\right)^n K + \dfrac{2n+1}{n+1}\tau_y\right]} \quad (6-78)$$

压耗为

$$P = \left(\frac{12v}{D-d}\right)^n \frac{4LK}{D-d} + \left(\frac{2n+1}{n+1}\right)\frac{4L\tau_y}{D-d} \quad (6-79)$$

(二)层流至紊流的判断

目前对赫-巴流体层流向非层流转变的研究很少,参考以前研究,使用幂律流体表达式计算出临界雷诺数,将此雷诺数用于赫-巴模式层流向非层流转变的临界雷诺数:

$$(N_{Re,G})_{cr} \approx 3470 - 1370n \tag{6-80}$$

Schuh 将之扩展使它整个紊流范围:

$$(N_{Re,G})_{cr} \approx 4270 - 1370n \tag{6-81}$$

(三)紊流压耗计算

工程计算中直接采用 Blasius 的公式迭代计算摩阻系数 f。

$$\frac{1}{\sqrt{f}} = 4\lg(Re\sqrt{f}) - 0.395 \tag{6-82}$$

将 f 代入,即得压耗:

(1)管内:

$$P = \frac{2\rho v^2 fL}{d_i} \tag{6-83}$$

(2)环空:

$$P = \frac{2\rho v^2 fL}{D_{hy}} \tag{6-84}$$

其中

$$D_{hy} = D - d_0$$

(四)影响压耗的因素

1. 钻杆接头

一般钻杆接头分为内加厚、外加厚、内外加厚三种形式,接头的尺寸会对环空压耗的计算带来一定的影响。

2. 井径扩大

裸眼井段井壁受到流体冲刷易产生扩径。由于扩径井眼段可能较长,不加以考虑会使环空动压力的计算出现较大的偏差,对流体用量的计算也有较大影响。

3. 井下设备

井下设备也对循环压耗有着不可忽略的影响,针对井下工具的压耗进行计算,很多时候需要结合现场的试验分析,在不同的排量下,记录相关的压力降。

4. 环空岩屑浓度

在钻井的过程中,环空中的钻屑会对井底产生附加压力。环空中的流体流动状态为固液两相流动,须按多相流考虑和计算。

第二节　EKM 控压钻井系统工况自动判断设计

人工现场判断工况准确度较高，但是，人工判断的方法无法同实时数据结合，工况识别的效率不高，且数据无法及时传送和共享使用。EKM 控压钻井系统能对根据采集或录井数据利用阈值法实现的起钻、下钻、旋转钻进、滑动钻进、划眼、倒划眼、循环、灌钻井液、悬停 9 个工况进行实时识别。构建阈值法工况识别模型主要有三个步骤：确定各个工况需要的参数、确定参数的阈值、确定整体的条件判断树。

一、确定所需录井参数

参数的选取是阈值法能够准确判断的关键，直接决定了工况识别的精度。例如下钻的时候，钻压、扭矩、泵压、出口排量都为零，钻头位置增大，需要选择钻压、扭矩、泵压、出口排量、钻头位置这五个工况进行下钻的判断。此外，多参数判断工况会出现参数冗余的情况，即在保证多参数状态互斥的情况下，只使用部分参数就能实现钻井工况的区分。所以，根据不同工况的特点，总结各个工况对应的录井参数变化，见表 6-3。

表 6-3　录井参数变化

步骤	旋转钻井	滑动钻进	划眼	倒划眼	起钻	下钻	循环	灌钻井液	悬停
大钩高度	变化	变化	变化	变化	变化	变化	不变	不变	不变
钻压	>0	>0	0	0	0	0	0	0	0
扭矩	>0	0	>0	>0	0	0	0	0	0
出口排量	>0	>0	>0	>0	0	0	>0	>0	0
泵压	>0	>0	>0	>0	0	0	>0	0	0
钻头深度	增加	增加	增加	减小	减小	增加	不变	不变	不变

二、确定参数阈值

在井场采集的实际参数与理想阈值存在一定误差或波动范围，根据不同录井参数的变化特点，总结各个参数对应的阈值，见表 6-4。

表 6-4　录井参数阈值

参数	阈值取值
大钩高度（m）	变化 0.2 内为不变
钻压（tf）	0～0.1 为 0

续表

参数	阈值取值
扭矩（kN·m）	0~0.2为0
出口排量（L/s）	0~0.1为0
泵压（MPa）	0~0.1为0
钻头深度（m）	变化0.2内为不变

三、确定条件判断树

根据选取的参数和各个工况对应的参数阈值，来确定阈值法需要采用的条件判断树，采用分支判断树方法进行判断。

如图6-5所示，分支判断是先选取一个钻井参数将当前可能的钻井工况二分或三分，然后继续选取录井参数进行区分，直到确定当前的钻井工况。这种分支判断的方法具有模块化、易优化的特点，计算效率也较高。

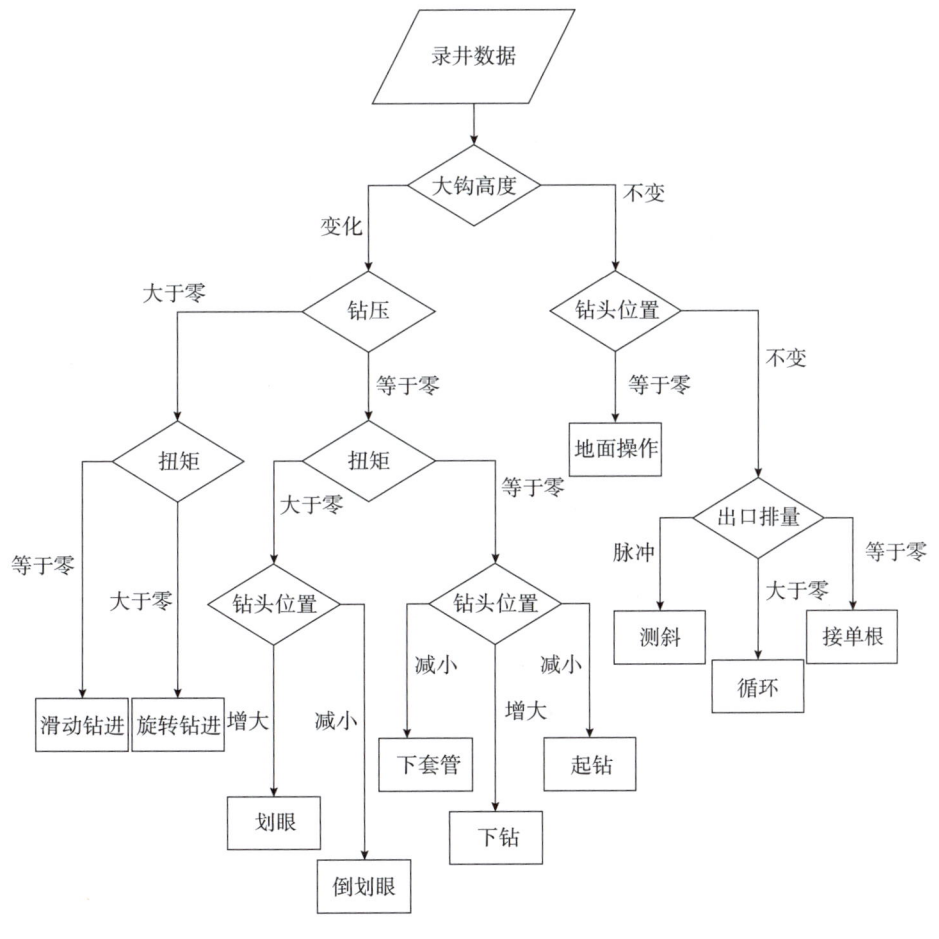

图6-5 分支判断

根据现场采集的数据，包括日期、时间、井深、大钩载荷、钻压、转速、进出口排量、扭矩、进出口钻井液密度、大钩高度、大钩速度、气测、氯离子等测量参数，区分并自动判断起钻、下钻、滑动钻进、旋转钻进、倒划眼、划眼、悬空旋转、灌钻井液等不同钻井作业工况，为后续软件计算提供条件，并储存进数据库。

第三节　EKM 控压钻井管理软件

一、需求分析及软件运行环境

（一）系统需求分析

1. 开发的背景和目的

控压钻井技术及配套装备研发与应用，有效降低了钻井井控风险，缩短了复杂处置时间，提高了窄安全密度窗口地层钻进能力，已成为复杂井况处理的高效手段。但现有控压钻井配套软件仅实现井口回压自动控制功能，在作业井况智能分析、参数自动优化等技术智能化、信息化方面还尚未涉及，不能根据工程参数、井况的变化进行在线智能分析计算与控制决策，影响井口回压控制的可靠性和时效性。施工现场工程参数的波动、地层的复杂变化，会导致控压钻井作业井况分析和井筒流动参数预测的难度增加，从而影响钻井井下复杂的及时判定、作业工况的自动判定以及瞬态环空压耗、井口回压预测控制值的准确计算，从而不能及时调整井底压力实现控压钻井的目的。

EKM 控压钻井管理系统进一步提高了现有控压钻井在线智能分析计算及控制决策水平，提升控压钻井过程自动化、智能化水平，进一步解决控压钻进过程控制难及控制不及时、窄安全密度窗口地层钻进复杂等技术难题，为安全钻井提供技术支持。

2. 系统功能及描述

EKM 控压管理系统由以下 7 个子系统组成。

（1）基本参数录入子系统。

对拟控压钻进的井的基本资料进行人工录入，包括所在区块、业主方、油田概况、井身结构、开次及钻具组合、钻井液性能等基本参数。

（2）数据采集子系统。

EKM 控压数据采集子系统是对需要采集的数据通过传感器进行采集或现场录井数据进行共享，后进行存储、提取显示以及使用。控压数据采集系统将所测量采集参数信息按照预设周期存储至数据库中，可以供控压钻井子系统以及溢流漏失预警子系统实时调取。

（3）作业工况自动判断子系统。

根据现场采集的数据，包括日期、时间、井深、大钩载荷、钻压、转速、进出口排量、扭矩、进出口钻井液密度、大钩高度、大钩速度、气测、氯离子等测量参数，区分并自动判断起钻、下钻、滑动钻进、旋转钻进、倒划眼、划眼、悬空旋转、灌钻井液等不同钻井作业工况，为后续软件计算提供基础参数。

（4）水力学计算子系统。

根据前述基本参数、采集参数以及工况判断，自动计算所在工况的环空压耗等水力学参数，为下步调节提供依据。

（5）井口压力控制子系统。

在环空压力计算的基础上，以保持井底压力平衡井底地层孔隙压力为目标，或根据控压时井底压力设计值为依据，通过自动调节节流阀开度从而调节井口回压、排量等参数，对井筒压力进行精准控制，建立井口回压预控值计算与优化模型，实现实钻条件下的井口回压的准确预测与优化。

（6）全过程溢漏监测子系统。

全过程溢漏预警监测技术通过监测和对比不同工况（全过程）的出口与进口质量流量变化（因测的是质量流量，所以钻井液中的气泡不影响监测效果）、监测立压、出口压力、录井数据、井底压力等，经软件自动计算判别，实现及时发现溢流与漏失并分级进行报警。其监测技术组成包括监测橇、PLC 数据采集系统、供电系统、报警系统、传输系统、显示系统和软件系统。

（7）控压固井子系统。

提供对控压固井全过程设计与指导。

（二）软件开发与运行环境

1. 网络环境

（1）网络拓扑。

系统集成平台的网络拓扑结构是一个以太网。当然，这并不意味着它只能运行在一个总线结构的以太网上，基于网络操作系统对物理网络的独立性，它可以运行在任何拓扑结构的网络上，如 Token-Ring，FDDI。其中，客户机的数目是可伸缩的，完全根据应用规模而定。

（2）网络操作系统。

Windows Server 2019 以上版本。

采用标准网络通信协议 TCP/IP。因为 TCP/IP 是一种事实上的工业标准。正因为大多数网络系统都支持 TCP/IP，所以可以允许其他的网络系统加入集成环境中来。

（3）服务器配置。

Windows Server 2019 服务器：CPU8 核，主频 2.6GHz，50G 硬盘，内存 16G 以上机型。

（4）服务器数据库管理系统。

选用 MySql v5.5 以上版本。

（5）网络连接部件。

包括集线器、网卡、UTP 连接线及连接头。

2. 客户机环境

（1）硬件配置。

CPU8 核，主频 2.6GHz 以上微机。

（2）软件环境。

Windows 7 中文版，Windows 10 以上版本。

3. 程序开发环境

常规编程语言：Visual Studio 2019 以上版本。

C# 语言，框架 Net FrameWork 4.6.1 以上版本。

Asp.net MVC 5 以上版本。

数据库操作：MySql 5.5 以上版本。

Windows 客户机环境的编程语言或编程工具十分丰富，有 Visual Basic，Visual C++，C#，Python，Java 等。在这些编程语言中，考虑到实际上目前大多数专业应用软件是由 C# 语言写成的，出于集成平台整体性能的稳定性，因此首选 Visual Studio 2019 C# 作为客户机的编程语言。

数据库目前有 MySql、Sql Sever、Oracle 等多种，MySql 数据库因为具备如下优点：体积小、速度快、总体拥有成本低、开源；支持多种操作系统；开源数据库，提供的接口支持多种语言连接操作，所以选择 MySql 数据库。

对于专业软件的数据管理，即数据的输入、输出，要求使用数据库进行支持。同时希望注意满足分布式数据准则，特别是数据字典和数据规则完整。

4. 用户特点

本系统的用户面向所有从事控压钻井设计、施工、管理及监测、科研的技术人员，以及需要井口密闭循环控压钻井技术信息的相关部门工种技术人员。

二、软件设计

EKM 控压钻井是一种重要的石油钻井技术，它能够有效地控制井下的压力，保障井下的安全和钻井效率。而 EKM 控压钻井管理系统则是支撑这一技术的重要工具，它需要具备一系列的设计原则、系统构架及数据管理方法来保证其稳定可靠的运行。

（一）设计原则

1. 安全可靠原则

精细控压钻井工程软件必须以安全可靠为首要原则，它需要能够准确地监测井下压力、温度和流体动态等参数，并能够及时做出反应，保障井下钻井作业的安全。

2. 灵活可扩展原则

软件设计需要考虑到不同的钻井工程需求，因此软件需要具备一定的灵活性和可扩展性，能够根据不同的需求进行定制和调整。

3. 高效稳定原则

软件需要具备高效的计算和稳定的运行能力，能够在复杂的井下环境中快速做出反应和处理。

4. 友好易用原则

软件界面的设计应该简洁明了，操作上应该方便易懂，用户能够快速上手使用。

（二）系统构架

EKM 控压钻井工程软件的系统构架需要包括数据采集层、数据处理层、控制决策层和用户界面层。

（1）数据采集层：这一层主要负责采集井下的各种数据，包括压力、流量、温度等参数。数据采集层需要具备高精度和高实时性，能够及时准确地采集到井下的各种数据。

（2）数据处理层：数据采集到后，需要经过数据处理层进行处理和分析，包括数据的清洗、校正、统计等工作，将原始数据转化为可用的信息。

（3）控制决策层：在数据处理层的基础上，控制决策层负责根据数据来做出相应的控制和决策，如调整钻井液的流量、调整井下设备的工作参数等。

（4）用户界面层：这一层是用户与软件交互的界面，需要设计友好易用的界面，方便用户对系统进行操作和监控。

（三）数据管理

数据管理是 EKM 控压钻井工程软件中非常重要的一环，它需要保证数据的完整性、一致性和可靠性。

（1）数据采集和存储：数据采集后需要及时进行存储，并且需要对数据进行备份和冗余处理，以避免数据丢失和损坏。

（2）数据清洗和校正：原始数据中可能存在噪声和错误，因此需要进行数据清洗和校正，确保数据的准确性和可靠性。

（3）数据权限管理：针对不同的用户和权限需求，需要对数据进行相应的权限管理，在确保数据安全的前提下，给予用户适当的数据访问权限。

（4）数据分析和展示：软件需要具备一定的数据分析和展示能力，能够对采集到的数据进行分析和展示，为用户提供可视化的数据信息。

综上所述，精细控压钻井工程软件的设计原则、系统构架及数据管理是其稳定可靠运行的关键，需要在安全可靠、灵活可扩展、高效稳定、友好易用的基础上进行设计和开发。同时，数据管理也是非常重要的一环，需要保证数据的完整性、一致性和可靠性。只有这些方面都做到位，精细控压钻井工程软件才能有效地支撑起精细控压钻井技术的高效运行。

三、EKM 控压钻井管理软件构成

EKM 控压钻井软件系统包括子系统：控压钻井数据采集系统、控压钻井系统、控压溢

流漏失预警系统。

（一）控压钻井数据采集系统

控压钻井数据采集监测控制终端是对采集数据进行存储、提取显示和对节流阀进行远程控制的三台工控机。控压数据采集系统将所测量采集参数信息按照预设周期存储至数据库中，可以供控压溢流漏失预警系统电脑和钻井控制系统实时调取。控压溢流漏失预警系统对各个参数进行监控分析监控，生成参数曲线图，历史数据曲线可查询和拷贝。钻井控制系统通过不同工况下参数进行监测、模拟分析、决策，在各种控制模式下进行控制节流阀动作控制，以达到压力要求和节流阀位开度要求，如图6-6所示。

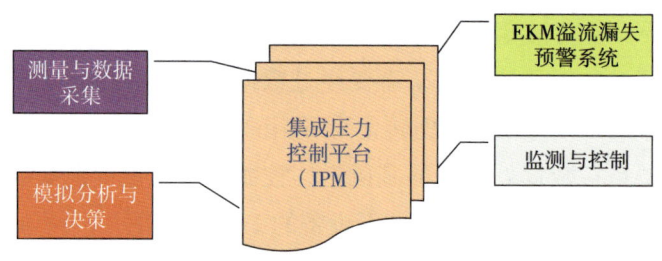

图 6-6　集成压力控制平台

控压钻井数据采集系统（图6-7）将所测量采集参数信息按照预设周期存储至数据库中，可以供控压溢流漏失预警系统电脑和智能钻井控制系统实时调取，可连接接收录井数据库，MWD数据库，通过井身结构（图6-8）、测斜数据的导入（图6-9）、钻具组合参数导入（图6-10）、钻井液性能参数导入（图6-11），建立动态井压力体系，实时水力模拟计算可以计算出钻头压耗、管内压耗、环空压耗、抽吸及激动压力、立管压力、水功率等数据。

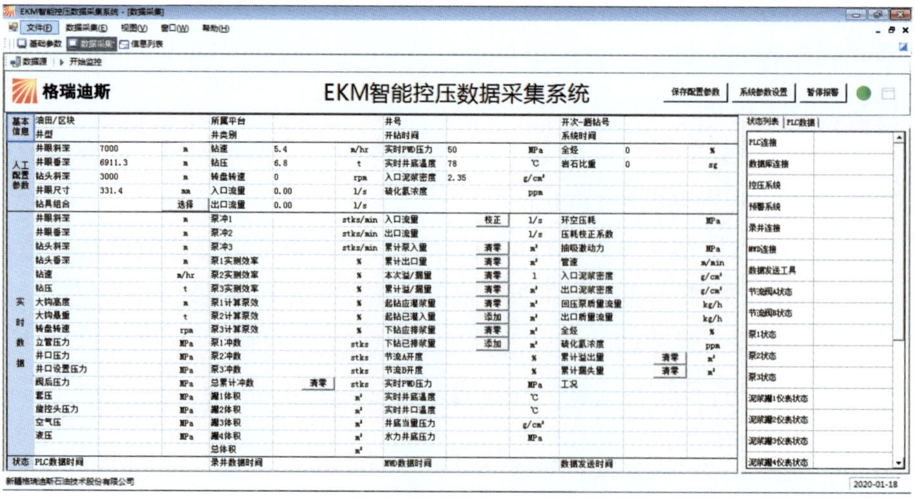

图 6-7　系统正常运行主界面

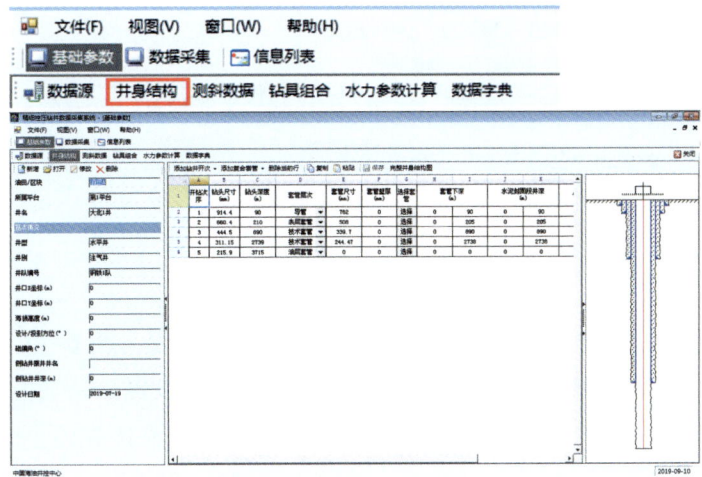

图 6-8 井身结构建立

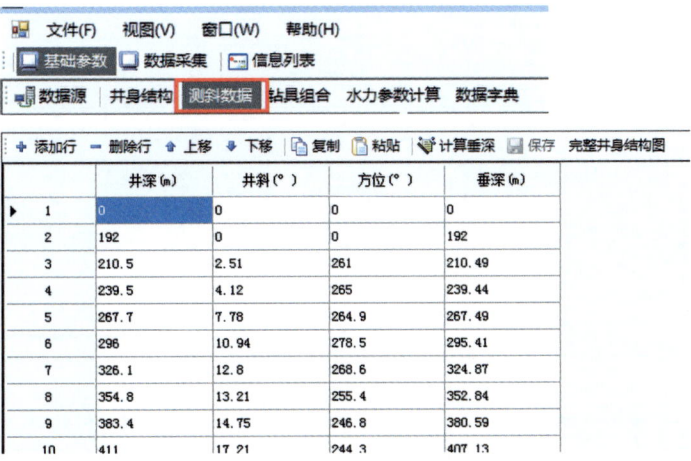

图 6-9 斜测数据动态导入

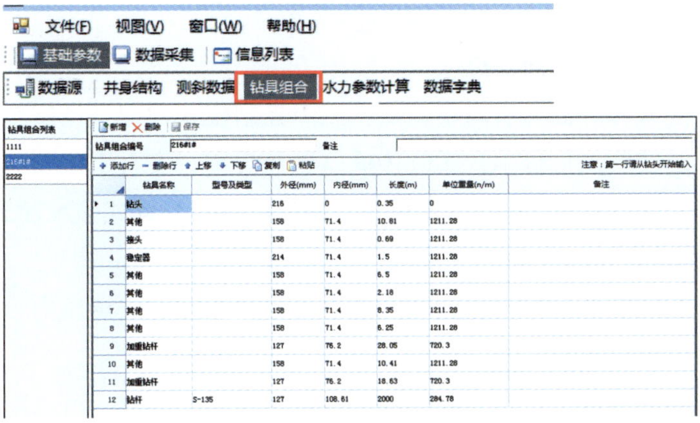

图 6-10 钻具组合参数导入

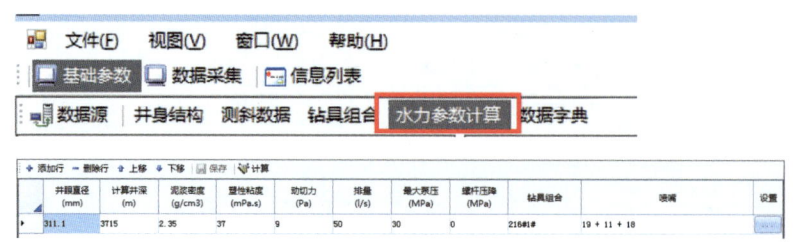

图 6-11 水力参数计算

系统设有报警功能,系统运行及通信异常时会自动报警(图 6-12),报警为声光报警及报警信息弹窗。历史报警信息可查询、导出。操作界面设置防错功能,系统程序运行前必须先点击开始井控后系统才能正式开始工作,关停系统前必须先停止监控。

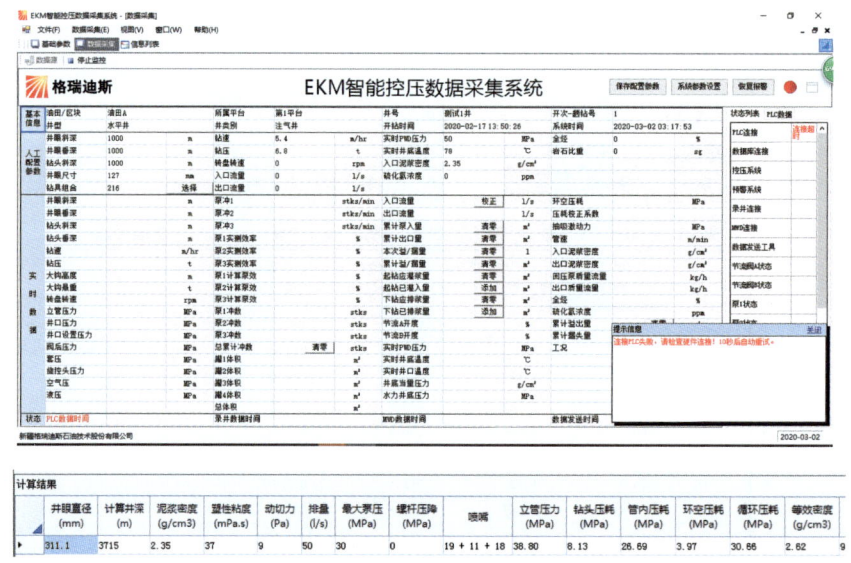

图 6-12 系统异常报警

(二)控制系统

1. HMI 人机交互操作界面特点

HMI 人机交互操作界面具有以下特点:压力控制模式操作方便安全;控制结果监测实时展现;实时工况监测图形显示;实时传输监测及报警;实时溢流漏失监测及报警;阀门开度及流道通路显示;节流阀操作简单快捷;节流阀阀位指针式显示便于观察。

2. 控压模式选择

系统具有完整的控压模式,包括井底压力、井口压力、定点压力、替入重浆帽、替出重浆帽、立压控制等模式。

钻井参数设置是根据工程师需求设置所需显示的相关参数,可以配置在页面上显示的布局方式、大小、列数、行高、显示的参数等,如图 6-13 所示。

第六章　EKM控压钻井管理系统

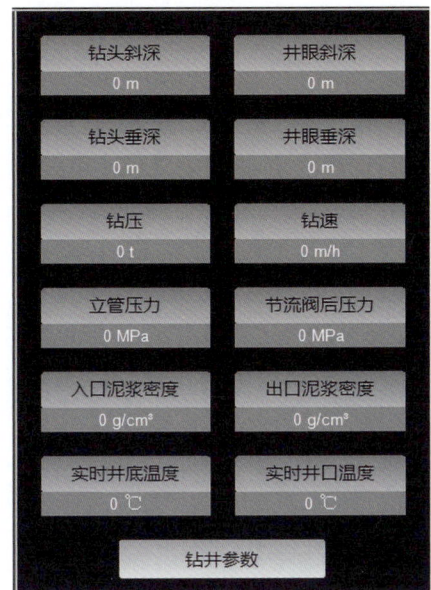
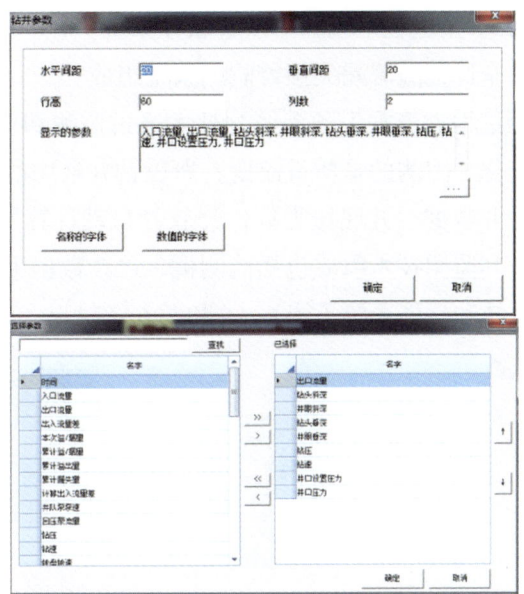

图 6-13　钻井参数设置界面

控压钻井控制系统的曲线图可根据需求添加相应参数曲线图,方便在控制作业时观察数据变化量和变化趋势,如图 6-14 所示。

节流阀控制:节流阀的不同控制模式选择和控制,节流阀开度控制和显示节流阀开度,开度范围 0～100,当开度为 0,说明阀处于关闭状态;当开度为 100,说明阀处于全开状态(图 6-15)。

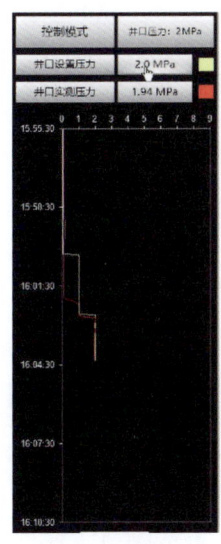
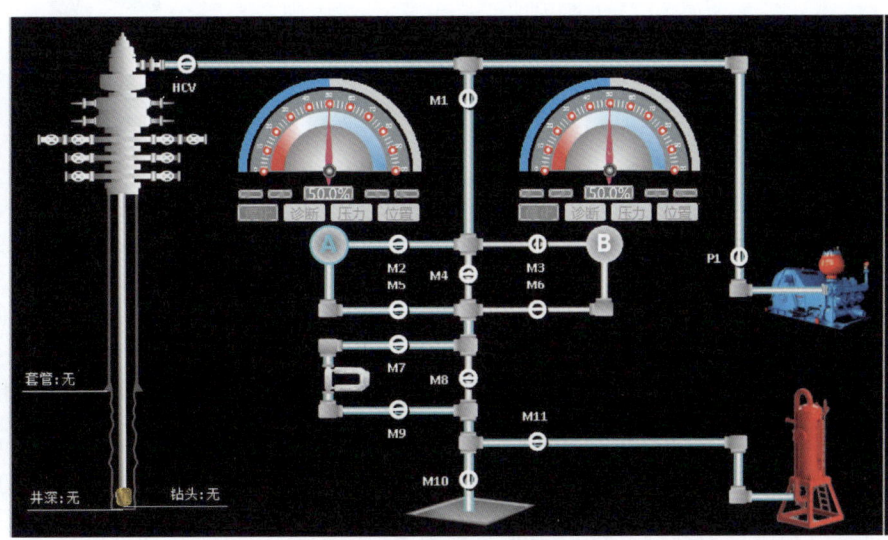

图 6-14　数据参数曲线图　　　　图 6-15　节流阀控制界面

— 149 —

(三)全过程溢流漏失预警软件系统

1. 全过程溢流漏失预警监测系统组成

全过程溢流漏失预警监测技术通过监测和对比不同工况(全过程)的出口与进口质量流量变化(因测的是质量流量,所以钻井液中的气泡不影响监测效果)、监测立压、出口压力、录井数据、井底压力等,经软件自动计算判别,实现及时发现溢流与漏失并分级进行报警。其监测技术组成包括监测橇、PLC数据采集系统、供电系统、报警系统、传输系统、显示系统和软件系统(图6-16和图6-17)。

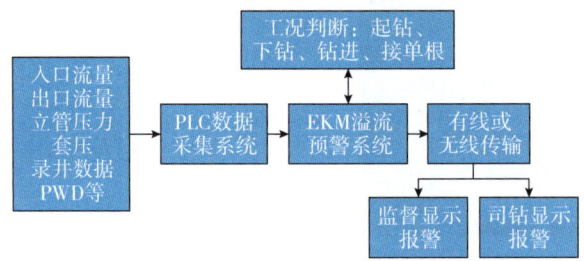

图6-16 溢流预警监测技术监测原理图

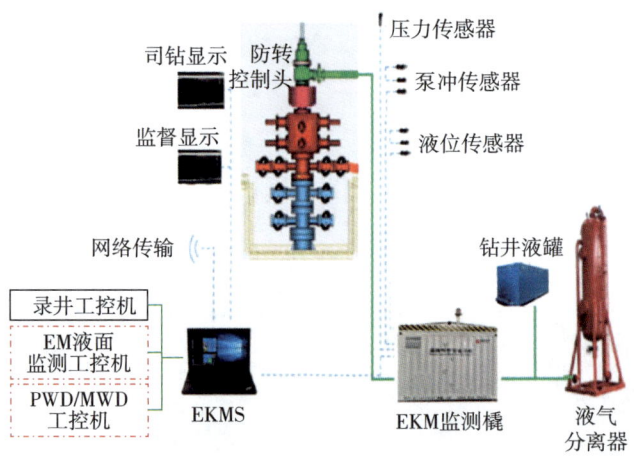

图6-17 现场设备布置示意图

(1)监测橇:集成管汇、设备(液面监测设备、PLC数据采集箱、质量流量计等)。控制橇集成管汇进口端接井筒出口流体,经质量流量计后,从出口端至钻井液罐或液气分离器。内置有PLC数据采集系统。

(2)PLC数据采集系统:其采集数据分为三类,一类是常用录井和传感器采集的参数;二类是质量流量计及出口压力;三类是对于一些特殊工况时,如井漏失返时采集井内液面深度数据,或对于压力敏感层位需用PWD采集井底压力数据。以上数据经PLC采集处理后,传给工控机软件,根据相应的判断准则,判断是否需要预警或报警。

(3)供电系统:本系统采用井场220V电源供电和36V蓄电池供电两种方式,确保监测过程整个系统不间断运行。蓄电池充一次电可连续工作300h以上。此外,在控制橇上部采用了防爆太阳能板对蓄电池进行充电。这样，在偏远地区或供电不确定时，本系统仍能持续有效工作。

（4）报警系统：安装在控制橇顶部，可拆卸便于运输。具有防爆功能，可远程操控实现分级声光报警。

（5）传输系统：采用无线或网络传输方式，实现控制橇与管理系统、监督房和司钻房显示及通信，同时实现多井远程监控与管理。

（6）显示系统：工控机通过连接 PLC、PWD/MWD 计算机、录井计算机采集数据。监测显示器用来显示监测数据与曲线、溢流/漏失图形、预警与报警。此外，司钻房显示器具有防爆功能。

（7）软件系统：实现功能主要包括基本数据录入与自动生成井身结构图；实时数据采集、计算、分析；根据采集的数据采用移动平均算法对溢流、漏失趋势进行判断并预警和报警。

2. 技术特点

全过程溢流漏失预警监测技术特点：

（1）根据钻井参数变化，对潜在溢流或漏失进行预警；实时对出、入口流量进行监测、计算、比对，及时发现全过程溢流与漏失并报警。

（2）不受罐面波动、气泡、倒灌和加料的影响。

（3）实时累计入口量、出口量和它们之间的差值，能够发现微小的溢流与漏失，精度可达 1L，系统能进行趋势分析。

（4）实现全过程多工况（钻进、循环、接单根、起下钻等）的实时监测。

（5）具有声光报警系统同时实现远程传输（中央监督中心和移动端监测）。

（6）实现智能化的溢流与漏失监测与报警。

3. 溢流漏失预警系统应用

全过程溢流漏失预警软件模块主要由数据采集模块、数据管理模块、模型建立模块、实时监测诊断模块组成，其中数据采集模块主要实现钻参仪实时数据的采集，如图 6-18 所示。数据管理模块包括井基本数据管理、训练结果数据管理和钻参仪实时数据管理。模型建立模块通过样本数据选择、特征提取、样本训练和训练结果存储建立溢流漏失诊断模型。实时监测诊断模块利用诊断模型实现正钻井溢流漏失的诊断以及结果显示更新。以进出口流量等参数变化趋势为研究对象，设计出集数据采集、数据管理、模型建立与实时诊断为一体的监测诊断系统软件，给相关领域的开发人员提供了一定的参考。

（1）钻进溢流漏失模型。

钻进时，系统自动进入钻进模式，参数异常提前预警，对发生的溢流漏失进行报警，如图 6-19 所示。

（2）循环溢流漏失模型。

循环时，系统自动进入循环模式，对发生的溢流漏失进行无滞后的报警，如图 6-20 所示。

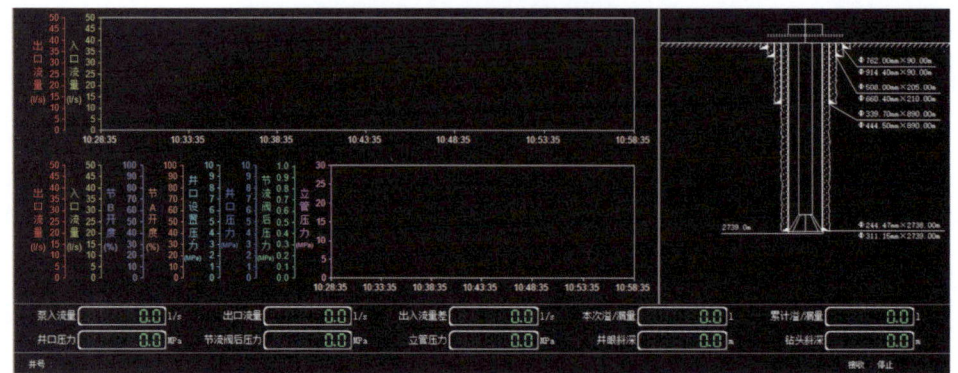

图 6-18　溢流预警系统实时监测界面

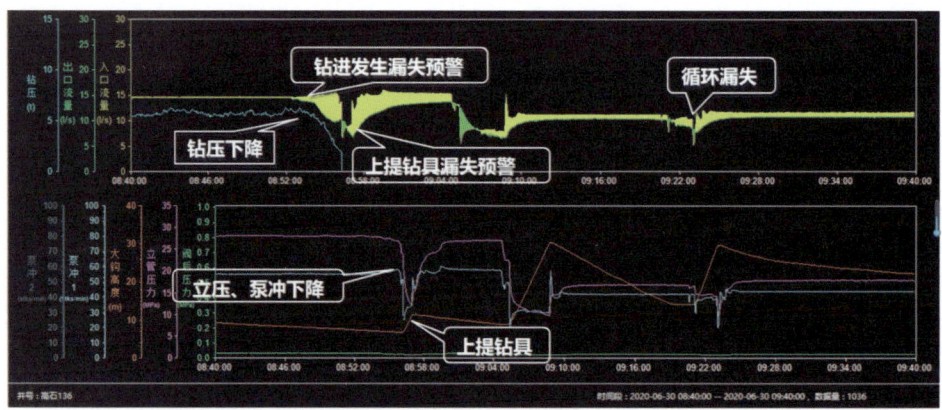

图 6-19　钻进溢流漏失模型

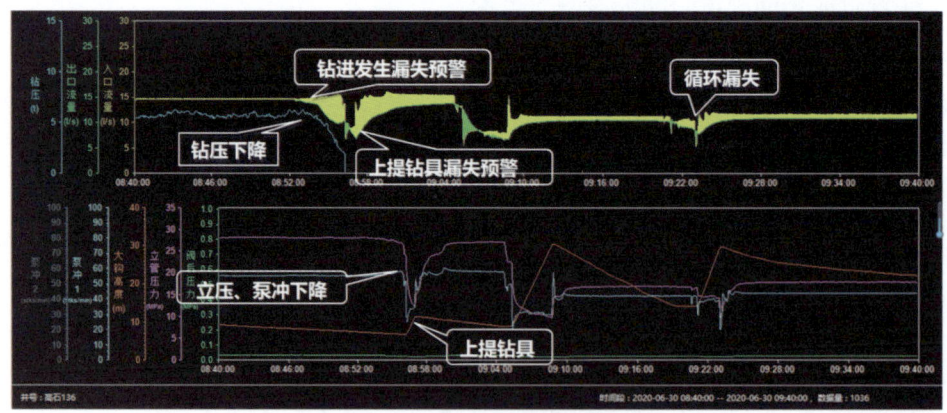

图 6-20　循环溢流漏失模型

(3) 开泵监测模型。

开泵时,系统自动进入开泵模式,计算出入钻井液量差值,结合立压变化进行趋势分析,判断溢流或漏失(图 6-21)。

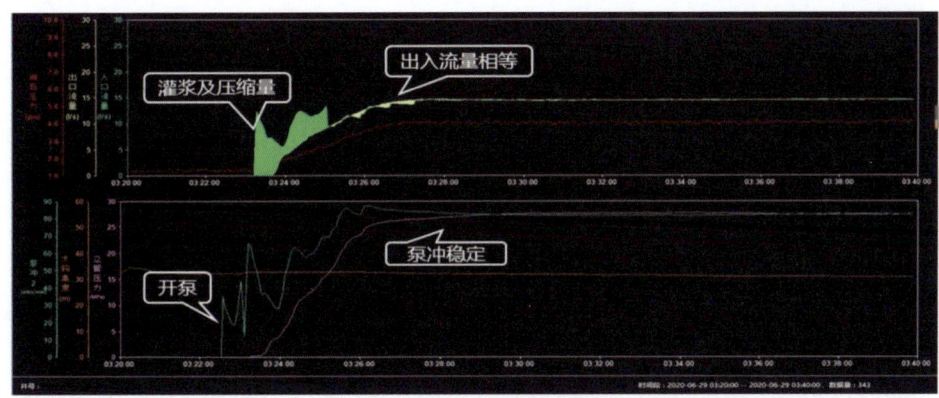

图 6-21　开泵监测模型

（4）停泵监测模型。

停泵时，系统进入停泵模式，计算出入钻井液量差值，结合立压变化进行趋势分析，判断溢流或漏失（图 6-22）。

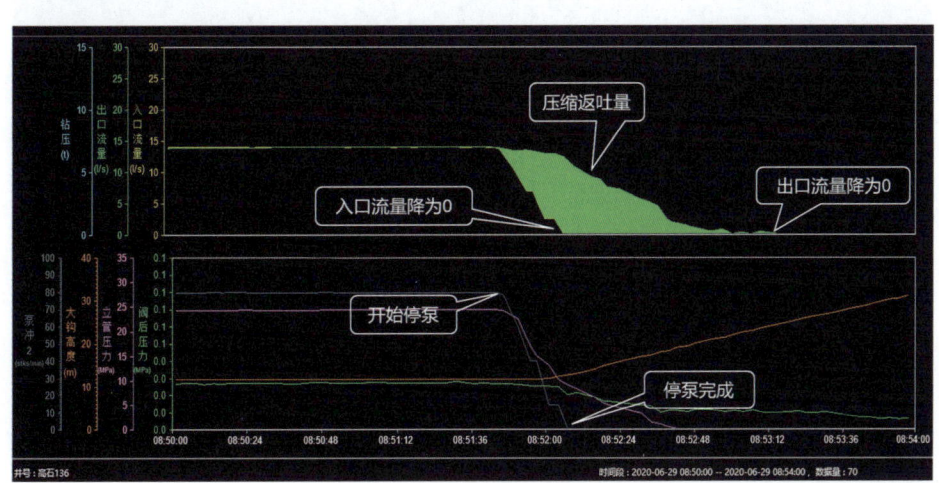

图 6-22　停泵监测模型

（5）单根峰、后效监测模型。

系统自动计算单根峰及后效迟到时间，结合钻井参数变化，趋势分析判断单根峰或后效（图 6-23）。

（6）起钻监测模型。

系统甄别起钻工况，自动计算应灌入量，与实际灌入量进行比对判断（图 6-24）。

（7）下钻监测模型。

系统进入下钻监测模式，自动计算下入钻具体积量，并与返出钻井液体积量进行实时比对分析，判断溢流或漏失（图 6-25）。

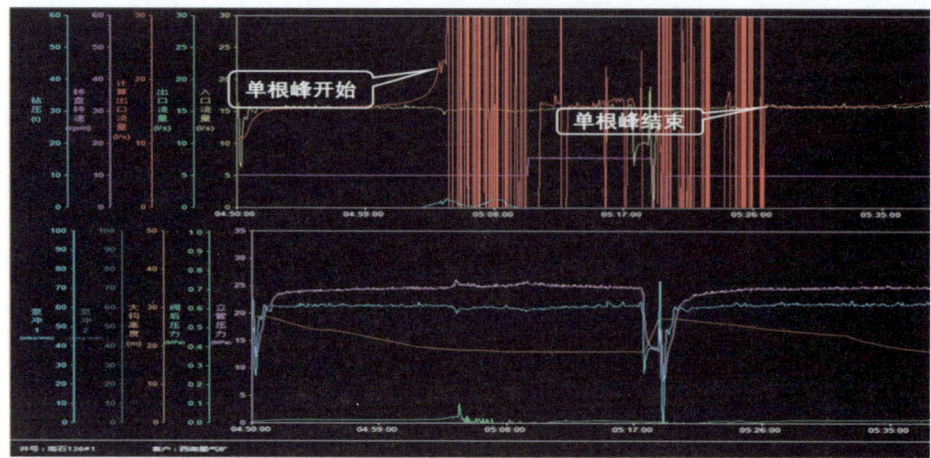

图 6-23　单根峰、后效监测模型

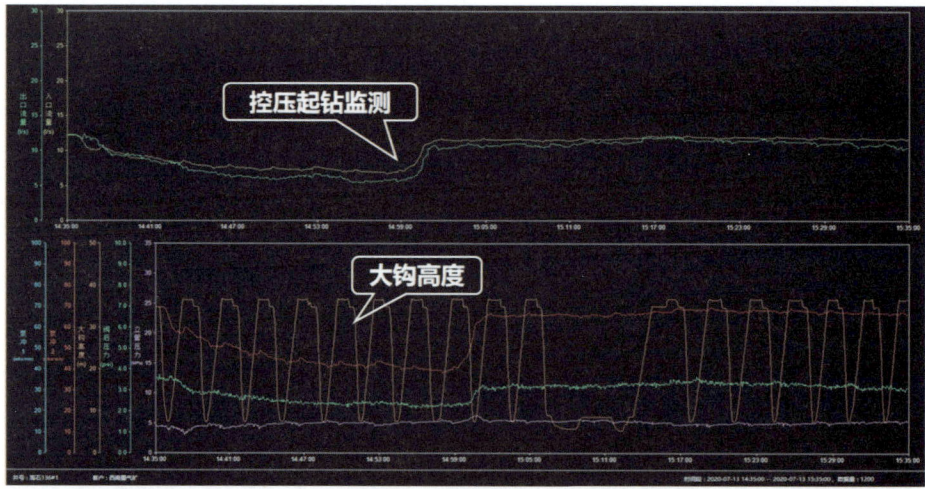

图 6-24　起钻监测模型

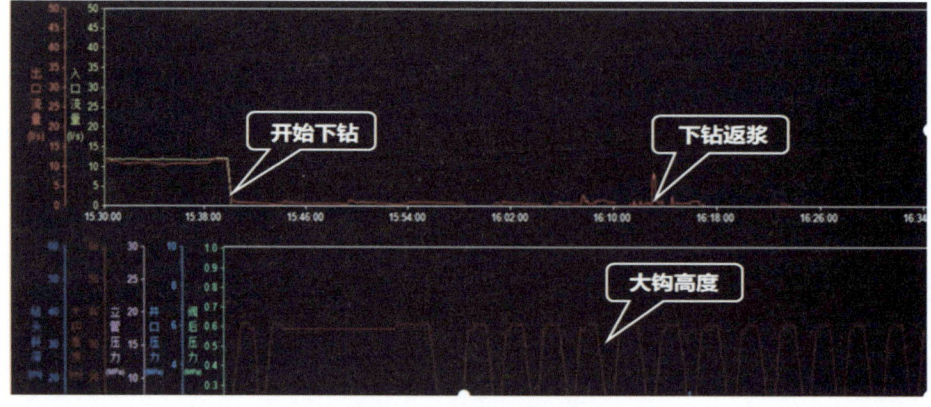

图 6-25　下钻监测模型

（四）主要实现功能示例

某井三开完钻，设计井深 5320m，在 4290.0～4455.0m 井段是一个明显高压层，为了压住高压层，同时又要防塌，该井钻井液密度至少在 1.92g/cm³ 以上，同时考虑地层漏失压力 2.08g/cm³，该井的钻井液密度窗口在 1.94～2.03g/cm³ 之间。地破试验求得套管鞋当量钻井液密度为 2.26g/cm³。利用 EKM 控压钻井技术实现了以下功能。

1. 动承压试验求取 ECD 保证井底压力安全窗口

控压钻井过程中，分别在 3897.1m，4884.7m，5126.4m，5320.0m 四个不同井深处进行动承压试验确定了井底安全压力，为后续的钻进参数调整及安全钻进创造条件。图 6-26 为井深 4884.7m 处的动承压试验曲线，排量 20.0L/s，钻井液密度 2.05g/cm³，计算的环空压耗 3.8MPa，控压值由 0.5MPa 上升到 7.0MPa，每 0.5MPa 一个台阶，分别循环稳压观察 5min，出口液面平稳，折合井底当量密度为 2.225g/cm³。

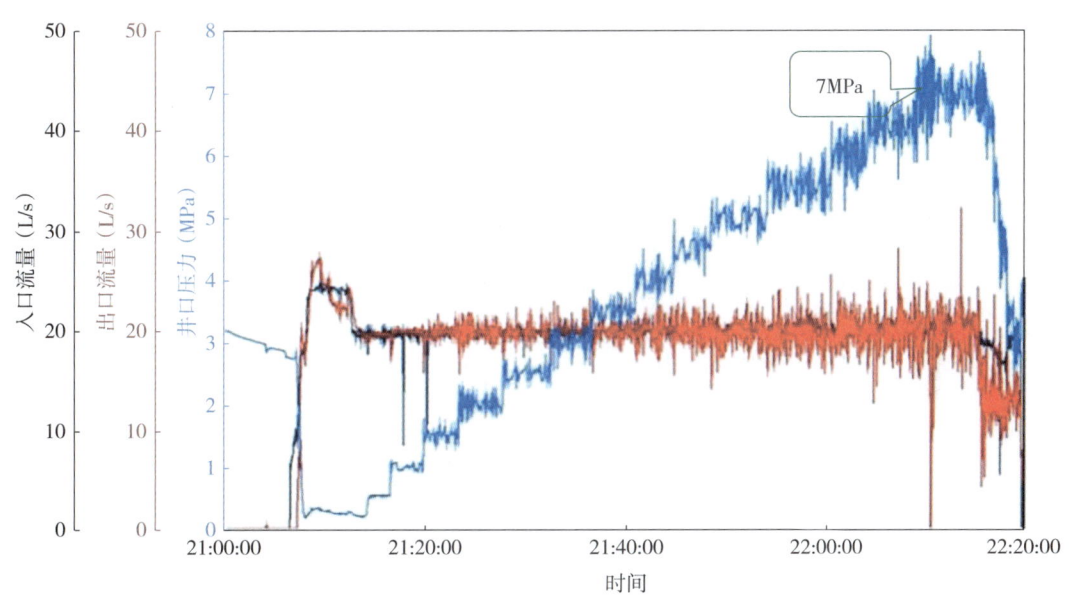

图 6-26　动承压试验求出井底 ECD

2. 自动井口回压控压循环排气消除后效

井深 4253.90m，井口回压 0.4MPa，井底压力 89.47MPa，钻井液密度 2.05g/cm³，油气显示活跃，计算油气上窜速度 77.75m/h。通过自动节流阀控制出口排量，传感器跟踪入口排量，确保出口排量和入口排量基本一致，此时入口流量 25.47～27.10L/s，出口流量 25.63～26.95L/s。同时中控系统控制井口回压循环排后效，20min 后恢复正常。循环排后效过程，如图 6-27 所示。

3. 漏失智能预警实现快速处理井漏复杂

井深 4313m 发现井漏，出口流量由 27.2L/s 下降到 21.0L/s，如图 6-28 所示，软件系统进行了预警和报警。循环测漏速，排量逐步由 28L/s 下降到 12L/s 后液面保持平稳，测得最

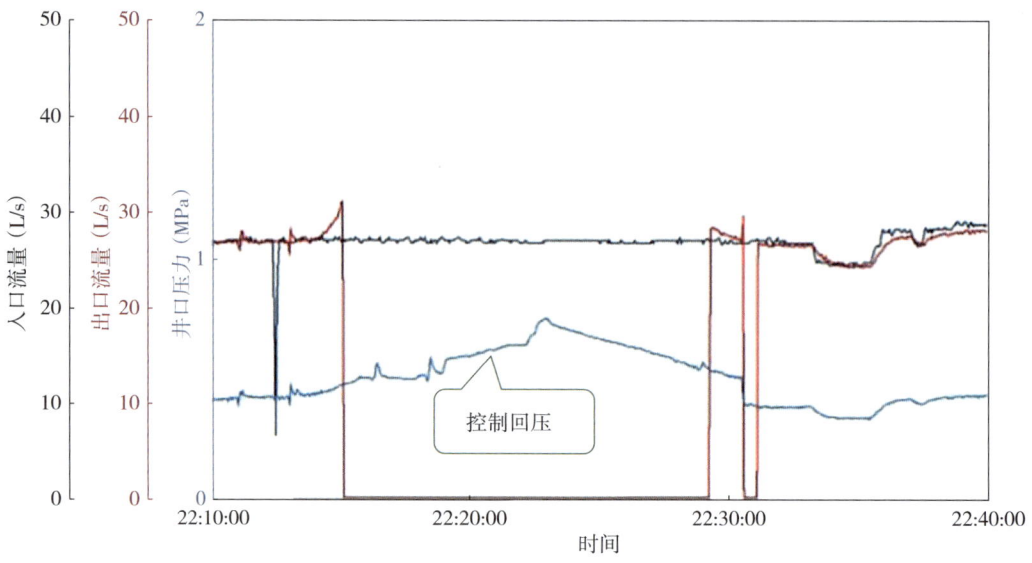

图 6-27 自动回压控制循环排后效

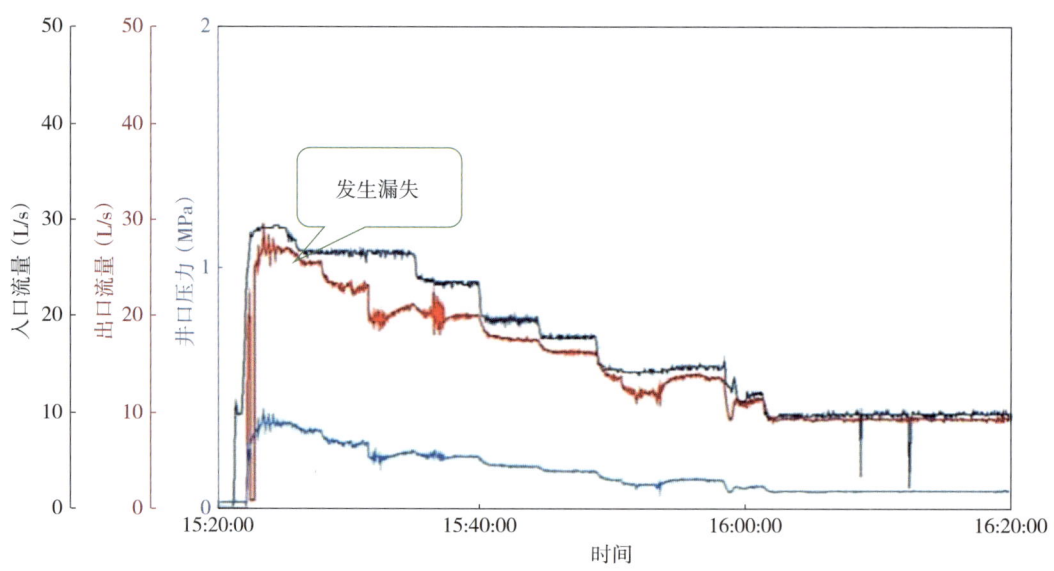

图 6-28 钻进中发生漏失预警

高漏速21.6m³/h，最低漏速3.2m³/h，平均漏速为6.6m³/h，漏失密度2.05g/cm³钻井液3.30m³。

泵入堵漏剂，循环堵漏，入口流量11.65～12.28L/s，出口流量11.51～12.51L/s。变排量循环测漏速，排量逐步由12.0L/s上升到28.0L/s，液面平稳。堵漏结束，整个过程历时6h。及时发现漏失并报警，最大程度地降低了漏失量，节约了时间。

4. 控压起下钻保持井底压力平稳

为保持井底压力平稳，该井三开井段的七趟钻均采取控压起下钻。图7-54为钻达完钻井深后控压起钻曲线截图。

起钻时入口流量 19.20～21.31L/s，出口流量 19.12～21.21L/s，实施控压起钻，控压起钻至井深 3748.90m，井口控压 3.5～4.0MPa，核对起钻灌浆量正常。后盖重浆帽，泵入密度 2.35g/cm³ 重浆 33m³，顶替井浆 21m³。常规起钻至 1810.80m，核对起钻灌浆量正常，07:00 取旋转控制头总成，安装防溢管，起钻完。

参考文献

[1] 孙万通，孟英峰，魏纳，等. 海洋钻井过程中的井筒温度敏感性研究 [J]. 天然气技术与经济，2016，10（4）：36-40，82.

[2] 谯世均，赵江源，岳龙，等. 集成橇装控压钻井系统及在 C909 井的应用 [J]. 钻采工艺，2029 年 9 月.

[3] 查磊. 塔中碳酸盐岩储层密闭循环钻井技术研究 [D]. 成都：西南石油大学，2011.

[4] QUTOB H H, CHOPTY J R, ARNONE M A, et al. Underbalanced coiled tubing drilling practices in horizontal short radius re-entry well applied in Hassi Messaoud – Algeria, case study [C]. SPE-106870-MS, 2007.

[5] ARNONE M A, BEN AMOR B, Ferhat A, et al. Successful application of underbalanced coiled-tubing drilling in horizontal short-radius re-entry well to enhance oil production in Hassi Messaoud Field, Algeria [C]. SPE-107305-MS, 2007.

[6] KHAMEES S, ALI M, MAREY A, et al. Fit for purpose underbalanced coil tubing surface equipment permits safe drilling of high H_2S horizontal gas wells in Saudi Arabia with higher productivity results [C]. SPE-168074-MS, 2013.

[7] 何世明. 井内液体温度的预测及分布规律研究 [D]. 成都：西南石油大学，1998.

[8] 唐林，冯文伟，王林. 井内及井壁瞬态温度的确定 [J]. 钻井液与完井液，1998，15（5）：29-33.

[9] 钟兵，方铎，施太和. 井内温度影响因素的敏感性分析 [J]. 天然气工业，2000，20（2）：57-60.

[10] 高学仕，张立新，潘迪超，等. 热采井筒瞬态温度场的数值模拟分析 [J]. 石油大学学报（自然科学版），2001，25（2）：67-69.

[11] 卢德唐，曾亿山，郭永存. 多层地层中的井筒及地层温度解析解 [J]. 水动力学研究与进展（A 辑），2002（3）：382-390.

[12] 王博. 深水钻井环境下的井筒温度压力计算方法研究 [D]. 北京：中国石油大学（北京），2007.

[13] 杨谋. 控温钻井基础理论研究 [D]. 成都：西南石油大学，2012.

[14] 杨谋，孟英峰，李皋，等. 基于比例积分控制原理预测钻井全过程原始地层温度的新方法

研究 [J]. 物理学报，2013，62（17）：1-10.

[15] 窦亮彬，李根生，沈忠厚，等. 注 CO_2 井筒温度压力预测模型及影响因素研究 [J]. 石油钻探技术，2013，41（1）：76-81.

[16] 杨谋，孟英峰，李皋，等. 钻井液径向温度梯度与轴向导热对井筒温度分布影响 [J]. 物理学报，2013，62（7）：537-546.

[17] YANG M, MENG Y, Li G, et al. Estimation of wellbore and formation temperatures during the drilling process under lost circulation conditions[J]. Mathematical Problems in Engineering, 2013 (8): 1943-1997.

[18] MAO L, LIU Q, ZHOU S, et al. Deep water drilling riser mechanical behavior analysis considering actual riser string configuration[J]. Journal of Natural Gas Science & Engineering, 2016, 33: 240-254.

[19] 王志清. 耦合钻井液温度特性的地热井井筒温度的数值模拟与分析 [D]. 北京：中国地质大学（北京），2017.

[20] GAO Y, CUI Y, XU B, et al. Two phase flow heat transfer analysis at different flow patterns in the wellbore[J]. Applied Thermal Engineering, 2017, 117: 544-552.

[21] 赵琥，刘文成，赵丹汇，等. 深水钻井作业井下循环温度场预测 [J]. 中国海上油气，2017，29（3）：78-84.

[22] 李梦博，许亮斌，罗洪斌，等. 深水高温钻井井筒循环温度分布与控制方法研究 [J]. 中国海上油气，2018，30（4）：158-162.

[23] 王江帅，李军，柳贡慧，等. 循环钻进过程中井筒温度场新模型 [J]. 断块油气田，2018，25（2）：240-243.

第七章 海洋精细控压钻井工程设计

目前我国海洋控压钻井仍主要是在干式井口的自升式平台，以控制回压从而控制井底压力模式为主，本章主要介绍自升式平台上的海洋控压钻井工程设计。

第一节 海洋精细控压钻井工程依据及内容

一、设计依据

（一）钻井工程设计

1. 井身结构

包括作业开次、井眼尺寸、套管结构等，是模拟环空压耗的依据。

2. 井眼轨迹

包括直井/定向井/水平井的井眼轨迹，确定设计中压力特殊点（如套管鞋、井底、预测压力薄弱层、预测异常高压层等）的对应深度（斜深和垂深），作为水力参数模拟中推荐钻井液密度的依据。

3. 钻具组合

包括入井所有钻具的内外径、段长以及钻杆扣型，作为模拟环空压耗、确定使用旋转控制头胶芯尺寸、配置旋转控制头取送工具变扣型号的依据。

4. 钻井液性能

包括钻井液体系（油/水基）、密度、黏度、动切、流速等，是模拟环空压耗、确定使用旋转控制头胶芯类型的依据。

5. 钻井水力参数

包括施工排量、钻井水力参数模拟等，是模拟环空压耗的依据。

6. 固井设计

包括固井参数、浆柱设计等，是控压固井设计的依据。

（二）地质设计

1. 地层各压力预测

包括地层孔隙压力、坍塌压力、漏失压力和破裂压力，是确定安全密度窗口和推荐钻井液密度的依据。

2. 控压钻井施工井段地质分层及特性

包括地层流体性质、岩性、发育情况，如有无断层、裂缝溶洞、异常高压，是评估井控风险、制定相应井控预案的依据。

（三）井控设计

1. 井口装置型号

包括井口装置通径和压力级别，是旋转控制头设备选型的依据。

2. 井口装置高度

包括作业开次井口装置高度和防喷器上部到转盘下部的空间高度，是确定是否满足旋转控制头设备安装需求和防溢管配置长度的依据。

3. 井控要求

包括装备通径和压力级别、通道参数（防爆、耐火、耐硫、耐高温等）、应急处理要求等，是控压设备选型和编制应急预案的依据。

（四）邻井钻完井和测试资料

1. 邻井钻完井情况

包括邻井钻完井过程中的工程参数（钻井液密度、施工排量、立管压力等）、油气水显示情况、钻遇复杂描述分析和处理情况等，作为控压钻井液密度推荐和压力控制的参考。

2. 邻井测试情况

即邻井测试的实际地层压力，对确定控压钻井液密度和目标井底当量密度有参考意义。

3. 邻井有毒有害气体情况

邻井地层硫化氢、二氧化碳等有害气体含量与层位，对钻井液性能调整和井底当量密度的控制有参考意义。

二、设计内容

（一）基础数据

本部分内容取自钻井工程设计、地质设计、井控设计和邻井实钻资料，是控压钻井设计的依据和参考。

1. 基础信息

作业井的地理位置、构造、井别、井型、施工平台、设计井深/垂深、目的层位、完钻层位、完钻原则等。

2. 井身结构

作业井的套管结构（内外径及下深）、水泥返高以及井眼尺寸。

3. 井眼轨迹

作业井的定向井轨迹设计，确定关键点垂深和戴重浆帽的位置。

4. 井筒压力系统

作业井段压力系统预测，包括地层孔隙压力、坍塌压力、漏失压力和破裂压力，明确作业窗口。

5. 地质风险提示

特殊岩性分析、油气比预测、有毒有害气体预测、温压预测、断层预测、邻井实钻复杂情况分析等。

6. 钻井液设计

钻井液相关性能参数，如类型、密度、漏斗黏度、塑性黏度、流速、动切、pH值、含砂等。

7. 钻具组合要求

钻具组合表（取自钻井工程设计）及控压钻井要求：

（1）钻具下部使用内防喷工具，在停止循环后能够密封，确保在接立柱、停止循环、带压起下钻过程中控压作业的实施。平台至少备用3只检验合格的内防喷工具，每次起钻完检查，确保其在下次入井时工作可靠有效。

（2）所有钻杆要求采用18°斜坡钻杆。钻具达到一级标准，钻杆接头无伤痕，钻杆外表光滑、无应力槽、内部没有覆盖物，使用前全部经过探伤、通径。

（二）控压钻井思路及实施目的

海洋各大油气田的勘探开发进入了快车道，同时勘探开发工作也正在逐渐地向地质情况更为复杂、纵向更深的区域转移。由于地质条件复杂，浅层气、井漏、井壁不稳定、压力系统不单一等多种类复杂情况时常发生，因安全密度窗口窄造成井漏、溢流、溢漏同层等复杂情况，多压力系统情况下极易出现又漏又溢的情况，常规钻井很难找到合适的压力平衡点，导致部分井在没有到达设计完钻井深就提前完钻，钻至完钻井深的钻井周期太长，整体成本大幅增加，给钻井施工带来了极大的困难。控压钻井是有效解决这些困难的方法之一。

1. 控压钻井技术思路

（1）钻进过程中严密监测出口流量变化，寻找安全密度窗口，调整控压值或钻井液密度，保持井底压力略大于地层压力。

（2）钻进过程中发现溢流，立即关井，求取准确的地层压力，结合井下承压能力情况，通过释放地层压力或者提高钻井液密度的方式，继续控压钻进。

（3）接立柱、检修设备等需停泵的工况，停泵时应井口补偿回压。

（4）控压钻进作业中防止井漏，出现井漏后需保证井底压力当量，避免由漏转喷。

（5）井队储备足量钻井液，一旦发生漏喷转换，及时组织压井。

2. 控压钻井实施目的

（1）精密监测返出流量，通过溢流漏失预警系统及时发现溢流或漏失，迅速控制井口，降低井控风险，减少关井和压井的复杂情况。

（2）降低井底压力波动，减少溢流和井漏复杂情况，提高钻进能力，实现单井高产的目的。

（3）解决窄压力窗口钻井易喷易漏的问题，提高钻井效率。

（4）平衡或者微过平衡钻井，有效降低黏附卡钻概率。

（5）及时调整井底压力，有效稳固井壁，防止坍塌。

（6）通过控压起钻补偿起钻抽吸造成的井底压力损失，降低起钻溢流风险，保障井控安全。

（7）窄压力窗口地层采用控压起钻至中上部直井段戴重浆帽的方式，保持井下微过平衡。

（三）控压钻井参数设计

1. 水力模拟基本数据

水力模拟基本数据见表7-1。

表7-1　XX井XX井眼水力模拟数据表

项目	内容/数据
XX套管下深	
XX井眼长度	
设计完钻（中完）井深	
预测井段最大地层孔隙/坍塌压力系数	
预测井段最小地层漏失/破裂压力系数	
钻柱组合	
钻头尺寸	
钻井液类型	
排量	
ROP	

2. 水力参数模拟

通过井身结构、钻具结构、钻井液性能、施工排量等基础数据，使用水力模拟软件进行模拟计算，生成不同钻井液密度、不同排量下各关注点的环空压力和当量密度。

3. 控压钻井液密度推荐

根据水力参数模拟情况推荐适当的控压钻井液密度，保证开停泵控制井底压力当量至目标当量，所需的井口回压值在控压设备能力范围内，开泵环空压耗附加井底当量密度后的总值低于漏失/破裂压力，实现井底当量密度在地层安全窗口内。

4. 控压钻井参数分析

根据水力参数模拟确定控压钻井液密度值，根据此密度计算施工井段各个关注点的压力控制情况，如套管鞋、完钻（中完）深度、薄弱层、高压层等，通过施加适当的井口回压保证各个关注点环空压力均在安全窗口内。

（四）控压钻井设备和工具配置

控压钻井主要设备见表7-2。

表7-2 控压钻井主要设备配置表

设备名称	规格型号	主要参数	数量
节流控制橇	3500×2250×2845mm	设备耐压级别5000psi，压力控制精度±10psi	1套
正压控制房	4000×2590×2750mm	正压防爆，配置数据采集和控制系统	1间
高压管汇			1套
低压管汇			1套
2in管汇			1套
旋转控制头壳体	上法兰21$\frac{1}{4}$in，2000psi，下法兰18$\frac{3}{4}$in，10000psi（5000psi）	通径18$\frac{3}{4}$in，额定压力5000psi	1套
旋转控制头总成	通径230mm	压力级别2500psi，适应钻具尺寸：2$\frac{7}{8}$～5$\frac{7}{8}$in	2个
旋转控制头总成取送工具			2个
防溢管内筒	下法兰21$\frac{1}{4}$in，2000psi		1个
旋转控制头液压控制柜		运行压力1500psi，最大工作压力3000psi	1套
旋转控制头胶芯			按需

1. 旋转控制头

HRCD旋转控制头设备是一种被动式井口环空密封系统，通过密封井口钻具与井筒环空，同时将返出的流体安全导流到精细控压节流橇管汇内，从而实现安全有效的精细控压钻井作业。其上部通过法兰连接控压防溢管内筒，内筒上部插入平台防溢管外筒实现密封连接。HRCD轴承总成由专用钻杆取送工具通过钻台转盘和防溢管下方安装到壳体内，用壳体液压锁紧系统将其远程锁定到壳体总成中，用以抱紧钻具、密封环空，且钻具可以旋转、上下拉划，可以实现带压钻进和带压起下钻。防溢管只需安装一次，作业期间拆装旋转控制头总成均直接在防溢管内部进行，保证密封无泄漏，满足环保要求，提高作业时效。

HRCD由壳体总成、轴承总成、液压控制柜及辅助设备组成，HRCD壳体总成安装在环形防喷器的上部，壳体总成具有2个主返出口和2个辅助出口，主要用于在精细控压钻井作业期间切换返出流体通道。其井口装置示意图如图7-1所示。

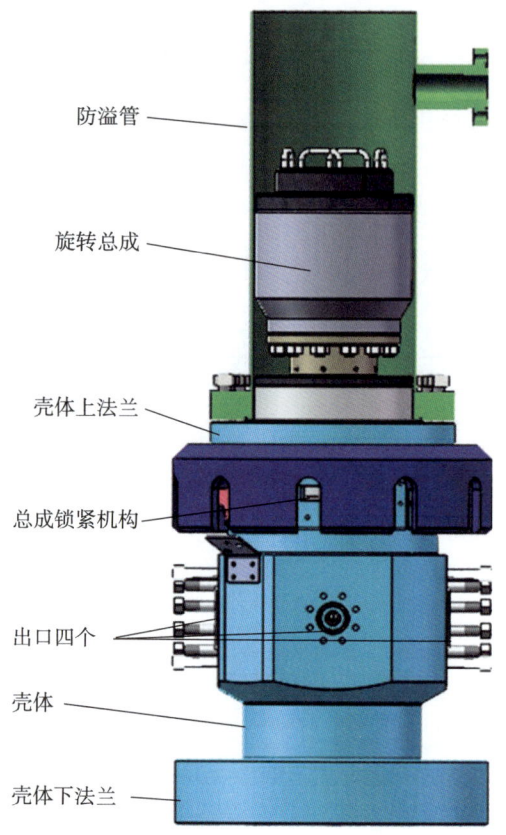

图 7-1 旋转控制头井口装置示意图

2. 节流控制橇

节流控制橇高压端连接井口旋转控制头壳体出口法兰和回压泵，低压端连接井队高架槽和液气分离器，可通过液压系统驱动节流阀动作，是实现自动节流、施加井口回压的功能终端，并配备高精度质量流量计，实时监测液体返出流量。

3. 正压控制房

正压控制房是控压作业人员坐岗操作控制地点，有正压防爆功能，内配置数据采集和控制系统，包括数据采集电脑、图形显示电脑、自动控制电脑等，用以采集、存储、显示各项钻井参数（井口压力、立压、泵冲、出口流量等）并对节流阀实施自动控制。

（五）控压钻井设备安装方案

1. 控压钻井设备现场布局

控压钻井设备中，三件主体设备需要在平台甲板固定摆放，分别是节流控制橇、正压控制房和旋转控制头液压控制柜。摆放原则：节流控制橇和旋转控制头液压控制柜在近井口方向，正压控制房在节流控制橇附近。

根据控压钻井作业平台的性质、结构和日常物料摆放场地占用情况，结合近五年的海洋控压钻井现场经验，控压钻井设备的现场布局有以下几种。

（1）自升式钻井平台：摆放在管子甲板船尾端左/右舷，以不占用船艏端预留摆放钻具/套管位置为宜。

（2）半潜式钻井平台：摆放在主甲板船艏近井口端，以不占用预留摆放钻具/套管位置为宜。

（3）模块钻机平台：根据钻机结构不同，可放于管子甲板，也可放于主甲板，以不影响井架平移、不阻挡槽口位置、近井口为宜。

2.控压钻井设备安装

（1）井口设备安装。

将旋转控制头壳体在空井状态从转盘面下放至环形防喷器上部进行连接，将控压防溢管内筒与壳体上部连接，其上连接平台防溢管外筒。

（2）控压管线连接。

①控压主返出管线由旋转控制头出水口连接高压软管至节流控制橇高压端。

②控制橇下游出口低压管线分两条，一条连接至高架槽，另一条连接到井队的阻流管汇，通往液气分离器。

③从平台固井管汇连接高压软管至节流控制橇高压端，以固井泵或平台钻井泵作为回压泵。

④从平台计量泵连接灌浆管线至旋转控制头壳体侧端灌浆口。

（3）设备内部接线。

连接节流控制橇电源线（正压房至节流控制橇）、PLC电源线（正压房至节流控制橇）、PLC网线（正压房至节流控制橇）、正压风机电源线（正压房至正压风机）、正压风机传感器线（正压房至正压风机）、旋转控制头液控管线（液压控制柜至旋转控制头壳体）。

（4）设备外部接线。

①节流控制橇、正压控制房和正压风机接地线。

②连接设备主电源（正压房至平台配电箱）。

③连接设备气源管线：旋转控制头液压控制柜和节流控制橇。

④连接数据传输网线至录井/定向井。

⑤连接电话线。

3.控压钻井设备调试

（1）旋转控制头调试。

打开旋转控制头液压控制柜供给气源，在气源压力和液压系统压力正常后，操作液控柜手柄对旋转控制头壳体液缸进行开关，观察液压锁块锁销动作情况。

（2）控压系统调试。

打开控压钻井数据采集、自动控制和溢流漏失预警监测系统，测试软件运行、数据库存储、自动节流阀动作是否正常。

（3）正压防爆系统调试。

打开正压房正压防爆模式，调试正压系统和报警系统。

4. 控压钻井设备试压

（1）试压原则。

①遵循《精细控压钻井设计》标准程序进行试压作业；

②所有的阀门都将按照从外到内的顺序进行试压；

③每次试压结束后要进行泄压，使阀门在正确的开关状态；

④开始试压操作前井队所有人员及控压服务人员举行安全会议；

⑤控压装备的试压介质使用满足甲方试压要求的介质；

⑥任何打开/关闭阀门或者防喷器等操作都要和控压工程师提前沟通（旋转控制头损坏、需要马上控制环空时例外）；

⑦试压合格后，由试压单位人员出具试压曲线图和试压报告。

（2）试压注意事项。

①试压前要召开安全会议，进行工作安全分析，开具作业许可，所有参与作业人员熟知流程、风险点和预防措施；

②试压区域要用警戒带隔离开，无关人员禁止靠近和停留；

③试压前保证各个连接部位都已紧固；

④确保被测试阀门都处于关闭位置，其他阀门打开；

⑤按照试压程序确定的顺序测试阀门，现场有关试压人员通过对讲机接收来自控压工程师的指令；

⑥试压时使用甲方许可的压力测试泵；

⑦记录压力测试数据和图形，按照时、分、秒格式记录，每一项试压要保存曲线图；

⑧每一项试压完毕后，控压钻井设备各处的压力都要泄掉，泄压时保证无人员正对泄压管线，保障人员安全；

⑨如果试压过程中无法稳压到预定时间，必须要先卸压，再去紧固连接处或关紧阀门等操作；

⑩控压工程师和甲方钻井监督负责监督和证明所有测试压力的合格性；

⑪试压完毕后要卸压，确保管线和阀门无圈闭压力，各阀门恢复到待命状态。

（3）旋转控制头壳体静密封和控压管汇试压。

①钻柱接旋转控制头试压塞，试压塞上部安装拷克，关闭拷克，接顶驱；

②下放钻具，使旋转控制头试压塞坐入旋转控制头壳体到位；

③关闭液压卡箍；

④确认控压地面管汇流程为通路，开固井泵通水，返出后停泵；

⑤关闭需测试的阀门；
⑥固井泵开泵逐级试压，稳压；
⑦试压合格，固井泵卸压，倒控压流程至待命工况；
⑧打开液压卡箍，提出并拆甩试压塞。

（4）旋转控制头总成动密封试压。
①总成立柱接顶驱，下放使旋转控制头总成坐入壳体到位；
②关闭液压卡箍；
③确认控压地面管汇流程为通路，开钻井泵通水，返出后停泵；
④关闭控制橇两个自动节流阀后端平板阀、高压直通平板阀和一个自动节流阀；
⑤钻井泵开泵试压，到目标压力观察压力稳定后开转速，稳压；
⑥打开关闭节流阀后端平板阀，缓慢打开节流阀卸压；
⑦恢复控压地面流程为待命工况，进行下步作业。

（六）控压钻井操作程序

1. 钻水泥塞操作程序

（1）钻水泥塞和套管附件期间走节流控制橇的直通通道（不走节流阀和质量流量计），防止节流阀和流量计堵塞。

（2）钻水泥塞结束，走节流阀控压，走质量流量计监测返出流量，要防止钻塞的胶皮、水泥块堵塞节流阀，造成井口憋压，憋漏新地层。

（3）如果循环结束仍有掉块、胶皮堵塞节流阀，控压钻井工程师启用备用通道；如在清理节流阀期间，备用通道堵塞，则需要井队停泵，待清理完毕后，通知钻台恢复正常钻进。

2. 控压钻进操作程序

（1）使用低密度钻井液，通过开泵环空压耗、停泵施加井口压力附加井底当量密度，保证井底当量在压力窗口内，略高于地层压力。

（2）坐岗监测返出流量和井口压力，及时发现异常并汇报处理。

（3）钻进时通过调整施工排量或井口压力值保持稳定的井底 ECD。

3. 控压接立柱操作程序

（1）钻完立柱前司钻通知控压作业人员准备接立柱。

（2）控压人员通知回压泵操作人员开回压泵；待回压泵运转稳定后，回压泵人员告知控压人员。

（3）上提下放钻具划眼，然后坐卡，司钻通知控压，要求停钻井泵接立柱，得到确认后，再按控压工程师的要求逐渐降低泵速，平稳停钻井泵，同时控压工程师设置停泵井口压力。

（4）立管泄压，确认立压为零，开始接立柱作业。

（5）接立柱作业结束后，通知控压需要开钻井泵，得到确认后，按控压工程师要求开泵，逐渐提高泵速至正常钻进泵冲，同时控压工程师调节节流阀全开，撤销井口压力。

（6）正常钻进后，确认无须再次停钻井泵后方可停回压泵。

4. 起钻操作程序

（1）全井提钻井液密度。

①需要起钻时，通知控压工程师，开始循环做好起钻准备。

②确定起钻作业需要保持的井底压力当量密度，确定压井液密度和施工排量，确保全井替浆过程井底压力小于地层破裂压力。

③循环替全井钻井液密度为预定值，可以在地面罐配好压井液一次替入，或边循环边加重提高井筒钻井液密度。

④连续测量返出钻井液密度为预定值后，停泵静止观察，检查出口是否正常。

⑤短起下测油气上窜速度，满足要求后起钻。

⑥起钻期间环空连续灌浆，每3柱核对一次灌浆量。

⑦起钻完空井时，建议关闭全封闸板或者专人看守井口。

如果压力窗口窄，起钻前钻井液密度只略高于地层压力，可以采用开回压泵连续灌浆控压起钻，补偿起钻抽吸降低的井底压力，执行以下程序：

①处理好钻井液性能准备停泵前，倒好回压泵到控压管汇的流程，开启回压泵，按照控压工程师的要求提至所需排量。

②通知司钻缓慢停泵，同时设置起钻所需的井口压力，待压力稳定后，通知司钻起钻。

③控压起钻期间根据井口压力稳定程度调整起钻速度（因起钻过程中部分流量要用以灌浆导致返出流量降低，故经过节流控制橇的钻井液流量不稳定，压力会有波动）。

④控压起钻期间控压人员监测好返出流量变化，录井监测好灌浆量。

（2）控压起钻戴重浆帽。

①需要起钻时，通知控压工程师，开始循环做好起钻准备。

②控压工程师与钻井监督、井队工程师、钻井液工程师等确定起钻时的井底附加压力，并根据井底附加压力确定重浆帽密度、体积及重浆帽深度，出具起钻作业指令，由相关方负责人签字然后下发施工单位。

③循环时保持排量不变，中途不停泵，防止井底压力波动、地层流体侵入井筒、起钻时造成气体上行膨胀溢流。待录井捞完砂样，出入口钻井液密度差不大于 $0.01g/cm^3$，客户、井队、控压等多方确认可以起钻后，方可起钻。

④按接立柱操作程序，启动回压泵、停钻井泵。

⑤停钻井泵后必须确认立压为零，卸顶驱，控压起钻，控压起钻控制速度以减小抽吸。

⑥控压起钻至打稀浆深度，每3柱核对一次灌浆量，打入稀浆液（密度与钻井液相同，黏度120s以上），顶替到位。

⑦继续控压起钻至打重浆帽深度，每3柱核对一次灌浆量，替入重浆帽，每泵入 $2m^3$ 核对一次泵入量与返出量。待重浆帽返出，连续测量出口钻井液密度差不大于 $0.01g/cm^3$ 后，控压工程师通知井队停泵。

⑧停泵后，出口溢流检查15min，如无溢流，拆旋转控制头总成，进行常规起钻作业；如有溢流，关井求套压，若判断为天然气气侵，必须下钻到底循环排气，重新计算起钻时所需井底压力，进行起钻作业。若重浆帽液柱压力不够（实际液柱压力小于指令液柱压力），加重钻井液重新戴重浆帽。

⑨检查无溢流发生后，可以泵入压水眼重浆（溢流检查前不得泵入压水眼重浆，避免影响溢流检查），常规起钻，并保持连续灌浆，每3柱核对一次灌浆量，起钻速度要满足控压起钻指令要求。

⑩起钻完空井时，建议关闭全封闸板或者专人看守井口。

5. 下钻操作程序

（1）起钻未戴重浆帽的下钻。

①下钻前观察套压，如无套压，开全封闸板，组合井下工具；若有套压，进行反推压井后再下钻。

②常规下钻，每3柱核对一次返浆量。

③下钻至套管鞋，安装旋转控制头总成。

④下钻到底，循环排后效。

⑤循环排后效时，全烃大于20%，或监测出口气量大时走液气分离器。

⑥降钻井液密度至控压钻进时密度值，恢复控压钻进。

如下钻期间发生异常需要控压下钻，则执行以下程序：

①倒好回压泵到控压管汇的流程，开启回压泵，按照控压工程师的要求提至所需排量。

②通知司钻缓慢停泵，同时设置下钻所需的井口压力，待压力稳定后，通知司钻下钻。

③控压下钻期间注意控制下钻速度（因下钻过程中要返浆造成返出流量增大，故经过节流控制橇的钻井液流量不稳定，压力会有波动，且下钻过快会导致激动压力过大而造成井漏事故）。

④控压起钻期间控压人员监测好返出流量变化，录井监测好返浆量。

（2）起钻戴重浆帽的下钻。

①下钻前观察套压，如无套压，开全封闸板，组合井下工具；若有套压，按照客户的指令进行反推压井后再下钻。

②常规下钻过程中按要求向钻具内灌注钻井液，注意：灌浆时必须使用过滤器；在中

途灌浆时顶通并短暂循环，每3柱核对一次返浆量。

③下钻至稠塞底部，安装旋转控制头总成。

④开始顶替重浆帽作业，开泵前通知控压工程师，顶替过程中保持排量不变，中途不停泵，每泵入 $2m^3$ 核对一次泵入量与返出量。

⑤替出重浆后，循环连续测量密度，出入口钻井液密度差不大于 $0.01g/cm^3$，开启回压泵，控压工程师通知井队停泵，进行控压下钻作业。

⑥继续控压下钻，每3柱核对一次返浆量，控压下钻至井底后通知控压工程师，做开泵循环以及正常钻进的准备，如无地质要求循环时间，一般循环 30～45min，井底沉沙进入直井段，仪器信号正常后，开始控压钻进。如显示活跃、出现硫化氢或者其他方要求循环排后效，需要先排完后效再恢复正常钻进。

6. 更换旋转控制头总成操作程序

（1）更换旋转控制头总成条件。

①在新的一趟钻控压下钻到套管鞋或安全井段时，需更换装有新胶芯的旋转总成。

②旋转控制头胶芯失效应急。

③旋转控制头总成失效。

（2）操作程序。

①游车挂取送工具立柱，将其与井内钻具连接，上提钻具，吊出转盘补心，围安全护栏。

②缓慢下放钻具，使取送工具C形压缩套与总成上部连接，继续下压使其与总成完全结合。

③操作液压控制柜，手柄打至开位，使液压锁紧装置松开旋转控制头总成，检查十个锁紧爪显示销是否全部伸出。

④缓慢上提钻具，将旋转控制头总成立柱起出转盘面，取掉安全护栏，吊回转盘补心并安装。

⑤游车挂备用总成立柱，将其与井内钻具连接，上提钻具，吊出转盘补心，围安全护栏。

⑥缓慢下放钻具，使总成平稳地坐进壳体，继续下压使其坐到位。

⑦操作液压控制柜，手柄打至关位，使液压锁紧装置锁紧旋转控制头总成，检查十个锁紧爪显示销是否全部缩入。

⑧缓慢上提钻具，使取送工具C形压缩套从总成上部脱开，继续上提起出取送工具。

⑨取掉安全护栏，吊回转盘补心并安装，拆甩带取送工具立柱，立于钻柱盒。

7. 预防控压流程堵塞憋压操作程序

（1）控压设备安装时确认节流阀、控压管线内无异物；施工期间定期检查节流阀是否通畅，清理异物。

（2）如果钻塞前安装旋转控制头总成，则先走控制橇直通通道，待钻塞完毕循环至少一周后再倒至节流阀和流量计通道。

（3）如果钻塞结束钻进期间安装旋转控制头总成，则先经控制橇直通通道循环/钻进至少一周后再倒至节流阀和流量计通道。

（4）以下工况后要及时顶通（吹扫）控压流程：打水泥塞循环排混浆后，尾管固井完循环排混浆后，堵漏施工循环排堵漏浆后，钻塞钻附件后。

（5）高温高压井钻井液密度高，重晶石粉易沉淀，应定时顶通长期静止的地面管线。

（6）控压流程施工期间，根据工况设置控压极限泄压压力，一旦憋压节流阀第一时间迅速打开泄压，防止憋压过高造成井漏。

（7）控压施工期间加强人员坐岗，发现异常及时通知司钻停泵。

（七）控压钻井井控应急程序

控压钻井井控应急程序见表7–3。

表7–3　控压钻井井控应急程序

情况	处理措施
控压钻井参数正常，状况稳定	继续钻进
液面波动<2m³(15min内)； 微量漏失； 井口压力<5MPa	停止钻进，钻具提离井底，保持循环，准备关井；调整井底压力或停止溢流或井漏；循环出井侵流体
液面波动>2m³(15min内)； 井口压力>5MPa； 井口套压迅速升高； 严重井漏、失返	按照井控实施细则执行常规井控关井程序

1. 旋转控制头胶芯喷漏应急程序

（1）现象。

返出流量降低，无法正常控制井口压力。

（2）应急处理措施。

停泵，停顶驱/转盘，提离井底，关环形防喷器。更换旋转控制头。

（3）更换旋转控制头总成程序。

①关闭环形防喷器，调节环形防喷器油压。

②旋转控制头作业人员打开旋转控制头壳体泄压阀，释放环形防喷器与旋转控制头之间的圈闭压力，泄压后关闭泄压阀，观察控制头与环形防喷器之间是否有压力，保证环形防喷器关闭到位，观察不少于5min，确认无压力后再次打开泄压阀。

③游车挂取送工具立柱，将其与井内钻具连接，上提钻具，吊出转盘补心，围安全护栏。

④缓慢下放钻具，使取送工具 C 形压缩套与总成上部连接，继续下压使其与总成完全结合。

⑤操作液压控制柜，手柄打至开位，使液压锁紧装置松开 RCD 总成，检查十个锁紧爪显示销是否全部伸出。

⑥缓慢上提钻具，将 RCD 总成立柱起出转盘面，取掉安全护栏，吊回转盘补心并安装。

⑦游车挂备用总成立柱，将其与井内钻具连接，上提钻具，吊出转盘补心，围安全护栏。

⑧缓慢下放钻具，使总成平稳地坐进壳体，继续下压使其坐到位。

⑨操作液压控制柜，手柄打至关位，使液压锁紧装置锁紧 RCD 总成，检查十个锁紧爪显示销是否全部缩入。

⑩缓慢上提钻具，使取送工具 C 形压缩套从总成上部脱开，继续上提起出取送工具。

⑪取掉安全护栏，吊回转盘补心并安装，拆甩带取送工具立柱，立于钻柱盒。

⑫打开环形防喷器，恢复正常作业。

2. 节流阀堵塞应急程序

（1）现象。

井口压力、立压、旋转控制头压力迅速上升。

（2）应急处理措施。

停泵，停顶驱/转盘，提离井底，关环形防喷器。

（3）检查节流阀程序。

①打开另一路节流阀，启动回压泵，调整井口压力与套压一致后开环形防喷器。

②关闭堵塞节流阀前后的平板阀，调整井口压力至设定状态。

③恢复正常钻进。

④清理维修堵塞的节流阀。

⑤恢复各阀门开关至待命状态。

⑥如果两路节流阀都被堵塞，可以与现场监督和井队协商，用井队节流管汇节流循环或钻进，待控压清理被堵塞的节流阀后倒换至控压管汇。

3. 节流阀冲蚀失效应急程序

（1）现象。

井口压力、立压、旋转控制头压力迅速下降。

（2）应急处理措施。

停泵，停顶驱/转盘，提离井底，关环形防喷器。

（3）检查节流阀程序。

①打开另一路节流阀，启动回压泵，关闭被冲刷节流阀前后平板阀。

②调整井口压力与套压一致后开环形防喷器。

③调整井口压力至设定状态。

④恢复正常钻进。

⑤更换节流阀芯、阀座，恢复阀门到指定状态。

⑥如果两路节流阀都被冲蚀，可以与现场监督和井队协商，用井队节流管汇节流循环或者钻进，待维修节流阀后倒换至控压管汇。

4. 浮阀失效应急程序

（1）卸开立柱前浮阀失效，立压不能完全卸除。

①按控压工程师的要求泵入压水眼重浆。

②井对接备用浮阀。

③接立柱后继续钻进。

（2）卸开立柱后浮阀失效，钻井液从水眼喷出。

①根据情况适当降低井口压力。

②抢接止回阀，关闭顶开装置。

③接立柱。

④恢复钻进。

5. 回压泵失效应急程序

（1）接立柱时回压泵失效。

①井队未停钻井泵。

a. 继续循环，坐卡。

b. 停钻井泵并圈闭预定的井口压力。

c. 接立柱。

d. 开泵钻进，检修回压泵。

②井队已停钻井泵。

a. 立即关闭自动节流阀，圈闭井口压力（不能活动钻具）。

b. 接立柱。

c. 开泵钻进，检修回压泵。

（2）控压起下钻时回压泵失效。

①停止起下钻，控压工程师关闭自动节流阀圈闭井口压力。

②接顶驱，启动钻井泵，控压工程师使用自动节流阀控制井口压力控压循环。

③检修回压泵。

④启动回压泵，停钻井泵，控压工程师保持井口压力继续控压起下钻。

⑤如果起钻期间因设备故障出现了井口失压、井下欠平衡，需要下钻到底循环排污后再控压起钻。

⑥可以使用井队钻井泵作为回压泵，通过压井管汇向井内灌浆，控压起下钻，减少停待时间。

6. 自动节流管汇控制系统失效应急程序

自动节流管汇的节流阀直接驱动为液压，正常工作由电脑进行控制，一旦电脑系统故障或信号传递故障，可以切换至现场模式，在液控柜操作手柄进行控压操作。液压由三相电动机、压缩空气、手压泵三种不同方式独立驱动，如果三种方式同时发生故障，还可以手动操作节流阀手轮进行开关，所以可以一直保持对环空的压力控制。在切换控制方式的同时可以对自动节流管汇控制系统进行检修。

7. 司钻房应急操作指南

司钻房应急操作指南见表 7-4。

表 7-4 精细控压司钻房应急操作指南

情况	现象	应急操作
旋转控制头失效	返出流量异常，井口压力不稳	（1）停泵； （2）停顶驱/转盘； （3）提离井底； （4）关环形防喷器
节流阀门失效关闭/堵塞	立管压力和井口压力迅速升高	
节流阀门失效全开/冲蚀不能节流	立管压力和井口压力迅速下降	

（八）控压作业培训及演练要求

1. 技术交底

控压设备到井后，精细控压作业队需派专人在现场进行设备安装前的组织协调，在控压作业前由平台总监组织对井场各协作单位进行技术交底。

（1）控压钻井正常作业程序；

（2）控压钻井应急操作程序；

（3）控压钻井转常规井控程序的条件。

2. 控压工艺和安全培训

（1）在设备安装前，对控压作业小队人员进行安全培训；

（2）在设备安装调试结束后，对平台钻井各个班组进行控压钻井安全培训；

（3）平台钻井队长、司钻和副司钻必须熟悉《精细控压钻井应急程序》。

3. 模拟演练

控压作业前，根据各工况，选取合适的时间对控压钻井各工况进行模拟演练。

4. 风险分析及控制措施

风险分析及控制措施见表 7-5。

表 7-5 风险分析及控制措施表

序号	事件	作业风险	控 制 措 施
1	设备连接	机械伤人	（1）开展作业前风险分析； （2）由作业负责人对作业人员进行风险提示； （3）禁止无证上岗； （4）严格遵守动火、登高、电工作业等特种作业相关规定； （5）作业过程中人员内部及时沟通提示作业风险
2	旋转控制头拆装	高空坠落 工具伤人	（1）作业前开展安全风险分析并提出预防措施； （2）严禁无票、证作业人员上岗操作； （3）作业过程中，必须有专人负责指挥
3	设备试压	高压伤害	（1）非作业人员严禁进入属地； （2）严格按照试压规程操作
4	钻进作业	高压伤害 有毒有害气体伤害	（1）按照海洋石油管理规定对属地风险区域进行显著标记； （2）高压区域禁止穿行及逗留； （3）发现有毒有害气体，及时穿戴正压式空气呼吸器

（九）控压钻井施工要求

（1）按照程序连接精细控压设备，并对精细控压设备试压。

（2）储备足量的加重材料、堵漏材料和重浆，满足起钻全井提钻井液密度需求。

（3）井队、录井、控压三方均坚持对液面的监测，并相互保持联系，正常控压钻井时，钻井液工每 10min 汇报液面变化及密度，发生井漏或溢流等复杂情况时，加密监测液面并汇报（3～5min）。

（4）实施控压钻井作业过程中，现场工作人员应密切注意控压设备处于完好状态，一旦发现设备异常，无法进行正常控压作业，应立即转入常规井控状态。

（5）钻井液添加剂加入前后需要通知精细控压人员（加入量、加入速度等），钻井液性能要相对保持稳定，尤其是密度值必须符合要求。

（6）控压钻井时现场使用 18° 斜坡钻杆。

（十）控压钻井配合要求

（1）司钻准备开关泵或上提钻具时要通知控压钻井工程师，在得到答复后才能操作，控压钻井工程师接到通知后调整井口回压以保持井底压力稳定。

（2）司钻上提下放钻具要缓慢，避免产生过大的井底压力波动。

（3）控压钻井过程中所有阀门的开关必须按照控压钻井工程师的指令进行。控压钻井设备的阀门由控压人员操作，钻井平台的节流阀、压井管汇阀门由平台人员操作。

（4）钻台上要准备好全开安全阀(旋塞)并带有上扣手柄，以便随时使用。

（5）止回阀每次从井内起出后需经过保养，然后才能重新入井。

（6）停电、停气、开泵、停泵要提前沟通。

（十一）控压钻井作业复杂情况处理要求

1. 后效气、单根峰处理

如果是由于后效气、单根峰在上移过程中膨胀造成液面上涨小于 $1m^3$ 且井口压力小于 5MPa，通过增加井口压力保持所需井底压力，由控压钻井工程师控制井口继续钻进；若液面上涨大于 $1m^3$ 小于 $2m^3$ 且井口压力小于 5MPa，停止钻进，控压循环排气，恢复正常后继续钻进；若液面上涨大于 $2m^3$ 或者井口压力接近 5MPa 时，立即关闭防喷器，井口移交给井队，进行节流循环排气。

2. 钻进期间溢流处理

若引起液面上涨的原因是由于地层压力大于井底压力，发生溢流，按照下面溢流处理方案进行。

（1）钻井液工、录井、控压人员任何一方发现溢流或怀疑溢流，或者发现硫化氢等井控异常情况，立即汇报。

（2）如溢流量在 $1m^3$ 以内，关井套压小于 5MPa，利用精细控压设备进行循环排污。

（3）若井口压力接近 5MPa 或者溢流量在 $1m^3$ 以上，应停止控压作业，转由井队控制井口，按照客户的井控实施细则实施关井，确定压井方案，压井成功后转精细控压作业方接井口。

3. 井漏处理

（1）发生井漏后，降低钻井液漏失量，减缓圈闭压力形成，有效控制缝洞发育目的层油气置换，避免高浓度硫化氢侵入井筒。

（2）井漏后首先由控压钻井工程师根据井漏情况，在能够建立循环的条件下，逐步降低井口压力，寻找压力平衡点。

（3）如果井口压力降为 0MPa 时仍无效，则通过降低排量的方式降低漏速，寻找压力平衡点，保持最小漏速逐步降低钻井液密度，每循环周降低 $0.01 \sim 0.02 g/cm^3$，待液面稳定后恢复钻进。

4. 溢漏同存处理

（1）先关井，如关井套压在 5MPa 内，在保证井控安全的条件下，寻找微漏条件下的平衡点。具体步骤是先增加井底压力至溢流停止，然后调整井口压力寻找微漏平衡点，然后保持微漏状态下的井底压力钻进，控制井口压力在 $0 \sim 5MPa$ 内。

（2）若井口压力达到 5MPa 应停止控压钻井，井口移交井队，进行节流循环排气，合理调整钻井液密度使套压控制在 $0 \sim 5MPa$ 以内后，方可恢复正常控压钻进。

（3）起钻时仍然保持微量漏失起钻。

5. 硫化氢处理

（1）钻井液中要加入除硫剂，要求钻井液 pH 值大于等于 11。

（2）出口监测到硫化氢，停止钻进作业，上提钻具关井。

（3）循环期间，出口硫化氢浓度不小于 30mg/m³ 的情况持续时间超过 30min，立即停止控压作业，将受硫化氢污染的钻井液反推回地层。

（4）起出储层（1～3柱），节流循环，排除上部进入井筒的地层流体，视循环情况决定下步措施。

（十二）控压钻井井口转换条件

1. 精细控压钻井转常规井控程序的条件

（1）溢流量超过 2m³；

（2）井口套压超过 5MPa；

（3）井口套压迅速升高；

（4）发生漏失且通过降低井口回压以及钻井液密度都无法建立平衡；

（5）井漏失返；

（6）井口 H_2S 浓度不小于 30mg/m³。

2. 精细控压钻井终止条件

（1）井漏严重，无法找到微漏钻进平衡点，导致控压钻井不能正常进行。

（2）控压钻井设备不能满足控压钻井要求。

（3）实施控压钻井作业中，如果井下频繁出现溢漏复杂情况，无法实施正常控压钻井作业。

（4）井下复杂，不满足控压钻井正常施工要求时。

（十三）岗位职责

1. 施工组织机构职责

（1）领导小组职责。

①负责把控本井精细控压施工整个过程的质量、安全、健康、环境要素，对现场施工小组进行监管、检查和考核。

②负责定期到作业现场对现场精细控压施工情况进行安全、程序、资料文件等项目的检查。

③负责特殊工况（如钻遇复杂或重点层位）的现场驻井指导。

④负责及时接收现场施工小组的汇报，进行批示、处理或上报。

（2）现场施工小组职责。

①负责现场精细控压设备的安装、拆卸、试压、调试、维保和正常运行与巡检工作。

②负责精细控压技术工艺的现场实施，保证作业质量优质，作业风险可控，各个施工要素满足 QHSE 要求。

③负责与现场相关方协调沟通。

④参加平台组织的各种应急演练。

⑤负责组织现场施工小组对操作程序、应急程序进行模拟演练。

⑥负责施工资料的收集整理、完工文件的编制、与客户的技术交流等。

（3）支撑小组职责。

①负责现场施工的后勤保障，如车辆组织、人员调度、设备配件组织等。

②负责向现场施工小组提供技术支持和设备维保保障。

③负责与现场施工小组保持信息沟通。

④负责完成领导小组安排的设备和人员支撑任务。

（4）各相关方岗位职责。

①控压钻井作业队。

a. 负责控压作业队设备的拆装、操作、维护和保养。

b. 负责控压钻井工艺技术措施的制定。

c. 负责控压钻井技术交底、控压钻井作业的相关培训。

d. 负责控压钻井设备承压能力范围内的正常控压钻井工艺技术。

e. 负责控压作业期间溢流漏失的监控，发现溢漏异常及时报告司钻，并设有专门的监测岗，全程保障对钻井参数的实时监控。

f. 井漏、套压超过控压钻井设备承压范围、钻遇硫化氢等情况配合相关方的工作。

②钻井队。

a. 负责现场的井控、安全、环保和后勤保障等工作。

b. 负责井队设备的拆装、操作、维护和保养。

c. 负责组织现场控压钻井技术交底会、生产会以及班前会。

d. 配合控压钻井作业队制定控压钻井工艺技术措施。

e. 正常作业，按照控压钻井技术措施执行相关操作。

f. 特殊情况时，负责关井后循环排气时的套压控制，钻遇严重井漏的堵漏作业，严重漏喷同存现场处置，钻遇硫化氢的应急处置，其他现场井控突发事件的应急处置。

③钻井液作业队。

a. 按照钻井设计要求储备重浆、加重材料、堵漏材料、除硫剂等。

b. 负责钻井液性能维护。每 0.5h 测 1 次进出口钻井液密度和 pH 值，调整钻井液密度时每 5min 测一次进出口钻井液密度，并向控压值班人员汇报。

c. 负责压井液的准备及回收工作。

④综合录井队。

a. 为控压钻井作业队提供录井数据共享接口。

b. 做好地质预告，并向相关方告知。

c. 做好各种参数的监测记录，发现异常情况及时通知司钻和控压钻井值班人员。

d. 负责缓冲罐、分离器排气管线硫化氢监测，发现硫化氢气体应立即通知司钻、钻井工程师、控压钻井工程及现场值班干部。

2. 控压人员岗位职责

（1）项目负责人。

项目负责人是精细控压钻井技术服务的质量第一负责人，负责组织对该项目人员的教育、培训、考核，对项目组各级人员及作业队的工作质量、施工质量进行考核、奖罚，负责对施工的队伍、人员、设备进行调配，对重大技术方案进行审批，对重大质量事故进行处理。

（2）项目技术负责人。

负责编制施工组织设计、施工技术措施，检查各施工队技术措施和工艺文件的执行情况，编制纠正预防措施，负责作业完资料的整理汇编。

（3）项目运行后勤保障。

负责整个项目现场施工的后勤保障，包括技术、人员、设备维保、设备校验、易损件储备、备品备件储备和调度等，制定人员计划，安排合理轮休。

（4）作业队长。

现场控压技术和QHSE负责人，组织对施工过程中的关键工序和特殊过程进行检查和验收，组织对各精细控压钻井技术服务作业小队的施工质量信息进行统计分析，制定改进措施并组织实施，协调现场作业，负责与相关方的交流沟通、设备的拆装、工艺的实施、完工文件的编制等。

（5）控压工程师。

夜班负责人，负责夜班控压作业，执行作业队长的作业指令，协助作业队长进行资料收集和数据记录，协助作业队长完成资料收集、完工文件的编制等。

（6）设备技师。

负责对进场设备验收和合格证明文件的收集，负责组织对现场设备的运输、堆放、保管、防护标识，负责现场设备的安装拆卸和维修保养，执行作业队长的设备要求等。

（7）监测岗。

负责坐岗监测和记录工作，重点监测返出流量、返出钻井液密度、井口压力、阀后压力、立管压力、气体流量等，发现异常立即向作业队长、控压工程师和司钻汇报，发现气体流量异常立即实施远程点火。

（8）操作员。

参与设备的拆装、巡检、维保，记录设备运行参数、时间和状态，执行作业队长和控压工程师的指令，按照操作规程进行安全操作。

3. 汇报程序

（1）精细控压钻井期间，钻井液坐岗人员每5～10min监测一次罐面情况，每小时测量一次进出口钻井液密度，并向控压工程师汇报。

（2）精细控压监测岗人员坐岗监测返出流量变化，发现异常立即向控压工程师和司钻汇报，发现溢流控压工程师通知司钻关井。

（3）司钻开停泵、活动钻具须提前向控压工程师报告，得到肯定答复后方可进行操作。

（4）现场施工队每天按照规定向领导小组汇报当日施工内容。

（5）发生人身安全事故或事件，作业队长立即向现场井队负责人汇报并寻求支援，落实救援渠道和进度后向领导小组汇报。

（6）客户或相关方在现场提出不符合项要求整改时，现场无法协调解决的，立即向领导小组汇报，遵照指示进行处理。

（十四）作业保障

1. 人员专业保障

以格瑞迪斯为例，格瑞迪斯作为精细控压钻井技术服务承包商，具有由工艺专家、设备专家、液压控制专家与软件设计专家组成的专业化精细控压设备开发团队，具有完善的管理团队与熟练的技术人员，拥有专业维护团队对设备进行专门的维修维护和日常保养。

公司制定了完善的人员培训考核体系，除了对所有员工进行普及性的基础知识技能培训，还针对作业人员的不同岗位、不同工作重点和工作性质，制定了相应的提升专业素质、技艺技能的培训考核制度。

（1）针对现场工程技术责任人员（作业队长、控压工程师），重点培养工程参数计算、水力参数模拟、精细控压钻井施工方案编制、精细控压钻井HSE作业计划书编制、工程操作和应急程序、完井资料的编制、井控程序、技术交底交流等能力，并提升管理能力，打造技术过硬、管理能力突出、能从技术和凝聚团队力量多方面保障人员服务质量的作业负责人。

（2）针对操作类人员（设备技师、操作员），重点培养设备操作规程、设备安装拆卸程序、设备巡检流程、特殊作业流程、JSA工作安全分析、设备维护保养规程、设备内部结构、地面管汇流程、风险识别和管控等能力，提升人员的专业素养和工作执行力，保证安全高效地完成工作。

（3）针对坐岗人员（所有作业人员），重点培养设备硬件和软件的原理和操作技能，如自动节流阀和质量流量计的工作原理、监测控制系统的连接调试与故障分析、数据采集监测控制软件的操作使用、数据参数的监控要点、异常观察分析、异常汇报流程、应急操作程序等，使其具备从数据采集到监控、到发现异常、到分析异常、到异常汇报、到异常处理的一整套流程的处置能力，保障精细控压钻井施工的顺利进行。

2. 人员安全保障

作业人员均须持有客户指定的有效上岗操作证件（井控、硫化氢证等），相应岗位人员持有登高证、司索证等特种作业证件，满足现场作业要求，并有后备人员进行定期人员更换倒休。

现场配备足够的安全设备物资（表7-6），以保证人员的施工安全。

表 7-6　现场安全机具配置表

名称	单位	数量	备注
人员基本劳保	套	8	含工服、工鞋、安全帽、防夹手套等
全身式安全带	副	2	—
护目镜	副	8	—
专用工具	套	2	—
正压式呼吸器	套	2	作业期间保证在有效期内
硫化氢检测仪	套	2	作业期间保证在有效期内
灭火器	个	2	作业期间保证在有效期内

3. 安全管理保障

（1）做好安全教育及培训工作。

①在安全教育及培训方面，首先要对新员工进行安全教育，考核合格后才准上岗，转岗要进行转岗教育，不断提高职工的自我保护能力。

②培训过程中，以抓特殊工种培训为主，坚持先培训后上岗的原则，没有上岗证，不允许从事本岗位工作。

③做好安全技术交底工作，说明安全注意事项，做到口头交底和书面交底相结合。

（2）加强安全检查。

①加强安全检查是贯彻执行安全标准的重要环节。坚持公司每季度一次，项目部每周一次，作业现场每日检查，法定节假日前应进行一次全面安全检查。

②整改反馈，检查出来问题，要下达检查整改通知书，认真整改，做到三落实（措施、时间、执行人）。各项整改要及时复查，逐级书面反馈，对重大隐患应当立即处理。

（3）安全防护措施。

①在安全通道醒目处，要悬挂各种安全标识牌及安全管理制度。

②高处作业时，必须安装防护栏杆，栏杆用钢管警示杆搭设，作业时必须系安全带。

③严禁交叉作业。

④要做好临时用电安全防护。

⑤要做好施工机具防护。

（4）高处作业安全防护措施。

①高处作业人员必须经医生体检合格，不适合从事高空作业的人员一律禁止从事高空作业。

②高处作业区域应划出禁区，开设专门的操作平台，并搭设围栏，禁止闲人、行人通

过和闯入。

③高处作业人员必须按规定系安全带。

④高空作业应布置足够的照明设备和避雷设施。

⑤使用的机具、设备等，必须根据施工进度，随用随运，禁止超负荷。

⑥六级以上大风及大雨、大雪、浓雾天气停止露天作业。

⑦高空作业面要有设计材料机具堆放区，确保材料机具堆放整齐，操作工具用完应随手放入工具包内，严禁乱堆放和从高空抛掷材料、工具、物件等。

⑧高空作业要正确使用安全带。

（5）消防措施。

①为了加强施工现场的防火工作，严格执行防火安全规定，消除安全隐患，预防火灾事故的发生，进入施工现场的单位要健全防火安全组织，责任到人，确定专(兼)职现场防火员。

②施工现场执行用火申请制度，如因生产需要动用明火，如电焊、气焊(割)等，必须实行审批制度，办理动火许可证。在引起火花的用火操作应有控制措施，在用火操作结束离开现场前，要对作业区进行一次安全检查、熄火，消除隐患。

③在施工的防火操作区内，根据工作性质、工作范围配备相应的灭火器材，或安装临时消防水管，生活区内应配备灭火器材，以防火灾发生。

④施工现场乙炔、氧气等易燃易爆气体瓶罐应分开存放，挂明显标记，严禁火种，使用时由持证人操作。

⑤严格用电制度，严禁乱拉乱接电源，严禁使用电炉；施工现场危险区还应有醒目的禁烟、禁火标志。

（6）安全管理及安全技术要求。

①严格执行 HSE 相关规定，施工人员牢固树立"安全第一，预防为主"的指导思想，对职工进行岗位培训和安全生产教育，实施持证上岗。

②工伤事故处理要建立事故档案，按调查分析规则、规定进行处理报告，认真做好"四不放过"工作，即事故原因不明不放过，责任不落实不放过，职工没受到教育不放过，没有预防措施不放过。

③"五牌一图"与安全标牌。图牌应规格统一，字迹端正，标示明确。施工现场必须有安全生产宣传牌，在主要施工部位、作业点、危险区、主要通道口都必须挂有安全宣传标语或安全警告牌。

④建立健全安全生产组织，认真贯彻以岗位责任制为中心的各项安全制度，项目经理部设安全领导小组，设专职安全员，设置防护信号、防护设备，确保施工安全和行车安全。

⑤认真贯彻执行国务院颁发的安全五项规定，即安全生产责任、安全技术措施、安全生产教育、安全生产定期检查、伤亡事故调查制。

⑥加强通信管理,执行24h值班制度,抓好施工用电、运输车辆的安全作业。

⑦建立健全安全生产组织和规章制度,让"安全生产"深入人心,贯穿整个施工全过程。

⑧强化对员工进行安全生产和安全常识教育,牢固树立法治观念和安全第一的思想,对参加施工的人员进行安全培训,考试合格后方能上岗。

⑨做好施工安全有关的技术交底,狠抓事故苗头,把事故消灭在萌芽状态。

⑩实行安全生产包保责任制,奖罚分明。

⑪建立安全生产检查制度,做到班组日查,队周总结,项目部每月进行一次安全教育和检查评比,使警钟长鸣,常抓不懈。

⑫及时学习、推广安全生产先进经验,做好安全工作,保证施工生产顺利进行。

⑬各种机械设备的操作人员必须经过安全技术操作规程培训,考试合格后持有效证件上岗。工作前应对机械设备进行安全检查,离开机械设备时,必须按规定将机械停放在安全位置。

⑭临时用电必须符合供电安全运行规程,并应定期检查和防护,对检查不合格的电器设备和线路,要及时维修和更换,严禁带故障运行或作业。

⑮安全防护人员,要统一调度,统一指挥,不得各行其是,违章指挥。

4. 后勤保障

(1) 基地保障。

建立专门的设备维护、保养基地,工具设施齐全,用以存放设备和备品备件,满足设备的存放、准备和维护保养要求。

基地配备设备场地、叉车、专业维护保养工具、电气焊工具等,从设备物资的存放、拆装、维保、焊接各个环节为精细控压设备提供良好的保障条件。

现场精细控压设备物资、配件发生故障或需要更换,可以在一天内从基地动员至出海码头,减少停待时间。

(2) 技术保障。

具有专业化的精细控压技术团队,可进行各种精细控压施工并提供完善的控压设计方案,而完善的技术方案是保障作业质量的首要条件。在接到精细控压作业任务时及时了解作业井所处区块的在钻井和已钻井的情况,积极与客户探讨并制定有效、可行的技术方案,施工作业期间精细控压队伍严格按照既定的方案执行生产任务,严格控制作业质量,保障精细控压钻井方案的顺利实施,保证作业质量。

拥有数名高级工程师组成的技术专家团队,涵盖钻井工程、机械工程、勘探工程等领域,还有从事精细控压钻完井作业十几年的资深专家,为现场精细控压钻井施工提供强有力的理论和经验支持。

（3）生产保障。

安排专人负责项目实施过程中人员和生产物资组织协调工作，用于处理现场施工中的突发事件，储存生产过程中需要的备品备件物资；项目部在所施工井配备专门生产保障车辆，保证在设备出现故障时，尽快将故障排除，保证施工的顺利进行。

（4）设备保障。

具备多套完好、功能齐备的旋转防喷器和自动节流管汇等设备，保证顺利提供技术服务，确保客户施工的设备需求。

秉承质量第一，稳定至上的原则，主要设备配件进行国际化采购，选用国际上性能先进、质量稳定的进口产品，部分配件采购国内石化、石油系统成熟厂家提供的优质产品，从而保证设备的整体性能。

对每套设备都进行了严格的场地测试，并经过了现场实际使用的检验，经场地测试与现场使用证实，公司提供的精细控压钻井设备可以很好地满足控压钻井使用要求。

（5）配件、备品备件保障。

公司从事精细控压钻井技术服务多年，对于技术服务所用设备的配件与备品、备件的供货商都有详细资料，熟知需要配件与备品、备件的规格型号与供货周期，从而可对所有配件与备品备件的管理提供有力支持，为海洋精细控压施工设备提供完备的配件与备品备件。

精细控压钻井施工队伍成员对设备原理、结构、性能、用途全部掌握，从而可以达到在设备的使用过程中会维护保养、排除故障。

设备管理方面，除现场人员具有较强的现场维修经验外，还另有多名设备方面的专业技术专家提供现场设备技术支持，可及时处理机械、液压、PLC控制等设备出现的问题，同时公司对精细控压设备的管理制定了详细的设备操作规程。

各个基地存放数套控压设备和配件，一旦设备出现严重问题现场无法解决，基地可以提供强力高效的设备和人员技术支撑，可以迅速组织设备、配件、物资和专业技术维修人员抵达作业现场，对设备配件进行维修或更换，尽量减少停待时间，为客户提供优质服务。

（十五）质量、健康、安全、环保要求

（1）应遵守有关的法律、法规和规定，有关的健康安全环保标准；遵守客户健康安全环保理念、政策；遵守客户健康安全环保管理体系中的有关规定。

（2）严格执行海洋钻井平台HSE管理原则。

（3）确保各员工具有与岗位相适应的安全意识和能力：使员工能够认识到遵守健康安全环保政策和HSE管理体系规定的重要性；使员工能够清楚工作中存在的或潜在的重大环境影响和职业健康安全风险及后果，以及不断改进个人工作可以带来的健康安全环保效益；使员工能够执行健康安全环保政策和程序，实现HSE管理体系的要求，包括在应急准备与响应方面的作用和职责；使员工意识到违反作业程序和操作规程可能会造成的后果。

（4）所有员工必须参加与岗位相适应的健康安全环保技能培训，掌握基本健康安全环保知识和技能，建立良好的安全环保理念。

（5）应在作业前和作业过程中加强与相关方之间的协商和沟通，作业现场应及时反映健康安全环保管理状况。

（6）应确保所有按承包合同和附件提供的设施、设备、机器、器械、工具和装备等符合有关的健康安全环保标准，同时保持工作场所清洁、有序。

（7）派到海上的作业人员必须依照客户的健康安全环保体系要求取得有效的健康证。

（8）根据有关的法律、法规和规定、有关的健康安全环保标准，应确保员工严格遵守个人防护装备穿戴制度和规定。

（9）员工在进入有可能会发生高空坠落物打击危险和可能发生碰撞伤害或其他认定需要戴安全帽以防止伤害的场所、在低于头部的设备下工作，必须穿戴好符合相应安全环保标准的非金属的硬质安全帽。

（10）在进入高噪声区之前，必须佩戴好符合规则要求和工业标准的听力保护装置。

（11）在高温区域、有锋利边角或者有其他可能对手部产生伤害的材料的地方，都应穿戴好符合相应安全环保标准的防护手套。

（12）从事有潜在落水危险的工作之前，必须穿戴好救生衣/救生背心。

（13）员工在标准栏杆不能起到有效保护并存在坠落危险的地方，或其他有可能从 2m 或 2m 以上高处摔下的地方作业时，必须穿戴好满足有关安全标准的安全带、保险带或救生索。安全带、保险带或救生索应系在固定的、非活动的构件上，并确认已起到安全保护作用。

（14）在进入公认的或怀疑含有危害健康的气体、蒸汽、粉尘、灰尘、薄雾或其他物质的空间，空气中氧气浓度过低（氧气浓度低于 18%），以及有关法律、法规和规定、有关的健康安全环保标准规定的应佩戴空气呼吸器的场所之前，必须戴好空气呼吸器。

（15）应定期召开所有员工参加现场安全会议，每次会议都应做会议记录并保存在工作现场。

（16）严格执行工作许可证制度，必须按照工作许可证的作业程序和要求进行作业或活动。

（17）在实施试压作业前应进行风险评估，特别是对密封装置、试压塞和承压能力较弱的部件应有充分的认识，并采取相应可行的措施监测和预防危险。试压过程中如有泄漏，应立即停止试压作业。只有待放压后，人员才能接近泄漏部位进行检查。

（18）加强设备巡检，防止"跑冒滴漏"现象的发生。

（19）发生任何事故、人身伤害和风险事件，乙方应立即报告客户现场代表（监督）。

第二节　海洋精细控压钻井作业规范

一、总则

本作业规范包括操作规范（程序规范、技术规范和操作规程）、应急处置流程和规范、设备维护保养管理办法等操作手册和规范性制度，规定了控压钻井实施条件、控压钻井设备、控压钻井设计、控压钻井作业程序、控压钻井终止条件、钻遇异常的井控处理措施以及健康、安全与环保要求。

本规范适用于采用 EKM 海洋精细控压钻井技术施工的钻井作业。

（一）控压钻井实施条件

1. 地层条件

控压钻井主要适用于如下地层：

（1）窄密度窗口、地层孔隙压力不明确、需要精确控制环空压力的地层；

（2）以提高机械钻速、保护储层、减少储层污染、提高产能为目标的地层；

（3）采用控压钻井作业井段宜选择压力系统单一的地层，若存在多个压力系统，非控压钻井目标层段的压力窗口应大于控压钻井目标层段的压力窗口。

2. 设备条件

（1）受限于海洋钻井平台（自升式、半潜式或模块钻机）的甲板空间，控压钻井设备应满足平台空间布置要求，防喷器组上部至转盘下部空间高度需满足控压钻井井口装置的安装空间要求。因此，做好作业前期调研准备工作，是保障整个控压钻井作业满足海上作业要求的重要环节。

（2）配置控压钻井设备以不限制、削减或不影响钻井平台已有设备功能、不与平台或其他服务商相冲突为宜。

（3）在采用控压钻井作业前，由作业者、控压钻井服务商、钻井平台三方共同对平台采用控压钻井工艺进行适用性评估，并形成评估报告。评估内容包含平台适应性改造方案、工艺流程、风险控制措施、作业需求、自动控制系统适应性等。

（4）控压钻井设备安装方案应满足钻井平台对放置于该区域内装备的防爆、设备性能检验等要求。

（二）控压钻井设备

海洋平台作业的控压钻井设备包括节流控制橇（自动节流管汇）、正压控制房、数据采集和控制系统、高低压管线、旋转控制头设备等。

1. 节流控制橇

节流控制橇由橇体、阀门组（平板阀、节流阀）、四通、五通和管线组成，有两个节流通道、一个直通通道，节流阀前端为高压端，在施工前连接至井口旋转控制头壳体平板阀法兰，下游为低压端，连接至缓冲罐和液气分离器。

2. 正压控制房

正压控制房是现场控压技术操作人员的工作间，配有变压器和配电柜，可以将不同电压的交流电转换成 380V/220V 电源供设备和用电器使用，并放置控压工作机，用于控压人员坐岗监测数据参数和控制节流阀动作，且具备正压功能。

3. 数据采集和控制系统

数据采集和控制系统由 PLC、流量计、各传感器、控压工作机（数据采集电脑、图形显示电脑和自动控制电脑）等组成，用于实时监测采集各项压力、泵冲、流量等钻井参数，控制节流阀动作来控制井口压力，从而改变井底压力达到精细控压的目的。

4. 高低压管线

高低压管线连接各控压设备，为控压钻井提供钻井液通道。海洋平台使用的管线均为软管。

5. 旋转控制头设备

旋转控制头设备由壳体、轴承总成、液压控制柜等组成，轴承总成抱紧钻具，同时可以活动钻具，实现对井口的动态密封，可以实现控压钻进和控压起下钻。

（三）控压钻井设计

控压钻井作业设计是精细控压钻井施工的依据，基于单井的钻井工程地质设计，充分考虑油气藏类型、地层压力、坍塌压力、漏失压力，并参考邻井钻井和开采情况、H_2S 分布等，控压钻井设计应纳入钻井工程设计，内容包括：单井基础数据，控压钻井实施目的，控压钻井主要设备及现场连接，水力参数模拟，控压钻井作业流程，控压钻井施工要求，控压钻井岗位职责，HSE 管理，精细控压操作程序和应急程序等。

（四）控压钻井作业程序

1. 现场踏勘

确定作业井位后，根据客户安排派遣人员出海对作业平台进行现场踏勘，了解以下信息。

（1）现场查勘设备现场摆放位置，确定软管走向，优化管线连接，确定安装所需的各种管线的长度，确保携带足够物资，并附平台甲板照片和摆放图纸。

（2）了解防喷器规格型号，确定旋转控制头壳体与环形防喷器的连接方式，如需转换法兰，及时协调组织。

（3）了解防喷器组上部到转盘面的空间高度，以及平台防溢管尺寸。

（4）了解作业开次所用钻具尺寸和钻井液类型，确定所需胶芯规格和材质以及总成取送工具变扣短节。

（5）了解灌浆管线接头型号或灌浆泵出口法兰型号，确保壳体灌浆管线能与井队灌浆

（6）确认控制橇下游管线与高架槽和液气分离器的连接方式，高架槽处管线应选择合适的交汇口，方便连接；连接液气分离器的管线一般接至井队阻流管汇，应选定位置，了解连接口法兰或活接头型号，确认是否需要加工转换短节。

（7）确定控制橇与固井管汇的连接方式，优化 2in 软管走向，了解连接口法兰或活接头型号，确认是否需要加工转换短节。

（8）了解录井参数传输方式，进行数据传输。

（9）确认工作气源连接位置和快速插头型号，保证携带足够气源管线和同型号快速插头。

（10）确认工作电源的电压和频率及接电位置，便于提前设置正压控制房变压器。

（11）现场踏勘完毕将踏勘报告及时发送至项目负责人和客户负责人处，对各个条目逐一落实，达到作业要求。

2. 前期准备

（1）根据踏勘结论准备作业所需的设备及配件，清点控压物资并出具清单。

（2）确认各设备、吊点和索具的检验报告都在有效期内。

（3）申请对大件设备（控制橇、正压控制房和各个吊篮）进行吊点和索具检验，由第三方安检合格后填写物料安全检查申报表并盖章，并附各设备吊点和索具检验报告复印件。

（4）固定吊篮内立放易倒的设备，各个设备拴牵引绳。

（5）出海作业人员参加安全教育培训并签字确认。

（6）监督第三方吊装人员将设备装车、装船。

（7）作业人员携身份证、人员跟踪卡随船出海。

（8）人员到达平台后首先到医务室用跟踪卡换取 T 卡，将 T 卡插在对应救生艇的 T 卡箱中，分配宿舍，参加平台安全培训。

（9）对相关方（监督、钻井队长、工程师、录井、固井等）进行精细控压作业技术交底，包括工艺流程、操作程序和相关方配合项等，钻水泥塞走控制橇直通通道事宜需重点与监督沟通。

3. 设备安装试压

（1）设备摆放。

①控压钻井设备到达平台后，经控压作业人员确认，由甲板吊装人员将设备吊装至甲板的相应设备摆放位置。

②设备摆放应在满足空间要求的前提下，以尽可能减少管线使用数量、方便安装、方便正常作业与巡检为宜。

③控制橇高压端靠近井口方向。

④正压控制房应放在控制橇附近，便于巡检和发现设备异常时及时处理。

⑤旋转控制头泵站应放在井口的近端，防止管线长度不够。

⑥吊篮摆放应根据平台要求放置，如果甲板空间不够，会将吊篮吊至守护船暂放，故吊离前应先将管线阀门摆放到位，手动工具准备齐全。

（2）设备安装。

①空井状态首先安装旋转控制头壳体，否则先安装其他设备。

②连接低压软管、低压三通、低压阀门，出口连接至高架槽和井队阻流管汇液气分离器进液端。

③连接高压软管至旋转控制头壳体侧出口。

④连接 2in 高压软管至固井管汇。

⑤连接 2in 灌浆软管至灌浆泵出口。

⑥连接控制橇和旋转控制头液压控制柜气源。

⑦连接正压控制房到控制橇、控制橇到旋转控制头泵站的电缆，正压控制房外接电源，调试控制橇和旋转控制头泵站正常。

⑧壳体安装完毕后连接液压锁紧管线。

（3）设备试压。

①旋转控制头壳体试静压。

旋转控制头壳体安装完毕后需做静压试验，可在全封/剪切闸板试压后进行。

a. 用钻具接拷克和壳体试压塞，关闭拷克，下放送入壳体内到位，关闭锁紧装置。

b. 开固井泵通水后停泵，关闭控制橇高压阀门，试压（不超过额定压力的 70%：24.5MPa），稳压 10min，压降小于 0.7MPa 为合格。

c. 试压完毕，固井泵卸压，取出试压塞。

②控制橇试压。

a. 打开控制橇通道，开固井泵通水，返出后停泵，倒阀门。

b. 根据试压流程进行管线阀门试压，低压区域试压 2MPa，稳压 5min，压降小于 0.07MPa 为合格；高压区域试压不超过 24.5MPa（额定压力的 70%），稳压 10min，压降小于 0.7MPa 为合格。

c. 试压完毕，固井人员出具试压曲线，控压软件保存曲线。

d. 卸压，控压钻井阀门倒至待命工况。

③旋转控制头总成试动压。

a. 下钻至水泥塞顶部，安装旋转控制头总成，关闭壳体灌浆球阀、节流控制橇的自动节流阀和高压平板阀。

b. 缓慢开钻井泵，缓慢打压至试压值（不超过 12.5MPa：额定压力的 70%），观察压力平稳后，顶驱转速开至 30～60r/min，稳压 10min，压降小于 0.7MPa 为合格。

c. 打开节流阀后端平板阀，缓慢打开节流阀平稳卸压。

(4)控压钻井作业。

①钻水泥塞。

旋转控制头总成试动压完毕,即进行钻水泥塞作业,其间经过控压地面管汇返浆,走直通通道,注意关闭节流阀和流量计前后的平板阀,防止水泥块和套管附件(胶塞、浮箍浮鞋碎片)堵塞节流阀和流量计。

钻完水泥塞后至少循环一个迟到时间,安排人员到振动筛处观察,确定附件集中返出后才可倒至节流阀和流量计通道。

②控压钻进。

a. 控压作业期间加强坐岗,监测出口流量,观察录井罐面数据变化,每10min记录一次罐面变化、出入口流量、出入口钻井液密度、立压、井口压力、节流阀开度、全烃等参数,发现异常应加密监测。

b. 控压钻进期间控压值超过5MPa时,应立即停止钻进并关井,通过井队节流管汇和液气分离器进行节流循环排气,或适当提高钻井液密度,降低井口压力。

c. 控压作业期间发现参数异常应立即向监督汇报,根据监督指令进行下一步操作。

③控压起下钻。

a. 控压起下钻过程严格控制起下钻速度小于0.20m/s。

b. 控压起钻过程中,通过环空挤灌钻井液的方式维持井筒内液柱压力。

c. 控压起钻到一定井深后,注入一段高密度钻井液形成加重钻井液帽,平衡地层压力。盖完重浆帽后,井口套压应为零,全开节流阀,检查是否存在溢流。

d. 控压下钻过程中,应根据控压钻进时的井底压力值,控制节流阀,维持井口压力,控制井底压力略大于地层压力。

④完井。

完井后根据现场实际情况提高全井筒钻井液密度,拆除控压设备,做好起吊准备。待安排好运输船后监督设备装船动迁,根据客户要求编写提交完井总结(PPT文稿)和作业数据(施工曲线、控压数据等)。

二、精细控压钻井作业程序规范

(一)信息收集和资料准备

(1)作业部门接到营销部门控压作业通知后,安排作业队长和设备技师负责控压作业前期准备工作。

(2)设备技师进行上井踏勘,参照《精细控压前期踏勘表》逐一了解作业井的基本情况(主要包括井型、井身结构、钻具结构、钻井液体系、井口空高、各连接接口型号、平台防溢管尺寸等),根据实际情况落实控压施工准备要点。踏勘时与现场监督和平台经理沟通,确认设备摆放位置。

（3）作业队长根据待作业井、邻井信息以及控压作业规范编写《精细控压钻井设计》和《精细控压 HSE 作业计划书》，编写完成后提交项目部审核，项目部审核通过后提交市场营销部门，并配合市场营销部门进行审批程序。

（4）作业队长按客户要求携带资质文件（做到符合客户要求的人员、设备、资质文件等要求），组织上井作业。

（5）作业队长负责准备作业前、作业过程中、完井时要使用的所有表单。

（二）设备物资准备

控压小队根据作业井的信息，结合前期踏勘结果，参照《精细控压主要物资清单》，制定作业井需要的设备、物资清单并填写《精细控压物资出库清单》；对单井作业需要、本小队不能满足的设备物资，填写物资补给清单《精细控压物资补给单》。上井前，作业队长负责确保物资准备达到上井施工条件。

（三）设备运输

作业队长负责跟踪控压作业井施工进度，并与营销人员保持沟通，得到客户上井作业通知后，动迁控压设备。

控压作业小队负责组织和监督控压设备的包装、固定及运输，搬迁运输过程中，严格按照《精细控压设备吊装运输操作规程》的要求进行设备吊装运输作业，避免因操作不当造成设备、仪器损坏或丢失。

设备动员至指定码头后，控压人员现场确认，提交安检资料并跟踪装船。

（四）现场作业

作业队长是作业现场技术措施、作业质量、施工安全、人员和设备的第一责任人。设备安装试压完成后控压小队严格按照作业队长制定的作业指令执行操作，确保作业的安全与质量。

（1）现场设备吊卸摆放时，摆放前要与井队、钻井监督再次确认摆放位置，按照设备摆放要求和现场管理规定进行吊卸摆放。控压工程师按照《精细控压"软设备"安装操作规程》组织安装控压软件并调试，设备技师按照《精细控压管线安装操作规程》和旋转控制头、节流控制橇、电气等设备操作规程中的安装部分组织安装控压设备，尽快达到作业条件。

（2）安装控压设备后，作业队长负责与钻井监督和井队队长沟通，对控压设备进行试压。试压按照《精细控压设备试压操作规程》执行。

（3）技术交底：作业队长负责以书面和语言交流方式与甲方监督、井队、钻井液、录井、定向队等相关单位进行作业前技术交底，明确施工条件、作业要求和沟通协调等工作，书面交底资料签字存档。技术交底内容请参照《精细控压技术交底》。

（4）作业队长在控压作业开始前对井队人员、控压作业人员和其他相关方作业人员进行精细控压作业培训。培训内容应该主要包括操作程序、应急程序和操作演练，培训学时不少于 30min，每次培训结束后填写《精细控压培训记录表》。

（5）控压作业队长负责每班 HSE 检查，并将检查出的隐患及整改情况填写进《精细控压 HSE 班组检查记录表》，每日组织召开安全会议并将安全活动内容填写进《精细控压 HSE 会议记录表》，特殊作业前进行风险管控，分析可能存在的安全隐患并告知每位控压队员，管控作业风险。特殊作业包括但不限于以下内容：临时用电、设备拆装、高处作业等危险作业、需要改变或可能影响相关方设备、工艺的作业等。

（6）开始控压作业后，控压各岗位人员根据附表中的《精细控压岗位说明书》要求完成日常工作，记录各类参数，如实填写《精细控压钻井日报表》《精细控压钻井参数记录表》《精细控压钻井班报表》等资料。

（7）精细控压钻井过程中如遇到突发工况，各岗位人员按照《精细控压作业应急程序》应对，遇到井况复杂时，视情况填写《精细控压综合记录表》以辅助控压工程师制定下步施工措施，复杂工况发生后要向部门等及时汇报，当日内提交复杂工况专报。

（8）小队间调拨物资时，填写《精细控压小队间物资调拨单》，基地对作业小队进行物资补给时按格式填写《精细控压物资补给单》，作业物资中途需要返库时填写《精细控压物资返库清单》。

（9）冬季施工注意冬防保温工作，按时巡回检查并填写《精细控压冬防保温检查表》。

（10）控压设备安装试压合格后，甲方要求控压作业工程待命，准备随时接收，控压作业队伍应按照正常控压作业管理要求完成每日工作。

（11）作业结束后，汇报相关信息给营销人员和作业部门，确定设备拆卸搬迁和设备人员后续组织方案。由作业队长负责组织设备拆卸搬迁，按照《精细控压设备拆除操作规程》和《精细控压设备吊装运输操作规程》的要求进行设备拆卸和吊装运输。

（五）完井工作

（1）完井后，作业队长做好工作时间、待命时间的统计表，协助市场营销部门填写工作量签认单，以备后续签单工作；由钻井监督或井队工程师等人员对控压作业质量进行评价并填写《精细控压现场服务评价表》，作为公司进行单井作业质量评价的依据。

（2）作业队长负责完井后的设备拆卸搬迁工作，与对应区域营销人员保持沟通，得到甲方指令后按照《精细控压设备拆除操作规程》要求拆卸控压设备。

（3）设备物资搬迁按照《精细控压设备吊装运输操作规程》要求进行。

（4）对需要回收设备、物资，要避免丢失和损坏。物资回收后做好入库交接工作，填写《精细控压物资返库清单》和《精细控压单井耗材统计》。有其他问题需要反馈时，作业队长组织人员填写《精细控压其他问题反馈表》，并及时将信息反馈至作业部门。

（5）按照《精细控压完井上交资料清单》整理单井资料，工程师负责施工技术方面资料的整理工作，控压作业队长负责设备、物资、安全、人员等资料的汇总，所有资料上交作业部门审核。

三、精细控压钻井作业技术规范

（一）精细控压钻井设计

《精细控压钻井设计》作为最重要的精细控压作业依据，作业队长需要在确定目标井位后第一时间编写，完成后要及时提交部门领导和技术主管审核，审核完后向甲方递交审批。审批后的《精细控压钻井设计》为控压作业现场中的规范性文件，现场作业期间必须严格执行，严禁进行不符合设计的作业施工。

（二）精细控压 HSE 作业计划书

《精细控压 HSE 作业计划书》是现场安全、健康、环境的指导书，作业队长依据钻井设计和作业区域实际特点编写有针对性的《精细控压 HSE 作业计划书》，编写完成后要及时提交部门领导审核与审批。审批后的《精细控压 HSE 作业计划书》既是格瑞迪斯控压作业部门对客户做出的安全承诺，也是现场作业过程中安全管理工作的行为规范纲领，现场作业期间严格按照《精细控压 HSE 作业计划书》的要求作业，并完成相关记录。

（三）精细控压作业操作程序

《精细控压作业操作程序》用于指导控压日常作业，如控压钻进、控压接立柱、控压起下钻、控压更换旋转控制头总成等，所有队员必须熟练掌握操作程序，按照操作程序操作，杜绝因违章作业造成井下复杂或者井控险情。

（四）精细控压作业应急程序

《精细控压作业应急程序》是控压作业期间发生突发工况需要应急处理时的应急预案，包括控压钻井井控应急预案、胶芯喷漏应急预案、节流阀冲蚀应急预案等，所有控压队员都要熟练掌握应急操作程序，防止出现应急状况时应对不力，造成安全事故和井控险情。

（五）精细控压设备试压操作规程

《精细控压设备试压操作规程》是规范设备安装完成后，对整体设备进行压力测试的规范文件，作业队长和控压工程师要严格按照《精细控压设备试压操作规程》进行设备试压，试压合格后，方可进行控压作业。

（六）精细控压自动/手动转换程序

《精细控压自动/手动转换程序》作为控压施工过程中的应急程序之一，用于控压作业过程中因某种原因造成自动控压作业不能进行，需进行手动控压转换的应急程序，控压小队应每周进行一次演练并做好演练记录。

四、精细控压钻井操作规程

（一）精细控压设备吊装运输操作规程

1. 总则

为保证控压设备长途搬迁安全、有序进行，减少运输环节中不可控因素的出现，特制定设备吊装运输操作规程。

2. 设备搬迁运输申请

（1）接到营销人员的控压作业通知后，作业队长根据井况准备所需设备、物资清单，小队人员和基地主管一起准备物料，确保设备动迁前满足物资需求，确保搬迁前物资准备完备，保证安装、作业过程中不因设备、物资准备不足影响生产正常运行。

（2）设备起运前，作业队长根据设备物资情况制定《精细控压设备搬迁计划书》并交部门领导审核，内容包括起运时间、起运地点、运抵地址、货物总量、需要使用的车辆类型与数量等信息。

3. 起运前货物准备

控压设备在进行装车前，应做好如下准备工作。

（1）控压小队对物资进行清点，基地主管根据清单逐项点验，点验无问题后作业队长在《精细控压作业物资出库清单》上签字（出库清单一式两份，一份作业小队保留，一份基地主管保留）。

（2）召开全员安全会议，落实《精细控压设备搬迁计划书》内容，合理分工，明确搬迁任务和质量要求，交代注意事项及安全要求。

（3）检查准备好吊索及相关用具。

（4）所有电脑、传感器等贵重物资整理清洁，归类打包，做好标记，按照低重高轻原则进行放置捆绑，独立接线的UPS电源，搬迁前拆除电瓶连接线并做好电极桩头绝缘防护。

（5）所有管线清洁检查，接头做好防护，如有损坏做好标记并记录。零散物件归类放入工具箱并固定牢靠。

（6）所有电缆、控制橇照明灯整理检查，做好防护，并固定牢靠。

（7）室内易滑落物品按照低重高轻原则进行放置捆绑，防止运输途中跌落损坏，关闭所有电源开关，门窗关闭上锁。

（8）所有设备打包后达到起吊水平，做好吊装前期准备工作，遵从属地管理原则，以不影响各协作单位施工为宜。

（9）严格执行吊装作业安全规范。

4. 设备吊卸、吊装程序

（1）吊具使用规范。

①吊装过程中必须由具备相关资质的人员指挥，明确指挥人员。

②选用合适的吊具并对吊具进行检查，严禁超载与使用达不到起重能力的吊具。

③吊装使用时，不允许采用栓结方法进行环绕；吊带应直接挂入吊钩受力中心位置，严禁挂在吊钩钩尖位置。

④两根吊带吊装作业时，吊带不能产生重叠和相互挤压，吊带应对称于吊钩受力中心。

⑤吊带使用中不允许交叉、扭转，不允许打结、打拧，应采用正确的吊装专用连接件来连接。

⑥吊带使用中，当遇到负载有尖角、棱边的货物时，必须采用护套、护角等方法来保护吊带，以延长吊带使用寿命和排除安全隐患；严禁在粗糙表面使用吊带。

⑦使用吊带时，由于吊钩的弯曲部分使用扁平吊装带，在宽度方向不能均匀受载，吊钩直径太小时，与织带环眼结合不充分，应采用正确的连接件连接。

⑧圆形吊带环眼张开角度不应大于20°，吊装过程中避免环眼处破裂。

⑨吊装管类物体时要采取正确的吊装方式，吊装角度应小于60°。

⑩不应将物品压在吊装带上，会造成吊装带损坏，不应试图将吊带从下面抽出，应用物体垫起，留出足够的空间以便吊带顺利拿出。

⑪吊带不能在地面或粗糙表面拖拉。

⑫使用完吊带后应选择悬挂存放方法。

（2）吊卸程序。

①人员到达现场后，作业队长及时与甲方监督和平台海事沟通，跟踪船舶动态，说明我方设备数量和种类、设备摆放位置和摆放要求，明确属地管理要求和安全事项，以不影响各协作单位施工为宜。

②与甲板人员提前沟通好设备吊卸要求和摆放位置。

③必须选用合格的吊索，设备吊卸由专人（持证）负责指挥，起吊前每个吊点有专人检查绳套情况。

④吊装指挥人员要提前与吊车司机进行沟通，明确指挥手势、重物的重量、重心位置等，严禁违章指挥。

⑤货物起吊前试吊，首先吊离基础面10～20cm，静置1～2min检查货物安全情况及货物周围连接情况，确认安全后指挥起吊。

⑥不规则物件挂绳套时必须找准重心，防止起吊后物件重心偏移、脱落。

⑦吊物运移时工作人员必须保持2m以上的安全距离，人体不能直接接触，用安全牵引绳进行牵引扶正。

⑧钢丝绳索具在吊装过程中应尽量平稳，人员严禁在物品下通过，吊运物品下面严禁站人。

⑨所有设备应一次性摆放到位，如果现场条件限制无法一次性摆放到位，应就近摆放在甲板指定区域。

⑩作业结束后，对作业场所进行清洁平整，将设备钢丝绳索具放置在安全位置。

5. 货物运输

（1）货物吊装完成后，由承运方负责货物捆绑，我方装车人员负责捆绑检查。

（2）货物捆绑符合要求后，由作业队长签发《精细控压设备运输信息表》。

（3）车辆发运前，应对承运人员进行安全教育，安全教育内容包括运输货物种类、注意要点、要求抵达日期等，同时包括如下内容：

①在石子路或者较颠簸的路面初始行驶 10km，沥青或水泥路面上初始行驶 30km 进行捆绑情况检查；

②以后每行驶 200km 至少进行一次捆绑检查，防止货物脱落；

③如货物超高（超过 4.5m）应提醒司机注意过桥涵洞、跨路电缆等限高要求；

④指定特殊路段的车辆限速，防止车速过快损坏物资；

⑤货物运输途中，如长途运输，每天 20:00 前，承运人要向我方通报货物抵达地点、货物情况等相关运输信息。

（4）我方不派人员随车押运物资。

6. 验货

（1）运输车队行驶至离目的地约 100km 处，通知卸货协调组织人做好卸货准备。

（2）运输车队到达目的地后，根据《精细控压设备搬迁计划书》中指定责任人对各责任车辆运输物资进行验货。

（3）卸货并验收完毕后，跟踪装船动态。

（二）精细控压"软设备"安装操作规程

1. 总则

精细控压软设备主要包括：数据采集电脑、图形显示电脑、智能控制电脑、PLC 和泵冲传感器、液位传感器、压力传感器及各传感器集线箱等，站外传感器视作业现场需要进行选择安装。本规程对精细控压系统的软设备安装和操作进行了规范，以保障控压"软设备"安全运行。

2. 各传感器的安装

（1）液位传感器的安装。

①将 4 个液位传感器支架安装在参与循环的钻井液罐面上。

②将液位传感器固定在 4 个支架上。

③将 4 个液位传感器线接头布置到合适位置。

④将液位传感器盒固定好并将液位传感器线连接在传感器盒上。

⑤将液位传感器主电缆连接到 PLC 和液位接线盒上。

（2）压力传感器的安装。

站外压力传感器有立压传感器、套压传感器和旋转控制头压力传感器，在 PLC 和站外压力接线盒上都有相应位置。

①安装立压传感器、套压传感器和旋转控制头压力传感器到对应位置：立压传感器安装在井队在用的立管上，用于监测立压；套压传感器安装在井队节流管汇节流阀前端，用于在关井时监测套压；旋转控制头压力传感器安装在旋转控制头壳体 2in 活接头侧口，用

于监测旋转控制头处的压力。

②压力传感器前端要安装截止阀，用于临时切断压力传感器，方便压力传感器维修或更换。

③将相应的压力传感器数据线连接到钻台附近。

④将压力传感器的数据线连接到压力接线盒上。

⑤将压力主数据线连接到压力接线盒和 PLC 上。

注意：安装压力传感器前确认相应部位无圈闭压力。安装压力传感器时卸开连接线与传感器部分，先将传感器安装好，再接上压力传感器数据线。

（3）泵冲传感器的安装。

①先安装 2 个泵冲传感器到两个常用的钻井泵上。

②将泵冲传感器数据线连接到泵冲接线盒上。

③泵冲接线盒与 PLC 用主数据线连接。

3. 工作机的安装

（1）安装三台工作机（数据采集电脑、图形显示电脑、智能控制电脑），主机、显示器、PLC 和路由器电源都必须接在 UPS 上，满足连续工作要求。

（2）通过网线将数据采集电脑、图形显示电脑、智能控制电脑和 PLC 连接到同一个局域网。

（3）检查所有连接线是否正常。

（4）对 PLC 和连接电脑供电启动，互相运行 ping IP 地址命令进行局域网连接测试。

（5）启动工作机软件，开启监控。

4. 数据传输

（1）内部数据传输。

①设置数据采集电脑 IP 地址为：172.23.41.100。

②设置图形显示电脑 IP 地址为：172.23.41.101。

③设置智能控制电脑 IP 地址为：172.23.41.102。

④PLC 的 IP 地址为：172.23.41.110。

⑤质量流量计 CPU 的 IP 地址为：172.23.41.120。

（2）外部数据传输。

①设置与录井连接电脑第二网卡 IP 地址与录井为同一网关；

②打开录井数据接收工具软件和数据发送工具软件，输入正确的 IP 地址和端口号，与录井或其他相关方进行数据传输共享。

（三）精细控压管汇系统安装操作与维护规程

1. 设备现场摆放

（1）现场调研时，根据井场布置和管具摆放次序，确定控压钻井摆放位置。

(2)设备吊装到平台后,按预先确定位置摆放设备(控制橇,正压房,旋转控制头液控柜);

(3)原则上控制橇、正压房和旋转控制头液控柜尽量摆放在易连接管线和操作、巡检的甲板位置。

2. 管线与接口规范

(1)旋转控制头壳体出口至控制橇进口使用高压耐火软管连接。

(2)控制橇出口至液气分离器、钻井液罐高架槽管线使用低压软管。

(3)回压泵及平衡管线使用 2in 1502 高压软管。

(4)旋转控制头壳体主返出出口法兰为 $7^{1}/_{16}$in、5000psi 法兰(钢圈 R46)。

(5)灌浆管线使用 2in 1502 软管,连接平台的接口型号需在现场调研时确定。

(6)旋转控制头壳体型号和防溢管尺寸根据平台防喷器、防溢管型号和空间高度进行选型。

3. 管线连接规范

(1)安装前,需仔细检查密封衬垫、密封钢圈、螺纹与法兰面的情况,如有不妥应及时更换,并保证钢圈、法兰、活接头、螺纹清洁无杂物。

(2)软管活接头或法兰两侧安装固定钢丝绳或铁链。

(3)冬季使用电热带保温时,如果在管线上附着铺设信号线缆,不能将信号线缆包扎在保温材料内。

(4)管线安装完成后,试压前在管线两侧 2m 范围外布置警示带。

(5)人行跨越管线处,应安装人行桥梯。

(6)管线试压完成后,如果挪动管线位置或重新拆装管线,需要重新试压。

4. 设备安装注意事项

(1)安装前检查密封圈,清理密封面,如密封圈有破损、老化情况要进行更换。

(2)安装时要在活接头和螺纹上涂抹润滑油。

(3)再次确认密封垫圈已经安装完毕。

(4)将管线放置平稳后再进行对接,用手旋转连接螺纹,如果无法手动旋转,不可强行用手锤敲击,应重新清洁螺纹,检查是否有损伤。手动旋转到位后用手锤敲紧,必须从一端逐个敲击,防止两端敲击后中间连接部位错位集中而螺纹无法连接到位。

(5)搬运管线时指令明确,步调一致,搬运人均 25kg 以上重物时,重物重心必须在腰部以下,不要将身体部位置于重物下方,不得用身体长时间支撑重物,应用基墩、支架、垫木等支撑,25kg 以上重物,不得一人搬运。

(6)砸手锤前必须戴好护目镜,确认周围作业人员的安全距离,使用合理的站位和姿势,提醒周围作业人员,以确保作业安全。

(7)指令明确,沟通一致,避免沟通不畅造成伤害。

（8）高处作业时要穿戴好五点式安全带，挂点稳固，遵循高挂低用的原则，做好安全防护，必须有安全监护人员在场。

（9）安装后设立警戒区，配置安全警示牌。

5. 管线的维护保养

（1）作业过程中定时巡检管线本体和活接头连接处是否有渗漏现象，如果确定渗漏，须进行更换。

（2）作业期间如果有较长时间的待命阶段，须用气源或钻井液对管线进行吹扫或顶通，防止管线内钻井液因静止时间过长材料沉淀造成管线堵塞，高温高压井要提高顶通频率。

（3）未使用的备用管线需进行防腐防沙处理，将活接头处润滑保养和包裹。

（4）作业完成设备拆除后，将管线内外壁的残余钻井液进行清理。

（5）将管线活接头螺纹进行清理和润滑保养，进行防腐处理，并用塑料袋包住活接头绑好，减缓锈蚀。

（四）精细控压控制橇操作与维护规程

1. 控制橇构成

控制橇由控制橇体、管汇闸门系统、液控柜、液控阀、质量流量计、传感器系统、PLC控制箱、配电箱、照明保温系统、气、液路管线及附件等构成。

2. 控制橇操作规程

（1）控制橇的拆装。

①控制橇的安装。

a. 控制橇运抵施工现场后，按照预定摆放位置摆放。

b. 摆放到位后，检查控制橇内管线、电缆、传感器、照明灯及设备连接处是否存在松动与损坏现象。

c. 检查控制橇内各闸板阀是否处于全开状态，如设备使用间隔超过 30 天以上，润滑所有黄油嘴。

d. 按操作规程连接高低压管线、气路管线、电缆和外部传感器。

e. 连接好接地线，检测接地良好。

f. 各部分连接完成后，对设备进行固定，防止恶劣天气造成设备损坏。

g. 检查各墙面是否有变形和防腐措施，及时维保处理。

②控制橇拆卸。

a. 在吹扫完管线后拆进出口管线。

b. 关 PLC 开关，在确认电源断电后拆输入输出电缆，拆地线。

c. 拆气源和传感器。

d. 大门回位固定，做好起吊准备。

（2）控制系统的结构、操作与维护保养。

①结构。

设备控制系统由液压系统、气源系统、电控系统和控制面板等构成。

液压系统：包含节流阀控制液压马达、液控阀、储能器、液压油（箱）、液压管线等。液压马达提供液压动力，维持系统压力（一般设置在1800psi，低于1400psi自动补压）；液控阀包括换向阀、手自动切换阀、流量阀等，分别控制节流阀的换向、手自动转换和开关速度；储能器储存液压压力，在控制时起到缓冲作用，避免因液压压力波动太大导致节流阀动作速度异常，且在失去动力源情况下还可进行1～2次全开/全关的应急操作，保障井下安全；液压油（箱）提供液压系统的介质；液压管线耐压级别35MPa，是液压传递的载体。

气源系统：包含气泵、气源分水器、气源管线等。气泵提供气动动力；气源分水器可以分离气源供给中的水分并排出，保证气源通道中的气体相对干燥，防止大量水分进入通道导致气源故障；气源管线是气源传递的载体。

电控系统：包含接线箱、三相电动机等。接线箱内集成了电动机供电线路、PLC到控制系统的控制线路、显示线路等；三相电动机功率为3.5kW，用以打压驱动液压系统。

控制面板：包括套压、气源压力、液压系统压力、液压阀前压力、液压泄压压力的显示仪表、液压调速阀（调节控制柜操作节流阀动作速度，对自动控制无影响）、节流阀A和B的操作手柄（对节流阀进行液控柜开关操作）。

②操作。

a. 使用前检查，打开控制面板上的气源总开关（或电动机开关），系统液压系统开始增压。

b. 增压过程中，注意观察气源压力表、储能器压力表、液压系统压力表的数值是否正常。

c. 观察系统压力表，压力达到1800psi时，增压泵（或电动机）是否停止工作，如不停止工作，需要进行手动操作。

d. 系统增压过程中，观察液控柜内与液控阀等各处管线是否有泄漏情况，如有泄漏，停止作业进行维修。

e. 如压力达到1800psi时，增压泵停止，将控制系统手自动开关搬到手动位置，反复操作节流阀，系统泄压，确定当系统压力低于1400psi时，增压泵开始工作；手动操作节流阀开关时，观察各液压管线是否有漏油现象，如有漏油，及时修理。

f. 系统压力达到1800psi，增压泵停止工作时，观察液压油箱油位标尺，是否在红线以上20mm左右，如油量不足，添加同品种液压油。

g. 关闭气源开关，手动操作节流阀，系统泄压，观察在增压泵不工作的情况下，液控系统是否供液，判断储能器工作是否正常（正常情况下，在无气源供气情况下，储能器液量满足节流阀一次全开,一次全关用液量),如增压泵不工作时,操作节流阀时系统不工作,储能器出现故障,应修理或更换。

h. 关闭启动增压泵,操作手动增压泵,观察系统压力表读数,确定手动增压泵工作正常。

i. 关闭 6.5hp 增压泵,打开小排量增压泵,检查增压泵工作状态。

j. 以上检查正常时,系统可正常进入工作状态。

③维护保养。

a. 液压系统维修时,如需紧固、拆卸、更换液压管线、液压阀等,凡是需要打开液压油路的地方,必须对液压系统进行泄压。

g. 泄压前,关闭气源总开关,系统停止增压工作,液压系统泄压方法为:首先关闭储能器供液阀,然后打开系统泄压阀。打开系统泄压阀后,观察系统压力表,确认压力为零后方可拆卸液压部件进行维修。

c. 维修完成后,要首先关闭系统泄压阀,然后开启储能器供压阀,储能器供液后,观察系统是否有泄漏的地方。

d. 维修过程中,敞开接头必须密封保护,维修过程中注意环境卫生,严禁沙尘、棉纱等物品进入液压系统,否则会给系统造成致命损坏。

(五)精细控压正压控制房操作规程

1. 正压控制房的组成和功用

正压控制房由配电系统、办公系统、分线模块和正压系统等部位组成。

(1)配电系统。

配电系统包括正压控制配电箱、变压器、用电器电源分配盒、不间断 UPS 电源等部分。正压控制配电箱从外接电源引入三相交流电(三根火线一根地线),输出至变压器,经变压器变压后输出至用电器电源分配盒,从而实现给正压房内各用电器正常供电。不间断 UPS 电源输入端从面板引出,输出到专用插座,给 PLC 和工作电脑供电。

(2)办公系统。

办公系统由数据采集电脑、图形显示电脑、自动控制电脑、录井分屏等组成,通过路由器与 PLC 相连,实现对数据的采集存储、实时监控和节流阀控制。

(3)分线模块。

分线模块在正压房侧墙,将正压房与外界接线延长一部分至正压封条外,并留有相应插头,既可满足接线的快捷方便,又不影响控制房的正压功能。

(4)正压防爆系统。

正压系统包括正压控制配电箱、正压监测传感器、正压风机、风管和警报系统等。使用正压控制配电箱控制,正压风机吸入空气,使气流通过风管进入正压房,逐渐提高内外压差至 50~120Pa,实现正压功能。

（5）控制配电箱。

①系统电源开关（SYSTEM POWER）：是系统电源总开关。打至开位（ON）即可使外电向控制配电箱供电，关位（OFF）即断电。

②PLC 面板开关（FAN ON/OFF）：在选择正压模式正压房自检完毕后，按此按钮可以开启正压流程的一系列自动操作：开风闸、开风机、正压差、扫风，实现稳定正压功能。

③面板切换按钮（SCREEN SWITCH&MUTE SILENCE）：可以切换 PLC 面板显示界面。

④供电开关（POWER ON/OFF）：在实现正压功能稳定 15min 后，可以按此按钮使控制配电箱向外供电，或不使用正压模式选择"PLC OFF"，可以在打开系统电源开关后直接按此按钮，可以直接供电。在 15min 扫风过程中无法向外供电，必须扫风结束正压模式正常才能按下供电开关按钮进行电源输出，若未满足正压条件按下供电开关按钮无反应。

⑤模式选择（SYSTEM MODE）：选择控制配电箱的工作模式，共有三个模式：PLC OFF、BYPASS 和 NORMAL。PLC OFF 模式与正压功能无关，是正常情况下采用的模式；BYPASS 和 NORMAL 模式都是正压工作模式，选择后会进行正压房自检、扫风 15min 实现正压的过程，所不同的是 BYPASS 模式下系统不会报警，而 NORMAL 模式下只要 PLC 面板上有一个红灯显示就会启动声光报警。

2. 正压控制房操作规程

（1）作业前正压房设置。

设备动迁前在基地进行最后一次调试后，根据平台电源情况对正压房的正压控制配电箱、变压器进行设置。

变压器设置：用专门钥匙插入变压器右侧调节开关孔内，旋钮调节开关，使开关红箭头指向对应电压值。电压共有四个选项：0V，380V，460V，690V。

正压控制配电箱设置：用内六方扳手卸掉配电箱所有螺丝，打开箱门，用专门钥匙插入右上角调节开关孔内，旋钮调节开关，使钥匙孔缺口方向指向对应电压值。电压共有五个选项：1—220/380V，2—440V，3—480V，4—600V，5—690V。设置完毕关闭箱门并将螺丝上齐。

（2）作业期间正压房操作规程。

①正压房接电。

a. 控压钻井系统总电源从井队接线端接至正压房侧面防爆开关盒，其中电源输入端有四个接线端子：三火一地。

b. 控制橇电源从正压房内的电源分配盒的三火一零的空开处接出，经控制橇配电箱分配给控制橇用电器（照明、电暖器、三相电动机等）。

c. PLC 电源线从正压房 UPS 插座引出至控制橇 PLC 电源防爆插头。

d. 正压风机电源从正压房侧面防爆航插引出。

注意：外接电至正压房后应先将正压房控制配电箱工作模式选在 NORMAL 或 BYPASS

模式，在系统自检PLC面板亮起后观察"相序不符"指示灯的状态，如果是红灯，则表示相序不符，需要外接电源三根火线调相序；如果是白灯，则表示相序正确，可以实现正压功能。相序不符无法使用完善的正压防爆模式。

②正压房外接线缆。

a. 网线：PLC网线（从PLC连接至正压房内路由器）；连接录井网线（从正压房内电脑到录井工作机）；分屏网线（从正压房内电脑到监督办或从正压房内电脑到录井）。

b. VGA分屏线：从录井房连接至正压房分屏显示器，或使用一套VGA转网线的分配盒，中间使用网线连接；监督办分屏线：使用一套VGA转网线的分配盒从正压房图形显示电脑连接至监督办，中间使用网线连接。

③正压风机连接。

a. 将正压风机放置在正压房附近合适区域（原则上放置在井口的上风或侧风方向），以不影响作业和巡检、使风管舒展为宜。

b. 连接正压房入风口弯管。

c. 用风管连接风机出风口和正压房入风口。

d. 风机接电。

④正压功能的开启。

a. 确保正压房外门、逃生门都关严。

b. 将正压控制配电箱开关扳至NORMAL或BYPASS，正压房内部暂时断电，点击面板的按钮开关，正压房百叶窗自行打开，设备自检，风机启动向正压房输送空气。

c. 正压压差达到50Pa以上且连续稳定15min，判定为正压功能正常，可以按"POWER ON"按钮，恢复内部供电。

注意：在15min扫风期间，除了控制配电箱PLC面板上的"安全电源启停"指示灯为红灯外，不允许其他指示灯如气锁区、低流速、室压高/低等出现红灯异常，一旦出现，15min重新计时。

d. 如果长时间达不到正压要求，声光报警会持续响起，需要根据PLC面板上的警示红灯项目去查找原因并予以解决。

e. 正压功能开启期间进出正压房时必须保证两层门至少有一层是关闭状态，防止压力过多释放使正压在一段时间失效。

注意：正压功能是否开启视现场作业需求和作业环境决定，如果发现有毒有害气体，则需要实现正压，防止人员受到伤害。

（3）正压房故障分析。

①正压风机不能正常工作。

a. 风机电源连接不正确或插头接触不良。

b. 风机接电相序错误。

②正压压差长时间达不到要求。

a. 正压房门窗、逃生门关闭不严。

b. 正压风管或其与风机和正压房风口连接处密封性差。

c. 正压风管布置路径弯曲，吹风时风管不舒展、打折，进风不畅。

d. 风机功率达不到要求。

③正压期间突然失压。

a. 风道突然破损或固定密封不好，发生大量气体外泄。

b. 出入正压房没有保持一层门关闭状态，门全开导致与外界大范围连通导致正压房内压力骤降。

c. 风机发生故障。

（六）精细控压设备冬防保温作业规范

1. 冬防保温作业时间

进入冬季生产，启动冬防保温条件为：

（1）每年11月15日至3月15日为冬季生产时间。

（2）特殊情况下，当地最低气温低于0°C时，冬防保温时间可提前开始，延后结束。

2. 进入冬季生产前检查

进入冬季生产前，须对设备进行如下检查：

（1）控制橇。

①检查液压油使用是否符合规范，冬季液控箱使用壳牌 DTE 24 液压油。

②检查电加热器工作是否正常。

（2）正压控制房。

①检查电加热器、空调制热效果是否正常。

②检查门窗密封是否良好。

（3）管线保温。

①检查毛毡、塑料布、铁丝、密封胶带等是否足够。

②检查电热带连接电缆、电热带、电热带缠绕胶带、电热带接线头（终端，三通，四通，接线盒）等是否足够。

3. 冬防保温运行

（1）进入冬季生产季节，作业井在11月10日前或最低气温低于0°C以前，完成所有冬防保温作业。

（2）冬季接到施工任务的队伍，在设备安装时，同步进行冬防保温作业。

（3）各设备冬防保温作业按照设备冬季操作规程进行。

（4）冬季生产期间，小队每天进行保温情况检查，并填写《精细控压冬防保温检查表》。

4. 冬防保温物资回收

冬季生产结束后，井上多余的冬防保温物资，经小队清点汇总后，作为返库物资，返回库房统一保存，在下一个冬季生产时统一调配。

五、应急处置流程和规范

控压钻井在设备失效、井下复杂等情况下，有可能导致设备受损、人员受伤、施工失败等风险。为了在控压钻井发生紧急情况时保证人员和设备安全，防止井下复杂情况扩大化，提高控压技术人员和井队人员的安全意识和处理复杂情况的操作技能，特制定本应急程序。

本应急程序主要包括：精细控压钻井井控应急预案、旋转控制头喷漏、节流阀堵塞、回压泵失效、浮阀失效、节流阀失效应急程序，工程师每周选取2个应急程序做现场模拟演练，并将演练记录填写《精细控压培训记录表》。

与井队司钻相关的应急程序需要在司钻房张贴应急处置措施，详见表7-4精细控压司钻房应急操作指南。

精细控压钻井井控应急预案具体内容可见第七章第一节的"控压钻井井控应急程序"和"控压钻井作业复杂情况处理要求"部分。

第三节　海洋精细控压钻井 QHSE 作业方案

一、海洋钻井 HSE 相关背景

（一）气候环境

海洋平台钻井受到海洋性气候的影响，主要有以下几个方面特点。

（1）四季多云雾，影响直升机和船舶正常出行和补给。

（2）气候潮湿，冬季湿冷，夏季闷热，影响作业人员体表感官，夏季易发生人员中暑情况，设备锈蚀速度快。

（3）天气多变，风浪大，影响船舶补给，人员作业风险高，易发生高处坠落、高空落物、物体打击、人员落海伤害，半潜式钻井平台人员易发生晕船状况。

（4）在热带海洋多风暴，北太平洋西南部分与中国南海是台风生成和受影响强烈的地区，南海和东海受台风影响大，对人员设备安全有一定影响。

（二）交通通信

海上交通工具单一，海洋钻井组织人员、调配物资只能通过船舶和直升机进行，易受天气制约，效率低。

海洋作业大部分区域未覆盖移动公共通信，通信信号差，通信手段主要为卫星电话和无线网络。

（三）医疗卫生

海洋平台配备医生、医务室和基础医疗器具药品，医务室配备急救药品和常用的常规药品，能应对简单急救和轻症。若情况较严重必须申请安排应急直升机将人员送至陆地医院进行救治，对突发疾病或伤情处置效率不高。

（四）作业风险

海洋平台钻井面临常规风险、作业风险和井控风险。常规风险包括恶劣自然环境（高温、台风、潮涌、暴风雨等）、火灾爆炸、突发公共卫生事件、噪声伤害风险、触电伤害风险、高低温伤害风险、交通风险等，作业风险包括人员高处作业、受限空间作业、热工作业、井口作业、压力容器作业等特殊作业存在的风险以及设备故障风险，井控风险包括溢流、井喷、井喷失控、有毒有害气体、井漏等。

海洋平台钻井因其活动区域小、人员逃生手段单一、交通不便、物资补给困难，作业风险较陆地钻井更高。

二、海洋钻井作业风险分析

（一）常规风险

1.恶劣自然环境

（1）高温伤害。

海洋蒸发量大，常年湿度大，加之夏季作业气温高，体感闷热，作业人员在户外场所进行设备安装拆卸、设备巡检和日常作业期间，因暴露于高温、高湿、无风环境导致体温调节中枢功能障碍、汗腺功能衰竭和水、电解质丧失过多，易发生中暑、脱水，出现头痛、头晕、高热或神经和心血管系统症状。

（2）台风破坏。

台风属于热带气旋的一种，是发生在热带或亚热带洋面上的低压涡旋。我国把西北太平洋的热带气旋按其底层中心附近最大平均风力（风速）大小划分为6个等级，其中心附近风力达12级或以上的，统称为台风。

台风常带来狂风、暴雨和风暴潮。台风风速大都在17m/s以上，甚至在60m/s以上。当超强台风来临时，其带来的狂风及其引起的巨浪可以把沿海船只抛起乃至拦腰折断，也可把巨轮推入内陆，损坏甚至摧毁陆地上的建筑、桥梁、车辆等。特别是在建筑物没有被加固的地区，造成的破坏更大。大风也可以把杂物吹到半空并使其高速飞行，危及行人生命财产安全，使户外环境变得非常危险，给设备物资、人员安全造成很大威胁。

（3）潮涌。

潮涌会对钻井平台、隔水管、井口装置形成较大冲击，对船舶航行和靠平台吊装调配物资有很大影响。

（4）暴风雨。

海洋容易形成强对流天气，常见大风、暴雨。容易影响平台设备物资存放安全，发生高空落物事件，人员户外工作易发生坠落、磕碰、滑跌。

2. 火灾爆炸

海洋钻井平台井喷失控、可燃有害气体溢流、热工作业、厨房明火、不当吸烟等情况都可能引发火灾爆炸事故，造成巨大的人身和财产损失。

3. 突发公共卫生事件

突发公共卫生事件，是指突然发生、造成或者可能造成社会公众健康严重损害的重大传染病疫情、群体性不明原因疾病、重大食物和职业中毒以及其他严重影响公众健康的事件。因其成因多样性、分布差异性、传播广泛性、危害复杂性、种类多样性导致事件频发，且海洋钻井平台人员居住、隔离条件有限，医药用品不足，治疗手段匮乏，一旦传染病、食物中毒等突发事件爆发，将给钻井平台造成严重的影响。

4. 噪声伤害风险

从生理学观点来看，凡是干扰人们休息、学习和工作以及对人们所要听的声音产生干扰的声音，即不需要的声音，统称为噪声。当噪声对人及周围环境造成不良影响时，就形成噪声污染。而在物理学上，噪声指一切不规则的信号（不局限于声音），比如电磁噪声、热噪声、无线电传输时的噪声、激光器噪声、光纤通信噪声、照相机拍摄图片时画面的噪声等。

在环境噪声评价中，采用一定特性的仪器测量噪声。通过曲线测量得到的声强级，单位记为分贝（dB），是最常用的一种噪声级，是噪声的基本评价量。

在海洋平台，产生噪声的因素较多，如钻机、钻井泵舱、振动筛房都属于高噪声区。人员长期在高噪声环境工作或生活，容易干扰人的休息和睡眠，降低工作效率，导致听觉疲劳、听力下降、心脑血管受损、耳鸣耳聋、视力下降、中枢神经系统和自主神经系统紊乱，还会影响人的心理状态。

5. 触电伤害风险

触电伤害是各行业常见事故中"五大伤害"的其中一种，与其他事故比较，其特点是事故的预兆性不直观、不明显，危害性非常大。当流经人体的电流小于 10mA 时，人体不会产生危险的病理生理效应；但当流经人体的电流大于 10mA 时，人体将会产生危险的病理生理效应，并随着电流的增大、时间的增长将会产生心室纤维性颤动，乃至人体窒息，在瞬间或在两三分钟内就会夺去人的生命。如果保护设施不完备、人员无证操作或不安全行为，很容易导致人体触电伤害。

6. 高低温伤害风险

低温伤害，指寒冷作用于机体所致的损伤或死亡，为冻伤、冻死。烧伤、烧死系由火焰、炽炭、灼热金属物体、辐射热的作用所致；烫伤、烫死系由高温液体如开水、滚油或高热蒸汽作用所致。海洋平台低温伤害主要由低气温、气体膨胀吸热（如液气分离器排气、使用二氧化碳灭火器等）造成，高温伤害主要由高气温、热工作业造成。

7. 交通风险

海洋平台交通手段单一，人员动复员依赖直升机和船舶，因此受交通工具状态、天气情况、海况、人员状态的制约。乘坐直升机、船舶时交通工具故障，大雾天气直升机强行起降，大风浪天气下船舶强行出港、靠平台装卸物料，恶劣天气人员乘坐吊笼，吊索具使用前未检查或超负荷使用导致损坏等，都存在安全隐患。

（二）作业风险

1. 高处作业

海洋平台控压钻井涉及高处作业，主要在拆装井口装置期间，人员需要到防喷器组上部进行设备和管线安装拆卸，持续数小时时间。人员劳保穿戴不当、安全带和防坠落装置未使用或使用不当、安全带未经检测，都可能造成高处坠落风险。

2. 受限空间作业

受限空间，是指封闭或者部分封闭，未被设计为固定工作场所，人员可以进入作业，易造成有毒有害、易燃易爆物质积聚或者氧含量不足的空间。

（1）通风不良，容易造成有毒、易燃气体的积聚和缺氧等；此特点是造成有限空间死亡事故的主要原因，有毒有害气体中又以硫化氢为常见；所以在进入有限空间前首先必须保证该空间内有足够的无害的空气。

（2）对于某些有限空间，内部构造的复杂也是导致事故的原因之一。

（3）内部固有风险产生危害时，人员不便于逃离或救援的，是主要危害机理。

（4）机械运转部件之间的空间不属于有限空间。

受限空间作业容易发生人员窒息、中毒、机械伤害甚至死亡。

3. 热工作业

平台热工作业包括电气焊、切割、打磨等作业，如果操作不当，容易造成切割片伤人、眼睛灼伤、着火、烧伤等伤害。

4. 井口作业

井口作业主要是井口装备的安装拆卸，存在人员攀爬高处坠落、工具掉落导致高空落物伤人、人员磕碰伤害、井内落物风险等。

5. 压力容器作业

压力容器是一种能够承受压力的密闭容器，用途极为广泛，在工业、民用、军工等许多行业以及科学研究的许多领域都具有重要的地位和作用。其中以在化学工业与石油化学工业中应用最多，仅在石油化学工业中应用的压力容器就占全部压力容器总数的50%左右。

压力容器在化工与石油化工领域，主要用于传热、传质、反应等工艺过程，以及贮存、运输有压力的气体或液化气体；在其他工业与民用领域亦有广泛的应用，如空气压缩机。各类专用压缩机及制冷压缩机的辅机（冷却器、缓冲器、油水分离器、贮气罐、蒸发器、液体冷却剂贮罐等）均属压力容器。

控压设备使用的储能器、液气分离器都属于压力容器，使用中存在因工作介质具有腐蚀性、工作环境恶劣、操作失误造成超负荷运转、局部应力过高导致疲劳破裂或制造缺陷，而导致发生变形、破裂、压力释放造成人员设备伤害。

（三）井控风险

1. 井侵、溢流、井涌、井喷、井喷失控

井侵是地层的油气水侵入井筒的现象。

随着井侵的发展，井筒压力低于地层流体压力，引起井口返出钻井液的量比泵入量大，或停泵后井口钻井液自动外溢的现象，这就是溢流。

井涌是溢流进一步发展到钻井液涌出井口或防溢管口的现象。

井喷是地层流体流入井内并引起井内流体喷出钻台面的现象。

井喷失控是发生井喷后，无法用井口防喷装置进行有效控制而出现敞喷的现象。

从井侵到井喷失控反映了地层压力与井底压力失去平衡以后井下和井口所出现的各种现象及事故发展变化的不同严重程度。如果不及时发现和处置，随着井喷的加剧，会导致着火爆炸事故，造成人员伤亡、设备损毁、海洋环境污染、巨大经济损失的严重后果。

2. 井漏

井漏是钻井工程中常见的井内复杂情况，很多钻井过程都有不同程度的漏失。严重的井漏会导致井筒压力下降，影响正常钻井、引起井壁失稳、诱发地层流体涌入井筒发生溢流甚至井喷。

3. 有毒有害气体

地层中的烃类、二氧化碳、一氧化碳、硫化氢等气体，有的有易燃易爆特性，有的有剧毒性，有的会影响钻井液性能。危害最大的是硫化氢气体，易燃易爆、剧毒，燃烧后生成的二氧化硫仍然有毒，不仅毒害人体，还会使钻井液形成冻胶，使橡胶制品老化，钻具氢脆断裂，危害很大。

三、海洋钻井作业风险评价

（一）施工环境风险评价

施工环境主要风险识别与评价见表7-7。

（二）施工设备、工艺风险评价

施工设备、工艺风险识别与评价见表7-8。

表 7-7 施工环境主要风险识别与评价

序号	风险名称	发生部位	发生活动	风险评价方法	本井（项目）风险等级	性质
1	交通事故	井场、道路	上（离）井途中	风险矩阵	中风险	通用
2	防风	井场、生活区	大风季节	风险矩阵	中风险	通用
3	触电	井场、生活区	全过程	风险矩阵	低风险	通用
4	高空坠落	井场周围	特殊作业	风险矩阵	中风险	通用

表 7-8 施工设备、工艺风险识别与评价

序号	风险名称	发生部位	发生活动	风险评价方法	本井（项目）风险等级	性质
1	井喷	井场	钻进、起下钻	风险矩阵	低风险	通用
2	井喷失控	井场	钻进、起下钻	风险矩阵	中风险	通用
3	机械伤人	井场	所有生产活动	风险矩阵	低风险	通用
4	管线刺漏	井场	钻进、循环	风险矩阵	中风险	通用
5	物体打击	井场	吊装	风险矩阵	中风险	通用
6	坠落	井场	井口操作	风险矩阵	低风险	通用
7	起重伤害	井场	拆装设备	风险矩阵	低风险	通用
8	高压伤害	井场	设备试压	风险矩阵	低风险	通用
9	有毒有害气体	井场、营房	全过程	LEC	低风险	通用
10	火灾爆炸	井场、营房	临时用电、电暖器、吸烟	LEC	低风险	通用

（三）对环境造成的风险评价

环境风险识别与评价见表 7-9。

表 7-9 环境风险识别与评价

序号	风险名称	破坏活动	风险评价	风险评价方法	评价结果	性质
1	油气泄漏	设备维修中废机油、废齿轮油、废液压油、废电解液、防冻液	海洋环境污染	风险矩阵	低风险	通用
2	固体废弃物	办公用品的随意丢弃	对周围环境产生污染	风险矩阵	低风险	通用
2	固体废弃物	办公过程中打印机废墨盒使用后随意丢弃	对周围环境产生污染	风险矩阵	低风险	通用
2	固体废弃物	资料处理过程废图纸	对周围环境产生污染	风险矩阵	低风险	通用
3	施工垃圾	施工后废弃的手套、棉纱、硅质、棉纱、生活垃圾、含油垃圾随意丢弃	环境污染	风险矩阵	低风险	通用

(四)风险矩阵图

风险矩阵图见表 7-10。

表 7-10 风险矩阵图

严重程度	后果				可能性				
	P	A	E	R	A	B	C	D	E
	人员	财产	环境	名誉	从未听说过	听到企业事故	我们公司发生过事故	公司每年发生几次事故	当地每年发生几次
0	没有伤害	没有损失	没有影响	没有影响	低风险区	低风险区	低风险区	低风险区	低风险区
1	轻微伤害	轻微损失	轻微影响	轻微损害	低风险区	低风险区	低风险区	低风险区	低风险区
2	小伤害	小型损失	小影响	有限伤害	低风险区	低风险区	低风险区	中风险区	中风险区
3	主要伤害	局部损失	局部影响	可观损害	低风险区	低风险区	中风险区	中风险区	高风险区
4	单个死亡	主要损失	主要影响	国内范围	低风险区	中风险区	中风险区	高风险区	高风险区
5	多个死亡	广泛损失	广泛影响	国际范围	中风险区	中风险区	高风险区	高风险区	高风险区

(五)LEC 法

用 LEC 法判定作业危险性结果见表 7-11。

表 7-11 用 LEC 法判定作业危险性结果

L		E		C		D		
分值	事故发生可能性	分值	频繁程度	分值	后果	分值	危险程度	风险分级
10	完全可以预料	10	连续暴露	100	大灾难,许多人死亡或重大财产损失	>320	极其危险,不能继续作业	一级风险
6	相当可能	6	每天工作时间内暴露	40	灾难,数人死亡或很大财产损失	160~320	高度危险,须立即整改	
3	可能,但不经常	3	每周一次或偶然暴露	15	非常严重,一人死亡或一定财产损失	70~159	显著危险,需要整改	二级风险
1	可能性小,完全意外	2	每月一次暴露	7	重大,伤残或较小财产损失	20~69	一般危险,需要注意	三级风险
0.5	很不可能	1	每年几次暴露	3	严重,重伤或很小财产损失	<20	稍有危险,可以接受	四级风险
0.2	极不可能	0.5	非常罕见的暴露	1	引人注目,达到基本健康安全要求或轻微财产损失			
0.1	实际不可能							

注:D=L·E·C。

中等风险有交通事故、台风、井喷失控、物体打击、管线刺漏等。为避免危险发生，必须加强施工作业现场相应的风险消减和控制措施，做好应急预案，降低施工 HSE 风险。

本项目属于低风险的是触电、机械伤害、坠落、起重伤害、高压、有毒有害气体、火灾爆炸、油气泄漏、固体废弃物、施工垃圾等。根据施工情况，制定相应风险预防措施。

四、HSE 风险消除、消减与控制措施

HSE 风险消除、消减与控制措施表见表 7–12。

表 7–12　HSE 风险消除、消减与控制措施表

序号	风险名称	危害因素	产生的影响	风险消减及控制措施	控制风险责任人
1	交通事故	驾驶路途不遵守交通规则，超速、超载、酒驾、疲劳驾驶	人员伤害、财产损失	（1）严格遵守道路交通法规，严禁疲劳、带病、酒后驾驶车辆，按照规定车速行驶，严禁超速行驶； （2）严禁无证驾驶车辆； （3）司乘人员系好安全带； （4）对车辆进行定期保养检查，长途行车途中要停车进行巡回检查； （5）运输过程中禁止拨接电话，如果紧急，必须将车辆靠边停，然后再拨打接听； （6）避免夜间长途驾驶，运输人员在遇到大雪、大雾、冰滑路面或其他极端恶劣天气时，应及时向负责人请示和报告，以确定是否可动车； （7）必须保持警惕驾驶的态度并采取相应的安全预防措施	驾驶员
2	触电	不遵守用电规定	人员伤害、设备损坏	（1）加强用电安全知识的学习； （2）专业人员持证操作	作业队长
3	台风	未及时预报	人员伤害、设备损坏、财产损失	（1）汛期作业期间关注天气预报； （2）做好避台风工作	作业队长
4	井喷	发现溢流未及时汇报、关井	人员伤害、设备损失、环境污染	严格执行井控细则，发现溢流立即关井	钻井液岗
5	井喷失控	发生溢流未及时关井，井控装备失效	人员伤害、设备损失、环境污染	（1）严格执行井控设计； （2）加强井控应急演练； （3）加强对井控装备检查，定岗定人定时记录； （4）坚持坐岗观察填好记录； （5）储备足量重浆和加重材料； （6）在井喷失控的情况下启动执行井队的《井喷失控应急预案》	工程师、钻井液岗
6	机械伤人	未按操作规程操作	人员伤害	作业人员站位准确，按照操作规程操作	操作岗
7	管线刺漏	未检查管线及活接头	人员伤害	（1）试压前检查管线和活接头的状态； （2）试压期间禁止人员进入试压危险区域； （3）禁止带压砸活接头	作业队长

续表

序号	风险名称	危害因素	产生的影响	风险消减及控制措施	控制风险责任人
8	物体打击	未按操作规程操作	人员伤害	作业人员站位准确，按照操作规程操作	操作岗
9	坠落	高处作业未系好安全带	人员伤害	（1）高空作业系好安全带，风险识别到位； （2）严格执行登高作业安全管理标准	操作岗
10	起重伤害	无专人指挥吊装，未执行安全标准	人员伤害、设备损坏	（1）司索作业专人指挥； （2）严格执行吊装作业安全管理标准	作业队长
11	高压伤害	管线老化或超出压力级别	人员伤害	（1）管线压力不超过其压力级别； （2）人员远离高压区域	作业队长
12	有毒有害气体	有毒有害气体逸出	人员伤害	（1）加强有害气体的检测和人员的应急反应培训； （2）加强对钻井液pH值、除硫剂检测符合设计要求	操作工
13	火灾爆炸	带明火进场，违章动火用电	人员伤害、设备损坏、环境污染	（1）加强各设备电路的巡检工作，严防电路老化； （2）严禁违章动火，必须经过专人审批且由专人作业； （3）严格执行工业动火作业安全管理标准； （4）目的层作业，严格控制动火作业； （5）敲击作业使用铜质手锤； （6）警戒区域内严禁烟火； （7）进入警戒区域内车辆加装防火帽； （8）如有发生立即执行《火灾爆炸突发事件现场处置预案》	作业队长
14	油气泄漏	废齿轮油、废液压油、防冻液泄漏	环境污染	发生泄漏及时回收处理	操作工
15	固体废弃物	办公用品随意丢弃	环境污染	废弃物集中回收	操作工
16	施工垃圾	施工垃圾乱扔	环境污染	施工垃圾集中回收	操作工

五、应急预案

在施工中发生紧急情况并危及员工生命时，应以保障员工生命和国家财产为重，其应急程序按HSE作业计划书规定执行。作业队伍到达现场后，组织学习平台制定的井喷、硫化氢等应急预案，必须参加平台或监督组织的一切应急演练（表7-13）。

表7-13 应急预案、应急培训和应急演练要求

序号	预案名称	本井管理级别	演习要求	参演人员	培训要求	备注
1	井控突发事件现场处置预案	很重要	按井控细则执行	井场所有单位人员	所有人员	动态掌握人数
2	硫化氢突发事件现场处置预案	很重要	按井控细则执行	井场、营房所有单位人员	所有人员	

续表

序号	预案名称	本井管理级别	演习要求	参演人员	培训要求	备注
3	自然灾害突发事件现场处置预案	重要	按预案要求执行	井场、营房所有单位人员	所有人员	动态掌握人数
4	火灾爆炸突发事件现场处置预案	很重要	每井每班至少参加一次演习	井场、营房所有人员	所有人员	动态掌握人数
5	人身伤害突发事件现场处置预案	重要	每井1~2次	新员工	所有员工	包括各种作业中出现的人身伤害
6	公共卫生突发事件现场处置预案	一般	每井1~2次	井场、营房所有单位人员	所有员工口头培训	
7	食物中毒突发事件现场处置预案	一般	每井1~2次	井场、营房所有单位人员	所有员工口头培训	

注：现场必须根据应急演练实际情况对预案进行修正，确保其可操作性和有效性。到达现场后，单位所属全体员工必须参加现场组织的一切应急演练。

六、监测与不符合项的纠正

（一）监测与检查

（1）控压钻井施工队 HSE 管理小组每月组织 2 次岗位 HSE 检查并记录。

（2）控压钻井施工队 HSE 管理小组每月组织 2 次对施工现场进行全面检查，填写 HSE 隐患整改记录。

（3）控压钻井施工队 HSE 管理小组对检测装置（仪表）进行管理，并建立相应台账，各岗位负责本岗检测装置（仪表）日常使用、保养及记录，队长负责检测装置（仪表）的使用管理和监督检查及问题整改，项目部 HSE 管理小组把检测装置的控制纳入现场检查中，配合分公司有关部门对检测装置按规定时间送检，填写并保存有关记录。

（4）对上级（包括驻井监督）在 HSE 检查中所提出的问题，要及时认真整改、做好记录，并向上级报告整改情况。

（二）不符合项的纠正

1. 不符合项的发现

（1）公司及客户方安全专业管理部门日常巡检中发现的不符合项。

（2）甲方安全监督、安全员及有关领导在日常巡检、检查中发现的不符合项。

（3）三级安全大检查中发现的不符合项。

（4）员工在日常生产过程中发现的不符合项。

（5）审核和评审中发现的不符合项。

（6）监测数据后发现的不符合项。

（7）事故（事件）调查时发现的不符合项。

对在施工中出现的不符合项要及时记录，内容包括：不符合名称、产生时间、危害及后果、产生原因、纠正措施、实施情况、实施效果的验证、验证人及日期。

2. 不符合项的纠正

甲方在现场检查时所开的《隐患整改通知书》，必须在要求的时间内将整改信息反馈至检查人所在的部门。HSE 管理小组在现场检查、内审评审及上级 HSE 检查中发现不符合项后，除认真整改外，要另行制定纠正（预防）措施，做好记录，防止以后不符合项的再次发生。

（三）事故报告

精细控压项目部负责人是事故的第一责任人，协助业主及公司 HSE 管理小组组织事故的汇总、统计、分析，监督各类事故的调查处理。

1. 事故报告

按照《生产安全事故管理办法》，现场发生一般事故发生后 30min 之内由事故发生单位向事业部相关管理部门报告；较大事故，在事故发生后 20min 之内由事故发生单位向事业部相关管理部门报告；重大及以上事故，在事故发生后 10min 之内由事故发生单位向事业部相关管理部门报告。

发生事故，应当以书面形式报告，情况特别紧急时，可用电话口头初报，随后书面报告。书面报告至少包括以下内容：

事故发生单位概况；事故发生的时间、地点以及事故现场情况；事故的简要经过；事故已经造成或者可能造成的伤亡人数（包括下落不明的人数）和初步估计的直接经济损失；已经采取的措施；其他应当报告的情况。

事故级别一般分为如下几等：

（1）特别重大事故，是指造成 30 人以上死亡，或者 100 人以上重伤（包括急性工业中毒，下同），或者 1 亿元以上直接经济损失的事故。

（2）重大事故，是指造成 10 人以上 30 人以下死亡，或者 50 人以上 100 人以下重伤，或者 5000 万元以上 1 亿元以下直接经济损失的事故。

（3）较大事故，是指造成 3 人以上 10 人以下死亡，或者 10 人以上 50 人以下重伤，或者 1000 万元以上 5000 万元以下直接经济损失的事故。

（4）一般事故（分为 A、B、C 三类）。

A 类：是指造成 3 人以下死亡，或者 3 人以上 10 人以下重伤，或者 100 万元以上 1000 万元以下直接经济损失的事故。

B 类：是指重伤 1～2 人，或者 3 人以上轻伤，或者 10 万元以上、100 万元以下直接经济损失的事故。

C 类：是指轻伤 1～2 人，或者 1 万元以上、10 万元以下直接经济损失的事故。

（5）轻微事故，是指无人员受伤，经济损失在 1 万元以下的事故。

注意：本条各款所称的"以上"包括本数，所称的"以下"不包括本数。

2. 事件报告

按照油田公司《事件管理规定》，基层单位发生人身伤害、火灾（爆炸）事件、设备事件、生产事件、交通运输事件、其他事件和未遂事件时，应在 8h 内向事业部安全部门报告。

第四节　海洋精细控压钻井系统维护保养

一、维保目的

通过建立完整的设备管理体系及设备维护保养管理规范，提高设备维修水平，保障设备正常运转，加强对外维修设备的管理，保障设备长期、安全、平稳地运行。

二、维保主体

控压现场作业小队、基地设备保养人员、外协维护保养人员。

三、维保内容

（1）控压设备维护保养管理规范均应有相应的标准操作程序，供设备人员保养设备时执行。

（2）制定设备标准保养作业程序，应依照设备保养维护说明书的要求，分清步骤，以便保养人员掌握要点。

（3）设备保养作业规程包括以下内容：

保养人员必须用严肃的态度和科学的方法正确使用和维护设备；保养人员要经过专门培训，学习岗位操作方法和设备维修检修规程，做到"三懂四会"（懂结构、懂原理、懂性能、懂用途，会使用、会维护保养、会排除故障），并经考核合格后，持证上岗操作。

（4）保养人员必须做好下列主要工作：按岗位操作方法和设备安全操作规程进行设备启停，严格做到启动前严格细致准备，运行中重复检查、各项指标达到工艺要求，停机后妥善处理；坚守岗位，严格执行巡回检查制度，定时、定点、按巡回检查路线对设备进行仔细检查，认真做到清洁、润滑、紧固、调整、防腐；认真填写运行记录，严格交接班制度；做好本岗位范围内的设备、管线、仪表、支架、基础、地面和厂房的清洁卫生，及时消除"跑、冒、滴、漏"，做到安全文明生产。

（5）保养人员发现设备状况不正常，要立即查找原因并及时向领导反映，在紧急情况下应采取果断措施，向作业队长或值班领导汇报，不弄清原因，不排除故障，不得盲目运行设备，已处理和未处理的问题，必须记录在运行记录上，并向下一班组交代清楚。

（6）备用或待命的设备应指定专人负责维护保养，做到不潮、不冻、不腐蚀，经常保持清洁，使备用或待命设备处于良好状态，可以做到随时投入工作。

（7）设备、管线、支架、厂房、设备基础、接地线要保持完整，定期检查测定，采取防潮、防冻、防尘、防腐蚀措施，设备、管线上的仪表和安全装置要安全好用，并按时定期检查、校验。

四、维保分级

（一）一级保养（现场保养）

（1）设备现场摆放后检查控制橇各墙面外观是否因运输途中的磕碰造成变形和掉漆现象并记录，进行维修和补漆工作。

（2）液压管线和气源管线每班进行检查，如有漏气或渗油现象，及时进行紧固或更换。

（3）设备法兰和基墩螺栓每天检查一次，如果有松动现象，进行紧固。

（4）平板阀每月注润滑脂一次，节流阀每15天注润滑脂一次。

（5）阀门每操作50次或使用3个月要注密封脂一次。

（6）每15天向阀门轴承处注入黄油，并检查溢出的黄油是否有变质现象，如有变质，须全部替换。

（7）作业前和每次常规起下钻期间对阀门进行一次开关操作。

（8）如果节流阀堵塞，打开另一个备用的节流阀，关闭堵塞节流阀的上下游平板阀并泄压后，拆下阀盖，清理阀腔内杂物，检查阀杆阀芯是否完好后重新装回。

（9）仪器仪表在即将到达校正日期时及时进行更换和送检。

（二）二级保养（厂房保养）

（1）每次现场返回的设备都要进行设备防腐除锈、喷漆和清洁工作。

（2）每次现场返回的设备都要对控制橇管线内部进行清理，清除沉沙和异物，并将节流阀拆开检查和清理。

（3）设备保养完毕上井作业前要进行试压工作。

（三）三级保养（外协维修保养）

（1）设备现场工作累计6个月进行一次阀门的解体检查和修理，清理异物，更换和修复磨损件，清洗换油，检查油道部分。

（2）拆解开关扭矩异常及试压不合格阀门、拆解试压不合格管汇段，清洗阀门内部及管汇端口，按照生产厂家的配件标准更换损坏部件或打磨修复，所有拆解下来的设备维护修复后均进行单独试压，试压合格后进行复原，做整体试压。

五、验收工作

（1）一级保养由使用负责人（现场为作业队长，厂房为值班领导）验收，并填写保养记录。

（2）二级保养由使用负责人和维修负责人共同验收，并填写保养记录。

（3）三级保养由使用负责人和外协维修负责人共同验收，并填写保养记录。

（4）各级保养完成后，要保证运行周期，作为对维修人员的考核依据。

（5）各级设备的保养工作，应本着勤俭节约的原则，以精心修复为主，延长设备的使用寿命。

（6）保养配件以材料计划方式报设备主管，交由部门领导审批，进行采购和储备。

参考文献

[1] 董星亮，曹世敬，唐海雄，等．海洋钻井手册 [M]．北京：石油工业出版社，2011．

[2] 周守为，曾恒一，刘立名，等．海洋石油工程设计指南 [M]．北京：石油工业出版社，2009．

[3] 周英操，刘伟，尹明，等．控压钻井技术与装备 [M]．北京：石油工业出版社，2019．

[4] NAS S，等．欠平衡钻井技术 [M]．孙振纯，杜德林，编译．北京：石油工业出版社，2009．

第八章 海洋控压钻井及固井技术应用

近年来,海洋油气勘探开发已经日益成为保障国家能源供应的重要一环。我国海洋油气资源储量丰富,主要分布在东海、南海、渤海和台湾海峡。根据我国勘探成果预测,在渤海、黄海、东海及南海北部大陆架海域,石油资源量达到 275.3×10^8t,天然气资源量达到 10.6×10^{12}m³。近年来在近海大陆架上的渤海、北部湾、珠江口、莺琼、南黄海、东海等六大沉积盆地,都发现了丰富的油气资源。

"十三五"期间,经过我国海洋钻完井技术团队的不断理论创新和科研探索,相继在渤海中深层高效钻完井技术、深水油气田钻完井技术、南海高温高压井钻完井技术、海上油田应急救援技术等领域实现了突破,打破了国外的技术垄断,加快海洋油气勘探开发进程,有力保障了国家的能源安全。2020 年我国海洋油气产量突破 6500×10^4t 油气当量,原油产量同比增长 240.3×10^4t,占国内原油产量总增量的 80% 以上。

总的来说,我国海洋石油钻完井的发展有机遇和成果,也要面对严峻的挑战和困难,钻采装备的硬件配置、关键核心技术水平的软件实力,都制约着海洋油气战略的发展势头。如高温高压井的钻探开发;窄密度窗口、多压力系统地层的安全钻探;易喷易漏同存地层的井控保障等。

精细控压钻井技术是一种精确控制压力窗口以辅助钻完井的方式,通过控制环空压力去维持井筒压力系统,是解决地层压力系统平衡难题的有效手段。该技术衍生出控压固井技术,是应对窄密度窗口常规固井困难的有力手段。

第一节 窄密度窗口精细控压钻井技术应用

一、井位设计

DF-X1 井位于海西部海域莺歌海盆地中央底辟带东方 DF 构造,主要目的层为黄流组一段 N1hl1-Ⅳ、黄流组二段 N1hl2-C、N1hl2-D 砂体。预测主要目的层黄一段Ⅳ气组与 DF-X2 井连通,压力系数为 2.03;黄二段 A、B、C、D 与 DF-X2 井连通,压力系数为 2.15~2.24,地破压力系数为 2.30~2.38,密度窗口窄。

二、钻井情况

DF-X1 井是精细控压钻井技术应用于半潜式平台高温高压探井作业的第一口井，使用 2.13g/cm³ 钻井液控压钻进，根据气测情况和地层压力分析逐渐提高至 2.18g/cm³，钻进至井深 3180m 发生溢流，停泵关井，套压 610psi，计算地层压力系数 2.30。节流循环排气（按井底当量循环密度 2.30～2.32g/cm³）降低套压后通过控压流程控压循环，提高钻井液密度至 2.28g/cm³，保持井底当量不超过 2.32g/cm³（地漏试验漏失压力系数约为 2.38）。井况正常后继续控压钻进，保持井底当量在 2.30～2.32g/cm³，平稳钻进至完钻井深。起钻前提高钻井液密度至 2.30g/cm³，控压起钻至上部井段，有效补偿起钻抽吸导致的井底压力损失。

三、案例总结

（一）窄密度窗口降密度至地层压力当量之下，变相增加作业窗口

本井钻前预测目的层密度窗口 2.24～2.30g/cm³，实钻窗口 2.30～2.38g/cm³，均为窄密度窗口作业。使用低密度钻井液控压钻进，保持井底当量始终在 2.30～2.32g/cm³，保持微过平衡状态，实现了安全钻进目的。

（二）及时发现溢流并处理，避免复杂加剧

本井使用 2.18g/cm³ 钻井液五开钻进至 3180m，通过控压溢流漏失预警系统发现溢流，停泵关井，套压 610psi。节流循环排气（按井底当量循环密度 2.30～2.32g/cm³）降低套压后通过控压流程控压循环，井口压力由 250psi 降至 0，提高钻井液密度至 2.28g/cm³，平稳控制井底当量循环密度防止发生井漏，且尽早恢复控压流程，保持钻具活动和旋转状态，有效降低了卡钻风险。

（三）控压起钻，解决起钻抽吸问题

控压起钻，通过压力控制保持井底始终处于微过平衡状态，避免因起钻抽吸造成井底压力降低而导致溢流发生，客观上节省了作业时效。

第二节 裂缝溶洞型碳酸盐岩精细控压钻井技术应用

一、构造特征

我国的海相碳酸盐岩油气资源主要分布在中西部的塔里木、四川和鄂尔多斯等古生界克拉通盆地，东部海相碳酸盐岩地层发育较少，主要在裂谷盆地的前新生界基底，发现有渤海湾盆地的任丘、千米桥、埕岛等潜山油气田。

渤海湾盆地 BZ-X1 大型变质岩油气取得突破发现后，越来越多的深层潜山成为中国近海盆地的钻探目标，渤海海域是渤海湾盆地深层潜山的最有利发育区，其新生代最大埋深

超过 11000m，中新生代复杂的构造活动形成了多个深层、超深层潜山构造带，这些潜山直接被新生代优质烃源岩覆盖，具有良好的成藏条件。

现已在渤中凹陷 4000m 以深范围内发现多个碳酸盐岩潜山构造，其最大埋深可以超过 6000m，属于典型的深层超深层碳酸盐岩潜山储层。随着潜山勘探的不断深入，逐步认识到渤海海域的潜山山头多为太古宇变质岩，规模性的碳酸盐岩油气藏主要发育在潜山斜坡区，沙西北地区新的钻井揭示了潜山斜坡区碳酸盐岩具有较好的油气显示，但是并没有建立斜坡区碳酸盐岩潜山勘探的地质模式，特别是缺乏对该类型的碳酸盐岩潜山储层成因和成藏主控因素的认识，本节基于对渤海西部海域沙西北构造带的储层特征、断裂描述和油藏解剖的分析，试图探讨斜坡区下古生界碳酸盐岩潜山油气藏形成的主控因素，建立了斜坡带下古生界碳酸盐岩潜山成藏模式。

岩心观察和成像测井分析表明，研究区的碳酸盐岩潜山储集空间以宏观的"缝洞"体系为主，岩心上发育大量岩溶作用形成的岩溶角砾和洞穴，其中洞穴直径大小分布在 3～80mm，充填程度较低，同时岩心和薄片中可见未充填和半充填的裂缝以及溶蚀扩大缝，经统计岩心上裂缝密度可达 20 条/m，开度最高可达 15～20mm，岩心上也可观察到部分孔洞沿裂缝分布，极大地改善了储集空间的连通性。

研究区碳酸盐岩潜山储层受"优势岩性、裂缝叠合、多期岩溶"三元耦合控制，亮甲山—冶里组白云岩和白云质灰岩是成储的优势岩性组合，印支、燕山、喜马拉雅山三大关键构造期应力交汇区裂缝更为发育，主要岩溶期古地貌上斜坡是最为有利的岩溶相带。

二、井位设计

BZ-X1 气田位于渤中凹陷西南部，南接渤中 19-6 构造脊，北邻沙垒田凸起，东西受渤中主洼和渤中西南次洼夹持，具有"洼中隆"特征，成藏条件优越。主要钻遇新生界、中生界和新太古界潜山地层，自下而上发育了新太古界潜山、中生界、古近系的沙河街组和东营组、新近系的馆陶组和明化镇组以及第四系平原组。

BZ-X2 井目的层和完钻层位是新太古界潜山，裂缝溶洞发育，井漏和先漏后溢风险大。邻井 BZ-X3 和 BZ-X4 用钻井液密度 1.20g/cm³ 进入潜山目的层后钻进期间均发生井漏，堵漏占用钻井时效长，影响油气开采。

因此，使用精细控压钻井工艺，以低钻井液密度钻进，降低井底当量循环密度，可以有效降低漏失风险。控压钻井为井控安全保驾护航，根据地层气测值、单根气情况和溢漏异常可以快速调整井底当量循环密度，达到迅速应对的效果。

三、钻井情况

本井使用设计钻井液密度低限 1.10g/cm³ 开钻，钻进期间井底当量循环密度在 1.18～1.19g/cm³，相比邻井降低 0.10g/cm³，有利于发现显示层和预防井漏。

本井控压钻进两趟钻，作业井段 4969～5388m，除控压钻进外，还进行了 4 趟控压起钻（包括 2 趟控压钻进的起钻作业、1 趟随钻电测起钻作业和 1 趟刮管起钻作业），井口控压 4MPa，起钻速度 0.7m/s，有效弥补了起钻抽吸造成的井底压力损失，保持井底当量密度在 1.10～1.18g/cm³ 范围内，未发生溢漏复杂。既大大提高了 7in 尾管内的起钻时效，又保障了钻完井井控安全。

四、案例总结

（一）低密度钻井液，降低漏失风险

本井使用 1.10g/cm³ 低密度钻井液控压钻进，井底当量密度最高 1.19g/cm³，相比发生井漏的邻井低 0.10g/cm³，钻井过程中钻遇小裂缝显示层未发生漏失，顺利钻至完钻井深。相比常规钻井而言，控压钻井应变处理能力更强，能快速调整井底当量密度而不需要在关井静止状态下处理，提高处理复杂效率，避免卡钻风险，可以说是钻井作业的一把安全锁。

（二）实时监测返出流量，及时发现异常

使用低密度和低当量钻进，对钻井参数的监测尤为重要。控压钻井设备配备高精度质量流量计和压力传感器，对返出流量和压力的微小变化十分敏感，相较活动池罐面监测发现异常要提前几分钟甚至十几分钟，可以尽早处理，减少溢流或漏失量，争取主动权。

（三）控压起钻，保障起钻井控安全

控压起钻，既可以应用于钻井液液柱不能平衡地层压力需要控压提高当量的情况，也适用于液柱压力平衡或微过平衡状态的抵消起钻抽吸带来的井底压力损失。本井四次控压起钻，井口控压 4MPa，不但提高了起钻时效，更有力地保障了起钻期间的井控安全。

尤其是本井扶正器、刮管器等外径大的钻具在裸眼段和尾管内极易发生抽吸甚至拔活塞现象，溢流风险高。通过控压起钻，保证了灌浆正常，使井筒始终处于平衡的安全状态。

第三节　近平衡精细控压钻井技术应用

一、构造特征

莺歌海盆地位于我国大陆架南部，是南海北部大陆架西区的一个新生代裂谷盆地。该盆地位于印支半岛与南海北部大陆架交界区，属于红河断裂带在南海海域的延伸部分，盆地的形成受红河断裂走滑与南海扩张作用的双重影响，其形态呈北北西走向的菱形，是一个典型的走滑拉分盆地。莺歌海盆地主体为中央坳陷，由莺歌海凹陷、河内凹陷及临高凸起组成。到目前为止，莺歌海盆地东方市已落实探明地质储量近千亿立方米，且高温高压气藏勘探开发潜力巨大。

DF-X1-1 气田沉积相为重力流海底扇沉积，为高温高压中孔低渗透储层。此井区海底扇具有顶平底凸的特征，目的层黄流组海底扇有三种砂体叠置方式：完全叠置、错位叠置和对接叠置，地质分析时面临储层内部结构复杂、储量规模不落实、物性差、产能认识不清的难题，也造成了地层压力系统预测的难度。

二、井位设计

DF-X1-1 井位于莺歌海盆地中央泥底辟构造带西北部，设计为五开次井身结构，完钻层位黄流组一段，设计井深 5847.13m（垂深 3020m），预测最高地层压力系数 1.89，在四开中完深度 5300m 左右，然后逐渐下降，预测井底地层压力系数 1.78（图 8-1 和图 8-2）。

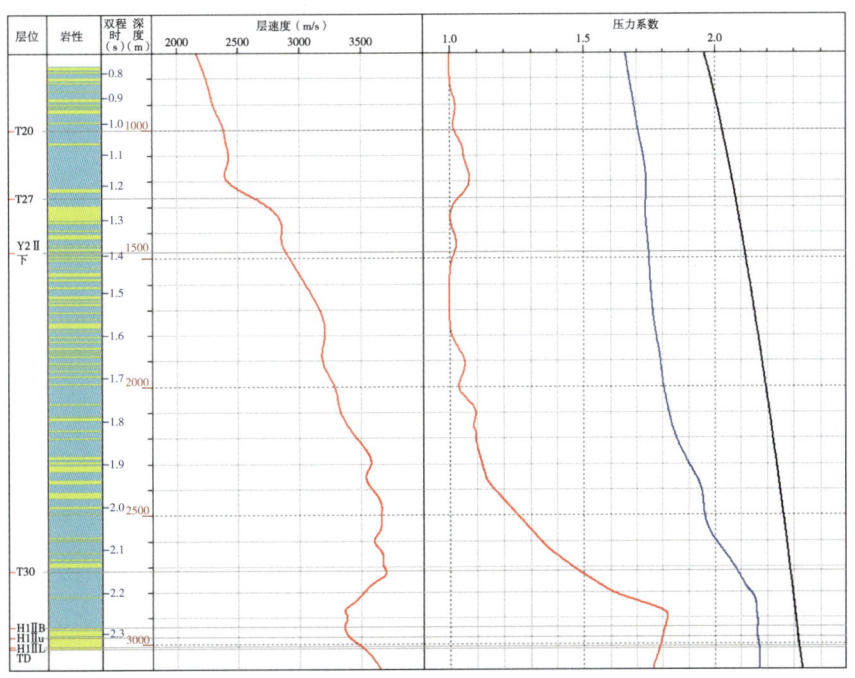

图 8-1　DF-X1-1 井地层三压力预测曲线

三、钻井情况

DF-X1-1 井四开使用 1.80g/cm³ 油基钻井液控压钻进，停泵根据单根气情况确定需要控制的井底当量密度，尽量实现近平衡钻井，降低漏失风险，保护产层。经过钻进过程停泵期间 150~300psi 的井口压力控制，发现 300psi 的井口压力对应井底当量密度 1.86g/cm³，可以有效抑制气侵。

四开钻进至设计中完深度后，根据当前钻井液密度和井底当量密度评估继续钻进漏失风险不大，遂取消中完计划，钻进至 5432m 完钻。提高钻井液密度至 1.86g/cm³，使静液柱压力能够刚好压稳地层油气。通过控压起钻，井口控压 280psi 补偿起钻抽吸造成的井底压

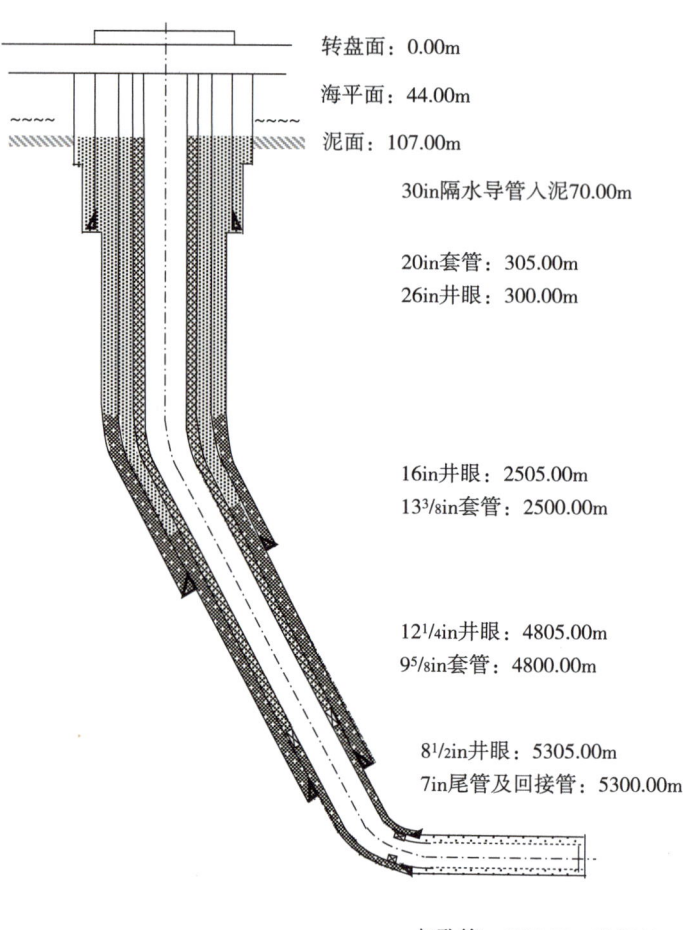

图 8-2 DF-X1-1 井设计井身结构图

力降低，保持井筒始终处于近平衡的状态，直至上部井段。

在后续的下尾管和完井作业中，连续进行七次控压起钻，保持了井底压力稳定，保障了井控安全。

四、案例总结

（一）通过调整停泵井口压力，摸索近平衡状态

本井四开控压钻进期间，通过调整停泵井口压力（150~300psi），观察单根气气测情况，摸索抑制气侵的最低井底当量密度（1.86g/cm³），从而确定近平衡的安全当量密度。

（二）停泵控制井口压力，保持井底压力稳定

本井控压钻进和其他作业期间，停泵时控制井口压力150~250psi，抑制单根气，减少气侵，保障钻进和其他作业的顺利进行。

（三）近平衡控压起钻，降低起钻抽吸溢流风险

控压起钻，降低了起钻抽吸压力造成溢流的风险，保证井底压力大于地层压力，保障了起下钻的安全时间，提高了作业时效。

（四）基于控压技术保障，优化井身结构，节约钻井周期

本井设计五开次井身结构，采用控压钻井工艺，提高了多压力系统钻进能力，四开 $8\frac{1}{2}$in 井眼将四开和五开井段合二为一，减少了一次中完作业时间，大大节约了钻井周期。

第四节　易涌易漏复杂工况精细控压钻井技术应用

一、井位设计

CF-X1 井位于渤海西部海域沙垒田凸起西段倾没端，设计钻进潜山地层 100m 若无油气显示，提前完钻，若井底附近地层仍有较好油气显示，则建议加深钻探。根据设计预测，CF-X1 井将钻遇第四系平原组、新近系明化镇组（底界：1860m）、馆陶组（底界：2176m）、东二上段（底界：2359m）、东二下段（底界：2702m）、东三段（底界：3315m）、沙河街组（底界：3368m）、古生界（未穿），完钻层位为古生界，完钻井深 3718m（图 8-3 和图 8-4）。

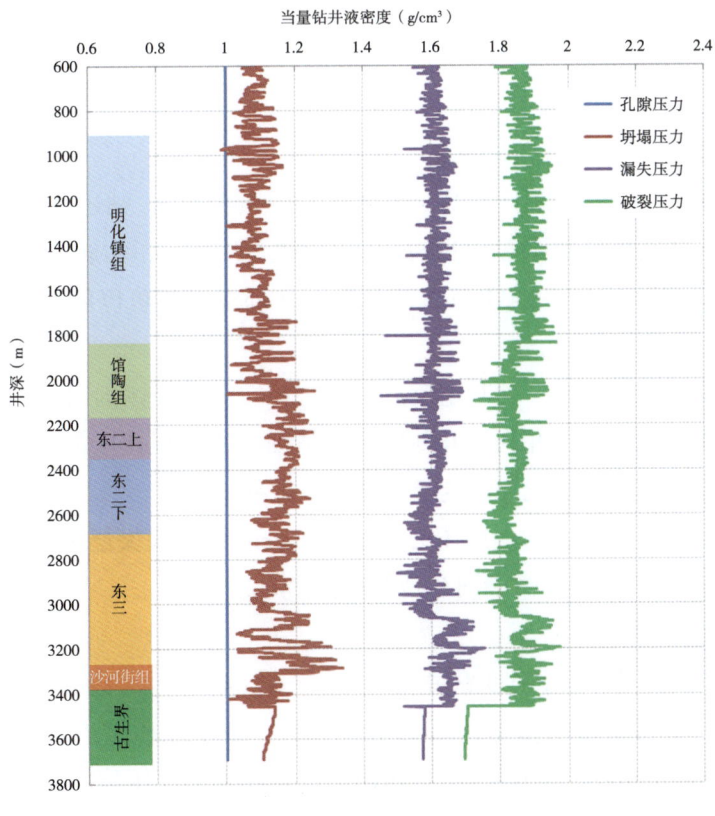

图 8-3　CF-X1 井预测地层三压力曲线

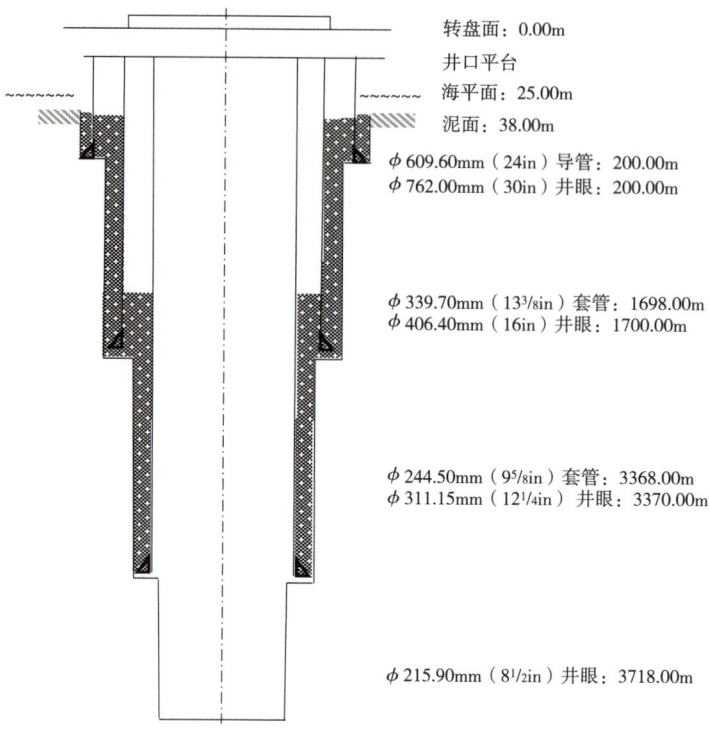

图 8-4 CF-X1 井设计井身结构图

二、钻井情况

（一）前期四开钻进和中途测试情况

CF-X1 井于 2019 年 9 月 22 日开始四开钻进（8$\frac{1}{2}$in 井眼），钻进排量 1800L/min，钻井液密度 1.04g/cm³，井底当量循环密度 1.08g/cm³。钻进至 3440m，钻遇裂缝，发生井漏失返，起钻至套管鞋，变排量 900～2400L/min 无返出，从环空灌浆可以灌返。甲方计划起钻进行中途测试。

起钻过程中发生气体溢流，关井正反挤海水将环空溢流流体推回地层，并进行节流循环排气，将环空残余气体排出井筒。开井后通过精细控压流程控压起钻至 3331m，井口控压 1.5MPa，进行堵漏作业未能成功。遂起钻进行中途测试。

经中途测试，油气活跃层的地层压力当量 1.06g/cm³，而漏失层漏失压力当量在 1.05g/cm³ 以下。井筒没有压力窗口，溢漏同存是客观存在的难题。

（二）中测后四开钻进情况

中测后恢复钻进，使用低密度钻井液（1.03～1.04g/cm³），边漏失边钻进至 3451m，又发生井漏失返。进行多次堵漏施工后无明显效果。恢复控压钻进，提高钻进排量（由 1200L/min 升至 2400L/min），返出流量 1200L/min，通过精细控压施加井口压力，保持井底当量循环密度不低于 1.07g/cm³，略高于气层孔隙压力当量密度（1.06g/cm³），抑制气层出气。

停泵接立柱时开启回压泵（本井以固井泵为回压泵）环空灌浆，经精细控压流程施加井口回压 1～1.2MPa，控制井底当量密度 1.07g/cm³，既压稳气层，又防止发生严重漏失导致无法控制井底当量。

保持漏失状态控压钻进至设计完钻井深 3718m，漏速 40～50m³/h，其间未发生严重气侵造成处理复杂的非生产时间。

对于无窗口井，相比钻进，起钻的难度更大。采用倒划眼 + 控压起钻方式，上提钻具时保持开泵开转，通过环空压耗附加井底当量密度，抵消抽吸影响，停泵静止卸立柱时通过回压泵连续环空灌浆、精细控压控制井口回压 1.1MPa，使井底当量密度不低于 1.07g/cm³，抑制气体进入井筒，保障了起钻安全。

（三）后续作业情况

因本井实钻过程中油气显示活跃，中途测试效果颇佳，计划在原设计井深基础上，增加一个作业开次，下 7in 尾管，加深至 4018m。

进行一次通井作业，控压循环排后效、控压起钻，下 7in 尾管固井。五开 6in 井段钻进依然使用精细控压钻井，低密度钻井液（1.04～1.05g/cm³）安全钻进至最终完钻井深 4142m。

三、案例总结

本井使用精细控压钻井工艺和设备，有力保障了钻井作业的顺利安全进行。

（一）实时监测，完善井控安全体系

CF-X1 井钻进过程中实时监测出口流量、节流阀后压力、井口压力、立管压力等关键参数，通过溢流漏失预警系统及时发现井漏和溢流，第一时间汇报并做及时处理，遏制了溢流的发生，减少了漏失量（图 8-5）。

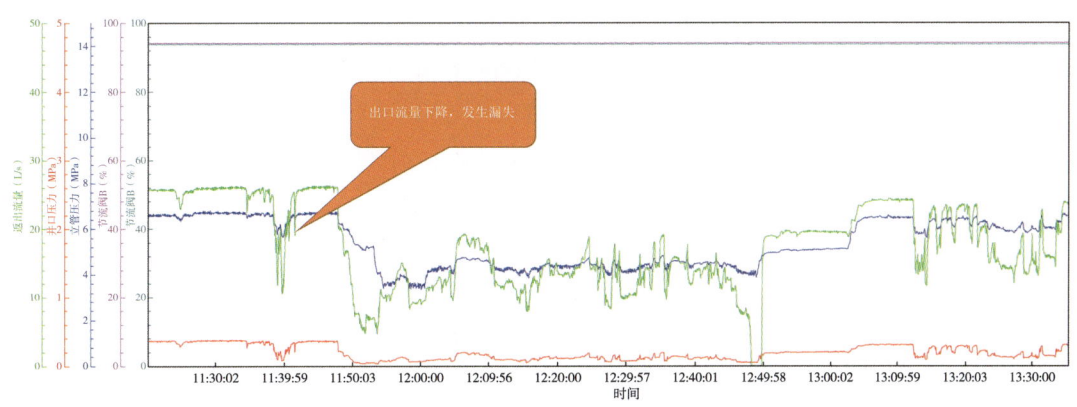

图 8-5　CF-X1 井监测漏失曲线

例如：四开钻进至井深 3424m、3427m、3429m 多次发生漏失，通过监测出口流量及时发现并汇报处理。

（二）为溢漏同存且油气活跃地层钻井作业提供参考

本井四开钻进至3424m即开始发生漏失，井漏甚至失返频繁发生，溢漏同存且不同层，油气活跃，短暂欠平衡即会溢出大量气体，形成气柱。油气显示层经中途测试确定地层压力系数在1.05～1.06，必须将该地层的压力当量控制在1.07g/cm³才能压稳油气，而漏层漏失压力系数在1.06以下（中途测试后恢复四开钻进，堵漏后井筒内钻井液密度为1.06g/cm³，环空连续灌浆测静止漏速6m³/h），钻进期间井漏程度加剧。进行多次堵漏作业效果均不理想，无法提高地层承压至正常钻进要求。降低钻井液密度则上部显示层气侵严重。

采用精细控压钻井技术，降钻井液密度至1.03～1.04g/cm³，根据出口流量的变化实时模拟计算井底压力当量，确定井口回压值，始终保持井底压力当量1.07g/cm³钻进。

停泵接立柱期间，通过固井泵环空供液经精细控压流程控制井口回压1～1.2MPa，在各个工况都保持井底压力当量1.07g/cm³以上，使油气难以大量侵入井筒，只有极少量扩散。在四开溢漏同存的复杂情况下，控压钻进井段3451～3718m，进尺267m，施工中无明显的单根峰，保证了钻井作业的安全。

（三）控压起下钻、保证井底压力稳定和井筒安全

CF-X1井因油气活跃、频繁溢漏复杂，经常需要起钻至套管鞋以上处理井下复杂。通过旋转控制头设备密封井口，固井泵环空灌浆提供地面循环流体，精细控压自动节流阀进行井口压力控制，保证了起下钻期间井底压力稳定，防止气体大量侵入井筒。

常规起钻时抽吸比较明显，在裸眼段采用倒划眼控压起钻方法，既保证了井底压力稳定，防止过度抽吸，又疏通了井筒（图8-6）。

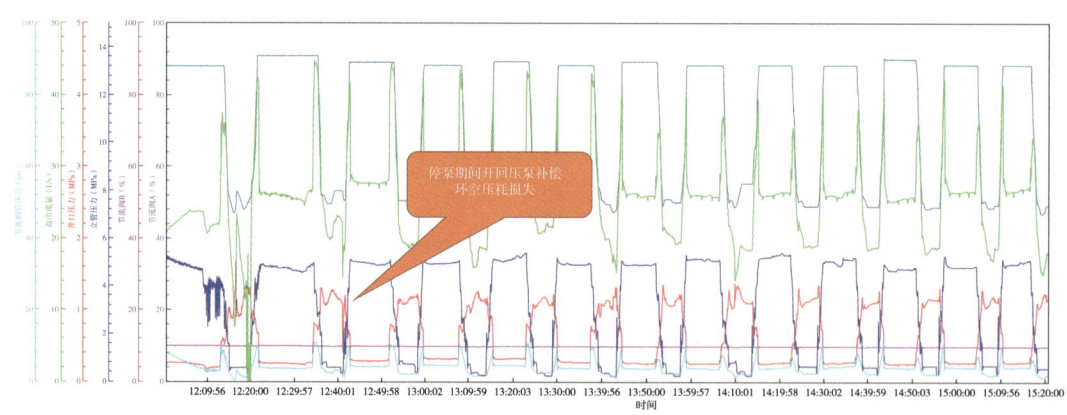

图8-6　CF-X1井控压起钻曲线

（四）精细控压排气，控制立压稳定，防止发生二次溢流

控压循环排气期间，在井筒含气、井口压力不能作为控压依据的情况下，通过调节井口压力维持立压基本稳定，得以在气体推出钻井液和气体从井口返出期间保持作用在油气层上的环空压力相对稳定，始终大于油气层压力，避免二次溢流，给排污和压井带来更大难题。

CF-X1 井于 2018 年 10 月 11 日通井循环排后效时，出口流量波动，立压下降，通过控制井口压力 0.4~1.5MPa，控制立压在 2.8MPa 左右，安全排气。

（五）提高钻井效率

CF-X1 井在溢漏同存、油气活跃的情况下，始终保持漏失甚至大漏状态，通过调节井口回压保持井底压力当量基本稳定，压制了油气层，保证了安全快速钻井施工。四开共钻进进尺 349m，漏失状态下钻进进尺 294m，占四开进尺的 84%。

五开钻进对钻井参数进行实时监控，未出现溢漏复杂，钻进进尺 424m，安全顺利完成钻探任务，未出现因精细控压相关工作造成工况复杂、延长钻井周期和环境污染等。

（六）降低黏附卡钻概率

采用精细控压钻井工艺，在发生复杂后可以控压起钻至安全井段，或在裸眼井段旋转活动钻具，防止因钻具长时间静止造成卡钻。

CF-X1 井四开井段井下一直处于漏失状态，岩屑、堵漏剂易黏附于井壁，在钻进、起下钻期间经常有阻卡显示，如果发生异常在裸眼段长时间关井处理，卡钻风险较大，而通过精细控压钻井系统，多次控压起钻至套管内，大大降低黏附卡钻概率风险。

第五节 控压固井技术应用

控压固井工艺主要应用于窄密度窗口地层，因水泥浆柱密度通常高于钻井液密度，固井施工期间浆柱在环空上返环空压耗较高，导致井底和套管鞋处地层的最大井底当量循环密度很容易超过窗口上限从而发生井漏。

使用控压固井工艺，降低钻井液密度，通过井口压力和开泵环空压耗控制井底当量密度在密度窗口之内，可以有效扩大操作窗口。例如地层压力系数为 1.90，地层漏失压力系数为 2.00，常规固井钻井液密度最低也需要 1.90g/cm³（考虑附加值则要加到 1.95g/cm³ 左右），开泵附加环空压耗后井底当量循环密度为 1.95g/cm³，实际操作窗口就是 1.95~2.00g/cm³；而控压固井可以大幅度降低钻井液密度至地层压力当量之下，开泵附加环空压耗和井口压力控制井底 ECD 比 1.90g/cm³ 略高，实际操作窗口 1.90~2.00g/cm³，客观增大了窗口，降低溢漏概率，安全系数更高。

一、控压固井流程

（一）方案设计

（1）根据密度窗口确定固井施工时井底当量密度、各段浆柱性能，制作各环节井口压力值及与时间、泵入量的对应表，作为压力控制依据。

（2）明确控压、井队、固井及各相关方的各岗位职责。

（3）作业前进行技术交底，细化施工衔接沟通、操作细节和应急预案。

（4）桌面推演，模拟施工过程。

具体设计施工流程如图 8-7 所示。

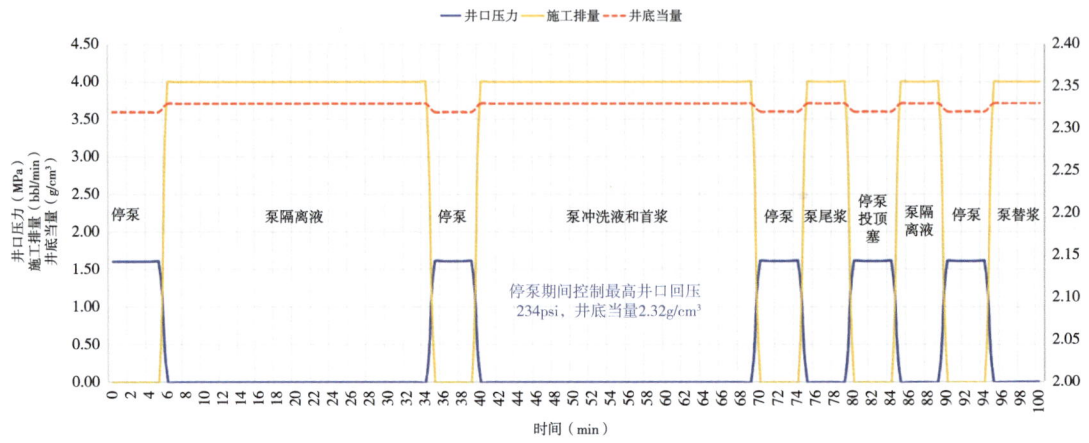

图 8-7 控压固井施工设计曲线

（二）下送套管

下尾管及送入钻具至套管鞋（钻具逐一通径），安装旋转控制头总成，下钻送套管到位，下钻期间注意速度和排代量。

（三）降钻井液密度

降低井浆密度，增加固井期间的压力窗口，停泵时控制井口压力保持井底压力略高于地层压力。

（四）控压固井施工

泵入冲洗液、隔离液、首浆、尾浆，投胶塞，泵入顶替液，停泵切换浆柱和投胶塞期间控制井口压力，顶替期间停泵时根据浆柱上返高度调整井口压力，保持井底压力略高于地层压力。

二、控压固井案例

DF-XX1 井是南海西部首次应用控压固井技术的高温高压井，为后续高温高压探井项目窄密度窗口固井作业打下了坚实基础。

DF-XX1 井裸眼段长 238.94m，井底静止温度为 148℃，完钻钻井液密度为 1.87g/cm³。施工前优化了套管居中度和冲洗浆结构，控压固井目标：维持井底当量密度不低于 1.935g/cm³，不高于 1.98g/cm³，上层管鞋施工当量不高于 1.98g/cm³。

控压固井施工期间，循环钻井液密度由 1.88g/cm³ 降至 1.86g/cm³，固井注水泥浆阶段全程控压 45psi，停泵期间控压 320psi，保持井底当量密度略大于 1.93g/cm³，全程压力控制及时、平稳，保障了固井井控安全和施工连续。

DF-XX1 井完井作业射孔段固井质量评价为优，满足生产作业要求。DF-XX1 井控压固井施工曲线图如图 8-8 所示。

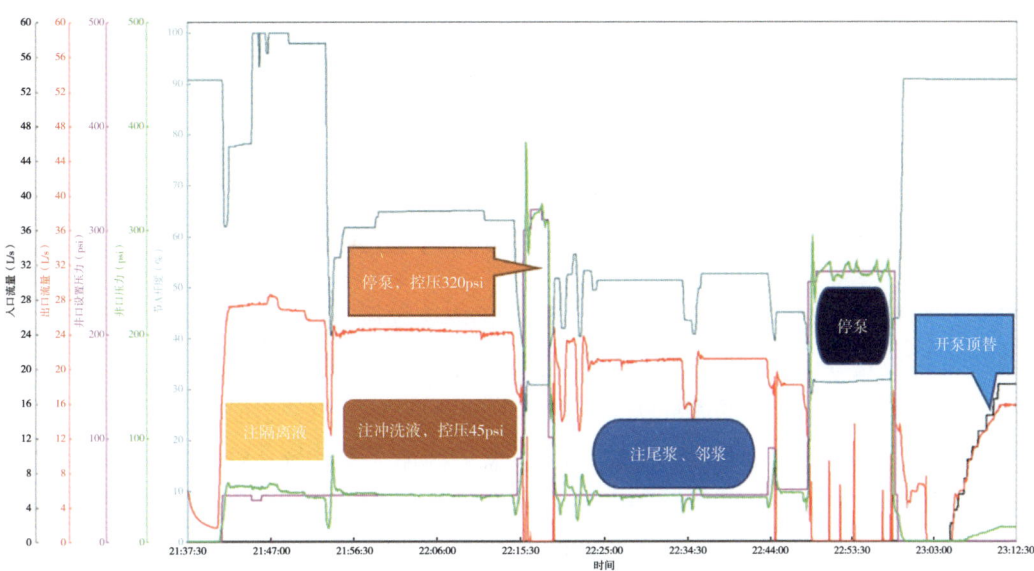

图 8-8　DF-XX1 井控压固井施工设计曲线

参考文献

[1] 乐宏，郑有成，李杰，等 . 精细控压压力平衡法固井技术 [M]. 北京：石油工业出版社，2020.

第九章　海洋精细控压钻井相关技术

第一节　井口连续循环钻井系统

井口连续循环钻井技术是利用连续循环系统或连续循环接头及钻井液配液分流系统，实现在接卸钻杆过程中，改变钻井液传统流动通道，通过旁路不停泵、无间断地向井内注入钻井液，保持井内钻井液的循环状态，持续不断地清理孔内碎屑沉渣；在接卸完钻杆后，调整钻井液分配机构，引导钻井液重新通过原通道循环。连续循环钻井技术可有效克服因开/停泵造成的井下压力波动，减少因井下压力波动造成的井下复杂情况及事故，尤其适用于压力敏感井、长水平段水平井、大位移井、深水井、欠平衡井、窄密度窗口井。

一、井口连续循环钻井系统构成和原理

井口连续循环钻井系统通过连接器、钻井液分流管汇、顶驱连接工具、控制系统和液压动力装置等组成部分的协同工作来实现连续循环（图9-1）。

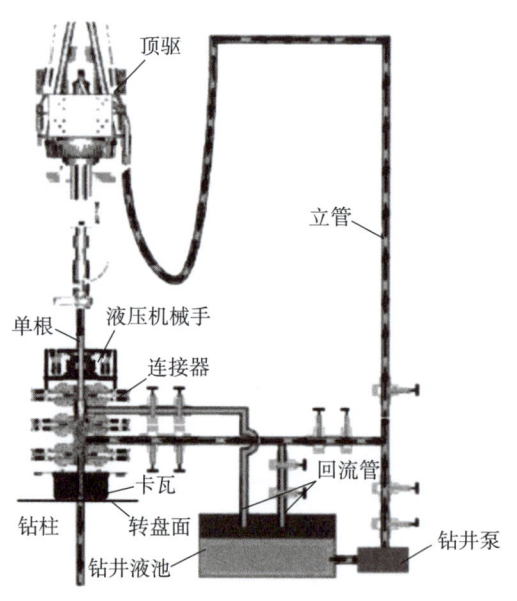

图9-1　连续循环钻井系统

（一）连接器

连接器是连续循环钻井系统的心脏，坐于钻台之上，并在钻盘上侧向滑动。连接器接箍体包含三级防喷器，上部和下部为闸板密封防喷器，中部为全封闸板。当上部和下部闸板封闭时，形成压力室，下部闸板反向安装。缓冲器安装于顶部防喷器上的4个液压活塞之上，用于提供垂向的抑制力来控制钻杆进出受压的压力室。缓冲器内部的夹持装置夹持钻杆并传递垂向力和旋转力。夹持装置预装在一个巨大的水平齿轮上，齿轮由4个液压发动机驱动完成上卸扣操作。液压活塞通过齿轮装置提供上卸扣操作需要的初始扭矩。接箍体包含在保护性的橇装框架结构中，此结构中设计有液压起升系统，可以升降接箍体到合适的位置，以便于闸板密封接头。

（二）顶驱连接工具

夹持接头附于顶驱下部，与新立根连接，并将立根下部接头精确定位在接箍体中，以便于上卸扣操作，顶驱连接工具便于夹持接头从立根顶部建立/断开连接。

（三）钻井液分流管汇

连接在钻井泵和立管之间的管线中，接单根时使用它来开关与控制钻井液在顶驱和接箍体之间的流动。利用高压水龙带将此分流管汇连接在接箍体的侧边入口处。分流管汇的阀门由液压控制，并且与主控系统相连。

（四）控制系统

钻井人员通过触摸屏操纵电动液压控制系统来控制操作。控制单元本身是一种面向对象运行的程序。触摸屏软件系统与控制单元之间采用内部网络进行通信。

（五）液压动力装置

液压动力装置基于标准设计，能够以一定的压力提供相应流量的动力液，液压动力装置与主控系统相连。

二、井口连续循环钻井系统过程控制关键技术

连续循环钻井系统控制可分为主机控制、分流控制、动力控制和控制系统4部分。其中主机和分流控制是实现连续循环功能的关键环节，而控制系统则为确保系统准确、可靠、安全运行提供了坚实的基础和保障。

（一）连接器控制

连接器部分包括顶部钻杆导向机构、动力钳、强行起下装置、防喷器组、升降底座和动力卡瓦等子系统（图9-2）。连接器主要功能包括：

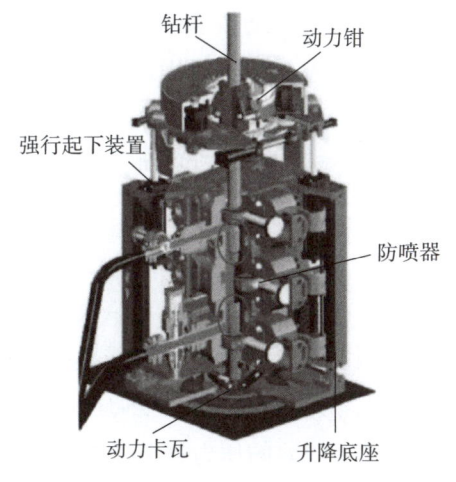

图9-2 连接器内部结构示意图

（1）实现钻杆接头在密封腔内准确定位；

（2）实现自动上卸扣控制；

（3）实现密封腔内不同钻井液循环通道的连通与隔离。

从连接器控制流程分析来看，其技术难点在于钻杆接头的准确定位以及自动上卸扣时的对扣、旋扣和紧卸扣控制。

1. 钻杆接头定位控制

钻杆接头定位的目标是使内接头准确定位于下半封和全封之间，从而确保半封闸板闭合时密封橡胶卡住钻杆本体，在钻杆接头上下端形成有效密封腔体同时保证在内外接头分离后全封闸板能够顺利闭合，形成隔离的上、下2个腔室。由此可以看出，接头准确定位对于顺利完成后续操作和控制至关重要。由于操作人员无法通过目视观察密封腔内接头与闸板之间的相对位置，所以必须通过必要的控制手段和措施来解决钻杆接头与闸板之间的准确定位问题。

目前的定位技术包括磁定位、光电定位以及超声波定位等，根据定位原理，在钻杆特定位置喷涂磁性和光电感应材料，或利用接头加厚处台阶的外径变化等来确定接头位置，但这些方法都存在无法避免的缺陷。例如钻井液的冲刷以及覆盖，可能使磁性或光电材料失效；钻杆的晃动或是附着在钻杆上泥块的干扰，使外径检测极易产生错误响应，因此必须重点解决定位信号检测的可靠性问题。

2. 自动上、卸扣控制

自动上、卸扣控制可分为卸钻杆和接钻杆2部分。卸钻杆时，在动力钳卡瓦夹紧钻杆后，先利用动力钳的上卸扣机构卸开第1扣，然后启动旋转机构旋开接头，接头完全分离后，利用强行起下装置提升上部钻杆；接钻杆时，用强行起下装置下放钻杆，在内、外接头准确对扣后，启动旋转机构旋合接头，接头旋紧后，利用上、卸扣机构拧紧最后1扣。

在上、卸扣控制过程中，必须注意以下3个方面：

（1）由于循环流体的动量变化以及循环压力的影响，在接头旋开时，上部钻杆承受很大的上顶力，致使接头螺纹啮合面的接触压力增大，从而造成旋扣扭矩增大，甚至螺纹磨损、粘扣以致失效等，因此必须在上、卸扣时平衡上顶力，使接头螺纹承受的轴向外力之和尽量接近于零，从而有效降低旋扣扭矩，避免损伤螺纹；

（2）在钻杆接头对扣时，应该严格控制螺纹对顶力的大小，并确保螺纹顺利啮合；

（3）卸扣时，必须在确定接头完全卸开后，才能上提钻杆，否则将严重损伤螺纹。

（二）钻井液分流控制

钻井液分流系统由分流装置和钻井液管汇组成，其主要功能是通过对分流装置内液控钻井液阀的开合控制，导通或截断钻井泵与旁通管道之间或钻井泵与立管之间的钻井液通道，实现钻井液在上述2个通道之间的分流和切换。分流控制的关键是保证循环压力稳定，避免产生不必要的压力扰动，同时在此基础上，减少分流耗时，提高分流速度和效率。

分流时，需要首先连通2个通道，即通过卸开钻杆接头或打开全封闸板，实现高压循环通道与分流切换通道的连通，而这是引起压力不稳定的主要因素。因此为了避免产生大的压力波动，在连通之前，必须使 2 个通道的压力保持相等，这就要求在卸开接头或是打开全封闸板前，必须对分流切换通道进行充填增压，以确保接头内外压力或闸板上下压力相等。

充填增压的具体实施步骤：一是在卸钻杆前，先向主机密封腔内注入钻井液，在注满钻井液后，逐渐提高腔内压力，使其与钻杆内钻井液循环压力相等，然后卸开钻杆接头；二是在接钻杆前，先向主机上腔注入钻井液，注满后逐渐增加上腔压力，使其与下腔压力相等，然后打开全封闸板。

实施充填增压的一种方法是将高压循环通道的部分钻井液直接引导至分流切换通道中进行充填，但充填流量的控制较为复杂，如果流量过大将会引起高压循环通道的压力波动，如果流量过小，则会大大增加充填操作时间，降低作业效率。

为了简化分流控制，可以将分流系统分为充填和分流两部分，如图 9-3 所示。首先利用独立的充填泵和充填管路向分流切换通道快速充填钻井液，在充填满后，将高压钻井液注入通道内进行增压，当 2 个通道压力相等时，进行卸扣或开闸板操作。这种充填方式既避免了对高压循环通道产生干扰，又能极大地提高充填作业效率，因此该方法具有更强的科学合理性。

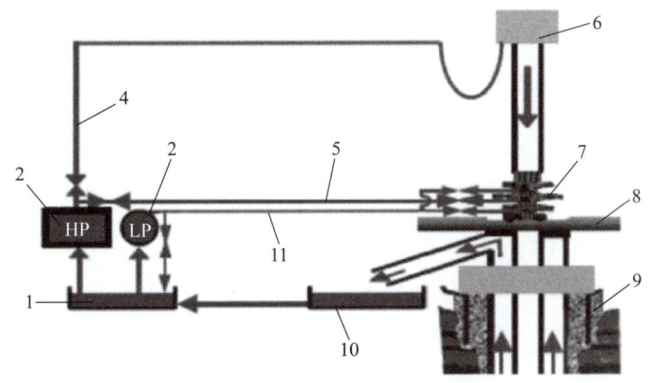

图 9-3　分流系统管路布置示意图

1—钻井液池；2—钻井泵；3—充填泵；4—立管；5—旁通管道；6—顶驱；
7—连接器；8—钻台；9—防喷器；10—回流池；11—充填管道

（三）控制系统及软件

控制系统及软件是实现连续循环系统准确、可靠、安全运行的基石和保障。连续循环系统属于井口装置，考虑到油气钻井技术的复杂性，尤其是对井口安全操作的严格要求，控制系统及软件应具有以下 3 方面功能。

1. 操作、显示与记录功能

人机界面是控制系统的重要组成部分，是实现人与机器之间信息交互的平台。操作人员通过此平台可以写入工作参数或输入操作命令，可以观察反映系统状态的各种参数，可以对重要数据进行实时计算、分析和储存。

为了确保系统顺利安全运行，根据控制流程和操作安全要求，需要对一些重要参数和数据进行实时显示和记录，以便于操作人员观察、分析和判断，从而准确、充分和及时地掌握整个系统的运行状态。需要重点监测的对象应包括动力钳、强行起下油缸、防喷器、底座升降油缸和液控钻井液阀等，而操作过程中的上卸扣扭矩、旋扣转速和扭矩、强行起下力和位移、密封腔内压力以及立管压力等则是应重点检测的参数。

2. 信号采集与输出功能

信号采集和输出是控制系统的必要组成部分，是控制系统与执行机构之间重要的信息交换平台。它主要包括各种参数传感器和变送器、现场数据总线、信号接口与数据自动记录装置等。从整个控制流程来看，连续循环系统大部分属于逻辑顺序控制。各执行机构动作顺序是否正确，是关系到系统能否安全运行的关键，因此确保逻辑控制信号的准确性和可靠性就显得尤为重要。连续循环系统的逻辑控制信号主要是压力和位置检测，其中压力检测包括密封腔压力、立管压力以及各执行机构工作压力等，而位置检测则是指闸板开合、钻井液阀开合、钻杆接头位置以及各执行机构动作位置等。

位置检测的方法有很多，比如行程开关、位移传感器、测距感应等，但这些方法要么是抗干扰能力差，要么是安装不方便。对于液控执行机构而言，可直接通过检测其液压回路的压力信号来判断工作状态，这样既能简化设备结构，又能保证检测信号的可靠性。

3. 安全防护和报警功能

连续循环系统的控制流程较为复杂，在操作过程中，尤其是人工操作时，难免会遇到一些失误和问题，因此控制系统必须具有非常可靠的安全防护功能：

（1）应在每个操作步后提示如何进行下一步操作，以利于操作人员做出正确判断，避免出现误操作；

（2）应尽量简化系统操作步骤，可以程序化操作的部分应设置为自动运行控制，避免人为失误影响；

（3）在操作失误或系统出现错误和异常时，发出报警信息，同时必须有相应的纠正和解除误动作的技术措施，如设置取消功能键使系统自动复位到上一步操作状态；

（4）为了更好地保障系统安全运行，应同时检测系统外其他相关的安全信息，如钻井液回流量、井口压力、大钩载荷等，从而有利于操作人员进行综合判断；

（5）控制系统要有足够的冗余度，应该设置必要的应急操作模式，进一步提高系统运行的安全性和可靠性。

三、连续循环钻井系统发展现状

（一）国外连续循环钻井系统现状

1995 年，Laurie Ayling 首先提出了连续循环钻井（CCD）的概念，即在接单根期间保持钻井液的连续循环，并申请了第一项专利；1999 年，荷兰 Shell NAM 公司通过定量风险分析得出结论，连续钻井液循环将使非作业钻井时间减半，每口井作业成本可节省 100 万美元；2000 年，连续循环钻井联合工业项目开始运行，该计划由 Maris 公司管理，并获得了 ITF 的资助和由 Shell、BP、Total、Statoil、BG 和 ENI 组成的"工业技术联合组织"的支持；2001 年，项目选择 Varco Shaffer 作为设备制造与供应商参与研制；2003 年，BP 公司在美国 Oklahoma 的陆上井对一种连续循环系统样机进行了现场测试，在试验过程中，连续循环系统完成了 72 根的接单根工作，测量和保养都是按照常规方式进行，72 次均获得了成功，期间从没有停止过循环，压力波动控制在 1.4～2.0MPa 之内；2005 年，在意大利南部的 Agri 油田 Monte Enoc 10 井使用了这种连续循环钻井系统，在不停泵的情况下完成对 127mm 钻杆的 82 次连接，每次接单根耗时 18～20min，更换了 4 次闸板，但没有停钻或减慢钻井速度。

2005 年 5 月，连续循环钻井系统在埃及海上探井 PFMD-1 井的应用也取得了成功。PFMD-1 井位于 Port Fouad 油田，海岸上水深 24m，于 2004 年 3 月开钻，钻到井深 4244m，提前进行了固井。该区块钻井条件恶劣，在 4000m 以下不但存在钻井液当量密度大于 2.0g/cm³ 的临界孔隙压力梯度带，而且还有钻井液当量密度最低达 0.1g/cm³ 的孔隙压力和破裂压力梯度带。在整个钻井的过程中，动态的静液压力一直在钻井液当量密度和钻井液密度之间不断变化，波动数值 0.07。该井从 2005 年 5 月开始使用连续循环钻井系统，危险压力梯度带用恒定的当量循环密度钻井液钻进，最终成功完钻。

但是，由于连续循环钻井系统的体积大、商业成本高、操作复杂不便等诸多缺点，各大石油公司又相继提出了一种新的实现连续循环钻井的技术思路，如挪威国家石油公司和意大利埃尼集团都开展了连续循环阀的攻关和试验。

（二）国内连续循环钻井系统现状

1. 中国石油工程技术研究院 LXZ 系统研制

中国石油工程技术研究院研制的连续循环钻井装置来源于国家科技重大专项"大型油气田及煤层气开发"项目的《窄密度窗口安全钻井技术与配套装备》课题，该设备是窄密度窗口钻井装备的关键设备之一。中国石油工程技术研究院研制的 LXZ 型连续循环钻井装置由主机、分流控制管汇、动力与控制单元三部分组成。2009 年 12 月完成方案设计，2011 年 3 月 28 日完成样机整体加工制造；2012 年在大港油田进行现场试验，试验泵压 20MPa，5in 钻杆连续接单根 15 根，每次接单根用时 15～18min，试验过程顺利。

2. 中国石油川庆钻探与深圳远东石油工具公司 CQCCV 连续循环钻井系统

深圳市远东石油钻采工程有限公司 2011 年申请了"一种石油钻井用不间断循环短节及其连续循环泥浆方法"的发明专利。该专利公开了一种石油钻井用不间断循环短节及其连续循环钻井液方法，该不间断循环短节包括短节本体、自动中心闸阀和侧向常闭单流阀；自动中心闸阀与短节本体同轴设置；侧向常闭单流阀设置在自动中心闸阀下方的短节本体侧壁上。由于采用了大通径无障碍自动中心闸阀和三重式侧向常闭单流阀相组合的短节本体结构，在需要拆装钻杆上扣、卸扣和起下钻的时候，改从侧向常闭单流阀不间断循环钻井液，利用循环钻井液的压力自动关闭侧向常闭单流阀上方的自动中心闸阀，从而能够保持井眼压力稳定，有效地控制井眼环空的环空当量循环密度，起到保持井壁稳定、井眼清洗的作用，防止了垮塌和斜井段岩屑床的形成，避免了垮卡漏喷等各种复杂情况的发生。

中国石油川庆钻探与深圳远东石油工具公司 CQCCV 连续循环钻井系统于 2012 年 12 月开始进入现场试验，到目前为止已成功应用 11 井次，其中在气体钻井中应用 7 井次，在充气及钻井液钻井中应用 4 井次。在宁 211 井首次开展，试验井深 1482.22m，氮气注入量为 120m^3/min，钻进时立压为 3.4MPa，入井 3 个短节无泄漏；侧循环和正循环切换过程中，系统运行平稳，压力波动小于 0.07MPa。

四、连续循环钻井系统优势与应用范围

（一）连续循环钻井系统优势

1. 消除压力波动的影响

常规钻井作业时，在接单根前，必须首先关闭高压泵，停止钻井液循环，此时井底将产生负压力激动，这极易造成井底压力低于孔隙压力，并可能导致井涌、气侵、井壁坍塌和埋钻等事故，同时也会对后续的下套管固井作业造成不利影响。当加接完钻杆重新启动循环时，将会引起正压力激动，使得井底压力高于正常循环压力，甚至超过地层破裂压力，造成循环液漏失和压差卡钻。

特别是在窄密度窗口井，由于地层孔隙压力与破裂压力非常接近，常规的停泵加接单根的作业方式，必然引起井底压力的剧烈波动，从而极易导致地层的坍塌或破裂，甚至造成井涌。利用连续循环钻井技术可以完全消除接单根时停开泵造成的压力波动，能够有效避免井下事故的发生，提高钻井安全性。与之相比，目前常用的地面回压控制方法，在停泵时由于无法获取井底压力的测量信号，只能依靠计算机模型进行预测控制，但模型的精度和可靠性是一项巨大的挑战，岩屑沉降、气侵以及温度变化等未知因素的影响，使得实际控制效果往往并不理想。因此，相比较而言，连续循环钻井技术是解决窄密度窗口条件下安全钻井的最有效手段。

2. 改善当量循环密度控制

在钻井液停止循环时，常用的地面回压控制方法只能通过压力补偿方式保持井底压力的稳定，无法避免环空压力梯度的改变，而在近海和深水钻井中，海底地层具有特殊的孔隙压力和破裂压力曲线，使得保持裸眼段压力梯度的稳定比仅仅保持井底压力的稳定更为重要。当钻井液停止循环时，裸眼段的环空压力梯度发生改变，此时钻头处的井底压力低于地层孔隙压力，采用地面回压补偿的方法，虽然可使井底压力保持停泵前的状态，但容易造成套管鞋处的环空压力高于地层破裂压力而导致井漏，甚至可能造成井涌。若使用连

续循环钻井技术，则在整个裸眼段建立稳定的当量循环密度值，避免发生此类事故，提高浅海和深水钻井安全性。

在双梯度钻井中，海底井口压力与周围海水压力相当，使得井内环空压力曲线与海底地层的孔隙压力和破裂压力曲线具有相似的斜度，这样有利于钻进更深的垂直距离，并减少隔水管余量和套管柱使用数量，降低钻井费用。但是当停止循环时，由于环空压力梯度的改变，往往容易引起井漏或井涌，利用连续循环钻井技术可以在整个钻井期间建立稳定的当量循环密度值，使环空压力梯度保持连续控制，同时在连接钻杆时不再需要钻柱单向阀来抑制"U"形管效应和环空流体上涌，简化了操作流程。

在钻进水平段时，若使用连续循环钻井技术，则可以适当降低钻井液的静压力，使得循环时套管鞋处的环空压力与地层孔隙压力之差保持一个较小值，可以有效延伸水平段裸眼的钻进距离，减少下套管固井作业次数。

当井壁上形成很厚的泥皮且井眼和地层之间存在很大的压力差时，则钻柱容易因嵌入泥皮而造成压差卡钻，如图9-4所示，其中 p_1 是环空压力，p_3 接近于地层孔隙压力，循环时 $p_1 > p_2 > p_3$。使用连续循环钻井技术，可以通过有效控制当量循环密度值，使环空压力和地层孔隙压力之间保持近平衡状态，有利于减小作用于钻柱上的侧向力，降低钻柱发生卡钻的可能性。若仍然发生卡钻，则可以通过迅速调整当量循环密度值，使井底压力暂时处于欠平衡状态，从而形成一个反向侧向力，有利于及时解除发生卡钻的危险。

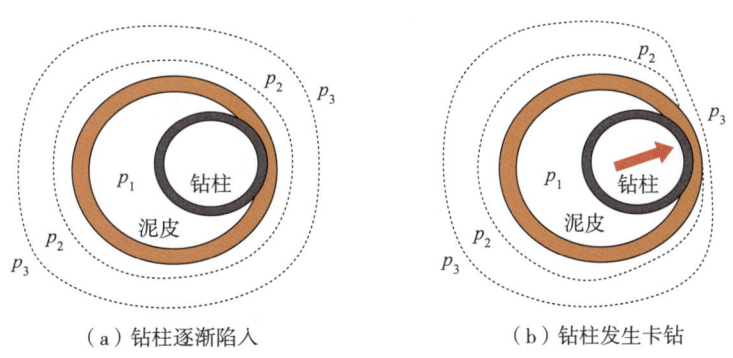

（a）钻柱逐渐陷入　　　　　　（b）钻柱发生卡钻

图9-4　压差卡钻

3. 消除岩屑沉降的影响

在大位移井和水平井中，连续循环有助于岩屑的连续携带，阻止岩屑下沉到井眼较低的一边，有效防止井眼底边形成岩屑床，这样就改善了井眼条件，大大减少了接单根时卡钻的可能性，同时，洁净的环空还能减少旋转扭矩，改善钻柱的定向控制。

在某些井段需要利用尾管循环完成钻井，使用连续循环钻井技术，可以保持尾管与井壁环空的清洁，消除尾管搭接处岩屑断块的堆积，因此，使固井水泥能够顺利下到合适的位置，保证了固井质量，同时也减少了用尾管钻进时经常出现的卡钻事故的出现，提高了钻井效率和可靠性。另外，由于连续循环钻井时无须考虑停泵时的岩屑沉降问题，因此可以适当地降低钻井液的胶凝强度，通过优化钻井液的化学成分减小井壁上形成的泥皮厚度，进一步降低压差卡钻的可能性。

4. 消除气体聚集的影响

稳定和控制井底欠压值是欠平衡钻井的关键。通常在加接钻杆时，为了保持井底欠压值稳定，要通过调整井口节流回压来补偿或平衡因停开泵引起的压力波动，但由于岩屑沉降以及气侵造成的气体累积，使得实际效果受到很大影响，更重要的是在重新开始循环时，要花费大量时间来清除侵入钻井液的气体以及沉降堆积的岩屑，这样既会降低钻井的安全性，在恢复循环时可能造成压井而伤害储层，同时又造成较长的停钻时间来重建平衡。使用连续循环钻井技术，在接钻杆时井下环境保持稳定，无气体聚集，并且钻屑不会落入环形空间，取消了重建平衡系统所需的漫长循环周期，节省了每次接钻杆的时间，最大限度地降低伤害储层的风险。

5. 降低温度的影响

在高温高压的环境下，钻井液密度以及流变性随着温度和压力的变化而变化，同时由于附加温变应力对井壁稳定性的影响，温度变化又会引起安全钻井液密度范围的变化；尤其是在接单根过程中，由于高温加热作用，井底钻井液温度迅速升高，使得钻井液密度和流变性发生变化，并极易引起气体累积，严重影响钻井安全。使用连续循环钻井技术，可以消除接单根时因中断循环引起的井下温度分布变化，从而使钻井液密度、流变性以及地层应力保持相对稳定，使钻井安全得到极大的改善。

研究表明，天然气水合物必须在一定温度和压力的环境条件下才能形成并稳定，即存在水合物的温度压力临界平衡曲线，尤其是当温度高于一定值时，临界压力将迅速升高。因此在钻采天然气水合物的过程中，井底温度的上升极易导致临界压力骤然升高，从而打破水合物依存的平衡条件，造成水合物的快速分解并释放出大量游离气和水，由此将导致井眼的不稳定、井底气体聚集、压力的波动以及封堵和黏附钻杆等问题，同时也会引发潜在的海床下沉和海底滑坡等事故，严重影响钻井平台的安全。因此，在钻井过程中要维持水合物的稳定，除了控制压力外，更重要的是维持井底温度稳定。显然，利用连续循环钻井技术，可以在整个钻井期间连续循环冷却的钻井液，严格控制井底温度变化，从而最大限度维持水合物的稳定，避免因水合物快速分解导致的气体聚集或井壁坍塌等各种风险。

（二）连续循环钻井系统应用范围

在钻井过程中，实现钻井流体的连续循环，可以有效保持环空清洁，消除循环中断和恢复循环时的压力激动，从而可以消除接单根时的井涌；防止卡钻和井壁不稳定，减少总的接单根时间，提高钻井的安全性和效率。在石油钻井领域，该项技术可应用到以下几个方面。

（1）大斜度井/水平井。不间断循环在钻大斜度井段时能够更好地循环携带出钻屑，防止循环停止造成岩屑在井眼下侧沉积，使井眼状况恶劣而引起卡钻事故。循环清洁井眼能够减小旋转扭矩，以更好地进行方位控制，能够最小化甚至消除通井划眼。

（2）深水井。连续循环钻井系统能够促进深水钻井的应用，最大限度地减少井塌和卡钻事故，减少盐侵破碎地带上、下部卡钻事故。

（3）欠平衡钻井。停止循环进行接单根操作造成欠平衡钻井时较长的停钻时间。恢复循环时，再次形成欠压需要较多的循环时间。恢复循环时可能造成压井，甚至损坏油层。使用连续循环钻井系统进行欠平衡钻井不但可以减少接单根时间，还能够形成稳定的循环压力，防止由于停止循环或者恢复循环造成环空压力刺穿地层，最大限度地降低损坏裸露油层的风险。

（4）狭窄孔隙压力/破裂压力梯度窗口井。使用连续循环钻井系统能够在整个井段钻井过程保持不间断循环，通过调整循环速率和钻井液密度来精确控制当量循环密度，利于钻孔隙压力梯度和地层破裂压力梯度非常接近的井段。

（5）压力敏感井。在压力敏感地层（如泥岩和盐岩）中钻进，中断循环时当量循环密度降低，会导致地层松弛、剥落或者挤压进入井筒中，造成卡钻甚至井眼报废。在现场使用连续循环钻井技术，消除由于停止/开始循环而带来的压力激动，能够减少井身压力，保持地层稳定性。

（6）尾管循环钻井。在某些井段需要利用尾管循环完成钻进时，使用连续循环钻井系统将更加有利。连续循环能够使得环空内更加清洁，避免停止循环造成卡尾管事故。连续循环有利于尾管搭接处不断地清洁，防止钻屑和岩石碎片堆积，影响固井质量。紧环形间隙情况下的尾管钻井采用CCS连续循环系统连续循环还能够减少卡钻杆的概率。

五、连续循环钻井系统关键技术难点

从技术发展的成熟度和现场操作的安全性考虑，研制连续循环钻井系统应该是发展我国连续循环钻井技术的重点攻关方向。连续循环钻井系统是集机、电、液控制于一体的先进钻井技术装备，其关键技术难点主要包括以下几方面。

（一）钻杆本体保护

在上卸扣过程中，极易造成钻杆本体损伤；尤其是动力卡瓦部分，既要承受钻柱的重量，又要提供足够的上卸扣扭矩，使钻杆本体与卡瓦牙板之间的受力状态非常复杂，极易引起钻杆打滑并损伤本体，甚至导致钻柱滑脱掉入井内。一种方案是将动力钳和动力卡瓦置于腔体内，使牙板能够夹持钻杆接头，但目前难以实现；另一种方案就是改进牙板结构，使卡瓦牙板能够与钻杆本体均匀接触，同时增大接触面之间的粗糙度，如在牙板上喷涂硬质合金颗粒，这样在保证有足够摩擦力的情况下，能够减小钻杆本体上的牙痕，有效保护钻杆。

（二）接头螺纹保护

由于钻杆接头的对接和旋扣均在密封腔内进行，操作人员无法直接观测到腔内情况，同时腔内的高压钻井液使接头螺纹承受很大的上顶力作用，如果操作不当，极易造成螺纹损伤，因此在接头对接和旋扣时，必须利用强行起下装置平衡钻井液上顶力作用，使螺纹啮合面上的接触力保持合适值；另外螺纹润滑脂必须具有防冲刷能力，避免接头螺纹发生粘扣。

（三）高压动密封

由于上半封闸板与钻杆之间会产生相对转动和轴向运动，因此闸板的动密封性能是一个关键问题，目前国外产品在35MPa压力下，每接40～50次钻杆就必须更换闸板。一种可行的解决方案是增大闸板的橡胶储备量，同时采用抗磨损的密封结构和材质，如金属与橡胶复合密封结构，提高闸板的动密封性能和使用寿命。

（四）钻井液分流控制

分流控制的关键是保证循环压力稳定，由于立管与旁通管道之间存在压力差异，因此直接切换容易引起钻井液循环压力的不稳定，同时高压钻井液也会对阀件产生冲刷和冲击作用。因此，在切换前，必须先对低压一侧管道进行充填增压，消除立管与旁通管道之间的压力差异，这样不仅可以保持钻井液循环压力稳定，同时也消除了对阀件的不利影响，可有效提高阀件使用寿命。

（五）系统安全防护

连续循环钻井系统各执行机构动作顺序是否正确，是关系到该系统能否安全运行的关键，因此，确保逻辑控制信号的准确性和可靠性就显得尤为重要。连续循环钻井系统的逻辑控制信号主要是压力和位置检测，其中压力检测包括密封腔压力、立管压力以及各执行机构工作压力等，而位置检测则是指闸板开合、钻井液阀开合、钻杆接头位置以及各执行机构动作位置等。

第二节　阀式连续循环钻井系统

海上油田常规顶驱旋转钻进过程中，需要停泵接立柱（或者单根），开泵恢复循环。频繁的开泵、停泵一方面造成岩屑的沉积，导致沉砂卡钻等事故，另一方面由于大位移井压力窗口窄，漏失压力和坍塌压力相差不大，停泵、开泵造成的激动压力易造成井漏井塌等复杂状况。因此，大位移井钻进过程中保证钻井液处于连续不间断循环状态十分重要。阀式连续循环钻井技术能够在接单根或立柱期间保持钻井液的不间断循环，避免了频繁停泵和开泵对井底造成的压力冲击，使钻井液当量循环密度维持在一个相对稳定的水平；钻井液的连续循环使岩屑不断地从井筒中携带排出，减缓了岩屑的沉降和堆积；节省了钻进完成一个单根或立柱后，划眼清洁井眼所耗费的大量时间；保持井眼处于良好的状况，有效地避免了漏、垮、卡等井下复杂情况的发生,提高了复杂地层钻井作业的安全性和成功率,是常规钻井液循环方式的一次重大变革。

一、阀式连续循环钻井装置

阀式连续循环钻井装置一般由循环短节、控制系统、接入管汇系统及辅助设备四部分组成(图9-5),装置占地面积较小、安装及操作简便,顶部驱动及转盘驱动均可适用。控制系统接入地面管汇系统,连续循环短节安装在钻柱上。正常钻进时,循环短节随钻下入井内,钻井液通过循环短节轴阀阀孔流动;接立柱时,地面管汇与循环短节侧阀连接,钻井液通过短节侧阀孔流入钻柱。

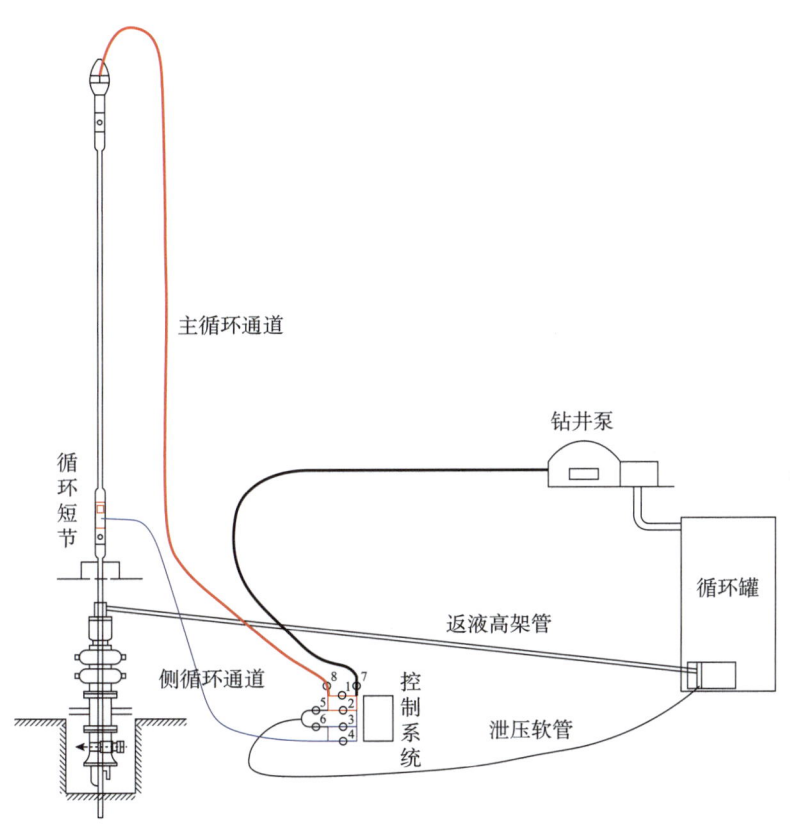

图 9-5 阀式连续循环钻井装置现场安装图

(一)连续循环短节

阀式连续循环钻井装置核心部件为连续循环短节,尽管目前国内外研究人员提出了多种不同类型的短节,但其基本原理大致相同。根据短节结构不同,将其分为单球阀式连续循环短节、单板阀式连续循环短节、球阀板阀式连续循环短节和双板阀式连续循环短节四种类型。其中,国内对于单球阀式及单板阀式连续循环短节的研究尚处于理论探索阶段,未取得进一步发展。综合考虑工具作业安全性及实用性等因素,球阀板阀式和双板阀式连续循环短节更具有实际应用价值,并已得到了较深入的研究。

1. 单球阀式连续循环短节

球阀式循环短节(图9-6)通过三通球阀转动完成主侧循环切换,正常钻进时,钻井液由中心主循环流道流过,形成主循环;进行接立柱(单根)操作时,将侧位孔接入旁通管,转动球阀改变流道使钻井液通过侧孔流动,形成侧循环通路。流道转换过程中可能会憋泵或间歇停止循环,且在高压条件下采用人工转换流道难度较大,存在一定安全隐患,实际应用性有待进一步讨论。

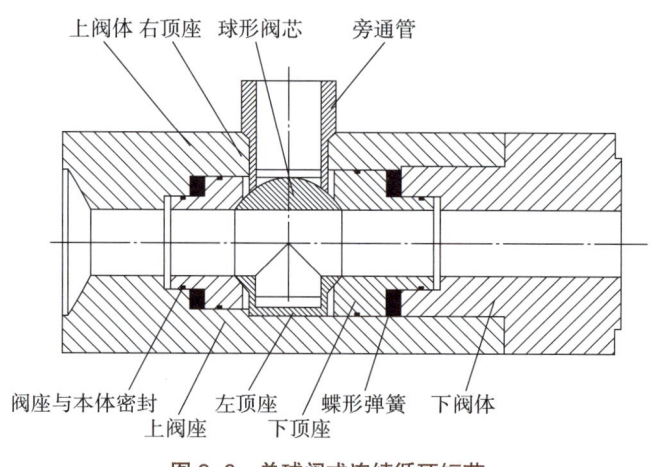

图9-6 单球阀式连续循环短节

2. 单阀板式连续循环短节

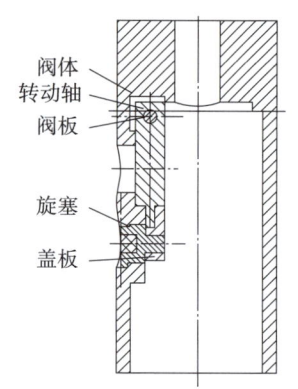

单阀板式短节主要由阀体、阀板、盖板、旋塞和转动轴部件组成,如图9-7所示。钻进作业时,钻井液由中心流道流过,形成主循环通路。接立柱(单根)时,手动打开阀体侧壁孔,侧阀板在流体冲击压力下沿转动轴旋转,封闭主循环通路,形成侧循环通路。钻柱连接完成后,停止侧循环流体泵入同时打开主循环通道,阀板在压差作用下回落,紧贴壁面封闭侧循环通路。转动旋塞,使盖板阀锁住侧阀板。单阀板式循环短节虽然结构简单,便于进行设备维护,但加工和配合要求精密,在高压下难以实现密封,其可操作性及安全性有待进一步研究。

图9-7 单板阀式连续循环短节

3. 球阀板阀式循环短节

球阀板阀式循环短节通过中心球阀及旁通板阀开关配合,完成连续循环装置主侧循环通道转换,如图9-8所示。主循环时,转动球阀使短节内部形成连通流道,下部板阀在内部流动压力下关闭，钻井液沿短节轴向流动。接立柱时，先打开侧板阀再转动球阀封闭主循环流道形成流动侧循环。将主侧循环转换通过两阀体配合实现，相比单阀体循环短节，作业安全性得到显著提高。但在蹩高压工况下开关球阀难度大，主侧循环转换连续衔接难。

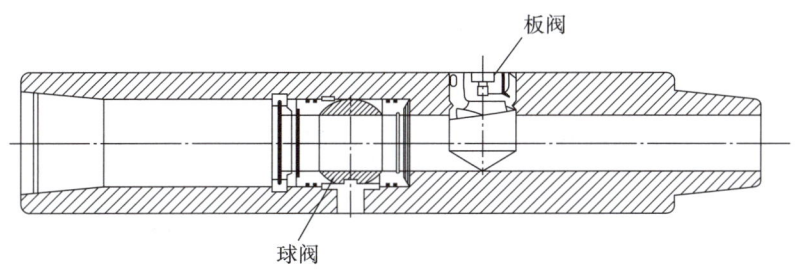

图 9-8　球阀板阀式连续循环短节

4. 双阀板式连续循环阀

双阀板式连续循环短节主要由轴阀、侧阀和阀体三部分组成，如图9-9所示。轴阀采用常开式板阀结构，侧阀采用常闭式板阀结构，侧阀阀板与水眼同心设计并内置于侧壁内。循环短节主侧阀门的开合通过压力差变化控制，自动转换流道，循环连续自如，消除了手动操作，简化了操作流程，提高了作业安全性。

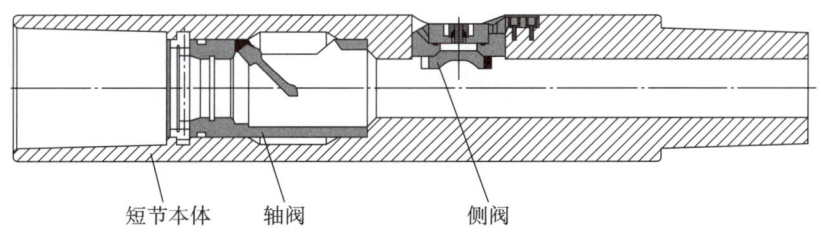

图 9-9　双板阀式连续循环短节（E-CD 型）

（二）控制系统

控制系统是整个阀式连续钻井系统的"大脑"，如图 9-10 所示，执行机构采用电控液方式。控制系统管路由腔体、高压管汇、旋塞阀和配套液压执行机构组成。配合不同旋塞阀开合可实现主循环、侧循环、节流灌浆及管道泄压操作。各腔体之间通过活接头管道连接，腔体内部为中空水眼，可提供流体缓冲空间，保证循环流体平稳流动。通过该系统，可以控制正循环通路和侧循环通路节流阀的开关动作，改变进入钻柱内循环介质的循环流道：当钻井液经立管过循环短节中心阀进行循环时，旁通阀自动关闭，钻柱可带着连续循环短节入井实施钻进作业；而当钻井液从控制系统侧循环管线经旁通阀进入钻柱内进行循环时，中心阀自动关闭，就可以不必停泵在保持井下正常循环工况下进行接/卸立柱作业。

此外，该控制系统内，还包含了对新接钻杆立柱进行预填充作业进行控制的管线以及对主循环通路和侧循环通路进行泄压的控制管线。

阀式连续循环钻井系统控制系统充分考虑了在各种作业环境和工况下保持钻井液连续循环的要求，如图 9-10 所示。在顶驱钻进、转盘钻进等不同作业环境和钻进、起钻、下钻、修理设备、处理井下复杂情况等工况下，可有效实现钻井施工时钻井液的不间断循环，达到安全、高效钻井，适用性强。

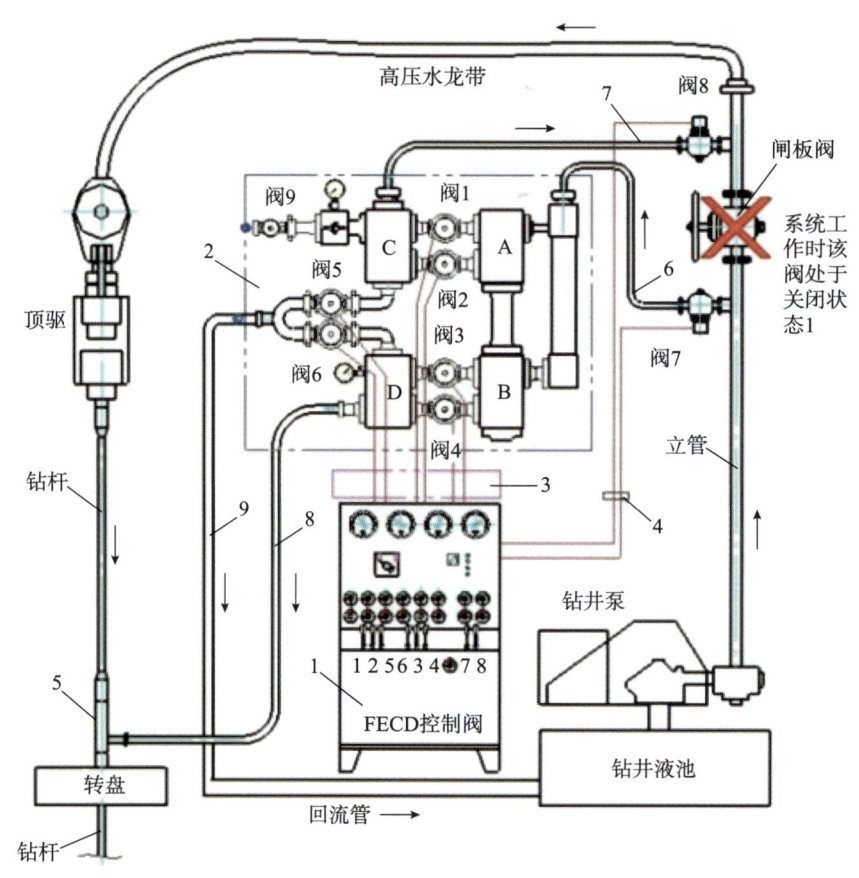

图 9-10　阀式连续循环钻井系统控制系统示意图

1—控制柜；2—连续循环主机；3—电控液动阀系统；4—手动阀；5—连续循环短节；6—输入管线；
7—输出管线；8—侧循环管线；9—泄压管线

控制台是控制系统管汇液控阀门液压执行机构的控制装置，可与控制系统管汇集成安装在控制柜内以节约工作面积，也可与其分离安装实现远程控制。控制台与阀门组之间通过电缆连接，各控制闸阀关开需灵活且动作准确，控制动力源装置需安全可靠，符合高压区防爆安全作业要求。

（三）管汇系统

灌浆系统管路集成于控制系统管路中，主要由活接头法兰、灌浆管道、节流装置及阀门组成。活接头法兰一端通过螺纹连接安装在流道转换腔室上，另一端与灌浆系统流道连接，为其他部件提供安装空间。节流装置是灌浆系统核心部件，在上下两活接头法兰体中各安装一套。节流装置主要由弹簧、差异化节流喷嘴、导流盘及弹性挡圈组成。喷嘴及导流盘提供节流通道，弹性挡圈用于喷嘴定位，弹簧用于喷嘴复位。当循环流体正向流过节流喷嘴时，在压差作用下喷嘴向前移动压缩弹簧，流动通道扩大，流体同时通过喷嘴及节流盘流动；当循环液体反向流过节流喷嘴时，喷嘴在压差作用下紧贴在管道台肩面上，流体仅通过节流喷嘴流动。因正反向节流流量差异，又称节流装置为差异化节流装置。因为主循环灌浆流道体积远大于侧循环灌浆流道体积，为实现主循环灌浆流量最大化，将上下入口处两节流喷嘴沿灌浆流道同向安装。

进行灌浆操作时，由于灌浆管道及高压软管内部为空腔，根据水击原理，灌浆系统流速升高。节流装置的存在限制了灌浆流速的过度升高，并抑制水击压力的增高。由于灌浆管道分流，立管压力表压力轻微波动下降。当灌浆完成时，灌浆管道内部充满流体。此时，灌浆系统管汇与主循环管汇形成并联管路。由于灌浆系统内部节流阻力较高，根据并联管路分流原理，流体将主要通过主循环流道流动。此时，主循环管道流量升高，灌浆管道流量降低，立管压力表压力回升。

（四）辅助设备

辅助设备包括连续循环专用钻井液防喷盒、作业与维修工具、过渡接头及短节试压帽等。连续循环专用钻井液防喷盒上下孔径不同，普通防喷盒不能代替。作业与维修工具包括轴阀专用工具、侧阀堵头专用工具与侧阀阀座专用工具，主要用于轴阀与侧阀的拆卸与安装。过渡接头为十字形连接头形式，用于侧循环高压软管与循环短节侧阀的过渡连接。短节试压帽与循环短节外螺纹连接，用于短节密封性能测试。

二、阀式连续循环钻井系统研究现状

1963 年，John Timothy Allen 首次提出了阀式连续循环钻井系统：发明一种工具，在钻井作业接单根或者立柱时，将该工具连接到一条旁通管线上，使钻井液可以通过旁通管线进入到井下的钻柱，这样就可以在接单根或者立柱期间保持钻井液的连续循环。

1981 年，Maurice M. Emery 在 "Circulation Valve for In-hole Motors" 中提出了连续循环阀的结构设想，采用三通球阀的结构，球芯有三个开口，通过旋转来控制不同的开口参与钻井液的循环。

1982 年，Jimmie L. Stallings 在 "Continuous Circulation Apparatus for Air Drilling Well Bore Operations" 中提出一种适用于连续循环钻井系统的操作流程，提出了连续循环钻井系统的主要结构组成，其中提出的用于切换流体通道的操作台，就是目前连续循环钻井系统控制系统的模型。

1984 年，Michael E. McMahan 提出了一种新的连续循环阀结构，命名为 "Circulation

Valve",提出在连续循环短节中设置中心阀和旁通阀两个单独的阀门,用于分别控制正循环通路和侧循环通路的钻井液循环。

1987 年,Paul D. Ringgenberg 在 "Circulation Valve and Method for Operating the Same" 中提出一种连续循环阀结构和相配套的使用方法,文中提出连续循环短节中单向阀可采用阀板和阀座组合的形式。

1988 年,Ringgenbe R G 在 "Downhole Circulation Valve" 提出一种新的连续循环阀结构,该连续循环阀结构是一种中间开孔的两位三通阀,可以实现在正循环通路和侧循环通路之间切换,从而保持钻井液的连续循环。

2000 年以后,国内外各大油服公司纷纷推出拥有专利技术的连续循环钻井系统,见表 9-1。

表 9-1 各厂家阀式连续循环钻井系统

序号	厂家	产品名称	所处阶段	主要部件	适用流体类型	应用范围
1	MPO	NSD	商业应用	NSD短节、快速连接系统、远程执行管汇、手动控制面板	空气、泡沫、钻井液	海上、陆上
2	Weatherford	CFS	室内试验	CFS短节、夹具组合、控制面板、控制系统	空气、泡沫、钻井液	海上、陆上
3	中国石油	DR-CCV	现场试验	钻杆短节体、中心阀和旁通阀	钻井液	陆上
4	Canrig	NSD	现场试验	短节头、控制台及节流管汇	泡沫	陆上
5	PNG	CCS	室内试验	短节、液压控制装置、控制台	钻井液	海上
6	ENI	E-CD	商业应用	E-CD TM短节和E-CD TM管汇	空气、泡沫、钻井液	海上、陆上
7	远东	FE-CCS	商业应用	短节、控制系统、地面管汇	空气、泡沫、钻井液	海上、陆上
8	NOV	CCD	室内试验	短节、球阀、控制系统	空气、钻井液	海上、陆上

2005 年,ENI 石油公司将研发的阀式连续循环钻井技术 E-CD 与微流量控制系统相结合,形成了自己的近平衡钻井技术。

2007 年,MPO 公司推出 NSD(Non-Stop Driller)阀式连续循环钻井系统,主要由 NSD 球阀、NSD 旁通阀及 NSD 控制管汇组成,采用手工方式进行连接控制,可适用于空气、泡沫、钻井液等流体,且推出了适用于 H_2S 气藏的专用产品。

2010 年,PNG 公司推出的 CCS 系统,最大的特点是液压控制,自动化程度高,无须人工操作,目前正在室内试验阶段。

2012 年,深圳远东石油钻采工程有限公司研制了 FECCS 系统,该系统针对连续循环阀中心阀阀板易受冲蚀而导致密封失效、扭簧长期受力而损坏、无法在钻柱内下入测斜工具等问题,提出了中心阀不安装扭簧的方案,依靠主通路泄压时流体带动阀板向上运动压在阀座上来实现密封。

2014年，Weatherford公司推出了CFS连续循环钻井系统，CFS连续循环阀的中心阀为球阀，旁通阀为滑套式结构，可根据流道压力和钻井液流向变化自动开启或者关闭钻井液循环通道，降低了操作人员的劳动强度，提高了安全性和可靠性。

2015年，Canrig公司推出的NSD连续循环钻井系统，包括一体化的球阀和旁通阀，采用人机界面控制的远程面板，在空气、泡沫等流体介质中有着明显的优势。

三、阀式连续循环钻井系统优势及风险分析

（一）阀式连续循环钻井系统优势

消除井内波动压力的影响，保持稳定的钻井液当量循环密度，保持井眼压力稳定，防止循环漏失或井涌、井壁坍塌等井下复杂情况的发生；防止和减少压差卡钻、砂桥卡钻、椭圆井眼卡阻等事故发生；有效解决空气钻井中的连续携砂和地层出水问题，稳定井内压力，攻克空气钻井几乎无法克服的难关，并使其钻进更安全，进尺更深。

最佳的井眼清洗效果，连续循环保持连续携屑，对于消除岩屑床、减少摩阻系数和旋转扭矩起到关键作用；提高定向效果，良好地控制井眼轨迹；减少短起下钻和倒划眼作业时间，提高作业安全性和作业时效。

省去了接立柱（或接单根）停泵前长时间停止钻进循环带砂时间、对显示层的测后效和长时间循环取样时间、负压钻井的卸压和重新建立井内压力平衡的大段时间；减少接立柱后下钻中的大长段划眼时间；作业过程中的设备维修不必短起至套管鞋，减少设备维修过程的总停钻时间，大幅提高钻井效率。

改进了对钻井液的管理，改善了对当量循环密度值的有效控制，对孔隙压力与破裂压力窄窗口井、压力变化敏感井、深水井钻进尤为重要。当量循环密度的控制在保证井下安全的同时使井身质量得以提高，保证了后续作业如下套管固井等的顺利实施，并可适当降低钻井液的胶凝强度等，维护好钻井液流变性。可减少许多钻井液处理费用，降低钻井成本。

在水合物钻井中，应用连续循环钻井技术，可在整个钻井期间连续不停地泵入冷却了的钻井液，严格控制井内钻井液温度于一定值，最大限度保持水合物的稳定，避免因水合物快速分解导致气体聚积或井壁坍塌而造成无法钻进的问题。消除井底气体聚积带来的不利影响，减少各种复杂情况的发生，保护油气层，安全钻进。

（二）阀式连续循环钻井系统风险分析

1. 循环短节风险分析

连续循环短节内部结构特殊，作业环境复杂，增加了其风险概率。总结国内外现有阀式连续循环钻井装置应用失效状况，对其进行定性风险分析，总结得到风险类型如下：

（1）循环流体冲蚀轴阀阀板导致阀板面受损；

（2）流体杂质造成阀板面腐蚀受损；

（3）流体内砂砾含量过大使阀板传动轴冲蚀断裂；

(4)阀体密封圈老化失效;

(5)短节受力变形过大导致本体挤压变形;

(6)侧阀弹簧失效;

(7)流体冲刷侧阀阀板导致侧阀密封面密封失效;

(8)阀板未及时关闭导致阀板与堵头内憋压影响作业安全。

密封圈及弹簧失效问题可通过定期保养或更换零件以消除风险。在短节额定工作压力范围内,短节本体挤压变形概率可降至最低。轴阀及侧阀受流体冲蚀问题是短节固有风险,难以避免,但可进行结构优化以减小冲蚀影响

2. 控制系统风险分析

控制系统主要负责操作流道转换,对控制线路及阀门开关灵活性要求较高,总结其风险类型如下:

(1)控制线路老化失效;

(2)阀门堵卡;

(3)未进行预灌浆操作,造成主侧循环流道转换时产生水击效应。

控制系统线路及阀门需进行定期检修,上井作业前进行调试,可将失效概率降至最低。未进行预灌浆操作属人为风险因素,需强化安全作业意识以降低风险概率。

3. 关键问题分析

建立阀式连续循环钻井装置风险事故树,如图9-11所示。阀式连续循环钻井装置关键问题为主侧阀板冲蚀失效问题。主循环时,轴阀阀板自由垂落,阀板受冲蚀面小,对阀板密封性影响较小。侧循环时,由于结构空腔所限,侧阀板受流体直接冲击,若流体内含砂量较大,严重影响其密封效果。若侧阀阀板密封失效,阀板与堵头中空流入钻井液,内部憋压影响作业安全。

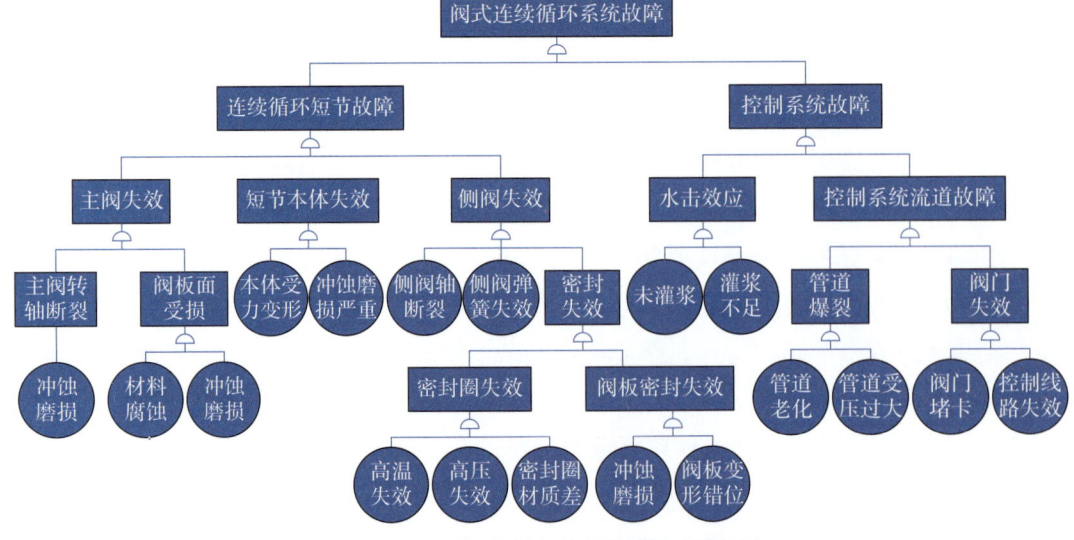

图9-11 阀式连续循环钻井装置风险事故树

四、阀式连续循环钻井系统应用

（一）应用保障措施

阀式连续循环钻井系统的安全性和可靠性不仅关系到能否实施连续循环钻井作业，也关系到现场作业人员的人身安全，因此，在进入油田现场应用之前，需要对循环短节主侧阀各部件、控制系统各单体，按照相关的质量控制体系，执行严格的安全保证措施。

（1）严格选定制造连续循环阀的材料。材料强度要求高，硬度要求高，保证3000次敲击不变形，具有良好的机械密封性和耐高温、耐酸、耐冲蚀的防腐蚀性能；

（2）每一批次的连续循环短节都有严格的炉号证书，具备完整的机械性能测试、化学成分分析、MPI磁粉探测、NDT超声波探伤报告，纳入可追溯系统；

（3）创新侧阀防松防倒扣的安全结构设计，采用ANSYS有限元软件对阀体进行结构强度分析与阀板受力动量校核；

（4）进行主阀板和侧阀板动作可靠性及启闭状态试验。主阀板和侧阀板动作可靠与否关系到钻井液能否在正循环通路和侧循环通路之间进行切换，根据设计要求，当负压小于0.8MPa，阀板产生动作，自动关闭，且密封良好；

（5）单件循环短节液/气高低压静密封试验必须合格。静水高压70MPa，低压2.5MPa；空气高压40MPa，低压2.0MPa；

（6）进行控制柜电控系统试验及液控系统试验，电控液动作协调，操控可靠，如失去液压能力，可用手动控制；

（7）控制管汇系统单件和总体流程密封试验，执行机构单件的高压100MPa静水压试验合格，控制系统总体流程静水压70MPa，空气40MPa；

（8）连续循环阀内部通径变化处无台阶设计，外径45mm钻杆内测斜仪各种倾斜角度过阀体，进行防卡挂试验，不卡不挂安全上下。

（二）应用领域

1. 窄窗口井应用

在地层安全密度窗口较窄的井，由于地层孔隙压力与破裂压力非常接近，常规的停泵接/卸立柱的作业方式，对原本稳定的井筒压力造成极大的威胁，在井底，势必引起井底压力的剧烈波动，当负压力激动低于地层坍塌压力时，造成地层坍塌，当正压力激动高于地层破裂压力时，造成地层破裂。利用阀式连续循环钻井系统可以消除接单根时停开泵造成的压力波动，能够有效避免井下事故的发生，提高钻井安全性。

2. 水平井应用

岩屑床是水平井的特有现象，一般来说，井斜角小于45°时，岩屑会被循环钻井液携带出井筒而难以形成岩屑床。当井斜角介于45°～70°之间时，该井段最容易发生岩屑堆积，形成岩屑床。在大位移水平井作业中，稳斜段由于井斜大、长度长，钻井液携岩效率会大幅度降低，而连续循环保持连续携屑，使岩屑始终悬浮在钻井液中，持续不断地被带出井筒，减小了钻柱和岩屑之间的摩阻系数，对降低钻柱旋转扭矩起到关键作用；提高定向钻进效果，很好地控制井眼轨迹；减少短起下钻和倒划眼作业时间，提高作业安全性和作业时效。

3. 高温高压井应用

钻井过程中钻井液的密度及流变性会随压力和温度的变化发生改变，流变性的变化会引起环空流动摩阻的变化，而密度的变化则会引起静液柱压力发生改变，两者最终将会导致井底压力发生改变。在高温高压井钻井接单根时，由于井内温度极高，钻井液停止循环后钻井液温度迅速上升，同时其流变性和密度发生改变，直接导致井底压力的变化，对于安全窗口较窄的地层来说，微小的井底压力变化就可能导致井漏或溢流的发生；对于高温高压气井来说，钻井液热膨胀使密度下降从而导致井底压力下降，严重时会引起气侵、溢流等问题，影响钻井的安全。使用连续循环钻井技术，能够减轻由于钻井液停止循环而导致的钻井液温度的变化，从而使钻井液的流变性和密度维持相对稳定，提高了钻井生产的安全性。温度的变化对天然气水合物的影响也十分明显。据国内外研究发现，天然气水合物的形成必须满足一定的压力和温度，即必须满足水合物的压力、温度临界平衡曲线，特别是当温度达到某一极高值时，临界压力会迅速增加。在钻井过程中，井内的温度上升会引起临界压力迅速增加，破坏了水合物的稳定，导致其迅速地分解并且释放出大量的游离水和气体，由此会引起井壁失稳、井内压力波动、气体的聚集以及黏附钻柱等情况，严重影响钻井平台的安全。因此，为了维持水合物能够在相对稳定的条件下，首先要控制压力，其次是要保持井内温度达到稳定。阀式连续循环钻井技术能够维持井底温度的基本稳定，从而使水合物长时间保持在稳定的状态，消除了因水合物分解引起的气体的聚集等复杂情况。

（三）应用案例

番禺油田 PY10-5-A1H 井的 ϕ215.9mm 井段（6122～7148m）使用了阀式连续循环钻井技术，在油基钻井液密度为 1.20～1.21g/cm³，排量为 31.5L/s 的工况下，平均机械钻速高达 19.30m/h，当量循环密度值控制在 1.30～1.47g/cm³。1026m 全井段当量循环密度值增量为 0.17 g/cm³，波动范围小于 2.3%。该井通过使用阀式连续循环钻井技术取得了良好的现场应用效果。

（1）消除了井内压力波动，控制当量循环密度值。阀式连续循环钻井技术消除了启停钻井泵瞬间对井底造成的压力冲击，ϕ215.9mm 井段当量循环密度波动范围控制在 2.3% 以内，立管压力随着井深的增加平稳变化，当量循环密度值始终介于地层坍塌压力和地层漏失压力之间。

（2）ϕ215.9mm 井段作业过程中，阀式连续循环钻井技术保持了钻井液连续携岩，即使在接立柱期间，也能保证岩屑的不间断排除，防止岩屑沉降，有效减缓了岩屑床的形成，改善了大位移井井眼清洁状况,其ϕ215.9mm井段实钻轨迹平滑且与设计轨迹吻合度高,满足设计要求。

阀式连续循环钻井技术其他典型案例见表9-2。

表9-2 阀式连续循环钻井技术案例

井号	时间	井眼直径（mm）	连续循环井段（m）	连续循环钻井参数	简况描述
宁211井	2012.12.13	215.9直井	1344.85～1502	氮气,ϕ178mm×NC50短节,3t, 60r/min, 90～120m^3/min, 2.5～3.4MPa	首创氮气连续循环钻井成功；提高作业时效明显,侧正循环转换波动压力仅0.07MPa,井下压力稳定
月005-H1井	2013.03.21	311.2直井	910.21～927.15	充气钻井液,ϕ168mm×NC50短节,气60m^3/min+清水45L/s, 7MPa	成功完成充气钻井液连续循环钻井；环空当量密度稳定,作业正常,流道转换波动压力0.3MPa
杨家1井	2013.11.24	215.9直井	3918～4460	钻井液欠平衡钻井,ϕ168mm×NC50短节,6～8t, 60～80r/min, 25～28L/s, 18～20MPa	欠平衡连续钻井很成功,1.30压力系数,用1.10g/cm^3钻井液钻进正常,无任何垮、涌、卡、挂问题,井下压力稳定,提高功效明显。钻进时短节侧阀过井口胶芯顺利,控制井口0.5MPa的低回压,20MPa钻进压力密封很好
博孜101井	2013.05.21	431.8 333.4	2530～3602 3602～4652	空气钻井,ϕ184mm×ϕ139.7mmFH短节,1～2t, 40～50r/min, 300～430m^3/min, 2～4MPa	连续循环空气钻井达4652m,创空气钻最深指标,井身质量好,ϕ431.8mm井眼下ϕ374.65mm套管3600m, 42h顺利下入,全井无任何复杂情况,顺利钻过多个水层,解决空气钻井遇水层无法作业问题。该井创南疆钻井多项指标纪录

第三节 充气控压钻井技术

充气控压是控制井底压力方法的其中一种,其主要通过向钻井液中冲入空气、氮气或天然气以改变钻井液密度,并使用井口回压装置以保证钻井过程中井底压力处于安全密度窗口。充气控压钻井技术是基于充气欠平衡钻井技术发展起来的更精确的、主要针对复杂地区低压力窄安全密度窗口地层的一种高效钻进技术。充气控压钻井的主要目标是保证井筒环空压力剖面在窄安全钻井液窗口内,以防压漏地层或地层流体流入井内。充气控压钻井在短期内主要依据监测井底压力及井口压力变化来调节节流管汇及钻井液流速来平衡地层孔隙压力,在长期内可以通过调整钻井液充气量,必要时重新配制钻井液来平衡稳定井底压力。

充气控压钻井使用的是一个密闭承压的充气钻井液循环钻井系统,在地面调配好充气液从立管进入井筒循环,通过调节钻井液充气量来实现长期稳定的井底压力平衡,在钻井过程中井底压力紧急波动时,通过地面节流管汇、回压泵及钻井液循环速度来进行压力平衡控制，最终实现"当量循环密度稳定"钻井。

一、充气控压钻井装备

充气控压钻井分为井口控制设备、自动节流系统、回压泵系统、气液混合系统、四相分离系统、钻机节流系统六个部分，如图9-12所示。

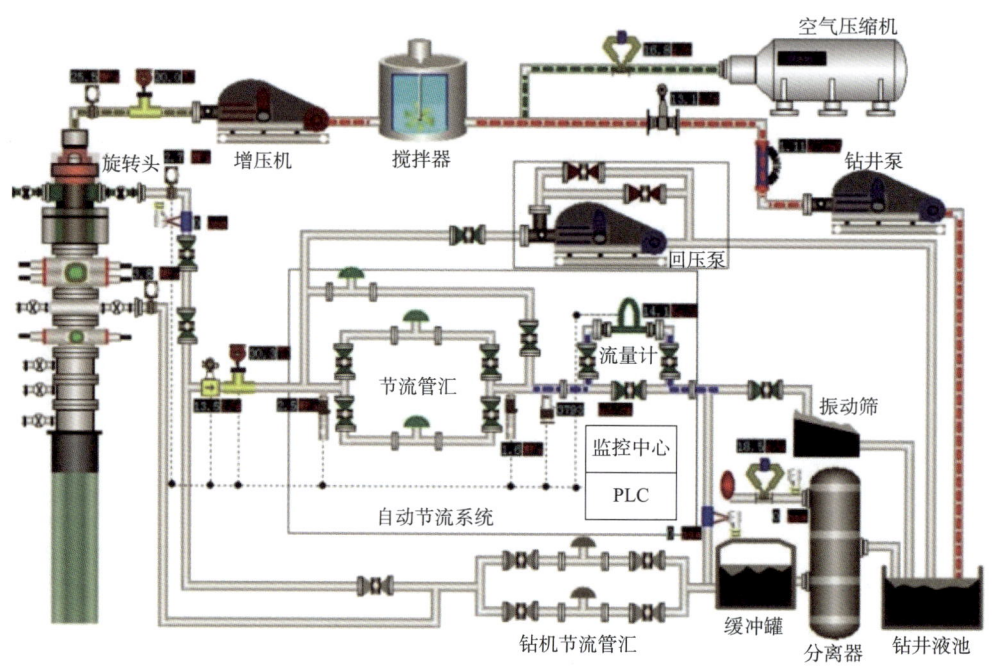

图9-12 充气控压钻井系统组成

井口控制设备包含旋转控制头、监控箱、动力站、旋转控制头安装及操作辅助设备。评价旋转控制头好坏的技术参数有最大耐动压和最大耐静压，最大耐动压是评价钻进过程中井底压力发生波动时，旋转控制头控制回压的能力；最大耐静压主要是钻井液停止循环时，旋转控制头上憋住回压的能力。监控箱主要用于监控井口压力，用于决定井口设备及节流管汇的相关动作。

自动节流系统由自动节流管汇、控制中心、监测系统三大部分组成。监测系统主要监测钻井管道进出口流量、阀门开度等施工过程参数。控制中心根据监测系统的监测数据进行相关施工分析，控制节流管汇阀门动作，以实现对回压的控制。回压泵系统由回压泵和旁路管线组成，当节流管汇系统回压控制不住时，实行回压泵控制回压。

气液混合系统由钻井泵和空气压缩机组成，通过调节钻井液充气量的多少可以调节充气钻井液密度，以达到长期稳定的井底压力控制。在注气管道和注液管道上都安装有监测流量计和混合液密度计，用于实时监测气液流量和充气钻井液密度，为注气量控制和钻井液流速控制提供依据。

四相分离系统的主要组成部分是四相分离器。使用四相分离器快速地实现了岩屑、钻井液、气体和原油的四相分离，为钻井液的循环速度提供了保证。充气控压钻井过程中为了能够从钻井液中及时有效地除去均匀混合的空气，配置了真空除气器。

钻机节流系统适用于手动模式，是自动系统无法正常工作的一种应急方式。主要是在钻井过程中出现大漏、大溢情况时使用，是在自动节流系统无法有效控制井底压力时对自动节流系统的补充。

二、充气控压钻井工艺流程

充气控压钻井充入气体为空气，与钻井液混合后形成泡流，此泡流以充气液的形式进入钻井井筒中。钻井液密度设计是在预定深度下，设计井底压力平衡或接近平衡。在不循环情况下，钻井液产生的静压力可能是适当的欠平衡，在这种情况下，通过加地面回压维持井底压力，压力相当于停泵前的循环环空摩擦压力。充气控压钻井主要有五种工作流程，分别是正常钻进控压流程，接单根、起下钻控压流程，换旋转头胶芯流程，微溢、漏控压流程和大漏、溢控压流程。

正常钻进时，当排量、立压变化时，井口回压也会变化，进行补偿，保持井底压力稳定。正常钻进循环流程为：钻井液泵→立管→方钻杆→钻具内→环形空间→旋转控制头→旋转控制头旁通阀→钻井液返出管线→振动筛→钻井液池→钻井泵。

接单根、起下钻时由于无充气钻井液进入钻杆循环，使得井底当量密度下降，此时使用回压泵进行井口加压，井口无液体返出。接单根、起下钻时循环流程为：回压泵→节流管汇旁路管→振动筛→钻井液池→回压泵。接单根、起下钻时，井口有明显的回压波动过程。

换旋转头胶芯时，利用辅助节流管汇，给环空传递回压。换旋转头胶芯时钻井液循环流程为：回压泵→节流管汇旁路管→振动筛→钻井液池→回压泵。更换胶芯时，钻具静止，井口回压稳定。

有溢流或气侵情况下钻进时钻井液循环流程为：钻井泵→立管→方钻杆→钻具内→环形空间→旋转控制头→节流管汇→缓冲罐→四相分离器→钻井液池→钻井泵。微溢、漏控压流程可以进行正常钻进，一般是调整回压值，使井下恢复正常。

大漏、井涌控压时钻井液循环流程为：钻井泵→立管→方钻杆→钻具内→环形空间→旋转控制头→钻机节流管汇→缓冲罐→四相分离器→钻井液池→钻井泵。充气控压钻井一旦出现大漏、井涌时，井口回压无法使用自动节流管汇和回压泵进行控制，此时需要人工手动操作，使用钻机节流管汇进行钻井液循环，同时调整充气钻井液密度，尽快平衡井底压力。

三、充气控压钻井监测

对充气控压钻井过程相关参数进行监测，是实现充气控压钻井压力控制的前提。为了保证充气控制压力钻井顺利进行，研究与设计充气控压钻井监测系统，能够为地面充气控压钻井控制过程提供合理的定量控制依据，及时及早判识井下微溢流的发生，根据气液流量监测通过合理分配充气液气体和液体体积来配制充气钻井液，根据井口回压紧急变化监测调整钻井液循环速度，监测节流管汇前后端压力值以确定节流管汇阀门动作等。

（一）充气控压钻井监测必要性

对充气控压钻井过程进行监测是执行钻井压力控制的前提，对充气控压钻井过程进行准确监测能够提高控压钻井压力控制的精确度。充气控压钻井系统是一个封闭的、流体循环的钻井过程，对压力控制精度的要求较一般常规钻井要高很多，而对压力进行精确控制的前提是必须准确地知道井口回压。井口回压的控制主要通过对地面节流管汇和回压泵的控制来实现，不论采用何种控制理论算法都必须知道被控变量与实际变量的偏差，从而通过对实际监测量与被控量偏差进行相关的控制算法运算以得到执行量，然后由压力控制系统执行一系列控制操作进行井口压力控制。

对充气控压钻井过程进行监测，能够及时发现井底微溢流现象的发生，为控制井底溢流、提高钻井安全性提供了保证。充气控压钻井是一种近平衡钻井方式，控压钻井是在一定井口回压范围内进行的钻井过程，井底溢流如果不能及早发现，地层流量侵入环空会造成钻井液密度下降而降低井底压力，会进一步引发井涌，造成更高的井口回压，一旦超过井口回压控制承受范围，就会引起井喷等重大钻井安全事故。因此研究设计充气控压钻井监测系统，对钻井返回液进行监测分析判识，能够及早确定井底溢流现象的发生并采取相应控制措施，提高了控压钻井的安全性。

监测充气量是配制充气钻井液、控制空气钻井液密度的前提。回压泵和节流管汇的控制是短期内快速调节控压钻井压力的准确而有效的方法，而合理的充气钻井液密度是充气控压钻井液循环中井底压力控制的长期而稳定有效的关键。充气液密度调整主要是通过对钻井液充气量的增减来控制的，控制充气量的多少必须先使用监测手段得到当前充气钻井液密度和充气气体流量的大小，必要时调整钻井液密度也需要对钻井液密度进行预先测量，因此准确地监测充气钻井液密度、充气气体流量、钻井液密度及流量，是调整配制钻井液和充气量的定量理论依据。

根据监测的井口回压紧急变化情况，调整钻井液循环速度可以快速调节钻井井底压力。环空摩阻产生的压力是组成井底压力的一部分，影响环空摩阻的因素主要有钻井液密度、钻井液黏度、环空几何形状、井眼粗糙程度和钻井液流速，因此当钻入复杂地层产生井底压力大幅波动时，监测管道中流体流速与井口回压，以调整注入充气钻井液流速可以快速调整井底压力，平衡井底压力波动。

对节流管汇前后端压力值进行监测，是执行管汇阀门操作的前提，是判断节流阀动作对节流压降控制是否到位的依据。控压钻井对井口回压的控制是通过回压泵和节流管汇进行控制的。节流管汇前后压力不相等，管汇前与井口相连，属于管道流体高压区，管汇后与振动筛和气液分离器相连，属于流体管道低压区。当监测到井口流压过高时执行一系列相应动作调节相应的管汇系统阀门，进行泄压；当监测到井口压力过低时，执行一系列相应动作调节相应的管汇系统阀门，进行憋压，最终使井口压力维持在一定范围里。在执行阀门操作的过程中，管汇前后端压力传感器对管汇前后压力的监测值，是作为节流管汇阀门操作是否达到要求的判断标准。

（二）充气控压钻井监测参数分析

充气控压钻井是实现井底压力精确控制的一种方式，其钻进过程中包含几个不同的施工工艺流程。为了准确及时控制井口回压来平衡井底压力，快速判断井底溢流、井漏等安全事故，以及时采取积极安全措施，必须对充气控压钻井过程中相关过程参数进行监测。为了明确监测目的，需要对监测参数进行确定分析。

1. 压力监测分析

（1）压力监测类型分析。

充气控压钻井通过控制井口回压、环空摩阻压力来实现对井底压力的控制，使之处于较窄的安全窗口内。充气控压钻井需要监测的压力有：立管压力、套管压力一路、套管压力二路、自动节流管汇前液压、自动节流管汇后液压。

（2）压力监测原因分析。

根据"U"形管原理，压力平衡方程为：

$$井底压力 = 静液柱压力 + 环空摩阻压力 + 井口回压$$
$$井底压力 = 静液柱压力 - 环空摩阻压力 + 立管压力$$

静液柱压力与钻井液密度、井垂深有关，是这两个量的计算值。环空摩阻由钻井液密度、钻井液黏度、环空几何形状、井眼粗糙程度和钻井液流速决定，也是无法直接测量的，故能够直接监测而又对井底压力有影响的压力值只有井口回压和立管压力。钻井液进入钻杆前管道中的压力称为立压，由于钻井液具有压力传递性，因此立压最终会作用在井底成为井底压力的一部分，故立压也是控压钻井过程中必须监测的量。

井口与自动节流管汇和钻机节流管汇相连，井口回压与自动节流管汇前压力并不完全相等，所以监测井口压力时，还必须监测自动节流前压力值。在正常钻进时，由自动节流管汇进行井口回压调节，自动节流管汇前压力与节流后压力差体现节流系统的性能，在节流后还存在一个液压，因此自动节流管汇前液压也是充气控压钻井监测系统需要监测的压力值。

2. 体积流量监测分析

（1）流量监测类型确定。

充气控压钻井对体积流量的监测包括以下两个流量参数：钻井液体积流量和返出液体积流量。

（2）流量监测原因分析。

充气控压钻井通过调节充气钻井液的充气量和钻井液量来调整充气液密度，以实现长期稳定的井底压力控制。进行充气控压钻井时必须对钻井液流量进行监测。同时钻井液流量决定泵入井筒流体流速，而钻井液流速影响环空摩阻进而影响井底压力，对钻井液流量的监测控制是对井底压力的间接控制。

在正常钻井过程中，地层无溢流、井涌、井漏等事故发生，充气钻井液出口流量因钻井液携带岩屑使得钻井液出口流量不同于充气钻井液入口流量，其中出口充气钻井液体积流量与入口充气钻井液体积流量不大，而出口充气钻井液质量流量与入口充气钻井液质量流量差保持在一个微小范围内波动。当发生溢流、井涌、井漏等地层事故时，通过监测出口充气钻井液流量与入口充气钻井液流量判断井底事故类型，特别是对微溢流的监测能够及时发现溢流，防止溢流进一步发展成井涌而增加钻井风险。

3. 质量流量监测分析

（1）流量监测类型确定。

充气控压钻井对质量流量的监测包括以下三个流量参数：注入空气质量流量、脱气气体质量流量和返出钻井液质量流量。

（2）流量监测原因分析。

注入空气量决定充气液的密度变化。在正常钻进情况下不发生气侵和漏失，理想脱气气体的质量流量与注入空气质量流量相等。当发生气侵时，脱气气体质量流量大于注入气体质量流量。当发生井漏时，脱气气体质量流量小于注入气体质量流量。通过对气体质量流量的监测可以判断井底是否发生气侵或井漏。

在正常钻进情况下，返出钻井液质量流量维持在一个较稳定的范围内波动。当发生井漏时，返出钻井液质量流量会下降，下降幅度与漏失严重程度相关。当发生溢流、井涌时，返出钻井液质量因侵入流体不同而变化情况较为复杂。例如气体和液体同时侵入时，返出钻井液质量流量不发生变化。对于井涌、溢流、漏失等情况的监测判断，单独使用质量流量计对返出钻井液进行监测还不能明确判断，必须配合其他监测传感器，使用信息融合技术，这样才能够准确判识井下事故。

4. 密度监测分析

根据目前现场充气液钻井实践经验可知，充气控压钻井技术一般应用于地层压力系数小于 $1.05g/cm^3$（或 $1.10g/cm^3$）左右的窄安全钻井液密度窗口，主要原因是钻井液密度在 $1.05g/cm^3$（或 $1.10g/cm^3$）以下时，其固相含量很少甚至没有，对于调整钻井液密度而言是很困难的，同时低密度条件下充气对于降低井底压力效果是很明显的，充气钻井液的密度可以控制在 $0.45 \sim 1.2g/cm^3$，它不但能大大降低井内静液柱的压力并且具有良好的携带岩屑的能力，且低密度钻井液在现场脱气容易，易于实现。

对于高密度的钻井液进行充气钻井实施起来很困难，主要原因一是目前对高密度钻井液进行充分脱气比较困难，二是高密度情况下的充气对降低静液柱压力作用不大，还不如直接降低钻井液密度方便。充气液控压钻井理论上适用于任何条件下的控压钻井，可对于深井高密度钻井液条件下而言显然充气降压效果不明显。

第四节　控压固井完井技术

深水油气资源的勘探开发已经成为当前的开发热点，而目前深水油气资源勘探开发面临低温、浅层气、浅水流、异常高压层以及窄密度窗口等挑战。该类地层时常伴随着不同的裂缝孔洞形态和复杂的岩石性质，地层横向差异大，纵向压力层系多，环空水泥浆难以对不同地层压力实施有效分段封隔，从而使得在固井过程中，同一井段容易出现溢漏共存等复杂情况，固井风险及难度极大。

针对施工深度较大、压力窗口窄、溢漏同存井，常规固井通常采取全过程静当量密度平衡压稳地层进行施工作业，但由于固井浆体组成及井下情况复杂，该方法难以保证固井水泥浆注替全过程井筒压力均处于安全窗口内，虽然目前的水泥浆外加剂技术和压力控制技术能在一定情况下满足复杂地层固井需求，但该类方法浆体配制过程复杂且无法精确、实时地调控井筒压力。

为了有效地解决窄安全密度窗口固井难题，国内外在采用精细控压钻井方法的基础上，提出了控压固井方法，研发出满足现场施工要求的精细控压固井技术。精细控压固井技术是精细控压钻井技术的延伸，通过前期优化浆体性能、注替排量及浆体用量，在固井作业期间，利用地面调压设备即旋转防喷器、节流控制系统、回压补偿系统，控制井口回压大小，实现降排量和中停阶段的回压补偿，实时改变井筒压力分布剖面，使得溢漏压力敏感井段的压力控制在地层孔隙压力和漏失压力之间，从而完成对井筒压力的调控，有效解决环空间隙小、流体摩阻高、安全密度窗口狭窄等情况下的压力控制难题。

一、控压固井完井技术研究现状

（一）国外研究进展

针对高温、高压、深井、窄安全密度窗口固井难题，Schlumberger 公司开发的 CADS 注水泥动态模拟与设计软件中的精细控压固井模块，在恒定井底压力控制模式下，可以根据设计值控制当量密度变化范围在 ±0.012g/cm³ 以内。在这种模式下，通过调整节流阀开度来控制环空压力，达到井底压力恒定的目的。

AtBalance 研发的动态环空压力控制系统，由自动节流管汇、质量流量计和回压泵对流量和回压进行计量与调整，通过综合压力控制器进行程序控制，得到实时水力学参数和固井数据，并反馈于控制器，控制器进一步对地面设备进行控制与调整，从而达到对井下压力的准确控制。

Halliburton 的自动节流系统研究与应用晚于 AtBalance 研发的动态环空压力控制系统，其原理及主要设备与动态环空压力控制系统基本相同，只是在回压泵上加装一个高精度入口流量计，在节流管汇中引入一条直流通道，同时调整了安全溢流管线。Halliburton 的自动节流系统全部采用气液驱动，使得管理控制更加安全，根据井口监测数据调整节流阀开度和回压泵状态，从而控制井下压力大小。

Weatherford 的微流量控制系统以微流量为基础，连续监测外溢与漏失情况，以此为依据向自动化节流管汇发出指令，自动调节地面回压大小，使得窄安全密度窗口井下固井保持近平衡状态，保证施工安全、持续进行。

2015 年，面对具有极窄压力窗口和高温高压条件的海上 SDX 油田，Fernando Gallo 等在固井期间将静水压力设计为欠平衡状态，结合 Schlumberger 精细控压固井技术，利用井口回压完成对井底压力的控制，保证了施工过程中无溢流漏失事故发生。

2016 年，Evan Russell 等使用 Halliburton 精细控压固井技术，采用自动节流系统在地面施加压力，成功在窄压力窗口的 Paradox 盆地和高储层压力的 Piceance 盆地进行了精细控压固井作业，通过自动控压固井流程，识别目标当量循环密度并保持井底压力恒定，最大限度地降低固井风险并提高了产量。

2017 年，B.Soto 等面对秘鲁 Sagari 油田窄压力窗口地层，使用低密度流体进行欠平衡固井，结合 Schlumberger 精细控压固井技术，实时监测井底等效密度，通过地面调控设备调节井口回压，从而达到对井底压力的精细控制。

2018 年，在马来西亚和加勒比海窄安全密度窗口地区，均采用 Schlumberger 精细控压固井技术进行固井操作，通过控制地面控压设备，从而调节井口回压大小，将井筒压力维持在最高孔隙压力和最低破裂压力之间，形成了窄安全密度窗口固井解决方案。

国外精细控压固井系统研发已较为成熟，并大量运用于实际固井作业当中，特别是对于窄安全密度窗口地层固井，成功完成了复杂条件下的水泥浆注替操作。

（二）国内研究进展

2016 年，中国石化中原石油工程公司固井公司新疆项目部，针对塔中顺南 6 井 177.8mm 尾管固井井深、温度高、压力安全窗口窄、地质构造复杂等难点，提出利用精细动态控压固井技术进行固井施工，结合控压装置，施工过程中根据注替情况动态地对控压值进行调控，成功完成了对井筒压力的精细控制。

2017 年，中国石油川庆钻探工程有限公司井下作业公司鲜明等，面对采用 ϕ114.3mm 尾管固井，存在尾管段环空尺寸较小、提高顶替效率难度大、安全密度窗口窄等固井难题的 LG70 井，为了既满足小间隙尾管固井顶替效率，又满足窄安全密度窗口地层固井压力平衡原则，探索性地采用了精细控压固井技术，对岩石破裂压力、地层压力、环空压耗流变学计算模型进行分析，在优化浆体性能和注替排量的基础上，通过地面控压流程，实现降排量和中停阶段的回压补偿，实时、动态地改变井筒压力分布剖面，使得溢漏压力敏感井段压力控制在地层孔隙压力和漏失压力之间，顺利完成了固井操作。

2018 年，大庆钻探钻井四公司工程分公司于长明，为了验证精细控压压力平衡固井工艺技术的可行性，选择了一口预探井进行实验。根据设计方案，结合过去成功的精细控压固井案例，通过对地层在不同排量条件下的承压能力进行验证，掌握了调整泵注参数的科学依据，并优化钻井液体系，成功运用控压设备完成了对井筒压力的调控，保证了压力平衡稳定。

国内精细控压固井方法的实际运用尚不够广泛，且相关软件系统也与国外存在一定的差距。在精细控压固井相关理论基础、计算模型、控压流程等方面还需要进行深入研究。

二、精细控压固井技术应用背景及原理

（一）精细控压固井技术应用背景

目前，对于塔里木盆地、四川盆地、新疆南缘、玉门青西、南海莺琼盆地等深层复杂地层固井施工，均需面对窄安全密度窗口情况，根据其地层特性可知，在该类地区开展固井操作主要有如下难点。

（1）高孔隙压力低漏失压力。该情况下为了压稳地层，通常选用较高密度固井流体，以保证停泵阶段井筒静压力与地层压力保持平衡，此时若开泵注替，易产生过高的循环压耗而压漏地层；若保证开泵阶段井筒动压力处于安全窗口内，那么停泵时循环压耗的消失将使得井筒压力低于地层压力，难以压稳地层，此外，较窄的安全密度窗口使得固井时水泥浆与钻井液密度差较小，优化顶替参数困难。

（2）长井段同一压力系统。该情况下施工难以保证较长的井段皆处于平衡状态，当井筒压力平衡上部地层时，随着井深的增加，井筒压力随之升高易压漏井底，若降低浆体密度，又将难以压稳上部地层。

（3）上部存在异常高压层。固井过程中，若采用提高井筒压力的方法来平衡上部高压层，通常会导致下部井筒压力过高而压漏地层。

（4）薄弱地层。类似于易坍塌和漏失的薄弱地层进行水泥浆注替操作时，容易出现坍塌、漏失等情况。

结合深井、超深井、高温高压、窄安全密度窗口情况固井现状可知，采用常规固井方法即利用改变浆体密度、浆体性能、注替排量等方法，难以高效、精细地对井筒压力进行控制，无法保证固井施工全过程整个井筒都处于不漏不溢的状态，而精细控压固井方法的提出，能有效应对上述窄安全密度窗口固井难题。

精细控压固井技术目前主要应用于窄安全密度窗口等复杂地层条件固井施工，利用控压设备和软件系统，快速、精准、简洁地控制井筒压力，其压力控制的目标是：在整个固井作业过程中，无论是下套管、浆体循环、停泵、候凝阶段，均能精确控制井筒压力，使井筒压力保持动态平衡状态，并处于安全窗口内。

（二）精细控压固井技术原理

在水泥浆注替过程中，井筒压力等于环空静液柱压力、环空压力损耗和地面回压三者之和，如图9-13所示。由井筒压力影响因素示意图可知，通过改变浆体密度、注替排量、浆体黏度、环空尺寸等因素均能控制井筒压力大小。

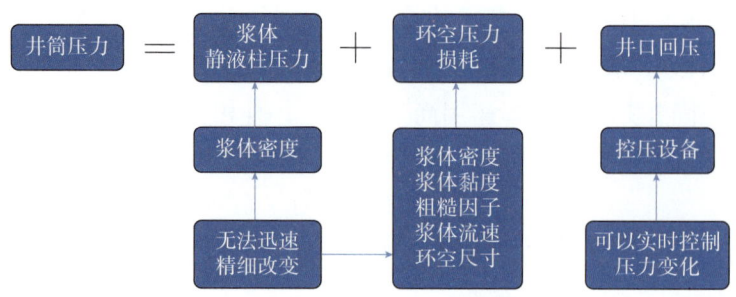

图 9-13　井筒压力影响因素示意图

对于窄安全密度窗口地层固井施工，往往伴随开泵即漏、关泵即溢的固井难题，且由于固井所采用的浆体性质及结构复杂，注替过程中井筒压力处于较为复杂的动态变化状态。常规控压固井技术，通常采取调节浆体静液柱压力和环空压力损耗的方法，以达到调控井筒压力的目的，但由于静液柱压力受到浆体密度影响，无法实时动态改变，而环空压力损耗影响因素较为复杂，难以做到精确调节，因此常规控压固井方法难以有效应对窄安全密度窗口固井难题。

井口回压是由于流体流经地面控压设备即节流阀时产生流动阻力，该阻力通过流体传递到井筒，以补偿井筒压力。其中，井口回压直接通过节流阀开度变化进行调节，能在保持固井浆体静液柱压力和循环压耗不变的情况下，实时动态变化，并直接作用于井筒，从而达到直接、迅速、精细地调节井筒压力的目的，能有效应对窄安全密度窗口固井难题，由此便形成了精细控压固井方法。

采用精细控压固井方法进行浆体注替操作时，数据采集单元将实时采集到的进出口排量、井口压力等数据导入精细控压固井系统，利用水力学参数计算模块进行井筒压力的确定，并将井筒压力与目标压力进行对比，利用可编程逻辑控制器（programmable logic controller，简称 PLC）对控压值、注替排量、节流阀实时开度等参数进行数据处理、存储和逻辑判断，确定节流回压调整指令，并将执行指令反馈至执行机构，通过自动节流阀组进行压力调控。其中，当井筒压力小于目标压力时，控制系统会根据实际情况开启回压泵或降低节流阀；当井筒压力超过目标压力时，控制系统会提高节流阀开度或降低注入排量以降低井筒压力，从而实现实际井筒压力与目标压力逼近。

注水泥阶段，固井车将水泥浆注入井内顶替钻井液流动，钻井液由环空通过防喷器上返至地面循环，并流经自动节流控制系统主通道进行套压控制，同时，数据采集系统自动采集套压值、返出排量等参数。当钻井液经液气分离器分离出气体后，将进入循环罐完成储存。根据施工需求，可开启地面泵泵注罐内流体，从而建立地面循环。结合精细控压固井方法原理及控压流程可知，该方法以套压控制，即环空精确压力控制为核心，通过相关设备及控制系统的共同作用，能实时、精确地完成对井筒压力的调控，使其保持在较小的安全窗口范围内，在保证固井施工顺利进行的同时，确保封固段环空高效填充，保障固井质量。

精细控压固井方法较常规固井方法的主要区别在于引入了井口回压，通过调节井口回压，达到在不改变井筒浆体密度、流变参数及注替排量等参数的情况下，直接调控井筒压力大小，从而有效保证固井各阶段井筒压力均满足地层承压能力。

三、控压固井设备及控制系统

控压固井系统是基于井筒压力恒定方式固井，并达到动态调压目的的工艺与技术总成，系统通过实时改变井口回压，确保井筒压力在固井作业过程中保持恒定，实现各工况下对井筒压力精确控制与安全、平稳衔接，因此，动态调节井口回压即控压值大小十分重要。为了完成对控压值的动态调控，只有通过精细控压固井系统，对水力参数、井筒压力、控压值等相关数据实时精确计算，统一指导调节相关硬件设备和系统，才能有效实现对井筒压力的精确控制，保证精细控压固井工作顺利开展。

结合精细控压固井系统功能和现场施工案例，可将精细控压固井系统划分为旋转防喷器、自动节流控制系统、回压补偿系统和远程控制中心四个主要部分。

四、精细控压固井流程

通过对精细控压固井方法原理的研究可知，该方法主要通过实时监测与分析下套管、注水泥、候凝等阶段的井筒压力，利用相关控制系统及控压设备，实现对固井施工井口回压的自动精细控制，确保井筒动态压力始终处于安全密度窗口范围内。精细控压固井过程中，通常将井筒压力调至目标压力，从而保证施工安全进行。

当目标压力已经确定后，控压值调节依据便取决于该时刻井筒内浆体静液柱压力和环空压力损耗，在实际施工过程中，由于固井流体种类及流变参数复杂，且浆柱设计、浆体性能、井身结构、实际工况等因素均会影响井筒实际动压力大小，使其处于动态变化状态。因此，控压值和地面控压设备需要根据实际注替过程进行优化设计，对井筒压力进行动态调节。为了明确实际固井施工过程中，井筒压力变化情况及相应控压流程，下面针对固井各工况特点，将固井施工分为3个阶段进行分析研究。

（一）套管下入阶段

在套管下入前，井筒压力由钻井液静液柱压力提供，地层压力与井筒压力保持平衡状态。当进行下套管操作时，由于套管对井内钻井液的挤压、携带作用，使得井筒内浆体发生流动，从而形成激动压力，导致井筒压力提升，对于窄安全密度窗口情况，过大的激动压力极易诱发漏失事故。

面对该类情况，结合精细控压固井方法原理可知，下套管过程中可按照以下步骤完成控压操作：

（1）实时采集 t_i 时的套管下入速度、进出口排量、套管下入深度 h_i；
（2）导入已经确定的井身结构、钻井液性质等基础参数；

（3）实时计算模块结合套管尺寸和井眼尺寸，根据 t_i 时刻套管下入深度 h_i 时的环空间隙大小将井筒分为 n 段；

（4）根据实时计算模块内置的参数计算模型，分别计算出各井段浆体返速、流变参数，结合稳态波动压力计算模型，明确 t_i 时刻各段激动压力 p_{zi}；

（5）将各井段波动压力整合后，得到 t_i 时刻井内稳态激动压力 p_z，最终结合下套管前井筒静液柱压力，即可确定 t_i 时刻套管下至 h_i 时的井筒压力大小 $p_i=p_{ha}+p_z$；

（6）将 p_i 与目标压力 p_t 进行对比，明确 t_i 时刻所需控压值 p_{bi}。若 $p_i < p_t$，则 $p_{bi}=p_t-p_i$；若 $p_t < p_i < p_F$，则 $p_{bi}=0$；若 $p_i > p_F$，则套管下入速度过高，需降低后重新计算；

（7）将控压值反馈至地面控制系统，通过该系统将控压值信号进行处理并反馈至地面控压设备指导节流阀开度调节，通过调节节流阀开度完成对 t_i 时刻井筒压力的控制；

（8）实时采集 t_{i+1} 时刻的套管下入速度、进出口排量、套管下入深度 h_{i+1}，按照步骤（1）重新开展计算。

（二）开泵循环阶段

在水泥浆返出套管之前，较低密度的钻井液、冲洗液在环空内循环，此时，环空静液柱压力和循环压耗往往较低，当井筒压力无法达到地层压力大小时，容易诱发溢流事故。当水泥浆返出套管后，环空内低密度浆体逐渐被高密度水泥浆所替代，环空静液柱压力和循环压耗会随之提升，井筒压力将不断提高，可能出现井筒压力大于目标压力甚至压漏地层的情况。此时，便需要根据实际注替情况及井筒压力开展相应控压操作：

（1）实时采集 t_i 时的地面进出口流量计读数、压力表读数、注替时间、注替情况；

（2）导入已经确定的井身结构、套管居中度、浆体性能；

（3）通过实时计算模块明确 t_i 时刻浆体位置；

（4）参数计算模块根据环空间隙尺寸对井身进行分段处理，综合考虑实际注替情况及井身结构，明确相关因素对循环压耗的影响，对循环压耗计算模型进行修正，确定出各井段实际循环压耗；

（5）整合各井段循环压耗，得到井筒总循环压耗 p_{fa}；

（6）根据 t_i 时刻井筒内流体位置情况，明确井筒静液柱压力 p_{ha}，从而得到 t_i 时刻井筒动压力 $p_d=p_{fa}+p_{ha}$；

（7）将实时计算出的井筒动压力 p_d 与初始设定的目标压力 p_t 进行对比，通过控压值计算模型确定出 t_i 时刻控压值大小：

$$p_b=|p_t-p_d| \tag{9-1}$$

若 $p_t > p_d$，则 $p_b=p_t-p_d$；若 $p_t < p_d$，则 $p_b=0$。

（8）将 t_i 时刻控压值反馈至地面控制系统，控制系统按照 t_i 时刻所需控压值大小，自动调节节流阀开度以提供相应的回压，从而完成 t_i 时刻井筒压力的调控；

(9）实时采集 t_{i+1} 时刻的地面进出口流量计读数、注替时间及浆体注入情况，按照步骤（1）开展 t_{i+1} 时刻压力的调控操作。

（三）停泵阶段

在水泥浆注替过程中，由于开挡销、倒闸门等操作，会出现停泵状态，该情况下，由于浆体停止流动，循环压耗将会消失，此时井筒压力仅由环空内浆体静液柱压力提供，极易诱发溢流事故。为了保证停泵阶段井筒压力处于安全压力窗口内，需按照以下流程完成控压操作：

（1）t_i 时刻停泵，打开地面回压补偿系统，建立循环系统；

（2）实时采集停泵前 t_{i-1} 时刻时的地面进出口流量计读数、注替时间、浆体注替情况；

（3）导入已经确定的井身结构、套管居中度、浆体性能；

（4）通过实时计算模块确定 t_{i-1} 及 t_i 时刻浆体位置；

（5）确定 t_i 时刻的静液柱压力 p_{ha}，明确所需控压值为 $p_{bi}=p_t-p_{ha}$；

（6）将 t_i 时刻控压值反馈至地面控制系统，控制系统按照 t_i 时刻所需控压值大小，自动调节节流阀开度以提供相应的回压，从而完成 t_i 时刻井筒压力的调控。

通过上述各工况井筒压力变化情况及相应控压措施可知，井筒压力的调节需要根据实际施工情况，结合实时参数，在准确确定井筒压力的基础上，根据安全窗口范围及目标压力，确定出各时刻所需控压值大小，从而指导地面控压设备进行调控，完成井筒压力调节。

五、精细控压固井特点及应用案例

（一）精细控压固井特点

精细控压固井方法是在保持水泥浆注替排量和浆体密度及性质的基础上，利用精细控压固井系统和水力学参数动态计算软件，实时确定循环压耗、井筒压力、控压值等参数，指导回压调节，从而通过相关硬件设备动态地完成对井筒压力的控制。

结合精细控压固井方法原理与现场使用情况可以得到，该方法主要包含以下特点。

（1）控压精确。精细控压固井方法使用先进的水力模拟及实时计算软件，将采集的实时井筒数据直接反馈至软件计算模块，该模块综合考虑实际施工条件与存在的影响因素，高效、精确地计算出相关水力学参数、井筒压力和所需控压值大小，并将计算结果反馈至控制系统，通过控制系统下达指令实时调整井口压力，保持井筒压力恒定。

（2）控制迅速。与常规控压固井技术相比，精细控压固井技术增加了旋转防喷器、自动节流控制系统及回压补偿循环系统，相关硬件设备及控制系统统一由计算机远程直接调控。当控制系统接收到调压指令后，节流阀自动调节开度，直接改变回压大小来调节井筒压力，该方法较常规固井通过调节密度、浆体性能或注替排量来调节井筒压力的方法更加直接、快速，具有更高的自动化程度。

（3）施工安全。相比于传统固井方法，精细控压固井方法利用控压系统及硬件设备，通过改变控压值大小，实时、快速、精准地完成井筒压力的调控，能减少溢流漏失的风险。

此外，相关硬件设备自动化程度和安全性较高，且均采用远程控制系统进行自动调控，并伴有自动报警功能，减少了人员风险。

（4）顶替高效。固井施工过程中若遇窄安全密度窗口情况，为保证施工安全进行，浆体密度及相关流变性能设计将受到限制，难以保证顶替液与被顶替液间的密度及流变参数梯度，无法在满足高效顶替原则下保证井筒不漏不溢。而采用精细控压固井方法，利用控压值对井筒压力进行调控，可以合理设计浆体密度和流变参数，提高顶替效率。

（5）对软硬件系统具有较高要求。由于精细控压固井参数实时计算和调控均依赖于系统内置的水力学参数、井筒压力及控压值实时计算软件模块，因此，该方法对软件计算模块中水力学参数及井筒压力计算模型适用性和准确性要求较高。在此基础上，为了顺利完成对井筒压力的调控，需要优选相应硬件系统及设备，保证相关控压设备具有较高的精确性、可靠性和自动化程度，以满足实际施工要求。

（二）精细控压固井案例

位于马来西亚海上的一口高温高压井，其井底压力预计超过 75.8MPa，且井底温度约为 217℃。安全密度窗口过小，以至于在不使用控压钻井的情况下无法钻达目的层，而且不可能通过常规的固井方法实现跨临界含烃储层的区域分离。在结合控压钻井设备和技术的基础上，使用控压固井工艺，成功完成了 $11^{3}/_{4}$in 和 $9^{7}/_{8}$in 井段的固井工作。

在 2032m 处下入 $13^{3}/_{8}$in 的套管并使用常规方法完成固井后，$14^{3}/_{4}$in 的套管钻达 2245m。该部分的最大孔隙压力当量密度为 $1.87g/cm^3$，在目的层处的地破测试结果显示最小的破裂压力梯度为 $1.89g/cm^3$（当量密度）。在控压钻井模式下钻井过程中使用的钻井液密度为 $1.80g/cm^3$，钻达目的层后，使用高密度 $1.88g/cm^3$ 的钻井液，以静态的方式安全地拉出底部钻具。通过施加回压，重新使用 $1.80g/cm^3$ 的钻井液，下入 $11^{3}/_{4}$in 衬套到目的层。并注入 $1.80g/cm^3$ 的隔离液及 $1.80g/cm^3$ 的水泥浆，并逐渐降低排量。并且设计了不同隔离液和水泥流变性，以实现最佳的流变学层级。

在最大孔隙压力当量密度为 $1.87g/cm^3$ 和静水压力当量密度为 $1.80g/cm^3$ 胶结液下，在固井作业期间需要施加的最小回压为 1.58MPa。因为破裂压力梯度为 $1.89g/cm^3$（当量密度），所以在不超过破裂压力梯度的情况下，在固井作业"停泵"期间可以应用的最大表面回压为 2.11MPa。控压固井作业成功完成，没有导致漏失，且成功下入封隔器，并完成压力测试。

第五节　海洋控压钻井配套技术

一、控压钻井井底压力监测技术

钻井作业过程中，准确地监测井底压力是提高生产效率，保证钻井安全钻井的重要因素。井底压力监测的方法主要有两种：一种是利用随钻测量仪器进行井底压力实时测量；

另一种是钻井作业过程根据水力学计算模型计算井底压力。目前，多采用PWD井下测量仪器对钻井过程中井下数据进行测量。

（一）随钻井底压力测量

随钻井底压力测量（PWD，Pressure While Drilling）是指钻井施工作业过程中，通过将压力测量装置及压力传感器放置于井下实时采集压力数据，并将井下采集的数据及时传送到地面过程。

PWD测量方法能够将钻井作业过程中实时采集的数据及时有效地传送至地面，现场施工人员可以根据接收到的数据及时准确有效地分析井下压力状况，不仅减少了利用传统水力学模型计算井底压力的误差，而且能够更加准确及时地预防钻井衍生事故的发生，指导现场施工作业，对于节约施工成本与非作业时间具有重大意义。

1. 系统组成

随钻井底压力测量系统主要由井底数据采集模块、数据发送模块、地面数据接收模块、地面数据卸载、处理模块及数据应用模块等几个重要模块构成，随钻井底压力测量系统如图9-14所示。

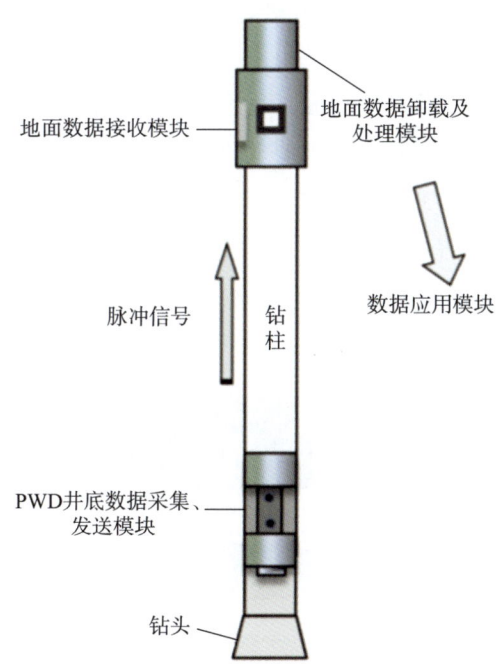

图9-14　随钻井底压力测量系统组成

（1）井底数据采集模块及发送模块。

井底数据采集模块和数据发送模块主要包括井底压力监测单元、温度与压力传感器单元、井底数据采集处理单元和通信单元等部分，该模块通过温度、压力传感器测量井下数据，利用数据处理单元转化采集到的测量信号，再通过通信单元将转化过的信号发送至地面。

（2）地面数据接收模块。

该模块主要包括数据接收与数据协调两个重要的部分，负责接收井下发送的脉冲信号。

（3）地面数据卸载及处理模块。

此模块实际上是一套处理数据的软件系统，主要负责滤波、解载及存储接收模块接收到的脉冲信号。

（4）数据应用模块。

数据应用模块主要负责将采集到的井底压力实时数据发送至每个监测应用软件上，从而使监测数据以图表的形式显示出来，指导现场施工作业。

2. 工作原理

通过对随钻井底压力测量系统构成的分析可知，随钻井底压力测量系统主要包括井底数据测量体系与地面数据接收体系两个主体部分。井底数据测量体系由数据采集、数据处理和数据发送单元组成，其工作原理为利用高性能的直流电源持续不断地为温度和压力传感器、井下处理器与脉冲信号转化器供电；温度、压力传感器进行井下温度、压力等信息的实时采集，并将采集到的信息及时传输到数据处理器；数据处理器转换存储接收到的信息，并将接收到的信息发送到脉冲信号转化器；通过脉冲信号转化器将从数据处理器接收的信号转化成钻井液脉冲信号发送到地面。地面数据接收体系主要由数据接收、数据解码、数据输出等主要部分组成。从脉冲信号转化器发出的信号经由井筒发送至地面，地面信号接收设备将接收到的钻井液脉冲信号再次转化为电信号，将转化好的信号传输至信号解码器，信号解码器将卸载好的信号传输到工作站，工作站再将需要应用的数据发送到相应的监测系统，利用监测系统实现采集数据的处理、存储和显示功能。随钻井底压力测量系统工作原理如图 9-15 所示。

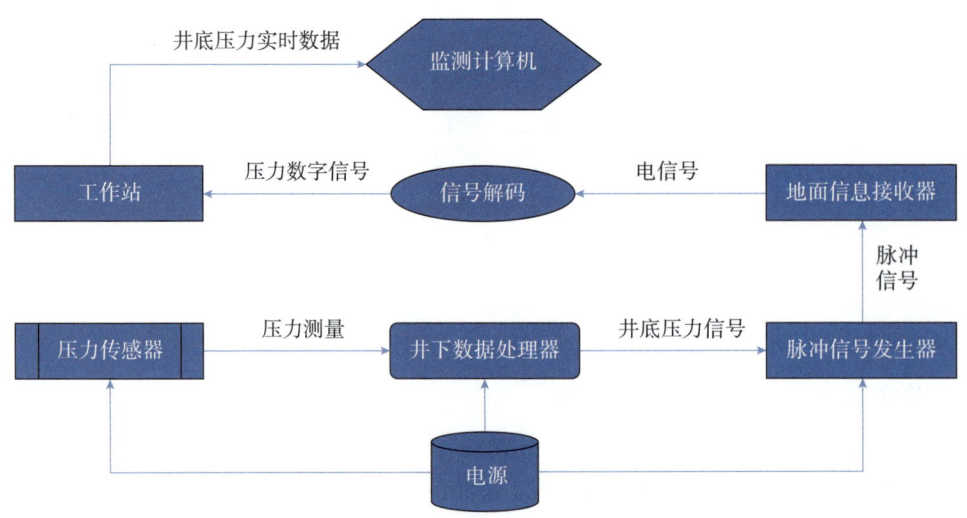

图 9-15 随钻井底压力测量系统工作原理

PWD 测量系统具有以下特点。

（1）通过 PWD 测量系统能够实现井底压力的实时测量，通过测量的井底压力分析当前钻进地层的井底压力，指导现场施工人员将当量循环密度（ECD）控制在安全作业范围内，确保安全钻井。同时，还能够实时监测井底压力的变化情况，指导现场作业。

（2）确定目标地层的地层破裂压力。利用钻井作业过程实时监测的井底压力，分析其与目标地层破裂压力的大小关系，从而确保井底压力处于安全极限范围之内。

（3）预防瞬态下压力剧烈波动造成的衍生事故发生。由于在起下钻的过程中，会造成很大的井底波动压力，利用 PWD 测量系统能够对井底的压力波动进行实时监测，继而预防瞬态下压力剧烈波动造成的衍生事故发生。

（4）降低由于井眼清洁度不高而引发的衍生事故。通过 PWD 测量系统，现场施工人员可以通过实时采集的井底压力判断井眼清洁状况，还可以根据实测的井底压力判断井眼中沉积了多少的岩屑，从而有效地预防卡钻、井漏等复杂事故。

（二）计算井底压力

井底压力一直沿用传统井底压力计算模型，即液柱压力与环空压力计算井底压力，但是在钻遇地层出气后，井筒环空存在天然气、凝析油、钻井液等多相流，环空运移过程中，会牵涉到气泡流、段塞流和雾环流等多种流态以及相应的流型判别等，此时传统井底压力计算模型不再适用。因此，在地层出气后，井底压力预测难度较大，实现井底压力精确监测的难度更大，而且现有技术中，尚未存在忽略环空压耗计算的井底压力计算软件。

二、控压钻井溢流监测技术

控压钻井技术是将井底压力维持在地层破裂压力和孔隙压力之间，从而进行欠平衡或者过平衡钻井，可有效地减少溢流、井涌等钻井事故。然而控压钻井技术并不能完全地避免地层流体侵入井眼。在正常钻进过程中，若不能及时发现地层流体的侵入，并立即采取对应的措施，将发生溢流事故。溢流事故不仅会增加钻井费用，降低钻井效率，若未及时采取对应井控措施，还可能会引发井喷事故，造成井眼报废、环境污染以及人员伤亡。因此，若在溢流事故发生的早期，能够及时并准确地进行预警，这对石油勘探开发有重大的意义。

国内外溢流监测主要有三大类：（1）通过分析随钻测量参数、录井参数识别岩性性质，判断是否钻遇气层；（2）测量进、出口流量，通过进、出口流量差判断溢流；（3）测量环空中自由气的含量。

（一）基于 LWD 的早期井涌监测技术

随钻测井（LWD）主要实时测量地层声波、电阻率、伽马、中子密度等参数，通过声波时差，结合电阻率、伽马、密度及时预测地层压力，发现地层压力异常情况时，及时对地层异常高压提前预报，以便有时间采取必要的措施。LWD 早期井涌监测基本原理为：通过测量地层自然伽马、地层密度、电阻率、中子伽马、声波时差等，对地层实测参数进行实时监测与预报，及时发现地层测量参数的异常变化。同时，对钻井液的电阻率、自然伽马、声波时差及钻井液密度等参数进行实时监测，及时发现井筒内钻井液物理性质的变化，根据实测值的变化对井涌进行早期监测。当钻遇油层时，地层电阻率升高、自然伽马减小、地层密度减小，声波时差值比气层小，但比水层大。钻遇气层时，气层电阻率比油层、水层的电阻率高很多。采用密度测井方法得到的气层孔隙度值比水层、油层的孔隙度高。通过中子测井方法得到的气层孔隙度值比水层、油层孔隙度低。气层的声波时差值明显增大，曲线出现周波跳跃。当钻遇水层时，盐水层会导致地层电阻率升高，淡水层的电阻率与油层电阻率差异不大。水层的声波时差值比油、气层的值都小；如果有气侵现象发生，由于钻井液中存在天然气，环空钻井液密度降低，钻井液的电阻率明显升高，自然伽马值发生明显变化，声波时差增加。考虑到成本和随钻测量（MWD）的工作情况，通常使用声波、自然伽马和电阻率早期监测井涌的发生。尽管LWD能够预测气侵，但是由于LWD预测气侵是通过监测天然气侵入后，天然气对测井参数（电阻率、伽马、声波传播速度）和钻井液性能参数的影响间接实施监测，井涌的监测精度取决于对测井资料解释的精度，需要专门的知识，对一般钻井工程技术人员而言使用不太方便。

（二）基于AWPD的早期井涌检测技术

随钻环空压力测量（APWD）系统实时测量钻井及循环过程中井底的环空压力，对比实测的井底环空压力与预测的地层孔隙压力，就可以及早发现井涌，避免小井涌发展成为大的井喷事故。APWD系统还可以测量环空流体温度，利用环空流体温度的变化在早期发现地层流体的侵入。当混有油气的地层流体侵入环空时，APWD测量传感器处的温度升高、压力降低。在停止循环时，将测量出的环空压力转换成钻井液等效静液柱压力梯度。在开泵循环时，又将所测得的环空压力转换成环空等效循环密度。钻井过程中，井内静液柱压力必须始终高于地层孔隙压力，否则将发生井涌。同时井筒内静液柱压力要尽可能地高于避免井喷发生时的最小压力，环空的等效液柱压力必须低于地层破裂压力。通过实测环空压力变化，使环空压力计算模型更加精确地反映井筒流体的多相流动规律，并将理论计算结果与现场实测结果进行对比。如果实测压力值与理论值的相对误差在允许的范围内，则地层压力正常，反之，若实测井底压力明显偏离理论预测值，并伴随着有地层流体侵入时的井底压力变化特征，则可判断存在地层油、水等地层流体的侵入。总之，通过APWD实时测量环空压力并与环空压力理论计算值进行对比就可以精确地监测环空压力变化，实现早期溢流监测。在钻井过程中，可以通过随钻测井（LWD）、随钻测量（MWD）及APWD技术进行深水钻井的井涌早期监测。将以上几项监测参数相结合，可以对井涌及时、准确地监测。

（三）Weatherford的早期溢流检测系统

Weatherford的早期溢流检测系统（EARLY KICK DETECTION SYSTEM）利用泵冲、实际入口及出口排量、钻井液池液面高度、泵压等参数监测溢流，并开发了一套软件比较监测参数的理论值和实测值，并判别出现差异的原因。入口排量是根据泵冲得到的理论计算值，模型无法判断入口排量的小变化是由于泵的效率变化还是实际井漏造成的。早期溢流监测系统设计的原理是通过测量入口和出口的排量的变化来监测溢流。现场上测量入口及出口排量的流量计包括磁力流量计、挡板流量计、声波流量计和多普勒流量计等。也使用各种液面高度探测传感器，如雷达、声波等。如果采用压力传感器，也可以确定泵压变化是否是由于泵的磨损、井下钻柱刺漏、钻头喷嘴被堵等因素造成的。通过检测钻井液池的体积变化，可以确定地面钻井液池液面的增加究竟是由于井下流体的侵入还是由于钻井液在各个罐中流动造成的。

（四）Anadrill/Schlumberger 溢流监测系统

Anadrill/Schlumberger 于 1987 年开发了一种地面溢流检测系统，通过入口和出口排量变化监测溢流，监测精度为 1.5L/s。入口排量通过泵冲计算得到，系统主要是监测出口流量。Anadrill/Schlumberger 溢流监测系统是通过安装在高架槽上的液位传感器和超声波速度传感器来监测钻井液的出口排量。高架槽可以是圆形的，也可以是上部敞开的水槽。系统通过液位传感器监测返出管线中钻井液的高度，通过多普勒传感器监测钻井液的流动速度。两个传感器通过上部的两个法兰装置焊接在返出管线的上端。根据液位传感器确定管内液体的过流横截面积，结合超声波传感器测得的速度，再根据流体力学模拟过流面积的速度分布，从而确定过流截面内钻井液的平均流速，最终确定出口排量。返出流量计不仅可以测量水基钻井液，也可以测量油基钻井液，最大返出排量可达 75L/s，测量精度为 1.5～3L/s，钻井液黏度为 1～200mPa·s，密度范围为 1.0～2.16g/cm^3。

（五）Elf 公司通过声波传播速度早期监测气侵

声波在液体中的传播速度受到液体中自由气体含量的显著影响，在大气压条件下，如果水中混有 2%～3% 的自由气，声波速度将会从 1500m/s 降为 50m/s，尽管随着深度增加，压力增加，气体的压缩降低了声速减少作用，但声波在含有自由气的液体的传播速度降低仍然是明显的。实验表明，在标准大气压下，向 1.2g/cm^3 的水基钻井液中混入 2% 的气体，在 30MPa 的情况下，声波传播速度将从 1400m/s 降为 970m/s。系统在立管处产生一个压力波，该压力波通过钻杆、钻头和环空传回地面，通过监测环空处的压力波就可以确定压力波在沿程的传播时间，从而确定压力波在沿程的传播速度。通常情况下，自由气主要在环空段，由于溶解气对声波传播速度影响很小，因此，不考虑溶解气的影响。

（六）Statoil 井口声呐气侵监测

Statoil 井口声呐气侵监测装置类似于回声探测仪，探测装置并不要求循环钻井液，也不要求井内必须有钻柱。Statoil 井口声呐气侵监测装置不仅适用于固定式钻井平台，也适合于浮式钻井船。检测设备全在地面，通过在 1210m 的井深处注入 150～600L 的气体来检测设备的有效性。试验结果表明，测试仪器能够准确及时地识别出井下气体的存在。以前声波气侵监测装置需要通过循环钻井液产生压力波才能完成，这就意味着在起下钻过程中就不能监测气侵，但气侵的发生往往是在起钻过程中抽汲作用导致的。井口声呐气侵监测系统不需要循环钻井液，井内没有测量仪器，无论井内是否有钻柱都能监测气侵。Statoil 井口声呐气侵检测在井口环空处安装一个声波发射源，声波在井内向下传播，部分声波能量被井下的障碍物如井底、钻头、钻铤、稳定器等反射回来。特别地，如果钻井液中含有自由气，由于气侵钻井液和自由气体之间的声阻抗不一样也会导致声波反射。反射的信号沿着井眼传回地面，这些信号被地面的接收传感器接收，通过处理接收到的反射波，就可以确定钻井液中是否含有自由气。

（七）Schlumberger 公司早期溢流监测

Schlumberger 公司已开发出一种考虑到现有井涌监测装置缺点且同时能符合下述要求的系统：

（1）灵敏度高且误报警率低（在低至中等噪声下小于 1bbl）；
（2）能够使用现有测量精度不高的传感器（泵冲计数器和叶片式流量计）；
（3）不受钻机类型限制，在各型钻机（陆上或海上，自升式或悬浮式）上（不同尺寸井眼内）都同样能够应用；
（4）其灵敏度取决于噪声等级及数据质量；
（5）很少的校正或灵敏度调试；
（6）输出是置信度而不是二进制报警。

（八）Atbalance 公司井涌监测系统

Atbalance 公司的动态环空压力控制系统（简称 DAPC 系统）可以监测油气井的井涌情况，并据此采取相应的技术措施。Atbalance 公司研制的动态环空压力控制系统主要用来解决窄安全密度窗口地层和高温高压地层所出现的钻井复杂问题。DAPC 系统通常包括：准确的环空流体力学计算模型及环空压力预测计算，提供适当的保持井底压力所需要的井口回压；旋转防喷器封闭环空，允许环空增压；返出的钻井液通过旋转控制装置进入节流阀组等。

（九）Weatherford 的微流量井涌监测

微流量控制钻井系统的原理为：利用井底 MWD 和其他工具共同监测井底的参数，并传递到地面。井口立管安装有流量监测仪、密度监测仪、温度监测仪等设备；钻井液返出管线上也安装有流量监测仪、密度监测仪、温度监测仪等设备，并将获取的参数传输到中央控制室。中央处理器根据这些参数的变化来调整节流阀的开启度，从而维持井底压力与地层压力之间的压差在合理的范围内，并实时监控井涌情况。一旦发生井涌将立即采取措施。自动控制系统主要包括以下部分：

（1）地面参数的科学测量：钻井液入口、出口的压力、流量、密度和温度的测量；
（2）测量数据的处理和井底压差识别软件系统；
（3）地面设备的自动控制系统；
（4）异常情况的示警系统。

（十）Baker Hughes 井下气侵监测工具

Baker Hughes 井下气侵监测工具监测气侵的核心元件是将特殊的传感器装置放置在下部钻具组合中的钻铤中。传感器装置是由一个中空的盛有某种液体的一个容器以及一个声波发射传感器和一个声波接收传感器组成。在工作时，首先发射器发出声波，穿过液体，一部分被接收传感器的内表面反射回来，一部分被接收器的外表面反射回来，还有一部分穿过接收器进入环空，穿过钻井液被井壁反射回来，再被接收器接收，装置中的液体的密度以及纵波传播速度是已知的。

由于在钻井液被气侵之后，钻井液的密度会降低，这样导致钻井液的声阻抗（等于钻井液的密度与声波在钻井液中传播的速度的乘积）和声波的振幅都会发生变化。当声波发生器发出的声波传至环空中再被反射回来并被接收传感器接收到时，钻井液中声阻抗的变化会引起接收信号幅值的变化，这样会反映出钻井液中是否存在气侵。测量钻井液的声阻抗也可以判断出钻井液是否气侵。测量钻井液的声阻抗关键是要测量出纵波在钻井液中的传播速度。该速度可以在钻井过程中实时测量出来，一旦纵波传播速度有变化，钻井液的声阻抗也相应地发生变化，这样就可以判断钻井液是否被气侵。

参考文献

[1] 王定亚，叶强，张强，等. 7000m 连续起下钻及连续循环智能钻机技术研究 [J]. 石油机械，2017，45（6）：1–4.

[2] COLAIANNI F. Strict control of ECD in DW exploratory well using a 2nd generation continuous circulation system[J]. 2020.

[3] VOGEL R. Continuous circulation system debuts with commercial successes offshore Egypt, Norway[J]. Drilling Contractor, 2006(6):62.

[4] VOGEL R E, DUNN W, JENNER J W. Balanced pressure drilling with the continuous circulation system[J]. 2007.

[5] 梁健，李鑫淼，王汉宝，等. 连续循环系统在科学超深井中的需求分析 [J]. 探矿工程（岩土钻掘工程），2015，42（4）：1–5.

[6] GROUP J O P T. Balanced-pressure drilling with continuous circulation using jointed drillpipe[J]. Journal of Petroleum Technology，2007（4）：59.

[7] 秦如雷，王林清，陈浩文，等. 钻井液连续循环钻井技术及自动化装备设计 [J]. 钻探工程，2021，48（6）：63–67.

[8] 胡志坚，马青芳，刘继亮. 连续循环系统上卸扣装置负载分析与计算 [J]. 石油机械，2019，47（12）：31–37.

[9] 翟宏涛. 钻井液连续循环系统在 Canteen-A09 井的应用 [J]. 石油机械, 2015, 43 (12): 46-49.

[10] 李昌盛. Canrig 公司连续循环系统 [J]. 石油钻探技术, 2014, 42 (6): 29.

[11] 阎玫江, 张杨, 温荣林, 等. 下套管连续循环系统技术特点及应用前景分析 [J]. 石油机械, 2013, 41 (11): 40-43.

[12] 胡志坚, 马青芳, 侯福祥. 钻井液连续循环系统过程控制技术分析与探讨 [J]. 石油机械, 2010, 38 (2): 7, 62-65.

[13] 刘金玮, 李庆华, 洛扬. 连续循环系统——从样机到商业应用的发展 [J]. 国外油田工程, 2009, 25 (5): 35-37.

[14] 邱亚玲, 杨德胜, 刘清友, 等. 国外连续循环系统的研制及现场试验 [J]. 石油钻探技术, 2009, 37 (2): 100-102.

[15] 褚耀强. 钻井液连续循环系统的研制与应用 [J]. 石油机械, 2008 (2): 75-78.

[16] 靳浩元, 管锋, 高阳, 等. 基于 RFID 的钻井连续循环阀研制 [J]. 石油和化工设备, 2022, 25 (3): 77-81.

[17] 王志伟. 连续循环阀钻井系统分流过程压力波动机理研究 [D]. 成都: 西南石油大学, 2018.

[18] 董仕明. 阀式连续循环气体钻井技术的研究与应用 [J]. 钻采工艺, 2017, 40 (4): 2, 15-16, 49.

[19] 田志欣, 李文金, 张武辇, 等. 阀式连续循环钻井技术在番禺油田大位移井的应用 [J]. 石油钻采工艺, 2017, 39 (4): 413-416.

[20] 张武辇, 贾银鸽, 张静, 等. 阀式连续循环钻井装置的工业化应用探讨 [J]. 石油钻采工艺, 2014, 36 (6): 1-6.

[21] 张强, 许传波. 连续循环阀钻井技术在南海东部大位移井中应用 [J]. 石油矿场机械, 2016, 45 (12): 79-82.

[22] CALDERONI A, BRUGMAN J D, VOGEL R E, et al. The continuous circulation system – from prototype to commercial tool[J]. 2024.

[23] TORSVOLL A, HORSRUD P, REIMERS N. Continuous circulation during drilling utilizing a drillstring integrated valve-The continuous circulation valve[M]. Society of Petroleum Engineers, 2006.

[24] JIXIANG Y, YANCONG L, GUODONG W. Design and simulation study on continuous circulation valve drilling system[C]. IOP Publishing Ltd, 2019.

[25] ROSS N, SCAIFE T, MACMILLAN R A, et al. Use of a continuous circulation system on the Kvietbjorn Field[J]. 2012.

[26] 王延民, 孟英峰, 李皋, 等. 充气控压钻井过程压力影响因素分析 [J]. 石油钻采工艺, 2009, 31 (1): 31-34.

[27] 赵向阳, 孟英峰, 李皋, 等. 充气控压钻井气液两相流流型研究 [J]. 石油钻采工艺, 2010, 32 (2): 6-10.

[28] 何淼，柳贡慧，李军，等．充气控压钻井关键工程参数研究 [J]．特种油气藏，2014，21（5）：138-142，158．

[29] 高如军，唐国军，李洪玺．充气欠平衡钻井技术在低压漏失井的应用 [J]．钻采工艺，2017，40（3）：8，16-18．

[30] 朱丽华，范黎明，韩烈祥，等．强化充气钻井技术现状与应用 [J]．钻采工艺，2022，45（6）：1-6．

[31] 杨宏伟．深水变梯度控压钻井井筒压力分布规律与控制方法研究 [D]．北京：中国石油大学（北京），2020．

[32] COHEN J, STAVE R, Schubert J, et al. Dual-gradient drilling[J]. Managed Pressure Drilling, 2008:181-226.

[33] ZHOU J, NYGAARD G. Automatic model-based control scheme for stabilizing pressure during dual-gradient drilling[J]. Journal of Process Control, 2011, 21(8):1138-1147.

[34] SCHUMACHER J P, DOWELL J D, RIBBECK L R, et al. Subsea mudlift drilling: Planning and preparation for the first subsea field test of a full-scale dual gradient drilling system at Green Canyon 136, Gulf of Mexico[J]. 2001.

[35] XU L B. Research on principle of dual-gradient drilling technology[J]. China offshore Oil and Gas, 2005.

[36] 刘书杰，吴怡，谢仁军，等．深水深层井钻井关键技术发展与展望 [J]．石油钻采工艺，2021，43（2）：139-145．

[37] 韩天旺．双梯度钻井条件下深水井身结构设计优化研究 [D]．北京：中国石油大学（北京），2020．

[38] 韩天旺，蒋宏伟，杨光．深水双梯度钻井技术分类及其研究进展 [J]．石油矿场机械，2019，48（5）：83-89．

[39] 王朝辉，蒋宏伟，连志龙，等．CAML 钻井方法——一种新的双梯度钻井技术 [C]．2017IPPTC 国际石油石化技术会议，2017．

[40] 侯芳，彭军生．海底泵举升双梯度钻井技术进展 [J]．石油机械，2013，41（6）：68-71．

[41] 方华灿．海洋深水双梯度钻井用水下装备 [J]．石油矿场机械，2008（11）：1-6．

[42] 陈国明，殷志明，许亮斌，等．深水双梯度钻井技术研究进展 [J]．石油勘探与开发，2007（2）：246-251．

[43] 殷志明，陈国明，王卓显，等．深水海底泥浆举升钻井技术及其应用前景 [J]．钻采工艺，2006（5）：1-3，137．

[44] 许亮斌，蒋世全，殷志明，等．双梯度钻井技术原理研究 [J]．中国海上油气，2005（4）：260-264．

[45] 卢春阳，狄敏燕，朱炳兰，等．超深水海洋双梯度钻井技术[J]．钻采工艺，2001（4）：5，34–36．

[46] 殷志明．新型深水双梯度钻井系统原理、方法及应用研究[D]．北京：中国石油大学（北京），2007．

[47] 于水杰，张保康．精细控压钻井技术在深水钻井中的应用[J]．西部探矿工程，2015，27（3）：65–67，69．

[48] 孙凯，梁海波，李黔，等．控压钻井钻井液帽设计方法研究[J]．石油钻探技术，2011，39（1）：36–39．

[49] 陶谦，柳贡慧，邹军，等．钻井液帽钻井关键技术研究[J]．钻采工艺，2010，33（2）：1–4，136．

[50] 周泊奇，柳贡慧，李军．钻井液帽理想井底压力模型研究初探[J]．钻采工艺，2008（6）：4–7，164．

[51] 张洪杰，杨保健，冯世佳，等．加压钻井液帽钻井新技术探讨[J]．化工管理，2023（33）：88–90．

[52] 王子建．控制钻井液帽压力钻井工艺技术研究[D]．北京：中国石油大学（北京），2009．

[53] 王泽东．钻井液帽控压钻井技术研究[D]．成都：西南石油大学，2014．

[54] 李兵，于海叶，赵洪山．钻井液帽钻井新技术研究初探[J]．西部探矿工程，2019，31（1）：74–76，83．

[55] GEORGE M, STONE C. Mud cap drilling when? Techniques for determining when to switch from conventional to underbalanced drilling[C]. SPE/IADC Underbalanced Technology Conference and Exhibition, 2004.

[56] COLBERT J, GEORGE M. Light annular mud cap drilling – A well control technique for naturally fractured formations[J]. 2002.

[57] ENOS, EBEN, EZER, et al. Light annular mud cap drilling, downhole isolation valve help to drill fractured gas reservoir in Indonesia[J]. Drilling Contractor, 2017.

[58] DALBONE C, MATEUS AMO, GABRIELLE F F, et al. Two–phase flow model validation during conventional/Pressurized Mud Cap Drilling (PMCD) scenarios[J]. Journal of Petroleum Science & Engineering, 2019, 172.

[59] MOORE D. Mud cap drilling[J]. Managed Pressure Drilling, 2008:155–180.

[60] ZHOU J, KEY M, EXTERNAL C. et al. Study on the key technology of mud cap drilling[J]. Drilling & Production Technology, 2010.

[61] EZER E E, PRATAMA A, IRAWAN F. Combination of light annular–mud drilling and downhole isolation valve for drilling in fractured gas reservoir, a case study[C]. Iadc/spe Managed Pressure Drilling & Underbalanced Operations Conference & Exhibition, 2017.

[62] 王瑞和，王成文，步玉环，等．深水固井技术研究进展[J]．中国石油大学学报（自然科学版），2008（1）：77–81．

[63] 王成文，王瑞和，卜继勇，等．深水固井面临的挑战和解决方法[J]．钻采工艺，2006（3）：11–14，121．

[64] EGBE P I, ITURRIOS C. Mitigating drilling hazards in a high differential pressure well using managed pressure drilling and cementing techniques[J]. The Saudi Aramco journal of technology, 2020.

[65] WILSON A. Managed–pressure cementing: Successful deepwater application[J]. Journal of Petroleum Technology, 2018.

[66] TEOH M, MOGHAZY S, SMELKER K, et al. Managed pressure cementing MPC within a narrow pressure window, deepwater gulf of Mexico application[C]. IADC/SPE Managed Pressure Drilling and Underbalanced Operations Conference and Exhibition, 2019.

[67] MIRRAJABI M, STAVE R, ROHDE B. Successful implementations of top–hole managed pressure cementing in the caspian sea[J].

[68] HANNEGAN D M, PENA C, PAVEL D, et al. Managed pressure cementing: US2013118752A1[P].

[69] SILVA M P D, CUNHA J F D. Managed pressure cementing[J]. 2015.

[70] SADICON T J S, HENRY W C, ROBERT D G. Riser gas risk mitigation with advanced flow detection and managed pressure drilling technologies in deepwater operations in Australia[J]. The APPEA Journal, 2014, 54(1): 23.

[71] 李成全．川西地区超深井精细控压固井技术研究与应用[D]．成都：西南石油大学，2019．

[72] 张景田，刘伟，张鑫，等．窄密度窗口精细控压固井套管下放速度预测法[C]．第33届全国天然气学术年会（2023），2023：12．

[73] 陈敏，赵常青，林强，等．川渝地区窄安全密度窗口天然气深井固井新技术[J]．天然气勘探与开发，2021，44（3）：62–67．

[74] 孙宝江，王雪瑞，王志远，等．控制压力固井技术研究进展及展望[J]．石油钻探技术，2019，47（3）：56–61．

[75] 王朝辉，蒋宏伟，连志龙，等．深水控压固井技术及其应用[C]．2018IPPTC 国际石油石化技术会议，2018．

[76] 刘正礼，王跃曾，唐海雄，等．深水无隔水管固井设计与应用[J]．石油天然气学报，2010，32（6）：438–440，543．

[77] ANON. Real–time LWD: Logging for drilling[J]. 2000.

[78] ALDRED W, COOK J, BERN P, et al. Using downhole annular pressure measurements to improve drilling performance[J]. 1998.

[79] JARDINE S I, MCCANN D P, WHITE D B, et al. An improved kick detection system for floating rigs[J]. Offshore Europe. Society of Petroleum Engineers, 1991.

[80] ORBAN J J, ZANNER K J, ORBAN A E. New flowmeters for kick and loss detection during drilling[C]. SPE Annual Technical Conference and Exhibition, 1987.

[81] ORBAN J J, ZANKER K J. Accurate flow-out measurements for kick detection, actual response to controlled gas influxes[C]. SPE/IADC Drilling Conference, 1988.

[82] STOKKA S I, ANDERSEN J O, FREYER J, et al. Gas kick warner-an early gas influx detection method[C]. SPE/IADC Drilling Conference, 1993.

[83] BANG J, MJAALAND S, SOLSTAD A, et al. Acoustic gas kick detection with wellhead sonar[C]. SPE Annual Technical Conference and Exhibition, 1994.

[84] HARGREAVES D, JARDINE S, JEFFRYES B. Early kick detection for deepwater drilling: New probabilistic methods applied in the field[C]. SPE Annual Technical Conference and Exhibition, 2001.

[85] SANTOS H, LEUCHTENBERG C, SHAYEGI S. Micro-flux control：The next generation in drilling process for ultra-deepwater[C]. Offshore Technology Conference, 2003.

[86] DIFOGGIO R, PATTERSON D J, MOLZ E B, et al. Early kick detection in an oil and gas well: U. S. Patent 8794062[P]. 2014-8-5.

[87] 李虹燕. 控压钻井安全起下钻压力监测与控制技术研究 [D]. 成都：西南石油大学，2016.

[88] 李翔. 控压钻井正常钻进井底压力实时监测与动态分析系统研究 [D]. 成都：西南石油大学，2016.

[89] 陈明珠. 基于立压测量的井底压力监测系统设计与应用 [D]. 成都：西南石油大学，2018.

[90] 付建红. 深水钻井溢流监测与井控技术研究 [D]. 成都：西南石油大学，2016.

[91] 王金波. 基于 LWD 和 APWD 的深水溢流早期监测研究 [D]. 青岛：中国石油大学（华东），2018.

第十章　海洋控压钻井技术展望

当前海洋已成为全球油气资源重要接替区，墨西哥湾、北海、巴西及我国南海等区域是海洋油气资源开发的重点区域。我国海域有着非常丰富的油气资源，近年新增产量的53%来自海洋。根据我国的油气资源战略部署，以及勘探技术的不断发展，海洋油气勘探开发逐步从浅水向深水以及超深水发展。这意味着海洋钻井作业的技术难度和挑战也在逐步上升。

第一节　海洋控压钻井技术研究重点

与陆地油气资源钻探相比，海洋油气资源钻探领域会遇到恶劣海洋环境、窄压力窗口、浅层地质风险、作业空间有限和作业成本高等额外挑战。我国海洋控压钻井还刚刚起步，在技术研究、应用等方面和国外存在较大差距。

为了解决以上问题，需要从以下方面着手，进一步研究和发展我国海洋控压钻井技术：
（1）进一步加强陆地控压设备的海洋化；
（2）引进和加强自主研制主要海洋控压装备；
（3）完善控压方案设计，加强海洋控压工艺的适用性研究；
（4）加强高性能材料研究，促进装备进步；
（5）加强井筒多相流体研究，完善控压相关软件。

一、进一步加强陆地控压设备海洋化

现有陆地控压系统改选、迁移到海上钻井平台，需要对控压钻井系统和设备进行合适的"海洋化"，以提高整个系统在海洋环境中的安全性。海洋控压钻井装备与陆地控压钻井设备差异很大，而这些差异是限制控压钻井进行海上作业的关键问题和可能出现的隐患，需要着重深入研究。

（1）海洋钻井因受运输和平台工作面积限制，要求陆地控压设备海洋化时，整体设备满足船运要求；控压钻井地面设备集成到钻井平台需要考虑平台可供使用的空间和海上作业要求的远程控制、冗余设计等额外需求。要求安装者根据平台布置灵活地将橇装、管汇、传感器、控制管线以及其他每一个关键控压钻井设备都放置到位（包括方向）。控压钻井地面设备集成分析见表10-1。

表 10-1 控压钻井地面设备集成分析

设备名称	与传统钻井装备的集成	在钻井平台上的潜在的位置
缓冲管汇	缓冲管汇与钻机节流管汇、液气分离器、钻井立管、计量罐及放喷管线连接	钻台或月池区域
控压钻井节流管汇	与固控系统、液气分离器和液压动力装置进行连接	钻台或月池区域
控制系统	控制系统能够在自动或者手动模式下运行。在MPD控制系统和传统钻井控制系统之间进行数据交换时,直接由司钻在集成的控制面板进行操作。需要将MPD控制系统集成到传统钻井控制系统之上	司钻控制室
增压泵	与钻井立管相连	无
液气分离器	与已安装的液气分离器、节流压井管汇相连	靠近已经存在的液气分离器,尽可能地靠近钻台区
液压动力装置	与钻井平台电源相连	钻台或月池区域
控制缆及其滚筒	若未配备控压钻井系统专用电源或气源,该设备应与钻井平台电源或气源相连	位于甲板之上靠近月池的区域

（2）受海洋天气条件恶劣等条件的制约，设备经历海水冲蚀、疲劳及应变因素需额外考虑设备结构和安全系数；不同的海域冬天与夏天的环境温度会相差很大，应确保所选设备能在最高、最低环境温度下正常工作，并应确保设备在极端环境温度下能够满足使用要求。考虑平台所在海区的横摇、纵摇等海洋环境，确保设备在平台上能正常工作。

（3）浸泡海水腐蚀等原因，以及海上环境湿度大和存在盐雾的情况下对设备防腐的特殊要求，需额外对相关设备进行防腐、喷涂处理。

（4）海洋钻井具有更高的钻井液流速，对管汇有更大的冲蚀作用，需对管汇结构设计、采用材质等多方考虑，并加强内涂层处理。

二、引进和加强自主研制主要海洋控压装备

目前我国控压钻井装备钻深能力较低，在深水领域涉足较少，国内海洋石油钻井平台上配备的 9000m 钻机主要由国外进口。鉴于海洋控压钻井关键设备几乎仍掌握在国际大型油服公司这一现状，我国目前主要仍以引进关键设备为主，同时仍加强自主研制。

（1）旋转控制头引进和研制：目前国内常用的旋转控制头在胶芯寿命、密封效果、钻井液密封等方面，仍不能完全满足海洋控压钻井的要求，需进一步设计和改造，以适用于各种海洋平台控压钻井要求。特别是考虑安装在隔水管串中的位置，在浅水 ATR 控压钻井技术的基础上，发展我国具有自主知识产权的深水 BTR 控压钻井技术、装备、工艺，助力我国深海石油规模的开发和利用。

（2）隔水管系统研究：隔水管系统的选型主要考虑水深和作业的需要。国内已有厂家能生产隔水管，但仍需进一步加强隔水管研究，包括用于 ATR 时的伸缩隔水管，以及 BTR 时的连接研究。控压钻井隔水管集成之前，必须与浮式平台原隔水管系统进行总体分析，

识别隔水管系统的薄弱点并定义可接受的工作范围，包括确定最大允许张力、承受的最大内部压力等，该分析通常要满足 API RP-16Q 标准的要求。控压钻井隔水管最好的集成方式是将其放在伸缩节之下，使用该方式不用提高平台张紧器张力，无须提高伸缩节的强度，利用平台现有的隔水管系统配合转换接头与其相连即可使用，最大限度地避免了对平台现有装备的影响，并且符合 API 16RCD 标准的要求。另外需加强虚拟隔水管系统（Virtual Riser System，简称 VRS）研究，VRS 是由水中泵系统动力管线、钻井液回流管线、阻流、压井管线以及一些接头组成，系统本身并不具有常规隔水管的物理结构，但在双梯度钻井系统中具有常规隔水管系统功能，引导钻头进入海底井眼，为阻流、压井管线提供支撑，连接平台和海底井口。目前隔水管系统存在以下问题：

①提升工具、悬挂卡盘、浮力块、伸缩节、转喷器、张力系统等为国外制造；
②缺乏系统设计的规范性文件、经验；
③缺乏测试、质量把控技术体系；
④缺乏整体供货的能力，无法单独与船厂及船东对接。

（3）海底泵系统引进和研制：目前实施的控压钻井系统，主要基于自升式平台。而海底泵举升系统作为海洋控压钻井的一种重要形式，对于将来深海控压钻井非常重要。海底泵举升系统被国外公司垄断。引进和研制海底泵系统，将有助于我国深海开发。

（4）深海平台关键技术研究：该项技术包括新概念深海平台、半潜式钻井平台、立柱式平台、张力腿平台、深海平台定位系统和立管系统以及深海平台海上运输与安装关键技术。

（5）海洋油气工程结构物的水动力性能研究：海洋油气工程装备与海水是分不开的，装备必须满足一定的水动力性能，包括半潜式平台的水动力性能、立柱式平台的水动力性能和张力腿平台的水动力性能等。

总的来讲，我国企业市场竞争力较薄弱，配套设备主要依赖进口。目前，我国海洋石油开发装备的国产化率仅在 20% 左右，可配套产品范围较窄，性能和质量同国外先进水平相比也有一定的差距，关键设备也主要依赖进口。与石油技术发达国家相比，我国在海洋钻井装备制造方面的专业化程度较低，集团化和国际化程度不足，企业技术投入和创新力度有待提高。

三、加强海洋控压工艺适用性研究

加强控压钻井系统的设计方案研究，根据不同的钻井作业要求，设计不同的控压钻井应用形式和不同的装备组合和控压工艺。

（1）分析当前国际上现有海洋控压钻井设备的类型、结构、原理、功能、工艺流程及配套技术等内容，了解使用限制与优缺点，针对海洋钻井及我国深水地质与环境特点，深入研究我国应用各种海洋控压钻井工艺的可行性和适用性，优先适合不同井况的控压工艺。

（2）重点加强双梯度控压钻井技术研究。该技术在深水钻井中具有显著的技术和经济优势，具有广阔的应用前景。特别是针对南中国海特有的强热带风暴、内波流等复杂的气候环境和油气藏特性，以及浅层灾害、地层孔隙压力和破裂压力窗口狭窄等技术难题，开展双梯度钻井系统技术研究，结合我国现有海洋油气开发工程装备能力，进行多梯度钻井系统和新型多功能水中泵钻井系统研究。

（3）同时应加强新概念海洋油气工程结构物研究，该项技术包括新概念海洋平台开发技术，边际油田开发技术，新型特种海上工作船研制关键技术，天然气水合物勘探开发技术，海上风能、波浪能、潮汐能和温差能等新型海洋能源利用技术与装备等。

总的来说，海洋控压钻井技术工艺较为复杂，需要使用精密的设备，且工作环境和陆地上相比更为复杂和恶劣，这些设备的安装、维护和检修成本较高。此外，井底恒压钻井技术的操作和管理需要具备较高的专业知识和技能，操作人员需要经过严格的培训和考核才能胜任。此外，该技术的实施需要各功能模块协同工作，如果其中一个模块出现故障，将会影响整个钻井过程的顺利进行。海洋控压钻井技术目前也存在成本较高的问题，对于一些低成本的钻井项目来说，采用该技术可能会增加钻井成本。因此，在选择具体控压钻井技术时，需要综合考虑其优缺点及成本因素，以确定是否适合采用该技术。未来海洋控压钻井技术的发展可考虑解决上述问题，或者以现有技术为参考，开发出更先进可靠的海洋控压钻井技术。

四、加强高性能材料研究

面对海洋中复杂的工作环境，海洋控压钻井技术对于高性能材料的应用和研究也不容忽视，提高设备的耐久性和可靠性，为控压钻井的长期稳定作业提供可靠支撑。

除了深海钻井面临高温高压要求材料和密封承压高温高压之外，低温是海洋深水钻井的最大挑战之一。在低温条件下，钻井液的流变性能会受到很大影响，黏度和剪切力大幅增加，也可能出现快速胶凝的情况，导致钻井液循环难以维持稳定。流变性的变化也会影响到等效循环密度和井眼清洁，增加循环损失的风险。同时，由于海洋钻井的特殊性，钻井液的用量远大于陆地钻井的用量。因此，开发出低成本且流变性能不受温度影响或影响较小的钻井液体系是海洋控压钻井技术的发展方向之一。

五、加强井筒多相流体研究和完善计算软件

用软件算法替代 PWD 是一种趋势并已成为现实。但井筒多相流体复杂多样，特别是深海开发时井下高温、高压流体性能有待进一步研究。主要包括但不限于：

（1）建立低温、高温和高压井水力模型和流变性研究；

（2）开展多相流流动规律的研究，用于模型控制，为控压钻井调节压力提供理论基础；

（3）钻井液当量循环密度的影响因素及分析和模拟计算；

（4）完善控压钻井相关软件。软件应该包括控压钻井的设计、回压泵和自动节流管汇的控制系统、水力学计算以及诸如溢流监测预警等应用功能等。

第二节　国内海洋控压钻井技术展望

未来，海洋控压钻井技术将更加注重深海领域的研究和应用，开发更加适合深海环境的钻井技术和设备。目前我国海上油气勘探开发作业逐渐由浅水向深水/超深水区域进军。深水/超深水区域地质条件复杂、高温高压、潜山缝洞油气层发育范围广以及地层压力预测差异大等问题越来越突出，采用常规钻井工艺无法经济有效地解决上述问题引起的钻井难题。同时，在南海领域礁灰岩地层和盐膏层钻进存在常规钻井工艺难以应对的技术瓶颈，导致钻井作业周期长、井控风险大、作业成本高，给安全高效施工带来巨大挑战。并且常规过平衡钻井工艺存在钻井提速难和储层保护差的缺点，不利于油气发现，严重制约了深水区块勘探开发进程，需发掘新的钻井工艺配套新的钻井装备，从而实现安全高效开发深水/超深水油气区块的目的。

一、全供应链协同的集成海洋控压钻井技术

控压钻井作业通常需要多种设备。这些设备往往来自不同供应商，具有不同的要求与操作流程，所以想要在每口井上成功实施控压钻井作业，通常需要大量精力来计划、培训、动员设备和人员。为满足这些要求就要安装更多设备，因此还需对钻机进行重大改造。而每次使用不同的设备配置时，都会制定一套独特的作业程序与流程，导致钻井人员无法积累作业经验。

鉴于上述挑战，目前实施控压钻井服务的方法既费时又昂贵，特别是在深水钻井中。与此同时，控压钻井的整体责任正逐渐从作业者转移到钻井承包商。因此，越来越多的承包商正在寻找机会，将控压钻井服务转变为钻机的自带服务来降低成本。通过将部分或全部控压钻井系统集成到钻机的自动化基础设施中，承包商可大幅降低成本，提高钻井效率与安全性。

通过完全依靠自己的雇员来操作控压钻井系统（船上没有任何第三方），钻井承包商正在形成自己的专业知识与作业流程，他们可以将这些知识与流程复制到其他钻机上的控压钻井作业。此外，当没有作业时，钻井承包商还可将自己的控压钻井员工重新派遣到钻机上的其他作业。

国外 Noble 公司携手 NOV 公司，合作开发出新一代安全集成的控压钻井控制系统。这套系统拥有一整套无缝、可扩展且适用的控压钻井解决方案，并真正集成到钻机的自动化钻井控制网络中。

综合考虑钻井作业期间的机械效应与水力效应，并考虑钻井液的压缩性、密度与惯性，以及温度和岩屑载荷的影响，建立出综合瞬态模型，进一步优化这套控压钻井集成系统的运行方式。该模型还拥有内置的井涌与井漏监测预警模块，将实际流量与预期流量进行对比分析，并综合考虑管柱移动、泵速、钻井液压缩性和其他影响，以准确识别井涌或井漏事件。

流量变化、多种流体作业、钻柱移动（激动与抽汲）会引起井下压力变化，控压钻井

控制系统可对此进行建模与主动控制。作业期间会校准该模型，以匹配井下测量结果。该综合模型能够通过许多不同的角度与软件，分析井筒和钻机设备的动力学。同时该模型已内嵌于多种产品中，例如 SoftSpeed II 防黏滑软件、有线钻杆与控压钻井优化软件等。

目前，这套控压钻井集成系统已完成了开发、试用与现场应用。通过将所有节流阀、钻井泵、顶驱与其他设备完全互联起来，协同工作，钻井作业可以完全控制井下压力，从而获得更高的钻速与作业效率。借助该集成控制系统，司钻无须执行常规的机械控制与重复的流程工作。这些自动化功能将司钻提升到流程管理员的位置。

该系统具有更高的效率、更短的响应时间来执行控压钻井作业。与之前的非集成、双屏幕控制场景相比，新系统的模拟训练表明，司钻对事件和控压钻井条件变化的反应时间缩短 33%～80%。

该系统先进的集成性，以及让钻井承包商完全自主执行控压钻井作业的能力，颠覆了传统控压钻井作业方式。NOV 已经准备在全球范围内，帮助优化所有（从深水、浅水、陆地）钻井应用的控压钻井作业。

二、融合井控技术的海洋控压钻井技术

控压钻井技术与井控技术有许多共同之处，未来与井控方法逐步融合成为常规技术是控压钻井发展的必经之路。

当实施海洋控压钻井作业时，对于干式井口的海洋控压系统，或湿式井口回压补偿方式控压钻井系统，一个封闭、加压的钻井液循环系统。在溢流发生时，可以通过增加井口回压，间接增加井底压力，使井底压力大于地层压力，从而停止地层流体侵入井筒，逐步恢复井筒压力平衡。相对而言，动态井控压井有其优点，更快的动态压井能使井口压力和套管鞋处压力比常规井控操作时更低。尤其当进行过动态孔隙压力测试，则更倾向于使用动态压井操作，可保持钻井速度同时控制溢流，将污染钻井液循环排除井筒，重新构建井筒压力平衡。

对于湿式井口控制钻井液液面方式控压钻井系统，包括海底泵系统和无隔水管系统，都不能建立密闭、加压的钻井液循环系统。随着水深增加，水下防喷器与钻井船之间的隔水管长度随之增加，隔水管内钻井液体积所占的循环钻井液总体积的比例增加，使得早期溢流监测显得更为重要。井控模拟表明，井涌余量随着水深增加而急剧减少。例如在一商业井控模拟器上输入的基础参数（井深 4000m，套管鞋位置 3000m，钻井液密度 1.56g/cm^3，孔隙压力当量密度 1.62g/cm^3）均保持不变，当水深从 300m 增加到 900m 时，井涌余量从 180bbl 减少至 10bbl；当水深再增加时，在许多情况下井涌余量需要降至 1bbl 左右。在小井眼内由于一定深度内井眼体积减小，所以溢流循环到井口所需时间大大缩短。同样保持其他参数不变，对于 1500m 深常规尺寸井眼，为做到安全关井，必须在 9min 之内能监测进入井内 9.5bbl 的溢流，但在小井眼内，能安全关井的井涌量则减少到 1.5bbl，且必须在 2～3min 内被监测出来。

(一)海水泥线监测法

海水泥线监测法是海洋钻井所独有的技术。由于深水钻井中海水深度大,在海水段任意位置都可以比井口(平台)更早发现溢流。泥线附近是海水段监测溢流的最佳位置。

基于此优势,发展了多种溢流早期监测方法,如声波监测法、隔水管超声波监测法、压差监测法、水下机器人观察法等。

(1)声波监测法(图10-1)。在隔水管上伸缩接头的下端安装声波发射器并发射声波,传感器以垂直等间距方式安装在隔水管上,间距要小于$\lambda/2$(λ为声波在钻井液中传播的波长),声波与反射波均通过钻柱与隔水管间环空传播,通过反射波能量可以反映井筒内传感器附近的流体性质,从而得出井筒内是钻井液还是溢流流体,实现对溢流的监测。

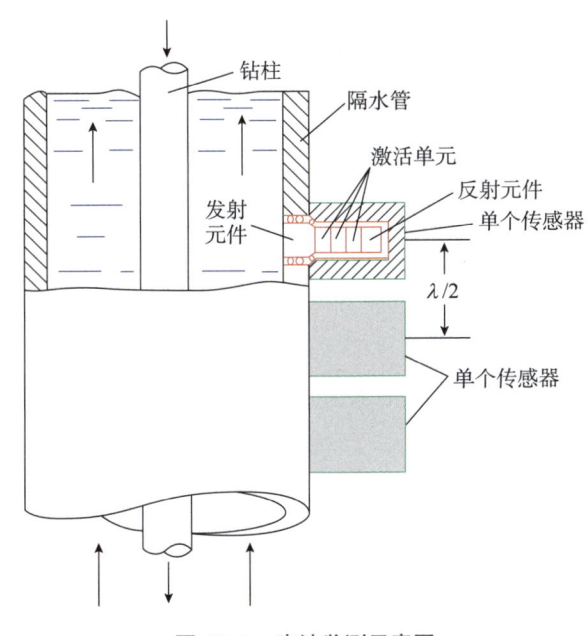

图 10-1 声波监测示意图

(2)隔水管超声波监测法。将超声波传感器安装在海底泥线附近隔水管外侧,利用超声波多普勒效应测量海底隔水管与钻柱间环空的流量。超声波传感器可以采用1对(临近)或3对(相位角为120°)的方式布置,配合信号收发模块、接口电路、测控器以及上位机,实时测量隔水管与钻柱环空的流量,及时判断井下溢流情况。考虑到测量截面含气率方法很多,在此基础上提出的基于隔水管完整性的非接触式测量方法——超声波多普勒法检测气体及测量截面含气率。当钻井液中存在气泡或固体,发射声波和接收声波间存在频率差,含气率不同则频率差不同,由此可监测截面含气率。该方法不需对隔水管切割、钻孔,只需用紧箍将传感器固定在隔水管外壁即可。石油大学付建红教授已研究开发了此类试验装置。

(3)压差监测法(图10-2)。该方法通过在隔水管下部(紧邻防喷器)放置1个绝对压力表和1个压差变送器检测气侵。绝对压力表用于计算整个隔水管内的平均密度，所测隔水管段的压差用于计算该测段的平均密度，通过比较这2个密度便可以检测气侵并发出警报。若将测段内的压差与理论压差对比，也可以检测是否气侵，一般测段长度为50ft（约12.7 m），测段内的连通管内注满了密度已知的液体，液体的密度会影响压差测量结果，而一般连通管内注入的液体是清水。

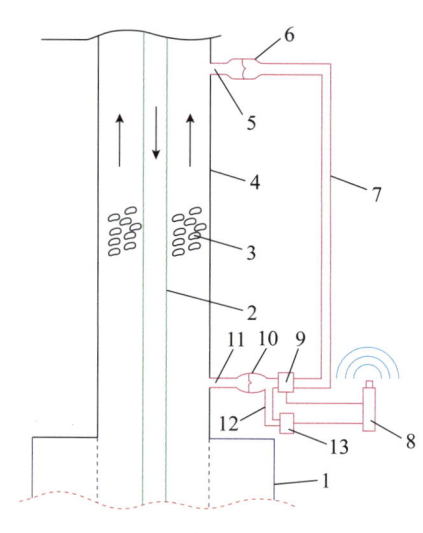

图 10-2　压差监测示意图

1—防喷器；2—钻柱；3—侵入压缩气体；4—隔水管；5—上部开口；6—隔膜腔室；7—连通管线；8—声波遥测系统；9—差压传感器；10—隔膜腔室；11—下部开口；12—连通管；13—压力传感器

（4）水下机器人观察法。水下机器人（ROV）是一种工作于水下的极限作业机器人，能潜入水中代替人完成某些操作。根据功能将ROV分为观察级和作业级。观察级ROV主要用于水下摄像、定位、监测等；作业级ROV不仅可用于水下实时摄像、导航，还可用其带有的水下机械手、液压切割器等作业工具开展水下打捞、水下施工等作业。中国"海洋石油981"钻井平台配备了FCV300C型作业级ROV系统。其中，图10-3（b）为ROV拍摄的无隔水管喷射下导管作业画面。ROV观察法主要用于深水表层无隔水管钻井井下溢流监测。由于表层无隔水管钻井时还未建立正常的隔水管系统，钻井液采用开路循环，即有进无出的模式，因此钻井液无法返回到井口，此时监测溢流的手段只有通过井口立压、钻压、钻速等参数的变化监测。而一般深水钻井都配备有ROV系统，可以采用ROV视频监控辅助监测井下返出物情况，从而达到监测溢流的目的，这也是目前深水表层无隔水管钻井常采用的方法。

声波监测法、隔水管超声波监测法、压差监测法在实际运用中误差均较大，有待进一步完善。

 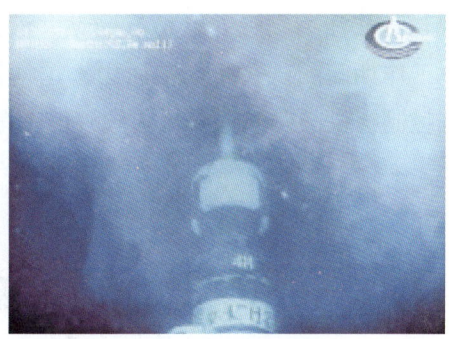

（a）ROV 实物　　　　　　　　（b）ROV 拍摄画面

图 10-3　ROV 监测

（二）井下随钻监测

井下随钻监测法有随钻环空压力测量（APWD）、随钻测井（LWD）、随钻地层测试（FTWD）、井下微流量测量、声波气侵监测技术、井下流体试验室等。

（1）APWD 监测溢流。APWD 可以实时测量井底环空压力、环空流体温度、当量循环钻井液密度（ECD）及当量静态钻井液密度（ESD）。实测数据可用于监测早期溢流。当油气侵入环空时，流体温度升高、压力降低，以此监测井下溢流。通过对比入口钻井液密度和井底 ECD，还可分析钻井时井下清洁状况；同时，APWD 常与准确控制井筒压力的钻井技术（如控压钻井技术、微流量钻井技术等）联合使用。国外已将该项技术发展推广，联合 PWD/LWD 综合监测井下溢流，并配合先进的动态压井钻井系统（DKD）解决深水井控问题，解决了深水表层无隔水管钻井段的溢流监控问题。

（2）LWD 监测溢流。随钻测井方法多与钻井液接触，在地层流体进入井筒后，势必改变钻井液性能，如钻井液电阻率、电导率、矿化度等特性都将发生改变，同时兼顾考虑目前 MWD 上传数据的速率和成本，通常采用电阻率、自然伽马和声波辅助监测溢流。随钻电阻率测井仪器一般有 3 种测试深度不同的电极（深、中、浅），而钻井液在井筒内，一般采用浅侧向电阻率来识别钻井液导电特性的变化；随钻自然伽马测井仪器主要通过识别地层岩性来配合监测溢流，一般高渗透砂岩发生溢流的可能性和危害性较大，可识别泥岩层、砂岩层，辅助监测溢流；随钻声波测井可以随钻识别气层，再结合其他资料可以得到地层孔隙度、判断地层流体性质、预测高压层，钻井液气侵后也会使声波测井曲线发生明显变化。综合随钻电阻率、自然伽马和声波测井的响应曲线可进行溢流的早期预测和监测。

（3）FTWD 监测溢流。20 世纪 90 年代中后期，在电缆地层测试基础上提出了随钻地层测试（FTWD）的概念。如图 10-4 所示，FTWD 工具安装在钻具组合(BHA)下部，其工作原理是在 FTWD 工具侧壁安装测试探头，测试探头贴紧井壁地层，由抽吸系统抽吸地层流体而产生压降，通过压力计记录探头附近地层压力随时间变化曲线，称为压力恢复试井过程，当时间趋于无穷时，探头附近地层压力恢复至原始地层压力。由于 FTWD 在钻井作业暂停期间测试地层压力，近井壁地层受钻井液污染较轻，所测得的地层压力更准确，而且FTWD在非工作期间测试井筒环空压力，这样就可以直接判别井下溢流是否发生，为井筒压力的精确控制提供准确依据。目前国外已逐渐采用FTWD替代APWD进行井下压力测试。

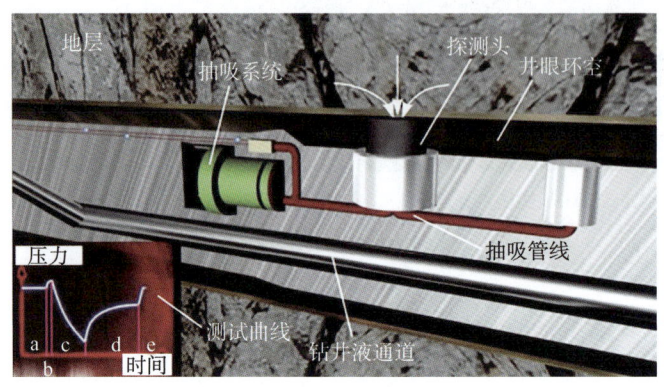

图10-4　FTWD监测

（4）井下微流量。基于地面微流量和控压钻井技术，西南石油大学研制了一种井下微流量测量装置（图10-5），该装置利用节流压差法并通过压差水力模型计算出环空流量，通过MWD向地面传输数据，将实时计算出的环空流量与钻井液入口量对比，可反映井底流量变化情况，且节流元件实测端压力传感器反映的是井底实时压力，这为井下监测溢流提供了更多可靠的数据。该技术作为一种新技术，有着独特的优势和发展潜力，但目前国内外研究并不深入，不可避免存在一系列问题，例如缺少随钻井径测量功能（无法实时掌握过流面积）、装置设计尺寸及井下安装位置的优化等因素都有待进一步研究与提高。

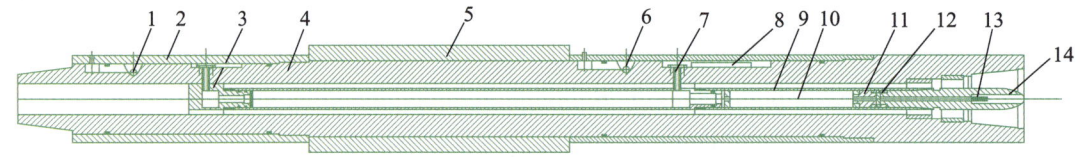

图10-5　井下微流量监测工具示意图

1—压力传感器a；2—保护外壳；3—中心管堵头；4—主体；5—节流元件；6—压力传感器b；7—引线孔；8—电路板；9—中心管；10—电池；11—电器接头；12—哈弗连接头；13—多芯接头；14—引导头

（5）声波气侵监测。声波气侵检测目前有随钻声波时差、声波干扰仪、超声波多普勒气侵监测、声波阻抗监测等方法。该方法也可用于井口监测。

随钻声波时差监测法主要是通过安装在井下钻具及套管的声波发送接收器，比较声波在气侵后钻井液与纯钻井液传播的时间差，以此判断气侵。

声波干扰仪是一个能在相对平行的两个井壁收发声波的仪器，它对低密度钻井液气泡很敏感，因此对监测浅层气侵有非常好的效果，由于在高密度钻井液中声波衰减严重，对气泡敏感性降低，声波干扰仪并不适用高密度钻井液。

超声波多普勒气侵监测利用超声波多普勒效应测量环空流速、振幅和光谱形状,当钻井液中含有颗粒和较大的气泡均会导致多普勒频谱发生很大的偏移。该监测具有技术成熟、成本低、适用性强等优点,缺点是在高密度钻井液中超声波能量衰减严重。仪器安装位置受到限制,深水监测时仪器承压能力不够高。

声波抗阻监测工具(图10-6)能测量气侵后钻井液声阻抗(等于钻井液的密度与声波在钻井液中传播的速度的乘积)变化,以此为依据判断是否气侵。

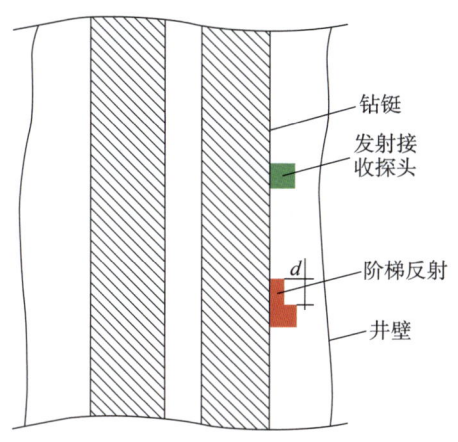

图10-6 声波阻抗监测示意图

在实际钻井中,声波信号传输和接收处理受现有技术及施工因素影响较大,因此上述四种方法目前并未获得广泛工程应用,但声波气侵监测仍是早期溢流监测系统(EKD)发展的一个重大方向。

(6)井下流体实验室:由于随钻地层测试器并不具备地层流体分析取样功能,国外石油公司在随钻地层压力测试的基础上开展了随钻地层流体取样及分析技术的攻关,提出了基于光学、声学和核磁共振的井下流体实验室分析方法,该技术主要是依托于地层测试器中植入的传感器模块对采样流体分析,得到地层流体组分、气油比(GOR)和含水量、色度、pH值、流体密度、矿化度、黏度、电阻率、介电常数和碳氢化合物浓度等参数。

井下流体实验室技术不仅具有随钻地层压力测试技术所有的优点,还具有井下流体分析和取样的优势。目前国内中国石油川庆钻探和西南石油大学已经做出了原理样机,但还处于引进、模仿国外相应仪器的阶段;国外油田服务公司处于垄断地位,成功应用现场的有SLS公司的MEMS色谱仪、Schlumberger公司的IFA光学分析仪、Halliburton公司的Geo-TaplDS光学分析仪、NMR核磁检测仪、MOC光学分析仪和BakerAtlas公司的IFX声学检测仪等。现有钻井液脉冲传输技术有限性与滞后性是井下流体实验室技术发展的瓶颈。

三、优化控制系统,逐步走向智能化和自动化

智能化和自动化是未来海洋控压钻井技术的重要发展方向。通过引入先进的传感器、控制器和人工智能技术,实现控压钻井过程的自动化和智能化,提高效率和安全性。

国内近年来虽然在海洋控压钻井技术研究方面取得了一定进展,但由于海洋钻井过程复杂多变,存在很多不确定性因素,钻井过程中自动化水平较低。同时,海洋控压钻井装备的自动化水平远低于当代的科技发展水平。在钻井过程中,如果能准确采集到实时动态数据,并通过可靠模型对井下实际情况建立更清晰的认知,将会大幅提升钻井的效率和安全性。

随着人工智能技术的发展，将人工智能与控压钻井技术结合也是一种极具发展前景的油气勘探开发新技术。针对海洋钻井复杂的井筒压力情况，将人工智能理论与现有专家经验，以及地质和工程数据等深度融合，以形成更为智能的决策和控制，从而提升深海复杂地层井筒压力控制性能。

将云计算与智能钻井等石油工程技术相结合，"云钻井"这一概念应运而生。"云钻井"可以按照钻井需求构建网上钻井数据资源，提供定制化钻井服务。"云钻井"的出现带来了一种新的钻井服务运营模式，该技术可以实现钻井工程各系统的统一以及集中的智能化管理，通过现代化网络信息技术支持提供更智能、更安全、更高效的全周期钻井服务。因此，"云钻井"在海洋控压钻井领域的由浅海到深海、提高技术水平以及提高经济效益方面有着巨大潜力。

目前，国外已有油服公司和科创公司陆续推出钻井相关智能产品。预计2025年有望进入智能钻井初级阶段，开启智能钻井新时代。未来的智能钻井不是现有技术的简单升级，而是钻井技术的一次全方位深刻革命，将对钻井业和从业人员产生深刻影响，大幅度提升钻井效率、质量和安全性。

四、坚持环保和可持续发展，推进机器人等技术的使用

随着人们对环境保护的重视程度不断提高，海洋控压钻井技术也应该考虑到环保和可持续发展。绿色低碳钻井、清洁生产和本质安全是时代的主题和行业的遵循。为了保护海洋环境，可通过引入环保技术和设备，减少对环境的影响，例如开发对生态环境无毒性的钻井液和固井用水泥浆，甚至具备一定的降解性，实现海洋油气开发的可持续发展。

人工智能，尤其是预测分析，可以减少油气活动对环境的危害。提前中断可以让作业者在造成环境破坏之前采取预防性措施。人工智能还可以帮助企业提高现场安全：用人工智能机器人将危险的人工任务自动化，减少工人在危险环境中的暴露；利用人工智能分析历史事故记录，可以阐明事故原因，帮助避免未来发生事故；通过预测分析来预防设备故障，降低了所需人员部署的频率和难度。

通过工业互联网可以改善运营健康和安全。在现场设备上安装智能传感器，可以提高井场的人机协作，防止事故发生。此外，采用自主或远程操作技术进行远程监控、检查、材料处理和其他操作，极大地减少了工人参与危险操作的需要，从而最大限度地降低了生命风险。全面实施工业互联网可以帮助油气公司通过优化源消耗，最大限度地降低对环境的影响。

数字技术正在不同领域、不同场景内，改变着生产流程、工作状态和思想认知。以现场作业人员为主导核心的传统油田生产模式将向"少人无人"模式转变。海洋控压钻井也将逐步迈向智能化和自动化。

机器人技术提供了自动化重复性现场操作任务的潜力。作业人员也正在部署机器人来执行现场人员无法承担的风险太大的任务。使用机器人技术，建造海上钻井平台、铺设海

底管道和钻井都可以降低风险。机器人可以在恶劣的环境中运行，并被部署用于收集数据，以对管道、阀门、配件、储罐和石油平台进行无损评估。

挪威 RDS 公司研制推出第一台钻台机器人，于 2015 年 9 月首次离开实验室运至现场进行全方位检测，2017 年在大西洋北海进行第一次应用。目前通过气动绞车辅以人工来完成的很多钻台工作都可由钻台机器人来完成。

水下机器人（ROV）是一种工作于水下的极限作业机器人，能潜入水中代替人完成某些操作。根据功能将 ROV 分为观察级和作业级。观察级 ROV 主要用于水下摄像、定位、监测等；作业级 ROV 不仅可用于水下实时摄像、导航，还可用其带有的水下机械手、液压切割器等作业工具开展水下打捞、水下施工等作业。中国"海洋石油 981"钻井平台配备了 FCV300C 型作业级 ROV 系统。ROV 观察法主要用于深水表层无隔水管钻井井下溢流监测。由于表层无隔水管钻井时还未建立正常的隔水管系统，钻井液采用开路循环，即有进无出的模式，因此钻井液无法返回到井口，此时监测溢流的手段只有通过井口立压、钻压、钻速等参数的变化监测。而一般深水钻井都配备有 ROV 系统，可以采用 ROV 视频监控辅助监测井下返出物情况，从而达到监测溢流的目的，这也是目前深水表层无隔水管钻井常采用的方法。

五、建立和完善海洋控压相关规范和标准

从目前调研情况来看，海洋控压钻井技术基本仍是参考现有海洋钻井相关技术的规范、标准等，没有单独的专门针对海洋控压钻井的规范、规范。国外类似规范、标准也较少。

而想要在每口井上成功实施控压钻井作业，通常需要大量精力来计划、培训、动员设备和人员。为满足这些要求就要安装更多设备，因此还需对钻机进行重大改造。而每次使用不同的设备配置时，都会制定一套独特的作业程序与流程，导致钻井人员无法积累作业经验。

海洋作为未来最重要的油气资源，有必要建立适合海洋的相关钻井规范和标准，包括控压钻井规范和标准。包括一些重大科研项目取的经验从而形成推荐做法。

参考文献

[1] JOHNSON R, LUO Y, GRACE C, et al. Field demonstration of a new method of the automation of continuous circulation drillpipe connections[C]. D031S025R002, 2018.

[2] ALIYEVA A, HIGGINSON T, AMANBAYEV Y, et al. First trial of constant bottom hole pressure drilling application in Kazakhstan[C]. D021S009R001, 2022.

[3] ROES VC, REITSMA D, SMITH L, et al. First deepwater application of dynamic annular pressure control succeeds[C]. SPE-98077-MS, 2006.

[4] 张钦岳, 殷志明, 李滨. 深水窄压力窗口控压钻井技术进展及应用[J]. 石化技术, 2021, 28（4）：101-106.

[5] BENNY B, HIDAYAT A M, KARNUGROHO A, et al. Combining pressurised mud cap drilling (PMCD) and early kick detection (EKD) techniques for fractured formations overlying a high pressure reservoir in offshore kalimantan[C]. SPE-165893-MS, 2013.

[6] FIKRI I, ALI A, AIRIL I, et al. Success implementation of pressurized mud cap drilling in offshore east java prospect, avoid rig flat time during loss circulation and continue drilling with 400psi in the annulus to reach target depth through fractured carbonate formation in 2 days[C]. D031S084R004, 2021.

[7] MCCLUSKEY T, HO C S, TAN C Y, et al. Pressurized mud cap drilling used to drill and complete carbonate gas reservoir with poor injectivity and severe dynamic losses offshore malaysia[C]. D021S010R002, 2022.

[8] 陈国明, 殷志明, 许亮斌, 等. 深水双梯度钻井技术研究进展 [J]. 石油勘探与开发, 2007, 34（2）: 246-251.

[9] CLAUDEY E, MAUBACH C, FERRARI S. Deepest deployment of riserless dual gradient mud recovery system in drilling operation in The North Sea[C]. D011S003R004, 2016.

[10] 王国荣. 双梯度钻井系统关键技术研究及应用 [J]. 中国科技成果, 2019, 20（2）: 11-12.

[11] GOULDIN D, LANCASTER J, BOUTALBI S, et al. Realizing rig integration: Implementing deepwater MPD technology in 6th generation ultra-deepwater drillships[C]. SPE-185298-MS, 2017.

[12] 李基伟. 深水可控泥浆液面双梯度钻井井筒流动规律与井控技术研究 [D]. 北京: 中国石油大学（北京）, 2016.

[13] 宫柯. 海上油气勘探60年 [J]. 石油知识, 2019（6）: 20-22.

[14] 罗鸣, 吴江, 陈浩东, 等. 南海西部窄安全密度窗口超高温高压钻井技术 [J]. 石油钻探技术, 2019, 47（1）: 8-12.

[15] 邓成辉, 马溢, 张凯, 等. 南海东部海洋钻井工程深层提速技术分析 [J]. 工程技术研究, 2019, 4（6）: 80-81.

[16] 刘正礼, 严德. 南海东部荔湾22-1-1超深水井钻井关键技术 [J]. 石油钻探技术, 2019, 47（1）: 13-19.

[17] 蒋凯, 苗典远, 初德军, 等. 海洋控压钻井系统装备探讨与展望 [J]. 中国石油和化工标准与质量, 2020（8）: 145-146.

[18] 赵阳, 赵汨凡, 李婧, 等. 云钻井在石油工程中的应用展望 [J]. 石油科技论坛, 2015（3）: 51-55.

[19] 龚天帆. 海洋钻井液技术研究与应用现状及发展趋势 [J]. 中国石油和化工标准与质量, 2023, 43（6）: 176-178.

[20] 汪海阁, 黄洪春, 毕文欣, 等. 深井超深井油气钻井技术进展与展望 [J]. 天然气工业, 2021, 41（8）: 163-177.